1 MONTH OF
FREE
READING

at
www.ForgottenBooks.com

By purchasing this book you are eligible for one month membership to ForgottenBooks.com, giving you unlimited access to our entire collection of over 1,000,000 titles via our web site and mobile apps.

To claim your free month visit:
www.forgottenbooks.com/free1295180

ISBN 978-0-267-09071-6
PIBN 11295180

This book is a reproduction of an important historical work. Forgotten Books uses
state-of-the-art technology to digitally reconstruct the work, preserving the original format
whilst repairing imperfections present in the aged copy. In rare cases, an imperfection in
the original, such as a blemish or missing page, may be replicated in our edition. We do,
however, repair the vast majority of imperfections successfully; any imperfections that
remain are intentionally left to preserve the state of such historical works.

TABLE
DES MATIÈRES
PAR ORDRE DE PARAGRAPHES.

QUATRIÈME SECTION.

DU FER CRU.

PREMIÈRE DIVISION.

DE LA RÉDUCTION DES MINÉRAIS POUR EN OBTENIR DE LA FONTE.

GÉNÉRALITÉS SUR LES FOURNEAUX EMPLOYÉS POUR LE TRAITEMENT DES MINÉRAIS.

DES STUCKOFEN.

DES FLUSSOFEN OU BLÀUOFEN.

DES HAUTS FOURNEAUX.

De la mise en feu.

Du travail des hauts fourneaux.

De la fin du travail des hauts fourneaux.

DEUXIÈME DIVISION.

GÉNÉRALITÉS SUR LA REFONTE DU FER CRU ET LA FABRICATION DES OBJETS COULÉS.

DE LA REFONTE DU FER CRU.

DE LA REFONTE DU FER CRU DANS DES CREUSETS.

DE L'ART DE JETER EN MOULE.

DE LA SABLERIE.

Du moulage pratiqué dans le sol de l'usine.

DU MOULAGE DES STATUES.

DE L'ACHÈVEMENT DES OBJETS COULÉS.

CINQUIÈME SECTION.

DU FER DUCTILE.

PREMIÈRE DIVISION.

DE LA PRÉPARATION DU FER DUCTILE.

DE L'AFFINAGE DE LA FONTE.

DE L'AFFINAGE OPÉRÉ DANS DES FEUX DE FORGE.

DE L'AFFINAGE A L'ALLEMANDE.

* Terme d'ouvriers.

* Terme d'ouvriers.
** C'est l'affinage allemand à deux fusions.

DEUXIÈME DIVISION.

DE LA FABRICATION DU FER NOIR ET DU FER BLANC.

Du fer noir.

Du fer blanc.

DE LA MISE AU TAIN.

SIXIÈME SECTION

DE L'ACIER.

DES DIFFÉRENTES ESPÈCES D'ACIER.

INFLUENCE DE LA NATURE DES MATIÈRES PREMIÈRES SUR LES QUALITÉS DE L'ACIER.

DE L'ACIER NATUREL.

De la préparation de l'acier par l'affinage immédiat des minérais.

De la préparation de l'acier par l'affinage de la fonte.

DU RAFFINAGE DE L'ACIER.

DE L'ACIER DE CÉMENTATION.

DE L'ACIER FONDU.

DE LA TREMPE.

DE L'ACIER DAMASSÉ.

FIN DE LA TABLE DES MATIÈRES.

SUPPLÉMENT
A L'ERRATA
DU PREMIER VOLUME.

Pages.	Lignes.		Lisez.
88	14	plus considérable	moins considérable.
107	20	premier domine	dernier dominé.

ERRATA DU SECOND VOLUME.

Pages.	Lignes.		Lisez.
12	dernière.	uneste	funeste.
31	3	voici quels	voici quelles.
85	17	arrondit	rend.
241	30	ceux	celles
256	12	attache	adapte.
279	1	mouhe	moufle.
299	1	ajoutous	ajoutons.
331	8	hache laitier	lâche-laitier.
332	dernière.	coupe	loupe.
335	34	0,344	34,4
359	19	ét	est.
445	20	Berban	Bergbau.
446	5	56,06	55,06.
450	6	Borum	Bærum.
500	10	$25^m,50$	$25^{centim.},50$.
510	15	ange	auge.
578	6	éméril	éméri.

MANUEL

DE LA

MÉTALLURGIE DU FER.

QUATRIÈME SECTION.

DU FER CRU.

PREMIÈRE DIVISION.

DE LA RÉDUCTION DES MINÉRAIS POUR EN OBTENIR DE LA FONTE.

GÉNÉRALITÉS SUR LES FOURNEAUX EMPLOYÉS POUR LE TRAITEMENT DES MINÉRAIS.

§. 542. La fonte a été connue bien plus tard que le fer ductile et l'acier : il paraît qu'elle ne fut employée pour la première fois qu'au 15e. siècle ; cependant, il est certain que le fer et l'acier durent se trouver d'abord à l'état de fer cru. Si l'emploi de la fonte resta si long-temps ignoré, il faut l'attribuer, soit à l'imperfection où se trouvait l'art des forges, soit à une circonstance particulière : c'est que la fonte obtenue dans les foyers dont on se servait anciennement, formait toujours une masse dure et aigre qui ne pouvait être con-

I

vertie en objets moulés. Aujourd'hui même, on fait encore une différence entre les fourneaux qui peuvent produire de la fonte de moulage, et ceux dont la fonte est destinée exclusivement pour l'affinage. Cette différence provient au reste de la nature des minérais : les fers spathiques et les fers bruns purs * donnent une fonte blanche et aigre qui ne peut servir dans les fonderies. Anciennement, on ne traitait que ces sortes de minérais, parce que ce sont les plus réductibles ; on devait donc ignorer l'usage du fer cru, jusqu'à ce qu'on eût appris à l'obténir avec des minérais moins fusibles et non manganésifères **.

543. La réduction des minérais de fer ne pouvant avoir lieu qu'à une haute température, occasionne une grande consommation de charbon et nécessite l'emploi d'un rapide courant d'air. Il s'ensuit que l'économie en combustible est pour le sidérurgiste le point essentiel. Le procédé qui approche le plus de la perfection doit porter cette économie au plus haut degré. Nous avons exposé déjà les raisons pour lesquelles on opère la réduction dans les fourneaux à cuve, c'est-à-dire, dans des fourneaux où le minérai chargé par couches alternatives avec le combustible, est mis en liquéfaction ; et ce combustible au lieu d'être cru, ne doit servir qu'à l'état de charbon.

---

* Il faut se rappeler que M. Karsten ne comprend pas dans la classe des fers bruns, les hydrates compactes qui ont la même couleur. Ses fers bruns sont des oxides manganésifères qui brunissent au feu au lieu de rougir.   Le T.

** Il existe aussi des fers terreux limoneux qui sont très-fusibles, et dont la fonte peut être convertie en objets moulés ; mais, comme ils présentent toujours l'aspect terreux, il est probable que les anciens ne savaient pas les reconnaître.   Le T.

Dans les feux dits à la *catalane*, le minerai fortement grillé, mais non ramolli, est exposé subitement
à la chaleur la plus intense; toutes les modifications
qu'il doit subir, le ramollissement, la fusion, la réduction et la décarburation du métal réduit, se succèdent alors avec une grande rapidité. Mais dans les
fourneaux à cuve, il est exposé peu à peu à des degrés
de température de plus en plus élevés, jusqu'à ce
que, arrivé devant la tuyère, ou dans la partie du fourneau où la combustion est le plus rapide; il éprouve
le plus haut degré de chaleur. C'est aussi pour cette
raison que l'entrée de l'air est le plus près possible du
fond ou de la *sole* du foyer, et qu'il ne doit rester
au-dessus de ce point que l'espace destiné à recevoir
les matières liquides.

544. Ce n'est que par suite de l'imperfection des
procédés, que, pour faire sortir la masse fondue, on
interrompt la fusion dans les fourneaux à cuve. En
suivant des méthodes perfectionnées, on fait écouler
de temps à autre la fonte liquide, sans qu'on soit forcé
de vider le fourneau, ou de laisser descendre toutes les
charges. Pour se débarrasser des scories ou laitiers,
qui, dans la réduction des minerais, se séparent du
métal, on leur ouvre un passage lorsqu'ils s'amassent
dans le foyer, à moins que la construction du fourneau
ne soit telle qu'ils puissent s'écouler librement.

545. La cuve ou la cheminée du fourneau est le
vide intérieur formé par un mur de pierres réfractaires; il est destiné à recevoir les minerais et le
combustible. Ses parties principales sont le *gueulard*, les environs de *la tuyère* et *la sole*. Le *gueulard*
est l'ouverture supérieure par laquelle on introduit
les charges. Les environs de la tuyère constituent le

véritable foyer où doit s'effectuer la fusion ; ce point est éloigné du gueulard d'une distance plus ou moins grande, qui peut varier entre $3^m,25$ et $14^m,60$ et même entre des limites plus écartées encore. La sole ou la pierre de fond se trouve de 24 à 62 centimètres au-dessous de la tuyère, selon les dimensions du fourneau. L'espace compris entre la tuyère et la pierre de fond s'appelle le créuset ; c'est là que les matières liquides viennent se rassembler.

546. La partie intérieure construite en pierres réfractaires et dont le vide forme la cuve, s'appelle les *parois*. Il est évident que ces parois doivent s'appuyer contre une forte maçonnerie pour offrir une résistance suffisante. Les fourneaux d'une grande hauteur, alimentés avec des charbons durs dont la combustion doit être activée par un courant d'air très-rapide, reçoivent ordinairement deux ou trois de ces murailles intérieures, qu'on distingue ensuite de la première par le nom de *fausses* ou *contre-parois*. Ces murs concentriques ne sont point liés ensemble ; ils laissent entr'eux un espace de 16 centimètres, qu'on remplit avec des morceaux de briques réfractaires qui ne doivent pas être trop serrés.

Le double but de cet espace intermédiaire est de concentrer la chaleur, parce que l'air est un mauvais conducteur du calorique, et d'offrir aux parois la facilité de se dilater sans se fendre et sans faire ouvrir l'enveloppe extérieure. Cet espace rempli de cendres, servirait encore mieux comme moyen de contenir la chaleur, parce que les cendres et le fraisil (on ne pourrait jamais employer ce dernier à cause de sa combustibilité) forment les substances les moins conductrices ; mais il ne faut en conseiller l'usage ou celui du sable que dans le cas où l'on est sûr que la chaleur du fourneau ne devient jamais assez intense pour mettre les parois en fusion : s'il en était autrement, le sable ou les cendres s'écoulant par les brèches, se répandraient dans la cuve et forceraient d'arrêter le fondage. En général, ce n'est que dans les hauts fourneaux à deux contre-parois, qu'on peut employer le sable ou les cendres pour le remplissage entre le deuxième et le troisième de ces murs intérieurs. Les parois, même lorsqu'elles sont simples, ne s'appuient jamais contre la maçonnerie ; elles doivent en être séparées par un espace de plusieurs pouces, qu'on remplit légèrement avec des pierres concassées, afin que, sans occasionner aucun dommage, elles puissent obéir à la force expansive de la chaleur.

547. La maçonnerie extérieure porte le nom de *double muraillement*; sa forme, en elle-même assez indifférente, est réglée souvent d'après celle de la cuve ; elle présente l'aspect d'un cône, d'une pyramide quadrangulaire, hexagonale ou octogonale. Le cube, le cylindre et le prisme ne sont point usités; non-seulement ils occasionneraient pour leur construction une dépense inutile de matériaux, mais il en résulterait aussi une trop forte charge sur les fondations. Le double muraillement reçoit toujours un certain retrait, dans le cas même où la cuve du fourneau est évasée dans la partie supérieure.

548. Il est essentiel, sur-tout pour les fourneaux qui ont une certaine élévation et qui sont destinés à supporter une haute température, de ménager dans la maçonnerie, des canaux pour le dégagement des vapeurs dont la force élastique romprait l'enveloppe extérieure : c'est pour cette même raison et parce

que le double muraillement est toujours dilaté par
la chaleur, qu'il faut le consolider avec des barres
de fer et des ancres. Les fourneaux coniques portent
de gros cercles en fer; ceux dont la forme est pyramidale, sont traversés de plusieurs systèmes de
barres de fer retenues à l'extérieur par des ancres.
On ne peut se dispenser d'affermir de la sorte les
assises que désunissent la dilatation du fourneau et le
retrait provenant des *mises hors*.

549. En Suède, on trouve encore beaucoup de
fourneaux dont le double muraillement ne s'élève que
jusqu'à une certaine hauteur (au-dessus de l'une et
de l'autre embrasure). On le prolonge ensuite avec des
cadres de bois disposés l'un sur l'autre et formant
entr'eux et les parois, un espace vide qui est rempli
avec une terre médiocrement grasse et damée avec
beaucoup de soin. Ce genre de construction, qui est
très-économique, présente un autre avantage, celui
de concentrer la chaleur; on peut donc l'appliquer
aux petits fourneaux. Les cadres sont consolidés par
des barres de fer ou des chevilles de bois. On emploie
pour la charpente du bois sec et résineux.

550. Les fondations exigent d'autant plus de soin
que le fourneau doit être plus élevé. Leurs dimensions
en longueur et en largeur sont ordinairement égales
à la hauteur du fourneau lorsqu'il est petit; dans
le cas contraire, on ne leur donne que les deux tiers
de cette quantité. Leur profondeur dépend de la nature du sol. Un des points importans, c'est d'y ménager des canaux pour l'écoulement de l'eau et des
vapeurs. Ces conduits, qui pour les grands fourneaux,
sont voûtés ou couverts de plaques en fonte, se croi-
sent à différentes profondeurs, au-dessous de la pierre
de fond (pl. 4. fig. 1).

Dans les terrains sablonneux, et particulièrement dans les pays où le bois est encore à bon compte, on établit les fondations sur un pilotage dont les troncs d'arbre enfoncés quelquefois de 20 à 30 pieds de profondeur, sont couronnés par un grillage. Garney prétend que les pilotis sont inutiles; mais il conseille l'emploi des châssis lorsque les terrains ne sont pas assez fermes. Les fondations en simple maçonnerie sont préférables à toutes les autres; leur profondeur doit être déterminée d'après la hauteur du fourneau et la nature du sol. On ne peut, sur cet objet, prescrire des règles générales.

551. En construisant le massif du muraillement, on doit songer aux moyens de pouvoir approcher du creuset, soit pour donner le vent au fourneau, soit pour faire écouler les scories et la fonte; deux embrasures ménagées dans la maçonnerie extérieure remplissent cet objet. Les petits fourneaux n'en ont souvent qu'une seule; c'est alors du côté de la tuyère qu'on fait écouler la fonte. Les fourneaux qui ont une grande hauteur, ceux qui sont alimentés avec du coke, reçoivent souvent trois embrasures, parce qu'on leur donne deux tuyères opposées, lorsque le vent fourni par une seule buse ne peut traverser tout le combustible. Les embrasures commencent immédiatement au-dessus des fondations, et sont assez hautes pour qu'un ouvrier puisse s'y tenir debout; elles sont voûtées dans les petits fourneaux; dans ceux qui sont plus grands, la voûte est remplacée par des petites gueuses appelées *marâtres* (pl. 4, fig. 1).

La face antérieure du creuset où l'on fait écouler les laitiers et la fonte, se nomme le *côté du travail;* la partie opposée s'appelle la *rustine;* celle par où l'on

donne le vent, est le *côté de la tuyère*, et l'autre porte
le nom de *contre-vent* Les embrasures se désignent de
la même manière que les quatre faces du creuset ; mais
il existe des fourneaux, ainsi que nous l'avons déjà
dit, qui ont une embrasure de travail et deux embrasures de tuyères, et d'autres dans lesquelles l'embrasure du travail est en même temps celle de la
tuyère.

Lorsque les fourneaux sont très-grands, les embrasures ont une largeur égale aux deux tiers de celle
des fondations et $2^m,5o$ à $5^m,oo$ de hauteur mesurée
au milieu du côté extérieur ; diminuant ensuite de
hauteur et de largeur, elles viennent se terminer aux
contre-parois du fourneau. Couvertes par une voûte,
elles forment des cônes tronqués ; si leur surface supérieure est soutenue par des marâtres, elle présente la
figure d'un trapèze. La partie du mur intérieur ap-
partenant aux parois, mise à nu par l'embrasure du
travail, s'appelle la *poitrine du fourneau.*

552. Après avoir achevé la voûte des embrasures,
on élève le double muraillement jusqu'au gueulard :
pour donner le retrait convenable, on se guide sur
l'axe de la cuve. La plate-forme supérieure, formée
par l'épaisseur des parois, des contre-parois et du
double muraillement, s'appelle aussi le *gueulard.* Cet
espace, plus vaste dans les grands fourneaux que dans
ceux qui n'ont qu'une plus faible élévation, est souvent entouré d'un mur ; mais dans les petits fourneaux, la maçonnerie extérieure est bornée presque
toujours à la hauteur même de la plate-forme ; quelquefois cependant, on la prolonge en forme de hotte
ou de cheminée pour prévenir les accidens que la
flamme pourrait occasionner.

En Russie, et particulièrement dans les usines des monts Urals, on emploie la flamme du gueulard pour griller les minérais; il suffit alors de mettre cette cheminée en communication avec un ou plusieurs conduits placés dans une position horizontale ou inclinée, et portant à l'autre extrémité un tuyau vertical qui sert au dégagement de la fumée. Après avoir traversé ces conduits, la flamme les dépasse quelquefois encore, malgré la longueur du chemin qu'elle a parcouru. M. Berthier a proposé dans le journal des mines, n°. 210, des moyens semblables pour utiliser la flamme des hauts fourneaux ou des feux d'affinerie *.

553. Les fourneaux d'une grande élévation ne portent point de cheminée extérieure, mais on prolonge le double muraillement au-dessus du gueulard, à une hauteur de 10 ou 12 pieds sur une épaisseur de 18 pouces, pour prévenir les incendies et pour empêcher que la flamme ne soit refoulée par les ouragans. L'espace vide, laissé entre les parois, et qu'on remplit ensuite de briques concassées, ne continue pas jus-

---

* La plupart des maîtres de forge croient avoir remarqué que les conduits où l'on fait passer la flamme qui s'échappe du gueulard, établissent un tirage trop considérable et font brûler le charbon avec trop d'activité dans la partie supérieure de la cuve, ce qui dérange le fourneau. Dans beaucoup d'établissemens où l'on cuisait des briques ou de la chaux avec la chaleur perdue, l'expérience s'est prononcée contre ces fabrications économiques, bannies aujourd'hui de presque toutes les usines. Mais hâtons-nous de faire observer que ce tirage, nuisible pour les fourneaux activés avec du charbon de bois et sur-tout avec du charbon léger, produit un effet avantageux dans les fourneaux où l'on brûle du coke compacte, et ne peut inspirer aucune inquiétude, lors même que le coke est léger. Le T.

qu'à la hauteur du gueulard; il cesse à deux ou trois pieds plus bas, afin que l'eau ne puisse s'infiltrer dans le massif. On devrait, pour cette raison, couvrir toute la plate-forme supérieure avec des plaques en fonte.

554. Il est essentiel que les fondations soient assez hautes pour que, dans les grandes eaux, les canaux inférieurs ne soient pas noyés et que la sole soit maintenue toujours en état de siccité. C'est une erreur de croire que l'humidité du sol qui est au-dessous de la pierre de fond, soit avantageuse au succès du fondagé : l'expérience a maintes fois démenti cette opinion. On aime à construire les fourneaux qui doivent avoir une grande élévation, sur le penchant d'une montagne, afin de pouvoir communiquer plus facilement avec le gueulard; mais alors on doit avoir soin de mettre la pierre de fond à sec, en faisant des coupures pour saigner le terrain. A défaut d'un emplacement·de cette nature, les matériaux sont transportés sur la plate-forme, soit à bras d'homme, soit par des machines : on se sert pour cet effet, de rampes, d'escaliers, de treuils, de baritels, etc., etc.

555. Les machines qu'on emploie pour monter les minérais, les fondans et les charbons sur le gueulard, s'élèvent quelquefois à une grande hauteur au-dessus du toit de l'usine. Il est inutile que le bâtiment qui contient le fourneau soit très-grand, si la fonte ne doit pas être convertie en objets moulés; il suffit alors qu'il présente assez d'espace pour ne pas gêner le fondeur dans son travail et pour pouvoir contenir la fonte après chaque coulée. Les soufflets disposés dans l'intérieur de ce bâtiment pour les petits fourneaux seulement, occupent très-souvent une chambre

ou un édifice particulier, sur-tout lorsqu'ils sont mis-
en mouvement par une machine à vapeur.

On trouve de nombreux détails sur la construction
et la réparation des hauts fourneaux, dans un ouvrage de Garney, traduit du Suédois en allemand,
par M. Blumhoff.

.556. C'est-de la cuve que dépendent les dimensions-
de tout le massif de la maçonnerie ; la cuve en est,
donc la partie principale : les contre-parois avec le
remplissage, le double muraillement et les canaux ne-
servent qu'à lui donner une plus grande solidité. On
peut obtenir de la fonte dans tous les fourneaux, mais
la forme donnée au vide intérieur exerce, malgré cela,
une grande influence sur la marche du travail, la
réduction du minérai et l'économie en charbon.

La nature de ces substances est tellement variable,
que jusqu'à présent il a été impossible de trouver pour
la construction des fourneaux une loi générale confir-
mée par l'expérience. Voilà ce qui peut expliquer les
nombreuses contradictions qui existent entre les métallurgistes. Du reste, on est obligé de convenir aussi
que jusqu'à présent, on n'a recueilli et examiné que
très-peu de faits, avec les lumières et la pénétration
d'esprit qu'on devait apporter dans ces sortes d'in-
vestigations. Les résultats du travail des hauts fourneaux, modifiés par une foule de circonstances accidentelles, demandent beaucoup de temps pour être
observés et comparés entre eux avec la précision convenable. Il ne faut donc pas s'étonner, si dans l'état
actuel d'une branche d'industrie, gouvernée presque
toujours par des maîtres ouvriers qui ne sont guidés
que par leur routine et leur entêtement, on a obtenu si
peu de lumières sur cet art dont les secrets devraient

être soumis aux méditations d'un observateur profond,
et riche en connaissances de toute espèce. A ces difficultés il faut en ajouter une autre non moins importante,
c'est l'ignorance des affineurs, dont l'opinion sur la
qualité des fontes a été regardée jusqu'à présent comme
décisive. Mais leurs plaintes ne sont admissibles que
dans le cas où le fer cru renferme quelque substance
étrangère, telle que du soufre ou du phosphore; on
doit toujours les repousser lorsqu'il ne s'agit que de la
plus ou moins grande quantité de carbone contenue
dans la fonte, parce qu'il est toujours facile de l'affiner alors avantageusement.

557. La grande fusibilité des fers spathiques et des
oxides bruns, favorise leur traitement. On imprime
au fourneau, une allure que pour d'autres minérais
on tâche d'éviter avec le plus grand soin. Ceci va devenir plus clair. Une dose déterminée de combustibles ne peut fondre qu'une certaine partie de minérais et en opérer la réduction. Une surcharge de minérais ferait entrer en vitrification une plus grande
partie de métal et occasionnerait des engorgemens dans
le fourneau, etc., etc. Une diminution dans la charge
produirait présque les mêmes effets. Ces accidens plus
dangereux et plus nuisibles au travail, se manifestent
plus fréquemment si les minérais sont réfractaires;
sur-tout lorsqu'on les traite au coke : en fondant des
oxides bruns ou des fers spathiques, on y remédie avec
la plus grande facilité, sans que le fer cru en devienne
plus mauvais. Il n'en est pas de même avec les minérais difficiles à fondre ni avec ceux qu'on réduit par le
coke : un semblable dérangement peut occasionner la
cessation du fondage, et même, plusieurs jours après
la disparition du danger, il peut exercer encore une
uneste influence sur la qualité des produits.

C'est a cause de cette facile réduction des fers spathiques que leur traitement mérite peu d'attention,
et que toutes les observations que l'on voudrait faire
sur la forme des cuves, ne pourrait trouver aucune
application lorsqu'il s'agit de fondre des minérais ré-
factaires. Ce n'est qu'en étudiant la forme et la conduite des fourneaux alimentés avec le coke, que l'on
peut acquérir des lumières sur la construction des
foyers; la marche du travail et les mesures à prendre
pour remédier aux accidens et les prévenir. Il est facile ensuite d'appliquer ces connaissances au traitement des fers spathiques.

1558. Les cuves ont déjà reçu une infinité de figures différentes : leurs sections horizontales étaient
quelquefois rondes, elliptiques, carrées, hexagonales
et octogonales. On établissait sur chacune de ces
formes en particulier, de grandes espérances, que
souvent même on s'imaginait avoir réalisées. Leurs
coupes verticales étaient soumises aux mêmes variations. La figure de leur plan est très-indifférente;
car il est indubitable que les cuves rondes et carrées
produiraient le même effet, si leurs sections perpen-
diculaires à l'axe, prises aux mêmes hauteurs, étaient
égales en surface. Il n'en est pas ainsi pour les coupes
dans le sens de l'axe, parce que leur forme détermine
la grandeur des sections horizontales.

Il est probable que les cuves ont reçu d'abord la
forme la plus simple, celle du cylindre ou du prisme
(pl. 4, fig. 2). On a dû s'apercevoir ensuite que les
matières contenues dans le vide intérieur éprouvaient
une trop forte compression dans les parties basses,
et ne pouvaient être traversées par le vent; on s'est
donc avisé de le rétrécir vers cet endroit (fig. 3).

Guidé par d'autres observations, on a pensé que si
les matières en descendant, se répandaient sur une
plus grande surface, elles se tasseraient moins fortement et laisseraient plus de jour entre les fragmens :
c'est ainsi qu'en partant du principe opposé, on a
choisi pour les minérais fusibles la forme d'un cône
posé sur la base (fig. 4). Enfin tout en approuvant
l'élargissement vers les parties inférieures, on a dû
cependant remarquer que le vent ne pouvait traverser
toute l'épaisseur de la masse des matières. On a donc
fini, en conservant le premier élargissement, par con-
tracter la cuve dans les environs de la tuyère; c'est
ce qui a donné naissance à la forme conservée depuis
avec certaines modifications pour tous les fourneaux
(fig. 5).

L'endroit où la cuve est le plus large s'appelle le
ventre. Placé tantôt au milieu de la hauteur du fourneau et tantôt au premier tiers en partant du sol,
il a été élargi pour les minérais fusibles traités avec
de bons charbons et un vent fort (fig. 6); tandis
qu'on l'a diminué de largeur pour les minérais réfractaires fondus avec des charbons légers et un vent
faible (fig. 7); mais s'étant aperçu peut-être qu'un
rétrécissement considérable produisait encore sur les
couches inférieures une trop forte pression, on a
descendu l'emplacement du ventre, qu'on a rattaché
au véritable foyer *a* par une autre surface conique *b*,
ou plutôt par un tors (fig. 8 et 9).

Il n'est pas nécessaire que l'espace dans lequel doit
s'opérer la fusion soit très-étroit pour les minérais
fusibles; mais ceux qui sont réfractaires et sur-tout
ceux qu'on traite avec du coke, ne se réduiraient
que d'une manière imparfaite si cet espace n'était

pas très-rétréci : le foyer s'appelle alors ouvrage *. Il
est construit avec les pierres les plus réfractaires qu'on
puisse se procurer, la partie conique ou en forme
de tors qui le rattache au ventre, se nomme *étalages*.
Dans les fourneaux sans ouvrage, les étalages se trouvent confondus avec le foyer où doit s'effectuer la
fusion. Lorsqu'on traite des minérais médiocrement
fusibles avec des cokes très-durs, dont la combustion
ne peut être activée que par une forte machine soufflante, on est obligé de rendre la pente des étalages
si rapide, qu'ils perdent leur forme caractéristique
et ne paraissent être qu'un prolongement de l'ouvrage
(fig. 10).

559. J'ignore s'il existe encore aujourd'hui des fourneaux dont le vide intérieur ait la figure d'un cylindre
ou d'un tronc de cône évasé vers le haut, ou d'un tronc
de cône placé sur la grande base (fig. 2, 3 et 4).
Tous les fourneaux pourvus d'un ouvrage ont toujours
un ventre, quelque rapide que soit du reste la pente
des étalages. Ils en reçoivent un, lors même que le
foyer est très-large, à moins que ce ne soit dans
quelque pays où l'art des forges est encore à sa naissance. Mais on n'est pas d'accord sur la forme qu'il
faut donner aux cuves au-dessus du plus grand élargissement; il en existe dont la largeur ne varie point
depuis l'ouverture supérieure jusqu'au foyer. Dans ces
fourneaux on peut regarder toute cette partie comme
un prolongement du ventre : cette manière de les
construire n'est excusable en quelque façon, que dans

---

* On désignera par la suite, sous le nom d'*ouvrage*, toute cette
partie de la cuve, y compris le creuset. C'est ainsi qu'on la désigne aussi en France, dans toutes les usines qui me sont connues.
Le T.

le cas où les charbons sont petits et légers, les minérais terreux et susceptibles de se comprimer fortement.

. La majeure partie des cuves se terminent en cône
ou en pyramide, et c'est la forme la plus convenable.
Il en est d'autres qui sont composées du cône, et du
cylindre, ou de la pyramide et du prisme. Celles-ci
ne peuvent être bonnes que lorsque les angles formés
par le ventre et la partie supérieure de la cuve sont
arrondis (fig. 13, 14 et 15) de manière à ne former
qu'une ligne courbe (fig. 16) : elles diffèrent alors
très-peu des cuves coniques ou pyramidales (fig. 12);
mais leur construction est plus difficile. Elles sont
plus exposées à l'éboulement d'une partie des parois,
lorsque les pierres ne sont pas très réfractaires ; leur
courbure entrave en quelque façon la libre sortie des
gaz, et ces inconvéniens ne sont balancés par aucun
avantage. La forme indiquée dans la fig. 17, ne peut
être employée que pour des fourneaux très-bas, des
minérais fusibles, des charbons légers et de faibles
machines soufflantes.

560. On peut donc ranger tous les fourneaux en
deux classes : fourneaux avec ou sans ouvrage. Le
choix qu'on doit faire entre eux, est déterminé par la
fusibilité des minérais et de leur gangue. Les minérais
dont la réduction est très-facile, se vitrifieraient en pure
perte dans les fourneaux qui ont un ouvrage, tandis
que les minérais réfractaires pourraient à peine entrer
en fusion dans ceux qui en sont dépourvus. Les minérais de la première espèce contenant pour l'ordinaire
du manganèse, sont traités dans les fourneaux sans
ouvrage ; ils produisent de la fonte blanche qu'on ne
peut transformer en fer coulé.

D'après cela on a désigné sous le nom de fourneaux de fonderie les hauts fourneaux employés au
traitement des minérais non manganésifères, parce
qu'on doit en retirer ordinairement de la fonte grise,
qui est propre au moulage. On a prétendu même que
toutes les fontes destinées à être converties en acier et
en fer ductile, devaient être obtenues dans les fourneaux qui n'ont point d'ouvrage, sans considérer que
des minérais réfractaires souillés de matières étrangères, exigent, pour donner un bon produit, un traitement tout autre que les fers spathiques ou les oxides
bruns. En fondant de bons oxides rouges, des fers
spéculaires et magnétiques, non mélangés de substances nuisibles à la qualité de la fonte, on peut préférer de semblables fourneaux. Moins purs, ces minérais doivent être assortis avec des minérais pauvres et
fondus dans les fourneaux qui ont un ouvrage. Si, traités dans les foyers larges, tous les minérais pouvaient
produire un bonne fonte blanche, il serait inutile de
se donner tant de peine pour obtenir constamment de
la fonte grise.

561. Dans les fourneaux sans ouvrages, les étalages
sont confondus avec le foyer. Il est évident du reste
qu'on ne doit pas les classer en fourneaux avec et sans
étalages, parce que la pente depuis le ventre jusqu'au
foyer est quelquefois plus douce dans les derniers que
dans les premiers*. L'ouvrage devant servir seulement
à concentrer et à élever la chaleur, n'est indispensable

* Les étalages s'expriment en allemand par le mot de *Rast*,
provenant de *Rasten*, séjourner, parce que les minérais sont arrêtés
ou retardés du moins dans leur descente sur des plans d'une pente
douce. Il serait donc absurde de dire que les fourneaux sans étalages,
ont dans cette partie une pente plus douce que les autres. Le T.

que pour les charbons légers et les minérais réfractaires. Il faudrait lui donner d'autant plus de hauteur
que les uns sont plus tendres et les autres moins fusibles. En augmentant sa largeur, on rapproche le
fourneau de la forme de ceux qui n'ont point d'ouvrage, ce qui diminue sa température.

Comme on ne peut traiter dans ces sortes de foyers
que des minérais fusibles et de bonne qualité, les travaux doivent être très-simples, les accidens peu fréquens et peu dangereux. Fondus le plus souvent sans
aucune addition, ces minérais donnent peu de laitiers, et les laitiers ne sont ni assez visqueux, ni assez
chauds pour occasionner des engorgemens dans un
foyer, qui d'ailleurs, par sa grande largeur, n'est guères
susceptible de s'obstruer; et dans le cas où ces accidens se présentent, il est facile d'y remédier sans travailler dans le creuset. C'est pour cette raison qu'on
peut fermer le devant ou la poitrine du fourneau,
et n'y conserver qu'une petite ouverture pour l'écoulement des matières liquides.

Dans les fourneaux à ouvrage, il en est tout autrement. Les minérais qu'on y traite sont presque toujours réfractaires; les laitiers qu'ils donnent étant très-
visqueux, sur-tout si la fusion est opérée au coke,
s'attachent fortement aux parois de l'ouvrage. Il faut
donc travailler souvent dans l'intérieur du foyer, et
pouvoir y pénétrer commodément avec les outils dont
on fait usage; pour cet effet, on prolonge le creuset
au-dessous de la poitrine, jusque dans l'intérieur du
bâtiment, en sorte qu'une partie est à jour. C'est à
l'aide de cette disposition qu'on peut atteindre avec
de grosses barres de fer à tous les points de l'ouvrage
qui sont à la hauteur ou au-dessous de la tuyère. Ce

fondage à poitrine ouverte est indispensable pour des minérais réfractaires; quoiqu'on ne puisse nier que les pertes de chaleur ne soient plus fortes que dans le travail *à poitrine close*. On cherche à diminuer cette perte en laissant sur la partie du creuset qui est à jour, une couche de scories ou de fraisil.

562. Les fourneaux à ouvrage, dont la poitrine est ouverte, s'appellent *hauts fourneaux;* ceux qui n'ont point d'ouvrage et dont la poitrine est fermée, *flussofen*, (fourneaux de fusion), et *Stuckofen* (fourneaux à masse) : on ne pourrait admettre une autre division scientifique. C'est à tort que, dans certains pays, on appelle hauts fourneaux les flussofen qui ont 20 à 30 pieds d'élévation. Etablir une classification sur une circonstance aussi fortuite que celle de la hauteur, c'est porter la confusion dans le langage et les idées. La plus ou moins grande élévation ne fait rien à la nature de ces foyers; il existe beaucoup de hauts fourneaux qui sont moins élevés que des flussofen.

Nous avons déjà parlé de la différence des flussofen aux stuckofen (351); ce n'est pas non plus par leur hauteur que dans leur origine ils différaient entr'eux, mais c'est plutôt par la largeur du foyer rétréci davantage dans les premiers, et particulièrement par la manière dont on conduit le travail. Telle est du reste l'imperfection des stuckofen, qu'on ne peut jamais déterminer d'avance l'espèce de produit qu'on obtiendra, puisqu'à côté du fer demi-affiné, il se trouve toujours une plus ou moins grande quantité de fonte.

563. La température se trouve plus élevée dans les hauts fourneaux, lors même qu'ils sont très-petits,

qu'elle ne l'est dans les flussofen. En général, ce n'est pas la hauteur du fourneau, mais c'est la force du vent, la qualité du charbon et la concentration du foyer qui élèvent le degré de chaleur. Il s'ensuit que les cuves des flussofen sont moins exposées que celles des hauts fourneaux aux dégradations qui commencent toujours par le foyer. Si le creuset s'élargit, le haut fourneau s'approche des dimensions du flussofen, la température perd son intensité, la fusion et la séparation des matières deviennent incomplètes ; on ne peut y remédier qu'en reconstruisant l'ouvrage. Quand bien même les parois sont restées intactes, il faut toujours réparer les étalages : c'est aussi devant la tuyère que se détériorent le plus les fourneaux de fusion qui, d'ailleurs, exigent des réparations semblables.

De la durée des cuves et des foyers dépend celle du fondage ; il faut donc se servir, pour leur construction, des matériaux les plus réfractaires. On fait ordinairement usage du grès non traversé par des veines ferrugineuses. Quelquefois on emploie aussi le schiste micacé, le talc schisteux, le gneiss et le granit ; mais il faut s'assurer d'abord de l'infusibilité de ces roches et être certain qu'elles ne puissent s'égrener par la chaleur. Les grès dont le grain est petit et la pâte réfractaire, doivent avoir la préférence. Lorsqu'il est trop difficile de se procurer ces pierres, on peut construire les parois avec des briques réfractaires fortement cuites, pour en diminuer le retrait ; mais ces sortes de cuves ne conviennent pas au minerai calcaire, qui demande, pour fondant, un mélange de quartz et d'argile.

564. On doit mettre beaucoup de soin à la construction des parois intérieures, pour égaliser les pierres

à leurs jointures et les dresser au cordeau. On se sert pour cet effet, d'un cadre fait d'après la forme de la cuve ou d'un calibre mobile sur un axe qui se confond avec la verticale passant par le centre ; au lieu de mortier, on fait usage d'une pâte liquide d'argile réfractaire. Le succès du fondage dépend en partie des précautions employées dans la construction des parois. On se donne moins de peine pour les stuckofen exposés à un plus faible degré de chaleur et *mis hors* à la fin de chaque semaine. On ne s'efforce pas non plus de trouver les matériaux les plus réfractaires pour les flussofen et les hauts fourneaux ordinaires ; mais la moindre négligence apportée dans la construction des hauts fourneaux qui doivent être alimentés avec du coke, auraient les suites les plus fâcheuses : les pierres des parois en se fondant, ou si la maçonnerie est mal faite, en se détachant par morceaux, forceraient bientôt d'interrompre le fondage.

565. La seule différence du travail des hauts fourneaux à celui des flussofen et à celui des stuckofen, consiste dans les soins qu'il faut donner aux premiers, pour que la charge des minérais ne soit pas maintenue trop faible ou trop forte, ce qui serait encore plus dangereux ; il en résulterait des engorgemens dans l'ouvrage, auxquels il n'est pas toujours facile de remédier. Les petits fourneaux sont plus sujets aux accidens qui proviennent de la nature des minérais, ou de minérais mal grillés et mal bocardés.*, parce

---

* Mais il est d'autres causes de dérangement qui agissent fortement sur les grands fourneaux : ce sont les variations de l'atmosphère. Toutes choses égales d'ailleurs, il nous semble que les hauts fourneaux de grandes dimensions sont plus difficiles à conduire et

que les causes de dérangement agissent plus forte_
ment sur une petite que sur une grande masse de
combustible ; ces accidens doivent donc se renouveler
très souvent dans les flussofen et les stuckofen ; mais
on n'en tient aucun compte, à cause de la fusibilité
des minérais.

La fusion se fait toujours dans les environs de la
tuyère ; le point où elle vient s'opérer s'élève à mesure que la température augmente. Toute la distance
comprise entre le gueulard et ce point ne sert donc
qu'à préparer et qu'à ramollir les minérais. Il est
probable que la réduction a lieu au moment même
de la fusion ; elle doit donc s'effectuer plus tôt pour
les minérais fusibles que pour ceux qui sont réfractaires et qui exigent une plus forte concentration du
foyer. Si en vertu d'une chaleur très-intense, produite
par une trop grande quantité de charbon et par un
vent trop fort ; ou si, par suite d'une trop grande
fusibilité des minérais ou par une trop forte dose de
fondant, le point où s'effectue la fusion, s'est très-
élevé, la séparation du fer d'avec le laitier aura lieu
à une grande hauteur au-dessus de la tuyère. Arrivés
ensuite goutte à goutte au milieu du courant d'air,
l'un est oxidé de nouveau et l'autre refroidi, attendu
qu'il n'existe pas de charbon dans cette partie de la
cuve ; qu'il a été brûlé dans les environs où s'opérait
la fusion, et que le laitier est trop liquide, pour défendre le fer contre l'action du vent. Quelque chaude
et quelque grise que soit alors la fonte, quelque légères et quelque peu colorées que puissent être les

se dérangent plus facilement que les petits ; cependant ce n'est
qu'avec réserve que nous hasardons cette opinion contraire à celle
de M. Karsten. Le. T.

scories, bientôt il se manifestera dans le foyer des
signes de refroidissement : on obtiendra à la fois des
laitiers légers et des laitiers pesans, un faible produit
et de la fonte grise *. Le fourneau est alors dans une
situation dangereuse, il s'éteindrait si l'on ne venait
à son secours.

.Si par une surcharge de minérais, par un bocardage
défectueux, par un mauvais grillage, ou par manque
d'air, le fourneau se refroidit, la réduction ne peut s'effectuer en entier, parce qn'elle commence trop tard ;
une grande partie du fer reste dans les laitiers malgré
les charbons dont il est entouré. C'est entre ces deux
extrêmes qu'il faut chercher ce qu'on appelle *une
bonne allure*, une marche réglée ; elle est caractérisée
par la hauteur convenable où s'effectue la séparation des
matières ; on la reconnaît à une certaine consistance
du laitier **. L'allure froide arrive le plus souvent
avec des minérais réfractaires et des charbons compactes. Le trop d'échauffement du fourneau est plus
à craindre avec des minérais fusibles et des charbons
qui brûlent facilement.

---

* Cette fonte peut aussi devenir blanche, comme on le verra par
la suite. Le T.

** Nous dirons par conséquent que le fourneau est échauffé ou
que son allure est chaude, lorsque le point où se fait la séparation
des matières est très-élevé au-dessus de la tuyère, qu'elle est froide
lorsque ce point est descendu trop bas. La fonte obtenue dans le
premier cas, est *pure*, chaude, raffinée ; dans le deuxième, elle
est *impure*, crue et blanche. Il faut donc entendre par fonte raffinée, celle qu'on obtient par une séparation parfaite du fer d'avec
les laitiers ; elle jouit d'un plus haut degré de pureté que la fonte
crue, lorsque les minérais sont souillés de substances nuisibles ;
du reste, elle peut être blanche ou grise, mais la fonte crue est
toujours blanche. Le T.

La hauteur du fourneau ne peut contribuer immédiatement à élever le point du foyer où s'effectue la réduction; mais, en raison de sa capacité, la cuve contiendra beaucoup de matières; la quantité de calorique développée sera très-considérable et la marche du travail deviendra uniforme, parce que les causes nombreuses qui influent sur la température du foyer produiront un effet moins sensible en agissant sur une plus grande masse. Dans les petits fourneaux, au contraire, le plus léger accident fait varier *le point de réduction*. En augmentant la hauteur de la cuve, on doit augmenter aussi la force de la machine soufflante; afin que le vent puisse vaincre la pression qui lui est opposée par le poids de la colonne des matières. Si, dans ce cas, les minérais sont assez fusibles, le point de réduction s'élevera davantage et la fonte sera plus chaude qu'elle ne le serait si la fusion avait lieu devant la tuyère; ce qui, d'ailleurs, est un procédé très-imparfait, parce qu'une partie du métal est oxidée de rechef, tandis qu'une autre n'a pas le temps de se réduire.

On imprimait anciennement aux stuckofen cette marche défectueuse; et comme la réduction se faisait devant la tuyère, la fonte se décarburait en partie et se rapprochait du fer malléable. On ne peut se rendre raison de la possibilité d'une semblable manière de procéder, que par les interruptions périodiques du fondage, jointes à la fusibilité du minérai. Si, en retirant le fer du foyer, on n'avait eu la faculté de le nettoyer ou d'enlever les matières durcies et attachées aux parois de la cuve, on n'aurait pas pu continuer le travail sans *étouffer* le fourneau. Ce n'est en général qu'en vertu de cette fusibilité qu'on peut adopter

une allure si froide, qui, du reste, entraîne une perte
de combustible et de minérai; mais on obtient alors,
par ce moyen, à cause de la liquidité des scories et
de la largeur du foyer, une fonte décarburée, qui,
dans les feux d'affinerie, se convertit en fer ductile
avec une grande facilité. Si les minérais étaient réfractaires, le fourneau, après s'être dérangé, finirait par
s'éteindre. La facile conversion de la fonte en fer ductile, ne peut excuser l'emploi des stuckofen et des
petits flussofen; parce qu'on ne doit pas sacrifier le
temps, le charbon et le minérai à la commodité et
à l'ignorance des affineurs.

DES STUCKOFEN.

566. L'imperfection des stuckofen (fournéaux à masse), nous dispense d'en parler avec beaucoup de détail.
Ils reçoivent leur nom de la masse de fer aciéreux qui
se rassemble dans le foyer et qu'on fait sortir de temps
à autre. Il s'ensuivrait qu'on n'aurait dû s'occuper
de ces fourneaux que dans la partie de cet ouvrage
où nous traiterons de la préparation du fer ductile et
de l'acier, si leur place n'était marquée ici par la
nature de leur construction et de leur travail. D'ailleurs
le fer qu'ils produisent ne peut se mettre en œuvre ;
ajouté à la fonte, il doit être soumis encore aux opérations de l'affinage. Les stuckofen qu'on rencontrait
en grande quantité dans la Carniole, la Carinthie et
la Styrie, ont été remplacés par les flussofen, parce
qu'ils occasionnaient une trop forte dépense de matières
premières. On les trouve encore dans la Hongrie; ils
n'ont que 10 pieds de hauteur, on y suit la méthode
esclavonne. J'ignore s'il existe encore des stuckofen en

II 4

Allemagne et en France ; il faut espérer que ceux de Schmalcalden cesseront enfin d'attirer l'attention des métallurgistes.

· 567. Leur hauteur est de 3^m à $3^m,73$, et quelquefois leur cuve va en augmentant de largeur, depuis le gueulard jusqu'à la sole ; mais le plus souvent, ils ont au milieu un ventre ; leur forme intérieure est ronde ou carrée. Les parois et la sole sont construites en grès ou en *grauwacke*, etc., etc. Plus étroits au gueulard que, près de la tuyère, ils ont $0^m,78$ et même $1^m,10$ de diamètre au foyer. La pierre de fond reçoit vers le côté de la coulée, une pente de 5 à 8 centim. ; il n'existe presque toujours qu'une seule embrasure pour le travail et la tuyère, et, dans ce cas, on retire les soufflets pour faire sortir la masse qu'on enlève par une ouverture de $0^m,63$ de largeur pratiquée au niveau du sol et fermée avec des briques et de la terre glaise quand le fourneau est en activité. La tuyère est rarement en cuivre ; on la confectionne en argile ; son orifice n'est pas déterminée d'une manière précise.

· Pour commencer le travail, on remplit la cuve de charbons, on ferme le trou de la coulée, on introduit le feu par la tuyère et l'on fait agir lentement les soufflets qu'on arrête aussitôt que le combustible est enflammé. On souffle de nouveau lorsqu'il s'embrase au gueulard, et l'on commence alors à charger le minérai avec le charbon par lits alternatifs, ou mêlés ensemble dans les fourneaux qui sont très-petits. La charge de minérai, très-faible d'abord, s'augmente successivement jusqu'à ce qu'on soit parvenu à la proportion convenable. L'une et l'autre matière sont prises à la mesure ; mais on fait varier seulement la

dose de minérai en conservant toujours la même dose
de combustible.

Dès que le minérai se présente devant la tuyère,
on fait une percée pour l'écoulement du laitier; le
fer, traversant les scories qui sont très-liquides, se
rassemble sur le fond en une grosse masse appelée
Stuck. Cette percée reste toujours ouverte : on enlève
les laitiers de l'usine pour en séparer la fonte qu'ils
ont entraînée. Lorsque le fourneau contient déjà
une certaine masse de fer, on laisse s'entasser les
scories devant le trou de la coulée pour conserver la
chaleur dans le foyer. Dans certains pays, on fait plusieurs percées à différentes hauteurs, et l'on remonte aussi la tuyère, à mesure que le fer s'accumule
dans la cuve.

Ce qui distingue le travail des stuckofen de celui
des hauts fourneaux, c'est que la fonte dépouillée
des laitiers à mesure que ces derniers se forment,
subit continuellement l'action de l'air.

Après s'être aperçu à travers la tuyère, que le
fourneau contient une quantité suffisante de métal,
on laisse descendre toutes les matières. Souvent aussi
on charge plusieurs fois en charbon seulement, et
l'on arrête le vent dès que le combustible arrive seul
devant la tuyère. On enlève les scories, on débouche le trou de la coulée en renversant le petit
mur de briques qui le fermait, et l'on fait sortir la
masse à l'aide de ringards et de crochets. Elle est
toujours entourée de fonte liquide appelée en Styrie,
graglach.

On aplatit la masse sous un gros marteau pour en
faire un gâteau de 8 à 10 centim. d'épaisseur. On
la coupe en deux lopins soumis ensuite à de nouvelles

opérations. Pendant qu'on la travaille, d'autres ouvriers s'occupent à nettoyer la sole et l'intérieur du
fourneau; à murer le trou de la coulée avec des briques; à former une tuyère en argile (si toutefois on
n'emploie pas une tuyère de cuivre); à la remettre
en place; à remplir le fourneau avec du charbon,
si l'on a laissé descendre toutes les charges; dans le
cas opposé, on ne ferait que remplir la partie vide.
C'est le plus souvent le dimanche soir, qu'on emplit
ces fourneaux de charbon; on les allume le
lundi matin, et l'on *met hors* le samedi soir. Mélangés
d'une grande quantité de fer qu'on retire par le bocardage, les laitiers en contiennent plus de 30 pour
cent à l'état de combinaison; leur couleur est le noir
foncé; preuve évidente de l'imperfection de ce travail.

DES FLUSSOFEN.

568. Les *blauofen* ou *flussofen* (fourneaux de fusion), ne différaient pas, dans le principe, des stuckofen. On pouvait s'en servir indistinctement pour
l'une et l'autre manière d'opérer. En les employant
comme fourneaux de fusion, on rétrécissait quelquefois le foyer; mais la chose essentielle, c'était de laisser
sur la fonte une couche de laitier pour la défendre
contre l'action de l'air, et de diminuer la dose de
minérai par rapport à la charge de charbon, afin
d'élever davantage le point où s'effectue la fusion.
Le minérai doit être stratifié par couches alternatives et non mélangé avec le combustible, comme
on le pratiquait quelquefois dans les stuckofen.

(Convaincu par le travail des stuckofen, que les
produits étaient d'autant plus liquides que la cuve était

plus haute, on éleva davantage les fourneaux de fusion qui ne devaient donner que de la fonte : leur hauteur fut donc portée de 3 jusqu'à 11 mètres; il en est
résulté une grande économie de combustible. L'extrême fusibilité des minérais fournit un moyen facile
d'empêcher l'échauffement du fourneau, parce qu'on
peut augmenter la charge sans craindre les engorgemens du creuset. Si d'ailleurs cet accident se présentait,
il suffirait pour y remédier de ralentir l'action des machines soufflantes (opération qui serait bien dangereuse, si l'on réduisait des minérais réfractaires avec
du coke), et d'introduire par la tuyère quelques pelletées de quartz pulvérisé : il se formerait tout de suite
un laitier liquide et chaud qui dissoudrait les scories
durcies et les masses de fer attachées aux parois de
la cuve. On tâche, au reste, d'abaisser plutôt que d'é-
lever le point de la fusion, afin de faciliter le travail
des affineurs. Si l'allure est un peu chaude, la fonte
étant très-liquide traverse promptement le courant
d'air, conserve son carbone et devient plus difficile à
traiter dans les feux d'affinerie *.

C'est aussi pour ménager la cuve que l'on diminue
la chaleur en augmentant la proportion de minérai.
Après avoir coulé quelque temps en fonte de *blettes*,
qui doit être très-chaude, on se voit forcé par cette
considération de baisser bientôt la température du
fourneau. Pour opérer ce changement à l'instant même,

---

* Si la température du fourneau n'est ni très-élevée ni très-basse,
la fonte conservera tout son carbone et deviendra blanche lamelleuse. Si la chaleur est très-intense, la fonte deviendra grise : mais
l'une et l'autre espèce sont plus difficiles à traiter dans les feux
d'affinerie que la fonte blanche grenue et caverneuse, appelée en Styrie, floss tendres. Le T.

on projette dans le creuset par la tuyère, quelques pelletées de minérai bocardé.

Le fourneau ne se trouve donc jamais trop échauffé, quand on traite ce minérai fusible chargé toujours en trop forte dose pour produire de la fonte grise; et si cet accident arrivait, il suffirait, pour descendre le point de la fusion et pour dissiper le danger, de donner moins de vent et d'employer les moyens ordinaires de rafraîchir le creuset. Il est évident que la fonte raffinée obtenue par une allure trop chaude, ne se rapproche jamais du fer ductile, comme la fonte crue qui résulte d'une allure trop froide. En augmentant outre mesure la dose de minérai, on rentrerait dans le travail des stuckofen, et comme on ne chargerait jamais purement en charbon, on finirait par arrêter le fondage et par éteindre le fourneau.

569. On ne peut affirmer qu'il existe un maximum de hauteur pour les flussofen; ce ne serait que dans le cas où la colonne de matières formée par le minérai et le charbon exercerait dans la cuve une si forte pression, que le courant d'air employé à vaincre cet obstacle, devrait être extrêmement rapide; il pourrait arriver alors que le point de la fusion fût porté trop haut, à cause de la fusibilité des matières composant la charge, et qu'il fût impossible de corriger le mal en augmentant la dose de minérai. Mais l'expérience ne s'est pas encore prononcée sur ce point, ni sur la limite au-dessus de laquelle une augmentation de hauteur ne produit plus aucune économie de combustible. Si la machine soufflante est faible, la cuve reste trop froide dans la partie supérieure, et l'on perd les avantages que procure une plus grande élévation.

En traitant des hauts fourneaux, nous parlerons

des rapports qui doivent exister entre la hauteur de la cuve, sa largeur et l'emplacement du ventre.

570. Voici quels sont à peu de chose près les dimensions d'un flussofen de 4ᵐ,40 d'élévation : la distance depuis la sole jusqu'au ventre est égale à celle du ventre au gueulard; la largeur au gueulard est de 0ₘ,63; celle du ventre de 1ᵐ,57, celle de l'extrémité inférieure de la cuve de 0ᵐ94.

Un flussofen de 9ᵐ,50 d'élévation, reçoit 2 à 2ᵐ,5018 de diamètre au ventre, 1ᵐ, à la sole et 78 centim. au gueulard. La distance de la sole au ventre est quelquefois de 4ᵐ,70, quelquefois de 3ᵐ,14 seulement; dans le premier cas, il est au milieu, dans l'autre au tiers de la hauteur totale. Ces différences dans les fourneaux n'entraînent pas de graves inconvéniens dans le traitement des minérais qui sont faciles à fondre. La distance de la tuyère au fond de la cuve, est en général de 40 à 47 centim., la bouche de la tuyère a de 5 à 8 centim. de diamètre.

571. Pour réparer un fourneau de fusion, on commence par placer sur une couche d'argile de 16 centim. d'épaisseur, la pierre de fond épaisse de 31 à 34 centim. On l'établit de manière à lui donner une légère pente de la rustine vers le trou de la coulée. On reconstruit ensuite de nouveau, la partie inférieure de la cuve. Anciennement on n'employait pour matériaux que de l'argile : on se sert aujourd'hui du grès, si les fourneaux ont une certaine hauteur; les pierres dressées au cordeau, placées sur leurs lits de carrière et rangées par assises, doivent aboutir et se lier parfaitement à la partie intacte des parois. En construisant ce muraillement, on ménage une ouverture pour la tuyère et une autre pour la coulée;

celle-ci a 39 centim. de largeur sur 63 centim. de hauteur, à compter de la sole; mais on la réduit à 18 centim. de largeur après avoir achevé toute la construction.

Une cuve dure ordinairement deux à trois ans avant qu'il soit nécessaire de la reconstruire à neuf; c'est dans les environs de la tuyère qu'elle se détériore le plus: on est obligé, à la fin de chaque campagne terminée au bout de 5 à 7 mois, de réparer le foyer et de remplacer la pierre de fond.

Lorsque la réparation est achevée, on dessèche le fourneau. Pour cet effet, on bouche le gueulard presqu'en entier; ou brûle d'abord du bois devant la poitrine et l'on finit par porter le feu dans l'intérieur de la cuve. Après avoir chassé l'humidité; on s'occupe à nettoyer la sole, à placer la tuyère, et à fermer avec des briques la partie supérieure du trou de la coulée, de manière qu'il ne reste qu'une ouverture pour l'écoulement de la fonte et du laitier, ouverture qu'on bouche après chaque coulée avec de la terre glaise. Le charbon dont la cuve est remplie en entier ou en partie, brûle doucement pendant plusieurs jours. Après cela on charge en minérai, on fait agir les soufflets avec lenteur et l'on continue de remplir de minérai et de combustible le vide qui se forme au gueulard; les charges de charbon sont constantes, on fait varier seulement la dose de minérai.

Dès que le métal et le laitier arrivent dans le foyer, on procède à la première coulée; ou bien on commence simplement à se débarasser du laitier. La fonte se répand dans des moules plats ou, si on veut la diviser en blettes par l'arrosage, on la fait couler dans un bassin qu'on pratique dans du sable mélangé avec du fraîsil, mais alors elle doit être très-grise *. La fonte répandue dans le moule s'appelle *floss*; ce qui a donné à ces fourneaux le nom de *flossofen*.

Les variations dans les charges dépendent de la nature des minérais et de la qualité du combustible; lorsque les charbons sont durs, secs, sans être en trop gros morceaux, que les minérais sont fusibles, bien séchés et bien grillés, il faut en augmenter la dose. On en voit la nécessité, soit à la tuyère qui, pour lors, est claire et brillante; soit au gueulard dont la flamme vive, vacillante et terminée en dard, n'est pas accompagnée de fumée; soit à la fonte qui est très-chaude et conserve long-temps sa fluidité; soit aux laitiers qui sont très-peu colorés et qui, arrosés avec de l'eau, deviennent caverneux comme la pierre ponce. On reconnaît les signes d'une surcharge de minérais avec la même facilité : la tuyère s'obscurcit, son museau se recouvre de laitiers et de métal durcis, formant une espèce de tube qu'on appelle *nez*; la fonte, qui coule lentement, est matte; les laitiers sont épais, foncés en couleur et pesans; la flamme du gueulard est très-forte et accompagnée de beaucoup de fumée. Si en même temps, les charges descendent inégalement, il devient nécessaire de corriger l'allure du fourneau.

Il arrive quelquefois que la fonte et la flamme du gueulard ne présentent aucun indice de dérangement, quoique la tuyère s'obscurcisse et que les laitiers soient trop visqueux : cet effet ne provient

---

* Ces blettes sont des feuilles qui ont quelques lignes d'épaisseur; si la fonte n'était pas grisé, elle se figerait trop promptement et se prendrait en masses plus épaisses. **Le T.**

que des minérais mal grillés ou chargés en trop gros
morceaux; on y remédie en donnant plus de vent
pour élever le point de la réduction.

572. On ne fait écouler les laitiers séparément que
dans le cas où le fourneau est dérangé; à moins que les
minérais ne soient pauvres ou qu'ils n'aient besoin
de fondans, parce qu'il se forme alors une plus grande
masse de scories. Si l'on veut mettre la fonte sous
forme de floss, on coule toutes les deux ou trois heures. Pour la convertir en blettes, on la conserve plus
long-temps dans le fourneau, afin d'en remplir le bassin qui doit la recevoir. La percée se fait au niveau de
la sole; on ferme le trou avec un tampon de terre,
aussitôt que la matière est sortie du creuset. L'eau
projetée sur la masse liquide, fait figer les laitiers
qui surnagent dans le bassin; on les enlève avec des
crochets de fer et on les porte sous le bocard, parce
qu'ils contiennent encore une grande quantité de fonte,
qu'on estime à plus de 6 pour cent. Comme les floss
sont aspergés d'eau et refroidis le plus tôt possible,
on devrait préférer l'emploi des moules de fer à celui
des moules en sable, renouvelés chaque fois et confectionnés avec soin.

Le travail du fondeur est extrêmement facile; il
consiste à nettoyer la tuyère avec un crochet et à
détacher de temps à autre, avec le ringard, les matières qui se durcissent dans l'intérieur de la cuve.
Les laitiers visqueux attachés à la tuyère, prouvent
seulement que les minérais sont difficiles à fondre;
mais s'il se forme aussi du fer affiné, c'est une preuve
que le point de la réduction est trop bas.

On ne donne point de vent pendant la coulée,
afin de ménager le creuset et de ne pas être incommodé

par la flamme. On peut, ou mettre une plaque de
fer, devant la buse, ou bien arrêter le mouvement
des machines soufflantes. Le grand nombre des coulées
est une suite de la fusibilité des minérais, de la
marche plutôt froide que chaude imprimée au fourneau, et de la largeur du foyer; parce que les scories,
si elles étaient retenues dans le creuset, deviendraient
trop épaisses, et ne se laisseraient plus traverser par
les gouttes métalliques.

573. La fonte *très-raffinée* obtenue de minérais
spathiques, est d'une couleur plus ou moins rouge
en sortant du fourneau, coule avec une extrême liquidité et forme après le refroidissement, des surfaces
concaves, parce que les bords se refroidissent plus
promptement que le centre *. Tenace, un peu malléable, grise à sa cassure et à facettes, elle ressemble,
sous tous les rapports, à la fonte grise ordinaire. Le
laitier est liquide, léger, d'une couleur claire et d'un
aspect vitreux. On ne cherche pas à obtenir un fer
cru de cette nature, parce que des minérais non souillés de substances nuisibles sont traités avec plus de
bénéfices pour fonte blanche ; il en résulte une économie de charbon dans le haut fourneau, ainsi que
dans les feux d'affinerie **.

---

* On a voulu attribuer cet effet au retrait, quoiqu'il soit prouvé
que la fonte, en passant de l'état liquide à l'état solide, se dilate
au lieu de se retirer. La seule explication qui me paraisse admis-
sible, c'est que cette fonte sortant avec une grande vitesse du
creuset, forme en coulant, une surface concave, à cause de sa
liquidité, et conserve cette surface, parce que les bords se refroidissent très-promptement.   Le T.

** Ceci ne peut s'appliquer qu'aux minérais manganésifères ; les
autres, quelle que soit leur pureté, ne doivent être traités que
pour fonte *truitée*.   Le T.

La fonte *mêlée ou truitée*, sort aussi du fourneau avec une couleur rouge, mais elle se refroidit plus vîte que l'autre, et conserve par conséquent une surface plane *. Sa cassure, dont le fond est blanc, se trouve parsemée de petites taches grisâtres : plutôt rayonnante que lamelleuse, elle est, d'ailleurs, plus duré, plus aigre et plus sonore que la fonte raffinée. Le laitier, sans cesser d'être vitreux, devient pourtant plus compacte et plus coloré. Du reste, ce n'est pas non plus avec intention qu'on obtient ordinairement cette espèce de fer cru : on imprime au fourneau une marche plus froide, ou ce qui revient au même, on abaisse encore le point où s'opère la réduction.

La fonte blanche, qui, en sortant du fourneau, paraît moins rouge que la fonte truitée, est aussi moins liquide et se refroidit très-vîte en jetant des étincelles. Sa surface est très-rude après le refroidissement, sa cassure blanche, brillante et plutôt lamelleuse que rayonnante. Quoiqu'aigre, cette fonte crue est un peu tenace ; elle le devient davantage à mesure qu'elle se rapproche de la fonte blanche pâteuse dont il sera question tout à l'heure. Le laitier reste encore vitreux, mais sa couleur est le vert foncé ou le bleu noirâtre. Obtenu avec des minérais réfractaires, un semblable fer cru occasionnerait un engorgement du creuset ; il faudrait donc changer l'allure du fourneau et remonter alors le point de la réduction. Ce danger n'existe pas si les minérais sont fusibles et s'ils sont traités dans les flussofen. C'est cette espèce de fonte qu'on cherche alors à obtenir ; on donne aux char-

---

* N'étant pas aussi liquide que l'autre, la matière fluide n'est pas refoulée avec autant de force vers les bords. — Voyez la note précédente.   Le T.

bons la plus grande dose de minérais qu'ils peuvent
porter. Il serait même facile de remédier aux suites
d'un refroidissement plus considérable.

Une plus forte surcharge de minérais produit la
fonte blanche matte ou pâteuse, qu'on appelle *floss
tendre*, pour la distinguer des deux espèces précé-
dentes qui reçoivent le nom de *floss durs*. Elle est
très-épaisse et d'une couleur blanche en sortant du
fourneau, coule avec lenteur, jette des étincelles avec
beaucoup de bruit, se fige très-vîte et présente alors
une surface rude et inégale. Dans sa cassure, qui est
parfaitement compacte, on voit une foule de trous et
de soufflures; cette fonte qui a perdu son aigreur est
aciéreuse, et donne cependant au feu d'affinerie plus
facilement du fer que de l'acier. Le laitier est très-
visqueux, d'une couleur foncée et plutôt pierreux que
vitreux. Maintenu dans l'allure qui produit cette espèce de fer cru, le fourneau finirait par s'éteindre.

574. Si, au bout de 6 à 8 mois, l'intérieur du fourneau se trouve aggrandi et la pierre de fond rongée,
de manière que sa distance à la tuyère soit de 80 à
94 centim., on doit cesser le fondage, parce que la
réduction du minérai devient trop imparfaite dans un
si large foyer. On ne peut obtenir alors de la fonte
grise qu'en diminuant fortement la charge; les résultats
deviennent incertains; les laitiers contiennent beaucoup de fer, quelle que soit la marche du fourneau;
le travail est donc désavantageux. Mais il s'ensuit qu'on
devrait rétrécir la partie inférieure de la cuve et la
construire avec des matériaux plus réfractaires; ce
serait un moyen infaillible de faire une économie de
charbon, si toutefois les pierres employées à la construction pouvaient supporter le degré de chaleur qui

régnerait alors dans le foyer. On dut échouer lorsqu'on en diminua la largeur et qu'on fit usage des mêmes matériaux. L'emploi d'un courant d'air plus rapide (si l'on est à même de pouvoir augmenter le vent) n'offre qu'une faible ressource pour compenser l'élargissement du foyer : ce moyen ne peut même s'appliquer dans le cas où l'on travaille avec des charbons légers.

575. Le fourneau étant arrêté, il reste dans le fond de la cuve une fonte aciéreuse appelée *renard*; ce n'est qu'après l'avoir détachée qu'on procède à la réparation du creuset. L'uniformité de la marche du travail prolonge la durée du fondage.

DES HAUTS FOURNEAUX.

576. Les hauts fourneaux ne diffèrent des flossofen, que par le rétrécissement du foyer, et par leur creuset, dont une partie se prolongeant au-dessous de la *poitrine*, est à jour. Les étalages qui sont une continuation des parois se rattachent à l'ouvrage, cependant on les en distingue, parce qu'ils subissent ordinairement le sort de ce dernier : ils se détériorent et ils sont reconstruits avec le creuset, tandis que les parois de la cuve doivent durer plusieurs campagnes. Il faut donc pouvoir renouveler les étalages séparément. Un haut fourneau dont les parois sont achevées, mais qui n'a pas encore de creuset, présente jusqu'à la hauteur du ventre, un espace large, dans lequel on établit l'ouvrage et les étalages.

577. Le plan de l'ouvrage, au lieu d'être arrondi, présente la forme d'un quadrilatère ; c'est la plus facile à exécuter, parce que les pierres de la cuve sont

ordinairement très-dures et qu'on éprouverait beaucoup de difficultés à les tailler en forme ronde, et à les
faire joindre parfaitement. Lorsqu'on ne peut se procurer d'assez bonnes pierres, on fait le creuset de toutes
pièces avec de l'argile réfractaire et du sable quartzeux qui doit être d'une pureté parfaite. Passées au
tamis, ces deux substances sont intimement mêlées ensemble ; le mélange est humecté avec très-peu d'eau,
et battu ensuite à la manière du pisé dans des cadres de
bois, qui lui donnent la forme prescrite. Mais toute
la partie composant le mur antérieur, y compris la
tympe, doit être en pierres, pour offrir une plus grande
solidité *.

578. Les pierres de l'ouvrage exposées à la chaleur la plus intense, sont sujettes à se fendre et à se
déliter ; si elles ne sont pas très-sèches ; il est nécessaire pour cette raison de les conserver pendant un an
dans un endroit couvert et aéré. La résistance qu'elles
sont susceptibles d'offrir, ne peut être indiquée par
leurs caractères extérieures ; on ne doit s'en rapporter

---

* Cette manière de reconstruire les creusets, usitée exclusivement pour les fourneaux à charbon de bois de petites dimensions,
a été employée aussi à Gleiwitz, pour les hauts fourneaux à coke.
La construction est facile, prompte et peu dispendieuse. Le fourneau peut être remis en activité au bout de trois semaines ; tandis
qu'il peut l'être à peine en quarante jours quand on reconstruit
l'ouvrage en pierres. Comme il conserve, dans le premier cas,
beaucoup plus de chaleur ; il entre plus tôt en plein rapport, et donne
même de la fonte grise après la première coulée. Mais, malgré les
éloges donnés à ce genre de construction par M. l'inspecteur des
fonderies de Gleiwitz, il paraît pourtant que les creusets confectionnés en terre battue durent moins long-temps que ceux qui se
construisent en grès réfractaire. Archiv. für Bergbau und Hüttenwesen. T. 2, cahier 1, page 116 et suiv. L. T.

qu'à l'expérience : cependant, il ne faut jamais employer des pierres contenant beaucoup de mica et d'amphibole, ou dont la couleur brune annoncerait la présence du fer.

L'ouvrage s'élargit ordinairement depuis la sole jusqu'à son extrémité supérieure. Les pierres reçoivent le retrait prescrit. Taillées avec les meilleurs outils, elles ne doivent présenter aucune inégalité à leurs surfaces : toute espèce de bosse ou de ressaut devient une cause de destruction. Il faut que leur lit soit parfaitement horizontal ; ce n'est jamais en leur donnant une position inclinée à l'horizon qu'on doit former le retrait. La surface qui est dans l'intérieur de la cuve, doit être très-unie et travaillée avec la plus grande précision.

579. Le nombre des pierres employées dépend de leurs dimensions et de celles de l'ouvrage : on peut le construire avec huit blocs : on pourrait le faire aussi avec une vingtaine ; mais il faut tâcher cependant de se procurer de très-grosses pierres pour diminuer le nombre des joints. Elles ne sont pas dressées ou placées de bout l'une à côté de l'autre * : on les superpose, et si une seule longueur n'est pas suffisante, on emploie deux blocs ; mais il faut que le joint tombe hors du foyer.

Si l'ouvrage était divisé en deux parties, par un plan vertical, parallèle à la tympe et passant par la tuyère, l'une s'appellerait l'*avant* et l'autre l'*arrière foyer ;* si le plan, passant toujours par la tuyère, était horizontal, l'une serait la partie supérieure, et l'autre la partie

---

* On construit quelquefois la rustine avec une seule pierre placée de bout.   Le T.

inférieure de l'ouvrage; cette dernière s'appelle aussi *creuset*. La partie qui est au jour porte le nom d'*avant creuset**. .

58o. Lorsque .l'on reconstruit l'ouvrage, on commence d'abord par placer la pierre de fond, qui, établie sur une couche de sable de ı6 à 32 centim. d'épaisseur, reçoit une position horizontale (pl. 4; fig. ı). Après avoir déterminé l'axe .de la cuve avec la plus grande exactitude, de manière qu'il se confonde avec celui de l'ouvrage, on place la rustine (*b*) en lui donnant l'inclinaison convenable **. Ses côtés contre lesquels viennent s'appuyer les autres pierres, sont taillés d'après l'évasement prescrit. La partie antérieure de l'ouvrage reste ouverte le plus long temps possible, afin qu'on puisse approcher les matériaux plus commodément. On place les costières (*c*) et l'on continue d'élever l'ouvrage du côté de la rustine. Quoiqu'il serait avantageux que chaque costière ne fût composée que d'une seule pièce, afin qu'on pût éviter le joint, il est rare de pouvoir se procurer de si grandes pierres, parce qu'elles doivent dépasser la rustine de toute son épaisseur; on est donc obligé de les composer, ce qui donne lieu aux arrière et aux avant-costières.

Sur l'une des arrière-costières, on place la pierre de tuyère, dans laquelle est creusée une ouverture, qui doit être assez grande pour que l'on puisse enlever et replacer la tuyère avec facilité ***; mais il ne faut

---

* L'espace que nous désignerons sous le nom d'*ouvrage supérieur*, porte aussi le nom de *petite masse inférieure*.   Le T.

** Cette inclinaison, d'après ce que nous avons vu, dépend de la fusibilité des minérais et de la nature des charbons. Elle doit se rapprocher d'autant plus de la verticale que les minérais sont plus réfractaires, ou que le charbon est plus léger.   Le T.

*** Le trou pour la tuyère est percé ordinairement dans la pas que la piérre soit affaiblie inutilement. Sur l'autre costière, on range une ou plusieurs assises dont la première s'appelle le *contre-vent*. La rustine, composée quelquefois de différentes pièces, est élevée d'abord jusqu'à la naissance des étalages.

Après avoir achevé la construction des trois faces de l'ouvrage, on ferme la partie antérieure à l'aide d'une grosse pierre *(f)* surmontée de plusieurs autres qui sont plus petites *(g)*. La première qu'on appelle la tympe, reposant sur les costières, vient s'appuyer contre la pierre de tuyère et celle du contre-vent. Les costières la dépassent et forment par leur prolongement l'avant creuset, couvert en partie par la tympe. Enfin les quatre faces de l'ouvrage se terminent au même plan horizontal. Pour fermer le creuset par devant, on place entre les costières une pierre appelée *dame* * *(b)*. Le creuset reste alors ouvert en partie par le haut; de sorte que, si l'on appuie les ringards sur la dame, on peut, en les glissant sous la tympe, atteindre jusqu'à la rustine et à tous les points qui sont à la hauteur et au-dessous de la tuyère **. On doit conserver ensuite entre la dame et l'une des costières, ordinairement celle du contre-vent, une ouverture de 6 à 8 centim.; c'est le trou de la coulée, qui règne dans

pierre placée sur la costière; ce ne serait que dans le cas où cette dernière serait trop épaisse, qu'on y pratiquerait une partie de cette ouverture. Si la tuyère est en argile, on encastre dans la costière une plaque de fonte, qui remplace le plat de la tuyère et sur laquelle s'appuient les buses. Le T.

* Ce mot vient de l'allemand *damm*, qui signifie digue, parce que cette pierre forme une digue qui retient la fonte dans le creuset. Le T.

** La dame est de plusieurs pouces plus basse que la surface inférieure de la tympe, afin de faciliter le travail du fondeur. Le T.

toute la hauteur du creuset, et qu'on bouche avec de la terre glaise : la largeur de la dame est donc de 6 à 8 centim. plus petite que l'écartement des deux costières.

581. La tympe soumise plus que toutes les autres pierres aux changemens de température, souffre davantage aussi pendant le travail du fourneau. Pour empêcher qu'elle ne se fonde et pour la garantir du contact de l'air, on la garnit à l'extérieur avec une plaque de fonte, d'une forte épaisseur. Cette plaque repose sur une barre de fer de 8 centim. d'équarissage, disposée en travers sur les deux costières. Il est nécessaire que cette barre soit en fer forgé, afin qu'elle ne soit pas trop sujette à se fondre. Elle sert en même tems de point d'appui aux ringards lorsqu'on travaille dans le creuset.

582. L'espace compris entre les pierres de l'ouvrage et le muraillement extérieur, se remplit avec du sable, des briques ou des pierres concassées, etc., etc. Il est essentiel de murer la tympe et la pierre de tuyère, autant qu'il est possible, pour les dérober à l'influence de l'air extérieur, sans empêcher cependant qu'on puisse approcher du creuset et de la tuyère. Le quadrilatère formé par l'extrémité supérieure de l'ouvrage, se rattache, par les étalages, aux parties de la cuve qui sont restées intactes. Les parois se construisent en briques réfractaires, fortement cuites. Si l'on employait des briques qui n'eussent point subi l'action de la chaleur et qui éprouvassent un retrait considérable, ce serait commettre une grande faute, dont l'effet deviendrait funeste, à moins qu'on fît usage d'un vent faible et de mauvais charbons.

583. La hauteur de l'ouvrage dépend de celle du

fourneau : variant entre $1^m,25$ et $2^m,05$; elle n'a que $1^m,25$ dans les fourneaux de 5 à 6^m d'élévation ; $1^m,56$ à 1^m72 dans les fourneaux de 7^m, à $9^m,50$ de hauteur ; $1^m,88$ dans les fourneaux qui sont plus élevés encore, et au moins $2^m,05$ dans les fourneaux alimentés avec du coke. Il est donc évident que la chaleur deviendra d'autant plus intense que l'ouvrage dans lequel la fusion doit s'effectuer, sera plus rétréci et plus élevé. Il existe, au reste, un certain rapport entre les dimensions du foyer, la nature des minérais, la qualité du combustible, la force du vent, la hauteur et la largeur du fourneau. Cependant, il faut préférer en général, les ouvrages élevés à ceux qui n'ont qu'une faible hauteur ; mais on manquerait son but, si, en les élevant et en les rétrécissant davantage, on ne pouvait employer à leur construction des matériaux plus réfractaires.

584. Pour juger des dimensions qu'il faut donner à la cuve et à l'ouvrage, il est nécessaire de se rappeler les phénomènes de la réduction des minérais : c'est en général la nature et la qualité des matières premières qu'on doit considérer pour cet objet, ainsi que pour la force qu'il faut donner à la machine soufflante ; et il est pourtant rare qu'on y ait suffisamment égard. On croyait que la fusion, la réduction et la carburation du métal étaient trois opérations séparées, qui avaient lieu à des périodes différentes ; mais le fer doué d'une si grande affinité pour le carbone, ne peut se réduire sans qu'il se charge d'une certaine quantité de cette substance : il n'existe aucune raison qui s'y oppose, puisque les minérais sont toujours entourés de charbon. Les essais en petit manqués par défaut de chaleur, nous prouvent d'ailleurs que la désoxidation peut seulement

s'effectuer après que les minérais ont passé à un certain
état de mollesse. C'est pour cela que ceux qui sont réfractaires se réduisent difficilement et qu'on n'obtient
qu'une masse agglutinée non réduite ou imparfaitement
vitrifiée, lorsque la température n'a pas été assez élevée
pour fondre les matières et pour développer l'action du
carbone sur l'oxigène contenu dans les minérais.

Si les scories de fer, quoique plus fusibles que la
plupart des minérais réfractaires, exigent un si haut
degré de chaleur pour abandonner leur oxigène, on
ne doit l'attribuer qu'à l'intimité de la combinaison de
ce corps avec le fer dans les oxides vitrifiés : la réduction est difficile lors même que les oxides vitrifiés proviennent d'oxides terreux, et que, pendant
la fusion, ils n'ont éprouvé aucun changement dans
leurs parties constituantes.

585. La supposition que le fer, dans un premier
état de pureté, se charge peu à peu de carbone, est
contraire à tous les faits observés pendant la réduction
des minérais. Il est probable que cette assertion ne
doit son origine qu'à la présence hypothétique de
l'oxigène dans la fonte blanche et qu'à la quantité de
carbone supposée plus grande dans la fonte grise. On
ne peut nier que la fonte grise ne soit produite uniquement dans le cas où la dose de charbon est plus
forte qu'elle ne devrait l'être pour opérer la réduction
des oxides; mais il ne s'ensuit pas que la fonte blanche
soit obtenue parce que le carbone considéré comme
réactif a manqué dans l'opération; car l'expérience
journalière nous prouve que la fonte blanche qui résulte d'une allure très-dérangée, exige pour sa formation plus de combustible que n'en demande la fonte
grise.

Gardez-vous donc de croire que si, par une surcharge de minérais, le point de la fusion est des_
cendu très-bas et que la fonte soit devenue très_
blanche, le fer réduit n'ait pu trouver assez de charbon
pour s'en saturer; il arrive au contraire qu'on en
retire alors par le creuset une grande quantité qui
n'a pas eu le temps de brûler. Qu'on n'objecte pas
le fait d'expérience, que dans les fourneaux alimentés
avec du charbon de bois, un vent fort produit souvent
une fonte moins grise qu'un vent plus faible : car si
le courant d'air est plus fort, les descentes des charges
sont plus rapides, et la proportion de charbon et
d'oxigène n'est pas changée. Il s'ensuit donc aussi
que le rapport du charbon au minérai reste le même *.
Mais nous faisons observer, au contraire, que dans
les fourneaux à coke, il est souvent impossible d'obtenir de la fonte grise en diminuant la dose de minérais; on n'y parvient qu'en augmentant le courant
d'air. On peut donc affirmer de la manière la plus
positive, que la sous-espèce blanche de la fonte grise
ne doit pas toujours sa naissance à une trop faible
proportion de charbon.

586. Les minérais fusibles, quand bien même ils
ne contiennent point de manganèse, ainsi que les scories de forges, sont très-disposés à donner de la fonte
blanche. Si l'on est obligé de les-traiter pour fonte
grise, on consomme plus de charbon qu'on n'en brûle
pour réduire des minérais réfractaires de même richesse. C'est aussi pour cette raison que la fonte devient blanche par une forte addition de fondans. Si
le combustible est en proportions démesurées, une

---

* On verra plus bas, que c'est la rapidité de la descente des
charges qui produit souvent de la fonte blanche.   Le T.

partie du fer cru se trouve oxidée de nouveau, entre
en vitrification, et le fourneau, quoique la fonte soit
très-grise, paraît surchargé de minérais. Le meilleur
moyen qu'on puisse employer pour obtenir de la
fonte grise avec des oxides fusibles, est de baisser la
température en diminuant le courant d'air, lorsque,
par une construction défectueuse, ou par des charbons
trop légers, le fourneau est disposé à donner de la
fonte blanche *.

587. D'après les observations qui ont été faites
jusqu'à présent, on obtient de la fonte blanche :

1°. Par une trop grande fusibilité des minérais,
ou ce qui revient au même, par un excès de fondans,
par des charbons légers, et par un vent trop fort,
sans que le fourneau soit déréglé dans sa marche ; 42,

2°. Par une surcharge de minérais qui dérange
le fourneau ;

3°. Par une trop douce pente des étalages ; par
un vent dont la vîtesse n'est pas proportionnée à la
nature du combustible, sans que la marche du fourneau en soit dérangée ;

4°. Par un manque de chaleur, bien que le fourneau suive du reste une bonne allure ;

5°. Par un dérangement du fourneau, qui, sans
pouvoir être attribué à une surcharge de minérais,
provient de l'irrégularité dans la descente des charges,
et des éboulemens qui en sont le résultat, etc., etc. ;

6°. Par une trop forte compression que la colonne
des matières renfermée dans la cuve, exerce sur les
couches inférieures. Concentrée alors dans le creuset,

---

* Le but qu'on se propose, particulièrement, c'est de diminuer la rapidité des descentes et la trop forte combustion du charbon dans les parties supérieures du fourneau. Le T.

la chaleur ne peut s'élever jusqu'aux étalages et au
ventre. Du reste, l'allure du fourneau paraîtra bonne,
les scories et la flamme ne donneront aucun signe de
dérangement.

Pour obtenir de la fonte grise, il est nécessaire que
tout le fourneau soit pénétré d'une chaleur intense,
que le vent puisse traverser convenablement la colonne
de matières, et sortir du gueulard avec régularité; que
le laitier ne soit ni trop liquide ni trop visqueux, enfin
que la température s'élève au plus haut degré dans
l'ouvrage.

588. On peut conclure de ce que la fonte blanche
contient autant de carbone que la fonte grise produite
par les mêmes minérais, et de ce que celle-ci se
forme seulement dans le cas où la température du
fourneau est très-élevée; on peut conclure, dis-je,
que la deuxième doit son existence à la première,
qui ne demande qu'un haut degré de chaleur pour
changer de couleur. Mais ce n'est pas d'une manière
subite que ce changement peut s'opérer. Entrete-
nus assez long-temps à une haute température, les
culots de fonte blanche obtenus dans les essais deviennent gris, sans prendre une plus forte dose de charbon. D'ailleurs, on sait assez que les opérations chimiques exigent plus ou moins de temps et ne peuvent
s'exécuter instantanément.

589. Il résulte de ce principe appliqué aux faits qui
accompagnent la réduction des minérais dans les hauts
fourneaux, que la fonte reste blanche, lorsque le point
où s'opère la fusion est descendu trop bas, ou, ce qui
revient au même, lorsque la réduction a lieu vis-à-vis
où au-dessus de la tuyère, soit qu'il faille en accuser
un manque de chaleur, soit qu'on doive l'attribuer à

l'élargissement du foyer; mais on obtient aussi de la fonte blanche, lorsque, par un vent trop fort, comparativement à la nature du combustible, le point de la fusion a été très-élevé au-dessus de la tuyère, et que les matières deviennent trop liquides pour pouvoir s'arrêter le temps convenable dans la plus haute température. Alors la fusion et la réduction sont parfaites; mais la fonte blanche qui en est le résultat, se dérobe trop promptement à la chaleur concentrée pour pouvoir se changer en fonte grise; quelquefois aussi la température qui règne dans l'espace compris entre la tuyère et le point où s'opère la fusion, n'est pas assez élevée pour produire ce changement.

590. Il faut donc distinguer soigneusement la fonte blanche provenant d'une surcharge de minérais, de celle qu'on obtient avec une juste proportion de toutes les matières employées à la fusion. Dans le premier cas, la réduction est imparfaite, parce que le fourneau manque de chaleur; dans le deuxième, les minérais sont réduits complétement.

La surcharge de minérais est tantôt l'effet d'une inattention du chargeur, tantôt aussi elle provient d'une plus grande richesse des minérais, ou d'une plus ou moins grande quantité d'eau dont ils sont imbibés; quelquefois aussi, elle est due à l'humidité ou à la légéreté des charbons. Il s'ensuit que le chargement des minérais doit se faire au poids et non à la mesure; parce qu'on peut admettre en général que ceux qui sont humides ou riches, pèsent plus que ceux qui sont secs ou pauvres. Quant aux charbons, on doit les prendre à la mesure en conservant toujours la même charge; leur degré d'humidité est si variable qu'il arrive souvent que les charbons les plus pesans sont précisément ceux qui produisent le moins d'effet; en les prenant au poids., on pourrait donc commettre les plus graves erreurs *.

Si l'allure du fourneau avait été dérangée par une semblable surcharge de minérais, il ne faudrait pas augmenter la force du vent, parce qu'on ne pourrait élever ni le point de la fusion ni la chaleur qui doit régner au-dessus de la tuyère; un courant d'air plus fort ne servirait qu'à refroidir et à durcir la masse fondue.

591. Si le juste rapport du minérai au combustible se manifeste par l'aspect des laitiers, qui ne doivent être ni pesans ni foncés en couleur, et si, malgré cela, on obtient de la fonte blanche, le point où s'effectue la réduction est alors trop élevé ou trop bas; mais c'est toujours un manque de chaleur qui empêche la conversion de la fonte blanche en fonte grise, à moins que la trop grande liquidité de la matière ne la dérobe trop promptement à l'action d'une haute température. Ce dernier cas ne se présente que pour les minérais trop fusibles, ou rendus tels par un excès de fondant; il est possible alors que la vitesse du vent soit proportionnée au charbon. En augmentant la dose de minérais, on ferait baisser le point de réduction, mais on refroidirait le fourneau, ce qu'il faut éviter, lors—

---

* On pourrait croire, au premier abord, que si les charbons de bois dur sont mêlés avec des charbons tendres, ce qui ne devrait jamais être, il faudrait charger au poids. Cependant, il n'en est pas ainsi : l'ouvrier, en remplissant les mesures, peut corriger en quelque façon l'erreur provenant des charbons de bois blanc, parce qu'il les distingue facilement. Mais en pesant les charges, on double l'action nuisible de l'eau, parce que les plus mauvais charbons, les charbons humides sont précisément ceux dont la pesanteur spécifique est la plus considérable.   Le T.

qu'il s'agit d'avoir de la fonte grise. Si l'on diminuait
cette dose, la fusion s'opérerait plus tôt et la fonte serait
soumise un peu plus long-temps à l'action d'une chaleur concentrée; mais la dépense en charbon serait
très-forte, et il pourrait arriver néanmoins que la fonte
fût encore blanche à cause de sa grande liquidité.
On n'a donc qu'un moyen de faire baisser le point
de réduction : c'est de diminuer la chaleur dans la
partie supérieure du fourneau, en donnant moins de
vent, ce qui fait diminuer aussi la rapidité de la descente des charges. On ne doit recourir à ce moyen
que dans le cas où il serait impossible d'assortir les
minérais avec d'autres et de former un mélange plus
réfractaire.

C'est se donner un problème bien difficile à résoudre, que de vouloir obtenir de minérais très-fusibles,
impurs et devant être traités pour fonte grise, beaucoup de fer avec une faible dépense en charbon. Ces
sortes de minérais doivent être exposés progressivement
à une chaleur de plus en plus élevée et maintenus
quelque temps à la plus haute température. Il faut
les traiter dans des fourneaux très-larges, par rapport
à leur hauteur. Cependant, pour économiser le charbon, on doit resserrer un peu l'ouvrage et l'élargir
rapidement au-dessus du point où s'opère la fusion;
du reste, sa largeur peut augmenter avec la force du
vent et la densité des charbons.

592. Si la fonte blanche obtenue, n'est pas le résultat d'une trop grande fusibilité ou d'une surcharge
de minérais, ce qu'on reconnaît à la consistance, au
poids et à la couleur des laitiers, la faute provient
alors de la construction du fourneau ou du vent dont
la vitesse n'est pas proportionnée à la nature du char-

bon : quelquefois aussi, c'est à l'une et à l'autre cause qu'on doit l'attribuer. Un vent trop fort, par rapport à la combustibilité du charbon, fait remonter le point de la fusion à une trop grande hauteur ; la température qui règne alors entre ce point et la tuyère, ne suit plus une loi croissante assez rapide pour changer la fonte blanche en fonte grise.

Il résulte de ces principes que le danger d'obtenir de la fonte blanche par un courant d'air trop rapide, est d'autant plus grand que le charbon est plus léger et plus inflammable. On pourrait même s'imaginer un point où la fonte resterait toujours blanche, quelle que fût la diminution des charges en minérai; parce que le charbon qui est très-léger se détruit promptement sans donner beaucoup de chaleur, et que le changement de la fonte blanche en fonte grise exige un bien plus haut degré de température que la réduction du minérai. En diminuant la dose de ce dernier, on diminuerait aussi la quantité de calorique employée à la fusion, et l'on pourrait obtenir de la fonte grise; mais il en coûterait trop de combustible. Il vaut mieux donner moins de vent, afin qu'on puisse concentrer la combustion sur un espace déterminé, et empêcher que le charbon ne se consume trop fortement dans la partie supérieure du foyer.* En faisant usage de charbon léger, toutes choses étant

---

* D'après ce que nous venons de voir, la plus forte chaleur doit régner dans l'espace compris entre la tuyère et le point de la fusion. Il faut donc que les charbons ne soient pas trop consumés avant d'y arriver : c'est ce qui oblige quelquefois de diminuer le vent. On sait d'ailleurs (363) que les charbons légers ne produisent pas tout leur effet lorsque le vent est trop rapide.
Le T.

égales d'ailleurs, on obtient, en employant peu de vent, de la fonte grise en petite quantité, tandis qu'avec un vent fort on aurait un produit plus considérable en fonte blanche.

Une trop grande rapidité du courant d'air est d'autant moins à craindre que le charbon brûle plus difficilement. On n'obtient jamais de la fonte blanche par excès de vent, si le fourneau est alimenté avec du coke compacte, qui demande un air très-dense, pour développer dans la combustion toute la chaleur qu'il est susceptible de produire. En général, moins les charbons sont inflammables, plus on peut élever le point de la fusion, sans craindre qu'ils ne se consument en pure perte ; mais alors il faut donner aux étalages une pente plus rapide.

593. Si le charbon brûle avec trop de lenteur, le point de la fusion descend trop bas et la fonte devient blanche, quoique le minérai soit employé en justes proportions avec le combustible. Dans les fourneaux alimentés avec le charbon végétal, cet accident provient assez rarement d'un courant d'air trop faible ou d'une trop grande ouverture de la buse ; il est plutôt le résultat de l'élargissement du foyer. Mais en faisant usage de coke, on obtient quelquefois de la fonte blanche, lors même que l'ouvrage est rétréci. On ne peut attribuer ce phénomène qu'à l'air dilaté par la chaleur de l'été ou peut-être aussi à un état électrique particulier. Au reste, ce n'est pas en diminuant la proportion de minérai, qu'on parvient alors à élever le point de la fusion ; il ne reste d'autre moyen que d'augmenter l'activité de la machine soufflante.

594. Enfin il peut arriver aussi que la fonte soit

blanche, malgré le juste dosage de la charge et quoique les laitiers soient légers et peu colorés. Pour lors,
c'est le peu de fusibilité des minérais, ou le refroidissement des régions supérieures de la cuve, ou un obstacle opposé à la circulation du vent qui a fait baisser
le point de la fusion. Si les minérais sont réfractaires
de leur nature, on doit élever l'ouvrage et le rétrécir
ainsi que la cuve, pour donner une pente assez rapide
aux étalages. Si le manque de fusibilité est la suite
d'un mauvais choix des fondans ou des fautes commises
dans le grillage et le bocardage, on doit augmenter le
courant d'air pour porter le point de la fusion à une
plus grande hauteur. Si le vent ne peut circuler ni
sortir par le gueulard, on obtient de la fonte blanche,
lors même qu'il règne une chaleur intense dans l'ouvrage ; on doit en accuser alors ou la forme des étalages
dont la pente est trop rapide, ou celle de l'ouvrage
dont l'évasement est trop considérable, ou enfin le
tassement du combustible. Ce tassement peut provenir soit des charbons menus qui se rapprochent de
la nature du fraisil au moment où ils sont introduits
dans le fourneau, soit des charbons qui, détériorés
par l'humidité, éclatent et se réduisent en petits
fragmens lorsqu'ils éprouvent l'action de la chaleur.
Cet effet a lieu principalement dans les fourneaux
alimentés avec du coke contenant une forte dose de
houille éclatante ou de charbon minéral : le fraisil
qu'il donne forme une brasque qui obstrue l'intérieur
de l'ouvrage et ferme le passage à l'air ; forcé alors
de sortir par le creuset, le vent peut entraîner avec
lui du laitier et du fer cru.

595. Quand le foyer s'élargit trop fortement, la
chaleur n'est plus assez concentrée. Pour parvenir

alors à une séparation complète des matières, on
doit ou diminuer la dose de minérais, ou augmenter
la force du vent. Mais cette dernière ressource a ses
bornes; parce qu'une partie du charbon, s'il était
léger, brûlerait en pure perte, et que, pour le coke
compacte, il serait impossible d'augmenter le courant
d'air au degré convenable. Dans un si large foyer,
les matières ne sont plus assez bien retenues, le
charbon ne produit plus son maximum d'effet, les
minérais tombent par masses dans le creuset où ils
ne subissent qu'une réduction imparfaite : plus ils
sont réfractaires, plus la séparation du fer d'avec les
scories est incomplète et plus la consommation en
charbon est considérable, sur-tout lorsqu'on tâche
d'avoir de la fonte grise; mais on obtient ordinairement un mélange des deux espèces de fer cru, et
une grande partie des minérais entre en vitrification.

596. Il faut donc que le fourneau qui doit produire
de la fonte grise, reçoive dans toutes les parties de
la cuve, depuis le gueulard jusqu'à la sole, des degrés
de chaleur convenables et proportionnés à la nature
du minérai et du combustible ; c'est une condition
sine quâ non. La fonte blanche ne peut se convertir
en fonte grise :

1°. Si, par une surcharge de minérai, la température est trop abaissée;

2°. Si, malgré un dosage convenable, les matières
ne peuvent, à cause de leur extrême fluidité, séjourner le temps convenable dans la partie du fourneau
où la température est le plus élevée (589-591);

3°. Si l'ouvrage seulement manque de chaleur et
que la cuve ait reçu le degré de température nécessaire; effet qui proviendrait d'un vent trop fort ou
d'un charbon trop léger (592);

4°. Si en vertu d'une très-lente combustion, la cuve et l'ouvrage manquent de chaleur à la fois (593);

5°. Si le minérai, sans y être préparé, est exposé subitement à la plus haute température (594);

6°. Enfin, si le foyer se trouve élargi, de manière qu'il ne soit plus possible d'y concentrer la chaleur.

Ce n'est donc qu'à l'action d'une forte chaleur qu'est dû le changement de la fonte blanche en fonte grise. Ce changement, résultat d'une modification particulière dans la combinaison du métal avec le carbone, est suivi du départ d'une partie des matières étrangères contenues dans le fer cru, provenant de minérais impurs. La vérité de ce fait est frappante dans le travail des fourneaux alimentés avec le coke : on trouve toujours une plus grande quantité de souffre ou de métaux terreux, dans la fonte blanche que dans la fonte grise, dont la pureté va en augmentant avec le degré de chaleur qui règne dans le foyer. Si le coke laisse beaucoup de cendres après la combustion, et s'il donne peu de chaleur, la fonte grise est chargée de métaux terreux; mais la fonte blanche obtenue avec du coke semblable, en contient une bien plus forte dose, et elle est quelquefois si épaisse, qu'on peut à peine la faire sortir du creuset. Des minérais impurs ou des minérais réduits avec le coke doivent toujours être traités pour fonte grise; parce que, dans l'affinage, on ne peut corriger les vices du fer cru qu'avec des pertes considérables de temps, de métal et de combustible.

597. Une allure trop chaude est également nuisible; il en résulte toujours un déchet considérable et un laitier visqueux, qui éteindrait le feu, si l'ouvrage s'était déjà élargi; parce que le vent ne pourrait tra-

verser la masse du combustible et que la chaleur ne
serait pas assez forte pour ramollir les matières durcies
et attachées aux parois du foyer * : il y a bien moins
à craindre si l'ouvrage est neuf et resserré, cependant
un fourneau à coke maintenu dans cette allure pendant l'hiver, étoufferait en peu de jours **. Il s'ensuit
qu'on ne doit pas négliger les premiers indices de ce
dérangement, l'obscurcissement de la tuyère. On doit
ralentir aussitôt le mouvement des machines soufflantes
et faire sortir du foyer les masses durcies. Les hauts
fourneaux, alimentés avec du charbon de bois sont
plus faciles à conduire dans ces sortes de circonstances;
malgré cela, il est essentiel de diminuer le vent. Quelquefois on introduit dans le fourneau un peu de sable
fin ramassé sur la plate-forme du gueulard : ce sable
coule entre les charbons, arrive dans l'ouvrage, fond
et dissout les matières figées. On emploie aussi pour
cet effet le cuivre, que l'on jette dans le creuset; mais
ce sont des moyens qui ne doivent servir qu'à la dernière extrémité.

Il ne faut pas confondre les laitiers dont nous venons de parler avec les laitiers visqueux qu'on obtient, sur-tout dans de petits fourneaux, en traitant des
minérais très-réfractaires, ou mal grillés ou mal bocardés. Dans ce cas, on doit élever la chaleur dans
l'ouvrage en augmentant la vîtesse du vent, afin de

---

* Ces laitiers deviennent très-visqueux sur-tout en arrivant dans
l'ouvrage, où, soumis à une faible chaleur, ils sont refroidis par le
vent; puisque les charbons ont été consumés dans la partie supérieure de la cuve.   Le T.

** C'est pendant l'hiver que le vent produit le plus d'effet;
cette marche du haut fourneau est donc alors plus dangereuse que
pendant l'été.   Le T.

liquéfier les matières qui salissent la tuyère et la recouvrent d'une voûte. Les cokes impurs mêlés de
schistes, particulièrement les cokes agglutinés, produisent cet effet qu'on ne peut empêcher qu'à force
de fondans.

598. Il paraît que le coke laisse des cendres d'autant
plus réfractaires qu'il est plus compacte et plus difficile à brûler. Le laitier qui en résulte est si visqueux
qu'il occasionne des engorgemens à la moindre diminution de température. Pour prévenir ces accidens,
on ajoute souvent au minérai un dixième ou un
huitième de laitiers parfaitement vitrifiés. Au reste,
nous avons déjà fait sentir la nécessité de bien choisir
et de bien proportionner les fondans, afin que le mélange ne devienne ni trop réfractaire ni trop fusible.
Dans le premier cas, le laitier qui serait trop liquide,
ne pourrait défendre le fer contre l'action du vent ; il en
résulterait d'ailleurs un balancement des matières contenues dans le creuset, ce qui fait figer une partie de
scories ou de fonte. Trop tenaces, les laitiers ne se
laissent pas facilement traverser par les gouttes de métal, dont ils retiennent une assez grande quantité à
l'état de mélange.

599. Quelque simple que paraisse le travail des hauts
fourneaux, puisqu'il ne s'agit que d'entretenir la température à un degré convenable pour obtenir de la
fonte raffinée, on éprouve cependant des difficultés
dans l'application de ce principe ; parce que chaque
minérai et chaque combustible exigent un traitement
particulier : ces difficultés augmentent à mesure que
les minérais sont plus réfractaires et que les cokes sont
plus compactes.

En traitant du minérai fusible avec du charbon de

bois d'une bonne qualité, on peut négliger, à bien
des égards les règles relatives à la construction des
fourneaux : le travail peut suivre une bonne marche,
lors même que la forme de l'ouvrage est vicieuse et
que la pente des étalages n'est pas proportionnée à la
combustibilité du charbon, ni au degré de fusibilité
du minérai ; on n'en éprouve d'autre inconvénient
que de consommer une plus grande quantité de combustible. Il en est tout autrement avec les fourneaux
à coke. Si l'on commettait des fautes de cette nature
dans leur construction, on ne pourrait ni régulariser
leur marche ni obtenir de la fonte grise. Mais, si les
défectuosités dans la construction des fourneaux à
charbon de bois entraînent après elles une plus grande
dépense de combustible, il est de l'intérêt des maîtres
de forges de soumettre la forme donnée par l'usage, au
raisonnement basé sur une saine théorie, et de ne pas
suivre la vieille routine, sous prétexte d'avoir obtenu
jusqu'alors de bonne fonte.

600. Il n'est pas indispensablement nécessaire que
les fourneaux aient une grande hauteur, pour qu'ils
puissent produire de la fonte grise ; on peut l'obtenir
lors même qu'ils sont très-bas, si l'ouvrage est assez
resserré ; mais il n'est pas moins vrai que dans les
fourneaux qui ont peu d'élévation, les matières passent trop rapidement à une haute température ; ce qui
rend la réduction d'autant plus incomplète que le minérai est plus réfractaire. S'il était très-fusible, il se
réduirait parfaitement dans ces sortes de foyers : remarquons, toutefois, que la fonte blanche ne pourrait
séjourner assez long-temps au centre de la chaleur et
qu'elle se changerait d'autant moins en fonte grise que
le vent serait plus fort ; ce travail est donc imparfait.

Si les fourneaux étaient plus élevés, le produit serait plus considérable, le laitier plus pur et la qualité
de la fonte plus uniforme. Les petits fourneaux, trop
sujets à être refroidis par des circonstances accidentelles, subissent des variations considérables dans
leur allure ; et si, pour remédier à cet inconvénient,
on voulait donner à l'ouvrage une élévation disproportionnée à celle de la cuve, on parviendrait sans
doute à réduire les minérais plus complètement et à
obtenir de la fonte grise, mais le produit journalier
serait diminué.

Les petits fourneaux ont encore un autre désavantage, c'est de consommer trop de charbon. Les minérais ne séjournent pas assez long-temps dans la partie
supérieure de ces foyers ; ils ne sont pas suffisamment
préparés, et contiennent encore des matières vaporisa-
bles en arrivant dans l'ouvrage ; d'où il suit que les
charbons doivent en porter une moindre quantité,
puisque le dégagement des gaz, la fusion et la réduction s'exécutent presqu'en même temps. Il est
donc incontestable que les fourneaux qui ont une
grande hauteur, produisent une économie en combustible.

601. Plus le fourneau est élevé, toutes choses égales
d'ailleurs, plus la température du gueulard doit diminuer, puisque la partie supérieure de la cuve est
alors plus éloignée du point où s'opère la fusion. Des
charbons légers, qui ne développent pas une grande
quantité de chaleur, une faible machine soufflante,
qui donne peu de vent, bien que l'air expiré par la
buse puisse avoir la pression convenable ; ces charbons et ces soufflets, dis-je, qui ne pourraient échauffer
la partie supérieure de la cuve, rendraient une grande

hauteur superflue; elle serait même nuisible, si le vent n'était pas assez fort pour traverser la colonne de matières et pour sortir par le gueulard. Lorsque le charbon de bois est compacte et que la machine soufflante est assez puissante pour fournir beaucoup de vent avec la pression convenable, on doit donner aux fourneaux une grande élévation, afin d'utiliser toute la chaleur développée par le combustible.

Des minérais qui contiennent beaucoup de zinc, dont l'oxide, après avoir été volatilisé, se dépose et rétrécit la partie supérieure de la cuve, ne peuvent être traités dans les fourneaux d'une grande hauteur, parce que la formation de la cadmie est favorisée par une grande distance du gueulard au foyer de la chaleur : lorsque ces dépôts retombent dans l'intérieur du fourneau, ils absorbent beaucoup de calorique pour se volatiliser de nouveau.

Les fourneaux à coke, qui reçoivent toujours un vent rapide, doivent être très-hauts, afin que toute la chaleur produite par le combustible soit mise à profit. On peut admettre en principe général que la hauteur des fourneaux doit être proportionnée à la force du vent et à la compacité du charbon. Si le charbon est pesant et que la machine soufflante soit faible (quoique le vent puisse avoir la pression convenable), on ne doit pas donner une grande hauteur au fourneau; il en serait presque de même, si le charbon était très-léger et que la machine soufflante eût une plus grande force ; on pourrait accélérer alors la descente des charges, en lançant dans le foyer une grande masse d'air; mais on ne parviendrait pas à élever la température à un très-haut degré.

Un fourneau d'une grande hauteur, est non-seule-

ment très-dispendieux à construire, mais il exige
aussi des machines particulières pour le transport des
matières sur la plate-forme du gueulard ; tandis qu'une
simple rampe suffit à cet effet pour les petits fourneaux. C'est pour cette raison qu'on ne doit pas
donner à ces foyer une élévation superflue. Si le charbon était très-léger, s'il provenait de bois de sapin
et que la machine soufflante fût faible, une hauteur
de 6 à 8 mètres serait suffisante ; mais des minérais
réfractaires ne pourraient alors se réduire que d'une
manière imparfaite.

En disposant de soufflets qui puissent fournir un
volume d'air assez considérable sous la pression voulue, on doit donner aux fourneaux au moins 9^m,5o
d'élévation lors même que les charbons sont légers.

Si le charbon est de bois dur et que la machine
soufflante ait le degré de force nécessaire, le fourneau
ne doit jamais avoir moins de 11 mètres de hauteur.
Une plus grande hauteur est préjudiciable lorsque les
minérais contiennent du zinc, à moins qu'on ne dispose d'un vent très-fort.

Les fourneaux à coke doivent avoir, selon la qualité du combustible, 13 à 16 mètres de hauteur, afin
que toute la chaleur dégagée puisse servir à la réduction du minérai.

602. Il faut aussi que la grosseur des charbons et
la nature des minérais entrent en considération : de
gros charbons non friables et des cokes boursouflés
doivent être brûlés dans des fourneaux plus élevés
que ceux où l'on brûle des charbons qui s'écrasent,
et de petits cokes susceptibles de se tasser fortement.
Cependant, si les minérais traités avec ces petits charbons ne sont pas terreux ou ocreux, ils pourront laisser

assez de passage au vent. Quant aux minérais pulvéru-
lens, on doit craindre qu'ils ne coulent au travers
des couches de charbons, si la pression de la colonne
de matières est considérable. Il faut donc employer des
fourneaux moins élevés pour ces sortes de minérais,
traités avec de petits charbons.

603. Lors même que le fourneau est construit selon
les règles de l'art, le succès de l'opération peut encore
être imparfait, si la vitesse du vent n'est pas proportionnée à la nature du combustible. Un air dont la
pression est trop faible, n'opère qu'une lente combustion, quand même il est porté en grande masse dans le
fourneau; la chaleur ne peut alors acquérir une forte
intensité. Un vent trop rapide consomme les charbons
promptement et sans qu'ils puissent produire tout leur
effet, souvent même il les pousse vers le contre-vent,
ce qui peut occasionner des descentes obliques. Il
s'ensuit qu'on doit chercher avant tout la vitesse du
courant d'air qui convient à la nature du charbon, pour
obtenir le maximum d'effet; mais il faut avoir égard
aussi à la largeur du foyer. Lancé dans un vaste espace,
le vent se dilate promptement; il faut donc que dans
ce cas, il reçoive une forte pression. Voilà ce qui
prouve évidemment la défectuosité des larges foyers;
car la masse du combustible n'y brûle jamais avec la
rapidité convenable : une partie est exposée à un vent
trop rapide et une autre à un vent qui n'a pas assez de
vitesse.

On voit d'après ce que nous venons de dire, qu'il
est essentiel de rétrécir le foyer du fourneau, autant que la qualité des matériaux employés à sa construction peut le permettre. Lorsqu'il commence à
s'élargir, il faut donner le vent par deux côtés op-

posés; c'est l'unique moyen de brûler les charbons avec une vîtesse à-peu-près uniforme. Quand on ne souffle qu'avec une seule buse, on est obligé quelque-fois d'en diminuer l'orifice, pour renforcer la pression du vent; mais il en résulte un grave inconvénient, si l'on emploie des charbons légers. Il en serait de même si, en brûlant du coke compacte, on voulait augmenter seulement la masse d'air par un plus grand élargisse-ment de la buse. Dans le premier cas, une partie du charbon se consumerait trop vîte et sans produire assez d'effet; dans le deuxième, la température ne serait pas augmentée, les charges descendraient seulement avec une plus grande rapidité.

604. Nous manquons encore d'expériences précises sur les pressions qu'on doit donner à l'air pour brûler les différentes espèces de charbons avec la vîtesse con-venable, et développer le maximum de chaleur. Ce-pendant on peut admettre en général que les colonnes d'eau faisant équilibre, ces pressions doivent avoir les hauteurs suivantes :

ESPÈCES DE CHARBONS.	HAUTEURS DES COLONNES D'EAU.	
	MESURES métriques.	MESURES du Rhin.
	Cent.	Pieds.
Charbon très-léger provenant de sapin. .	31 à 46	1 à 1 1/2
Charbon de sapin de bonne qualité. . . .	46 à 63	1 1/2 à 2
Charbon de pin silvestre et de bois dur. .	63 à 94	2 à 3
Coke tendre et facilement inflammable. .	125 à 188	4 à 6
Coke dur et compacte	188 à 251	6 à 8

605. La quantité de vent lancé dans le foyer avec une vîtesse proportionnée à la nature du combustible, doit dépendre de la hauteur du fourneau. Plus la machine soufflante peut fournir d'air sous la pression voulue, plus on consume de charbon et plus on obtient de fer dans un temps donné. Il est évident d'ailleurs que là chaleur doit augmenter, si l'on brûle à la fois plus de charbon avec la rapidité convenable ; c'est ce qui prouve l'avantage de donner beaucoup d'air aux fourneaux qui ont une grande élévation. Il n'en est pas tout-à-fait ainsi pour les petits fourneaux, puisqu'une grande partie de la chaleur s'échappe par le gueulard, et que les minérais entrent trop rapidement en fusion. Cependant il faut employer de préférence des soufflets qui donnent beaucoup de vent ; parce qu'on est plus en état alors de régulariser le jet d'air, d'élever la température et d'augmenter par conséquent la proportion du minérai.

606. On ne peut toutefois prétendre que la quantité d'air expiré par la buse soit déterminée d'une manière rigoureuse par la hauteur et la largeur du fourneau ; car ce n'est que la vîtesse du vent qui peut influer sur l'effet produit par le combustible. Mais, comme l'intensité de la chaleur dépend de la masse de charbon brûlé à la fois, on doit fournir nécessairement un volume d'air plus considérable à un grand fourneau, qu'à celui dont les dimensions seraient plus faibles ; sans cela la hauteur du premier ne remplirait pas son objet, parce que la cuve resterait froide dans la partie supérieure. Un fourneau qui est plus haut, qui reçoit une plus grande quantité d'air qu'un autre, peut recevoir aussi plus de largeur au foyer. Ce qu'on perd d'un côté par un manque de con-

centration, on le gagne de l'autre par une plus grande
quantité de calorique dégagée; c'est pour cette raison
qu'on parvient à élever le degré de chaleur dans un
foyer qui s'est élargi, en augmentant aussi la bouche
de la buse.

Il s'ensuit que le fourneau doit être d'autant plus
haut et d'autant plus large, qu'il reçoit une plus grande
masse d'air, afin que toute la chaleur dégagée soit
mise à profit. Un fourneau alimenté avec du charbon de
bois, et dont la hauteur est de 40 pieds, donnera plus
de fonte et dépensera moins de combustible, s'il reçoit
2000 ppp. d'air par minute, que s'il n'en recevait que
800; nous supposons d'ailleurs que le vent soit animé
de la même vitesse.

607. Pour ce qui est de la largeur du fourneau, on
sait qu'en général la chaleur est plus instense dans les
foyers qui sont resserrés. Moins ils s'élargissent par
conséquent depuis le point où s'effectue la fusion, plus
les matières doivent parvenir rapidement à une haute
température. Il s'ensuit que pour des charbons légers, des minérais réfractaires, des soufflets qui donnent peu de vent, la cuve doit être moins large au
ventre qu'elle ne le serait si les soufflets étaient puissans, les charbons compactes et les minérais fusibles.

Arrivées dans la partie du fourneau la plus large,
les matières s'étendent et se préparent, les unes à la
combustion, les autres à la fusion. Le ventre augmente
la chaleur de la cuve, empêche le tassement des matières, facilite le passage au vent et diminue l'effet
d'une disproportion accidentelle de minérai et de charbon. Un fourneau large peut recevoir en général une
plus grande quantité de calorique qu'un fourneau
étroit, et il peut en céder une plus grande partie sans

être dérangé. Dans les cuves trop étroites, les minérais arrivent trop vîte, à une haute température ; fusibles, ils sont réduits trop rapidement et donnent de
la fonte blanche ; réfractaires, ils ne sont pas assez
préparés et descendent en morceaux dans le creuset.
Ce qu'on dit des minérais s'applique en quelque façon
aux cokes qui, lorsqu'ils sont compactes, ne séjournent
pas assez long-temps dans un ventre trop étroit, et ne
sont pas suffisamment préparés à la combustion. Mais,
si le ventre avait un excès de largeur, les minérais
pourraient se faire un passage à travers les charbons
et se présenter en masses solides devant la tuyère. Les
dimensions du ventre dépendent donc à la fois de la
compacité du combustible, de la fusibilité des minérais et de la force de la machine soufflante.

608. Puisque les cuves larges sont susceptibles de
recevoir une plus grande quantité de calorique que
celles qui sont étroites, il semble que les premières
doivent convenir sur-tout aux minérais réfractaires,
aux charbons légers et à de faibles machines soufflantes ;
afin que ces minérais puissent séjourner plus long-
temps dans de larges ventres plus échauffés que des
ventres étroits ; ce qui est contraire aux principes que
nous avons établis dans le paragraphe précédent. Mais
cette contradiction disparaît, lorsque l'on considère
qu'une grande largeur serait superflue, si la machine
soufflante était trop faible ; parce que les charbons
brûleraient avec trop de lenteur et ne dégageraient
pas assez de chaleur pour échauffer cette partie de
la cuve : un excès de largeur serait donc plutôt nuisible qu'utile. Il s'ensuit que des minérais réfractaires
resteraient trop froids dans un ventre qui aurait une
grande largeur, tandis que des minérais fusibles traités

dans une cuve étroite entreraient trop tôt en fusion
et traverseraient les couches de charbon.

609. Si la vitesse du vent est proportionnée à la
compacité du charbon, la hauteur et la largeur du
fourneau paraissent déterminées principalement par
la quantité de combustible brûlée à la fois, tandis
que la nature du minérai ne semble influer qu'indi-
rectement sur cette détermination. Plus on consume
de charbon dans un temps déterminé, plus on doit
donner de hauteur au fourneau, afin d'employer toute
la chaleur dégagée. Il en résulterait qu'un fourneau
alimenté avec le charbon le plus léger, pourrait recevoir les mêmes dimensions qu'un fourneau chargé
avec le coke le plus compacte, pourvu que les poids des
combustibles consommés de part et d'autre, dans des
temps égaux, fussent les mêmes, si la faible pesanteur
spécifique et la friabilité du charbon tendre n'occasionnaient pas un tassement trop considérable, et
ne produisaient pas un obstacle purement mécanique*.
Quoi qu'il en soit, il est certain que les fourneaux ont
reçu jusqu'à présent très-peu de hauteur, parce que,

---

* Lors même que cet obstacle n'existerait point, on ne pourrait
donner aux deux fourneaux des hauteurs égales ; car celui qui est alimenté avec du charbon léger n'acquerrait jamais un si haut degré de
chaleur que l'autre, parce qu'à masses égales, le charbon de bois
occuperait plus de volume que le coke ; la quantité de calorique
dégagée par le premier, serait donc répandue dans un espace plus
vaste et les charges seraient d'ailleurs plus fréquentes, ce qui est une
cause de refroidissement. Le fourneau à charbon de bois resterait
par conséquent plus froid dans sa partie supérieure que le fourneau
à coke. Le maximum de hauteur trouvée pour celui-ci ne pourrait
donc convenir pour le premier. Quant à la largeur, elle dépend
en grande partie de la vitesse du vent qui doit être beaucoup plus
grande pour le coke que pour le charbon léger (604). Voyez au
reste le paragraphe 611.   Le T.

vu la faiblesse des machines soufflantes, il eût été préjudiciable de leur en donner davantage. On a été obligé ensuite de les rétrécir, à mesure que les minérais devenaient plus réfractaires, quoiqu'on eut mieux fait d'augmenter le vent ainsi que la hauteur des cuves, et d'employer pour la construction des ouvrages, des matériaux plus réfractaires; mais, dans un grand nombre d'établissemens, on se voit forcé d'adopter les petits fourneaux par l'impossibilité d'augmenter convenablement la force motrice.

610. Si donc on pouvait renforcer indéfiniment l'action des machines soufflantes, la nature du minérai ni celle du charbon n'exerceraient point d'influence sur la détermination de la largeur et de la hauteur du fourneau *. Une machine soufflante qui donne 37 mèt. cubes d'air par minute (1200 ppp. Rhin), paraît assez puissante pour un fourneau à charbon de bois de 12^m,55 (40 p. du Rhin) de hauteur, sur une largeur au ventre de 3^m,14 à 3^m,76 cent. (10 à 12 p. du Rhin); nous supposons d'ailleurs que le vent ait la vîtesse qui convient à la nature du charbon. Des soufflets qui ne fournissent que 6 à 9 mètres cubes d'air (200 à 300 ppp. du Rhin), peuvent activer à peine un fourneau

---

* Quand bien même on pourrait augmenter indéfiniment l'action des soufflets, on aurait tort de croire que les hauts fourneaux alimentés avec des charbons légers, pussent recevoir une hauteur égale à celle qu'il serait possible de donner aux fourneaux à coke, puisque les premiers n'atteindraient jamais le même degré de chaleur que les autres. Si jusqu'à présent les fourneaux ont reçu une faible hauteur, parce qu'on était trop borné par l'imperfection des machines soufflantes, il ne s'ensuit pas qu'on doive consulter uniquement la force du vent pour déterminer l'élévation de ces foyers; mais il faut avoir égard aussi à la nature du combustible. (Voyez les paragraphes 601 et 602). Le T.

de $6^m,27$ de hauteur (20 p. du Rhin), sur une largeur
au ventre de $1^m,56$ (5 p. du Rhin). Si la force motrice
est petite, il faut donner au fourneau d'autant moins
de hauteur que le charbon est plus compacte, puisqu'on est obligé de proportionner la vitesse du vent
à la densité du combustible, et de diminuer par conséquent le volume d'air lancé dans le fourneau.

611. Bien que les dimensions des hauts fourneaux
paraissent dépendre principalement du volume d'air
fourni sous la pression convenable, on est pourtant
obligé de consulter la nature des minérais et la qualité
des charbons sur *le rapport* qui doit exister entre la
largeur et la hauteur du fourneau. Sa partie supérieure acquiert d'autant plus de chaleur que la cuve
est plus étroite. Des charbons légers qui développent
peu de calorique et des minérais réfractaires, exigent
donc des cuves moins larges que celles où l'on brûle
des charbons forts et des minérais fusibles ; on suppose
d'ailleurs que la hauteur est aussi grande qu'elle peut
l'être, eu égard à la quantité de vent donnée par les
machines soufflantes.

Il existe encore une raison déduite d'un effet purement mécanique, qui oblige de donner au vide intérieur des fourneaux à charbon de bois, une largeur
moins grande qu'aux cuves des fourneaux à coke :
c'est que les charbons légers sont déplacés facilement
par le vent, de sorte qu'une partie pressée contre les
parois opposées à la tuyère, brûle alors sans développer
beaucoup de chaleur. Cet inconvénient se fait d'autant moins sentir avec les cokes, qu'ils sont plus pesans
et plus compactes. En se servant de charbons légers,
il vaut donc mieux augmenter la hauteur que la largeur de la cuve.

Si les minérais sont réfractaires et que les charbons soient légers, on rapproche quelquefois le ventre très-près du point où doit s'opérer la fusion; les étalages reçoivent alors une pente très-douce. Le but de ce genre de construction en usage dans les montagnes du Harz, est de mieux soutenir les matières, de retarder leur descente dans le foyer, et sur-tout de raccourcir la distance qui sépare le ventre du point de fusion, afin que les charbons ne puissent pas trop se consumer dans les régions supérieures du fourneau; mais on remplirait bien mieux cet objet en élevant le point de fusion, sur-tout parce que les minérais, lorsqu'ils sont à moitié fondus, s'attachent quelquefois à ces sortes d'étalages, dérangent la régularité des descentes et tombent ensuite par masses dans le creuset. On ne pourrait adopter une semblable forme de haut fourneau pour des minérais fusibles et pour des charbons durs, tels que des cokes qui demandent un vent très-fort, parce qu'il se formerait à chaque instant des masses agglutinées et figées contre les parois. Si au contraire la pente des étalages est trop rapide, le vent se trouve refoulé dans l'ouvrage par les matières, qui n'ayant pas un appui suffisant, glissent sur un plan incliné, se resserrent et ferment le passage à l'air. D'après les expériences qu'on a faites en Silésie, il paraîtrait qu'un angle de 66 à 70 degrés avec l'horizon, présente l'inclinaison la plus convenable.

612. A égalité de hauteur, les fourneaux chargés en charbon pesans et en minérais fusibles, doivent avoir plus de largeur que les fourneaux chargés en charbons légers et en minérais réfractaires; il s'ensuit que les étalages des premiers seront plus longs que ceux des derniers. Rigoureusement parlant, il ne

devrait pas y avoir de différence entre les inclinaisons des étalages, si le vent était doué d'une vitesse convenable. Mais si cette vitesse est trop forte, on doit adoucir la pente des étalages, parce que les minérais entreraient trop rapidement en fusion et donneraient de la fonte blanche. Si la pression du vent est trop faible, eu égard à la densité des charbons, il faut donner aux étalages une pente plus rapide, afin que leur partie inférieure soit maintenue à un plus haut degré de chaleur, et que les matières liquides ne puissent s'y figer aussi facilement.

613. On donne ordinairement aux petits fourneaux alimentés avec des charbons légers et animés d'un faible degré de chaleur, des étalages très-inclinés; mais on ferait mieux d'augmenter la hauteur du fourneau et de rétrécir le ventre. Si le vent est fort, les étalages doivent faire au moins un angle de 60 degrés avec l'horizon. Quant aux fourneaux à coke, on ne doit pas dépasser la limite de 66 degrés, parce que les couches inférieures des matières seraient trop fortement comprimées et refouleraient le vent dans l'ouvrage. Si l'on dispose de charbons friables et légers, il faut donner aux étalages une pente plus douce, attendu que le vent, qui doit avoir peu de vitesse, ne saurait pénétrer à travers des matières très-resserrées. On pourrait alors les incliner à 50 degrés.

614. Il est essentiel que les étalages viennent se rattacher aux parois par une ligne courbe, afin que les charges ne soient pas arrêtées ni comprimées brusquement dans leur descente. En général la cuve doit s'élargir insensiblement depuis le gueulard jusqu'au ventre, et se rétrécir ensuite de la même manière jusqu'à l'ouvrage, sans présenter aucun angle vif. L'en-

droit où finit le ventre doit être imperceptible; sa plus grande largeur est donc un peu au-dessus des étalages. Les rétrécissemens et les élargissemens subits occasionnent toujours des irrégularités dans l'allure du fourneau.

Les pierres des étalages doivent être travaillées à la règle et avec beaucoup de soin, afin de se lier parfaitement aux pierres de l'ouvrage terminé en dessus par un quadrilatère.

615. *Le gueulard* reçoit une largeur plus ou moins grande. En le rétrécissant, on concentre la chaleur dans l'intérieur de la cuve, mais on comprime les matières davantage. On ne doit donc le rétrécir que dans le cas où le vent est fort, que le charbon est léger et que le minérai n'est pas susceptible de se tasser fortement. Il faut le rendre très-large quand on dispose d'un minérai ocreux, de menus charbons et d'une faible machine soufflante. On ne doit jamais lui donner la forme d'un entonnoir renversé, en l'élargissant subitement vers le bas; parce que les matières, dont la descente serait d'abord trop rapide, se répartiraient alors inégalement : le minérai plus pesant que le combustible déplacerait ce dernier et commencerait à le traverser, même dans la partie supérieure de la cuve.

Un fourneau de 12^m,55 de hauteur (40 p. du Rhin) et de 3^m,45 à 4,08 de largeur au ventre (11 à 13p. du Rhin), pourra n'avoir que 47 centim. (18 p°. du Rhin) de diamètre au gueulard, si le minérai qu'on y traite ne se tasse pas fortement; dans le cas contraire, lorsque le minérai est terreux et qu'il ferme le passage à l'air, on donne au gueulard une largeur de 94 à 140 centim. (3 à 4 1/2 pieds du Rhin).

616. Les dimensions *de l'ouvrage* dépendent de celles du fourneau, un ouvrage qui serait trop haut pourrait occasionner la destruction des parois de la cuve. Cependant, il est certain que ceux qui ont 1^m,25 à 1^m,56 (4 à 5 p. du Rhin) sont trop bas, et qu'en les élevant davantage on obtiendrait de la fonte plus grise et l'on consommerait moins de charbon. Des minérais réfractaires, de faibles machines soufflantes et des charbons légers exigent des ouvrages étroits et élevés ; mais leur hauteur et leur rétrécissement sont presque toujours limités par la qualité des matériaux employés à leur construction ; lorsqu'ils sont étroits et hauts, on peut à peine y obtenir de la fonte blanche, parce que la chaleur y est toujours assez intense pour opérer le changement de la fonte blanche en fonte grise ; enfin dans les ouvrages étroits, les charbons ne sont pas déplacés par l'action du courant d'air, et les minérais ne descendent pas en morceaux devant la tuyère.

617. Les ouvrages bas et larges ne peuvent être donnés qu'aux fourneaux que l'on charge en minérais fusibles et de bonne espèce, parce qu'on ne craint point alors d'obtenir de la fonte blanche. Ce serait certainement une amélioration essentielle pour les flussofen, que d'y construire un ouvrage, n'eût-il que 3 p. de hauteur sur 18 pouces de largeur ; le travail qui pourrait encore avoir lieu à poitrine close présenterait un avantage incontestable *.

---

* L'auteur a vu depuis un flussofen pourvu d'un ouvrage, c'est celui de *Bergen*, dont l'allure paraît plus avantageuse que celle de tous les autres. Voyage Métallurgique de Karsten, page 434.

On ne pourrait toutefois donner des ouvrages à ceux de ces foyers qui doivent produire de la fonte blanche, qu'on tâche d'obtenir dans une grande partie de la Styrie.   **Le T.**

Les fourneaux dans lesquels on traite des minérais réfractaires souillés de matières étrangères, doivent avoir des ouvrages hauts et resserrés, afin qu'ils puissent donner de la fonte grise avec le moins de charbon possible. Ces ouvrages ne devraient pas avoir au-dessous de 1^m,88 (6 p. du Rhin) d'élévation, et plus de 47 centim. (18 pouces du Rhin) de largeur à la tuyère. Pour les fourneaux à coke, on est obligé de dépasser la dernière de ces limites, parce qu'on ne pourrait se procurer des matières assez réfractaires pour supporter le haut degré de chaleur que produit la rapidité du courant d'air. Les ouvrages de ces fourneaux reçoivent 57 centim. de largeur à la tuyère (22 pouces du Rhin); mais on tâche de remédier à l'inconvénient qui résulte d'une si grande largeur, en augmentant leurs hauteurs qui peuvent varier entre 1^m,88 et 2^m,35 (entre 6 à 7 1/2 p. du Rhin).

618. On évase l'ouvrage vers le haut, pour faciliter la descente des charges. La largeur dans la partie supérieure est ordinairement d'un tiers plus grande que celle qui est prise à la hauteur de la tuyère ; si l'une est de 63 cent., l'autre n'en aura que 42. Ce retrait serait trop fort pour les ouvrages qui n'auraient pas 1^m,88 de hauteur, parce qu'il occasionnerait une si forte pression sur les couches inférieures des matières que le vent ne pourrait plus les traverser. Il suit de là que dans les fourneaux qui sont très-hauts, les parois des ouvrages ne sont pas aussi fortement inclinés que dans les petits fourneaux.

619. L'écartement des deux costières s'appelle *largeur*, et la distance de la tympe à la rustine est la *longueur* de l'ouvrage. La dernière est ordinairement un peu plus grande que la première. Le but de cette

disposition est de ménager la tympe exposée continuellement aux variations de température; mais cette différence de la longueur à la largeur de l'ouvrage produit aussi une différence dans l'inclinaison des étalages, dont la pente devient plus rapide du côté de
la rustine et de celui du travail que des deux autres
côtés, si les quatre faces sont terminées à la même
hauteur. Quoi qu'on fasse, il en résulte toujours des
irrégularités plus ou moins fortes dans la descente des
charges.

Si la différence de la longueur à la largeur de l'ouvrage est très-sensible, elle devient préjudiciable à
l'allure du fourneau; si elle est petite, on peut la
tolérer pour ménager la tympe. En général on devrait
toujours rendre carré le plan supérieur de l'ouvrage.
On pourrait donc reculer la tympe d'une quantité
égale à son retrait, la tailler d'aplomb et donner
ensuite aux pierres qu'elle supporte, le retrait qu'elles
doivent avoir. L'axe de l'ouvrage correspondrait de
cette manière à l'axe de la cuve et l'on atteindrait le
but proposé : celui de ménager la tympe en lui laissant
la plus grande épaisseur possible. La ligne ponctuée
p q (fig. 1) indique le retrait que la pierre aurait dû
recevoir, si pour l'éloigner davantage du centre de la
cuve, on ne l'avait pas taillée verticalement.

620. Le fourneau reçoit le vent par la *tuyère* qui
est en argile, en fer ou en cuivre. Les tuyères d'argile
sont les plus imparfaites. On ne s'en sert que pour de
petits fourneaux et des minérais fusibles, parce qu'elles
ne permettent pas de régulariser le jet d'air. Les tuyères en fer sont défectueuses aussi, puisqu'on ne peut
ni les élargir ni les rétrécir; il faut donc leur préférer
les tuyères en cuivre dont l'ouverture peut être agrandie ou diminuée à volonté.

On distingue dans la tuyère trois parties principales : le *plat*, le *pavillon* et le *museau*. Le plat est la partie plane, sur laquelle la tuyère est placée ; le pavillon est l'ouverture la plus large ; le museau est la partie antérieure qui avance dans le fourneau et qui reçoit une épaisseur de 6 à 8 millimètres (1/4 à 3/8 pouce du Rhin), afin qu'elle puisse mieux résister à l'action de la chaleur. L'ouverture du museau s'appelle *œil* ou *bouche*. On a souvent varié la forme de cet orifice, en y mettant beaucoup de mystère; on l'a rendu rond, carré, demi-rond et l'on attribuait à ces figures diverses le succès du fondage. Il est évident que la bouche doit être semblable à l'ouverture de la buse ; lorsqu'on se sert de plusieurs buses, sa forme est indifférente ; pourvu qu'elle ne fasse pas refluer en arrière une trop grande quantité de vent.

Si la tuyère est très-large, son museau, ne se trouvant pas suffisamment rafraîchi par le vent, finit par entrer en fusion, sur-tout lorsque les matières descendent sans être entièrement liquéfiées ; le vent perd d'ailleurs une partie de sa pression et la fonte devient blanche, quelque légers et quelque peu colorés que soient les laitiers. Dans ce cas, il suffit de rétrécir cet orifice pour obtenir de la fonte grise.

Une tuyère qui est trop étroite devient froide, les matières s'y figent et peuvent produire un nez, sans aucune autre cause ; la vitesse des descentes est diminuée, et l'on perd une grande quantité de vent. Il faut donc que l'ouverture de ce tuyau soit un peu plus petite que l'œil de la buse, si les soufflets donnent peu de vent, et qu'elle soit plus large, si la machine soufflante fournit un volume d'air plus considérable.

621. La distance de la sole à la tuyère dépend de la

hauteur de l'ouvrage : dans les fourneaux à coke où il règne une très-forte chaleur, les tuyères sont placées à une hauteur de 57 à 60 centim. (22 à 23 p. du Rhin) au-dessus du fond.

Dans les fourneaux à charbon de bois, lorsqu'ils ont une grande élévation, la tuyère est à 47 centim. (18 p°. du Rhin) du fond. Enfin dans ceux dont l'ouvrage est très-bas, la tuyère ne se trouve qu'à une hauteur de 31 à 36 centim. (12 à 14 p°. du Rhin) au-dessus du fond de la cuve. Les creusets ne peuvent contenir alors qu'une très-petite quantité de fer.

En général, dans tous ces foyers, la tuyère peut être placée de 10 à 13 centim. (4 à 5 p°. du Rhin) plus bas que dans les fourneaux à coke ; parce que la vîtesse du vent ni la pression exercée par la colonne des matières n'y sont pas aussi grandes que dans ces derniers ; parce que la fonte liquide n'est pas poussée avec autant de force dans l'avant-creuset, et que le bain n'est pas dépouillé si facilement de la couche de scories qui le recouvre ; en un mot, parce que le vent n'est pas si fortement comprimé dans l'ouvrage.

Si la pierre de fond n'est pas refroidie par l'humidité du terrain, la tuyère doit toujours être placée à une hauteur de 42 centim. (16 pouces du Rhin), afin que le creuset puisse contenir une assez grande quantité de matières ; la fonte devient alors plus chaude et plus liquide. Si le vent est donné à une trop faible hauteur, il fait bouillonner les scories, lors même que le fourneau est en bonne allure *.

---

* Le bouillonnement, ou, selon l'expression des ouvriers, le *gargouillement* des scories qu'on aperçoit par la tuyère, indique ordinairement une fonte blanche. **Le T.**

622. On ne peut rien affirmer de positif sur le diamètre que doit avoir l'œil de la buse, parce qu'il dépend entièrement et de la pression de l'air déterminée par la nature du combustible, et de l'effet
produit par la machine soufflante; plus cet effet est
fort, plus on peut élargir la buse et augmenter le
volume d'air lancé dans le fourneau. Elle n'est trop
large, qu'autant qu'elle se trouve disproportionnée à
la force des soufflets. Elle est trop étroite, si la pression
de l'air est telle que le charbon brûle avec une trop
grande rapidité. Les charges descendent alors très-
vîte; mais il en résulte aussi une plus forte consommation de combustible, et la fonte pourrait devenir
blanche, lors même que le point de fusion serait très-
élevé. Dans le premier cas, on doit diminuer les bouches des buses, ce qui diminue aussi le nombre des
charges pour un temps donné; mais la réduction devient plus complète et il en résulte une économie en
charbon; dans le deuxième, on les élargit pour donner
au fourneau une plus grande masse d'air dont la densité soit proportionnée à celle du combustible.

Plus on élargit les buses, plus on augmente aussi la
production journalière; et comme le degré de chaleur
s'accroît par la combustion d'une plus grande quantité
de charbon, l'avantage qui résulte des fortes machines soufflantes est évident, si toutefois le fourneau
a les dimensions convenables.

623. Il paraîtrait au premier abord que la direction
de la tuyère devrait correspondre à l'axe de la cuve,
afin que l'air pût se répandre uniformément dans
tout l'ouvrage, d'autant plus que la tympe étant déjà
reculée (619) semble moins exposée que la rustine; mais il en est autrement: le vent qui se cher-

che toujours un passage à l'endroit de la moindre ré-sistance, se porte avec le plus d'activité vers la partie antérieure. C'est pour cette raison que l'on rappro-che la tuyère de 3 à 5 centim. de la rustine; souvent même on la tourne de ce côté en la faisant dévier de sa direction de 5 à 8 degrés, afin que l'air se répar-tisse dans l'ouvrage d'une manière uniforme. Mais il ne faut pas que ces mesures de précaution soient poussées trop loin, parce que la fusion du minérai deviendrait incomplète dans l'avant-foyer. On ne de-vrait même changer la direction de la tuyère que dans les cas pressans : lorsqu'une grande partie de la tympe aurait été mise en fusion.

Quelques maîtres fondeurs s'imaginent que le succès de leur travail dépend de l'inclinaison donnée à la tuyère : ils feraient mieux de la placer horizonta-lement. Dirigée vers le haut, elle porte la chaleur dans la partie supérieure de la cuve, ce qui augmente la vitesse de la descente des charges; mais la marche du fourneau se dérange, le produit du minérai dimi-nue et la consommation de charbon devient plus con-sidérable, parce que le vent ne peut traverser convena-blement l'épaisseur de la colonne des matières. La chaleur est alors trop faible du côté du contre-vent, ce qui peut occasionner des descentes obliques et des éboulemens. Si l'on incline la tuyère vers le bas, on perd une grande partie du vent, on renforce la pres-sion exercée sur le bain, on refroidit le laitier, on produit un engorgement du creuset et l'on augmente le balancement des matières qu'il contient.

624. Il serait inutile d'employer plusieurs tuyères, si l'ouvrage n'avait qu'une faible largeur, égale à peu-près à 31 centim. Mais la fusibilité des matériaux qui

servent à la construction ne permet pas qu'on adopte une forme si resserrée : il faut donc donner le vent par deux tuyères opposées, afin qu'on ne soit pas obligé d'augmenter outre mesure la pression de l'air, pour brûler avec une rapidité convenable les charbons qui sont près du contre-vent. On aurait tort de placer deux tuyères de front ; la pierre de tuyère se trouverait d'ailleurs trop affaiblie par une semblable disposition.

En Angleterre, on a essayé nouvellement d'employer trois tuyères : une est placée du côté de la rustine et les deux autres le sont sur les deux costières. Il ne peut manquer d'en résulter un avantage, si le foyer a de grandes dimensions, et si les soufflets fournissent une très-grande masse d'air. Il est bien entendu que le vent doit conserver toujours la pression exigée par la densité du combustible, soit qu'on fasse usage d'une seule tuyère, soit qu'on en ait deux. Mais il vaut bien mieux employer deux buses placées dans deux tuyères opposées, que d'en avoir une seule dont l'orifice soit égal à la somme des deux, quoique l'on perde toujours un peu de vent par l'emploi de plusieurs buses.

625. Si par suite du travail, l'ouvrage s'élargit fortement, la tuyère peut se fondre : il faut alors l'enlever et la placer plus en arrière. Il est évident que cette opération est très-nuisible au fondage ; on ne doit donc s'y décider que dans le cas où elle devient indispensable. Lorsqu'on est obligé de changer la tuyère pour défaut de dimensions, on ne doit pas reculer la nouvelle tuyère ; si l'on ne peut l'avancer davantage, il faut du moins lui conserver l'ancienne position.

On enveloppe la tuyère avec une couche d'argile et

l'on tâche, en la rafraîchissant le plus possible, de la couvrir d'un peu de fonte, qui s'affine et qui la protége contre l'action de la chaleur; mais on ne réussit pas toujours à lui donner une enveloppe de fer demi-affiné et c'est une raison de ne procéder à un changement que lorsqu'on ne peut l'éviter.

Si l'ouvrage s'est déjà élargi, il faut que la bouche de la tuyère soit rigoureusement égale à l'orifice de la buse, quelle que soit du reste la force du vent, afin que le cuivre soit suffisamment rafraîchi et qu'il ne puisse être attaqué par la chaleur.

La buse est placée à $7^{cent.}$,8 de l'extrémité de la tuyère; il faut l'avancer, si le vent n'a qu'une faible vitesse, afin qu'il soit mieux contenu. Dans les usines où l'on fait usage de deux buses disposées dans une seule tuyère, les maîtres fondeurs prétendent souvent que la réduction du minérai et l'allure du fourneau, dépendent particulièrement de la direction qu'il faut donner à ces conduits. Le point essentiel est de les diriger de manière qu'on perde le moins de vent possible.

626. La pierre de fond est composée quelquefois de plusieurs pièces, qui doivent être si bien assemblées que les joints soient à peine visibles : leur position doit être horizontale. La fonte s'écoulerait avec plus de facilité, si la pierre de fond était légèrement inclinée vers la *dame;* mais la sole de l'avant-creuset deviendrait trop froide après la coulée. Une pente vers la rustine est nuisible, parce qu'on est souvent obligé de nettoyer le creuset entièrement, afin que la fonte restée sur la sole ne puisse pas s'y figer, ni refroidir les matières liquides qui viennent y tomber.

Il n'existe pas une pierre dans l'ouvrage qui n'ait

déjà reçu une position particulière. Ces constructions
irrégulières se sont perpétuées dans les établissemens,
sans avoir été soumises à un examen raisonné. Souvent
elles n'ont d'autre but que de cacher l'ignorance des
maîtres fondeurs.

627. En Suède, les creusets sont plus larges vers la
rustine que vers la tympe, la différence est de 3 à·5
centim.; en Russie, on leur donne une forme opposée. Ces irrégularités, sans objet d'ailleurs, sont
préjudiciables en ce que le vent pénètre difficilement
dans les coins les plus éloignés et que les diverses faces
de l'ouvrage sont alors différemment inclinées par rapport à la tuyère.

Dans certains pays, on rend la rustine et le contrevent plus longs que le côté de la tympe et celui de la
tuyère. Cette disposition est blâmable, en ce qu'elle
tend à dérober à l'action du vent, l'angle mort formé
par la rustine et le côté de la tuyère. Souvent aussi la
pierre de tuyère s'avance dans l'intérieur du foyer,
ce qui rend la pente des étalages correspondant au
contre-vent beaucoup plus rapide que l'autre : il ne
peut résulter de cette construction qu'un succès médiocre, même dans le traitement de minérais fusibles.
Les fondeurs suédois prétendent que la tympe au lieu
d'être parallèle à la rustine, doit se placer de manière que le côté de la coulée en soit éloigné d'un à
deux pouces de plus que l'autre; parce que, disent-
ils, le vent pénètre alors avec plus de force dans
l'angle de la coulée. Mais cette forme ne peut non
plus présenter aucun avantage.

628. Il faut éviter en général toutes les formes
irrégulières, principalement lorsque les étalages en
reçoivent des inclinaisons différentes. Il n'existe pas

des motifs assez forts pour autoriser de semblables
constructions. L'axe de l'ouvrage doit toujours se
confondre avec celui de la cuve; il est vicieux de le
rapprocher plus d'un côté que de l'autre. L'objét d'un
semblable déplacement est de ménager une des faces
de l'ouvrage, mais il est rare qu'on remplisse cet
objet; tandis que les moyens employés ne manquent
jamais de produire un effet nuisible sur l'allure du
fourneau. Il en résulte des descentes obliques, des
éboulemens, des chutes et une inégale répartition du
vent qui se porte principalement du côté où les étalages ont la pente la moins rapide.

629. L'élévation de la tympe au-dessus de la sole
est sujete à contestation : quelques-uns disposent cette
pierre de façon que sa surface inférieure soit de niveau avec la tuyère; d'autres l'élèvent au-dessus de
ce point de 3 à 5 centimètres; d'autres l'abaissent
de cette quantité, ce qui cependant ne peut avoir lieu
que dans le cas où les minérais donnent un laitier très-
liquide qui ne puisse obstruer la tuyère. En l'élevant
au-dessus du jet d'air, on refroidit l'ouvrage inutilement, et l'on présente trop d'issue au vent. Ce qui me
paraît le plus avantageux, c'est de placer la tympe,
dans les cas ordinaires, à la hauteur de la tuyère, et de
là descendre un peu pour mieux fermer la poitrine
du fourneau; si les minérais sont très-fusibles.

L'épaisseur de la tympe influe sur la longueur du
creuset et de l'avant-creuset, ce qui semble indiquer
un rapport entre cette épaisseur et les dimensions
de l'ouvrage. Mais la grosseur de cette pierre paraît
dépendre sur-tout de la température qui doit régner
dans le foyer; plus cette température sera élevée, plus
on pourra donner d'épaisseur à la tympe sans craindre

de trop diminuer la chaleur de l'avant-creuset et d'y
faire figer les matières : on doit la rendre le plus
épaisse possible, afin d'en retarder la destruction.
Quelquefois elle n'a que 52 centim. de grosseur; si
l'ouvrage est plus grand, elle en reçoit 73 à 78.

630. La hauteur de la *dame* dépend de la distance
de la tuyère à la sole ; lorsque cette distance est petite,
que les pressions exercées par le vent et la colonne des
matières sur la surface du bain, sont faibles et que le
laitier n'est pas visqueux, on peut mettre la partie
supérieure de la dame de niveau avec la tuyère. Mais
si le minérai produit des scories épaisses disposées à
obstruer ce conduit d'air, lorsque le fourneau se dérange, on abaisse la dame de 39 millimètres : il est
indispensable qu'elle soit plus basse que la tuyère,
si le laitier doit s'écouler spontanément.

On arrondit quelquefois le côté intérieur de la
dame convexe; mais cette forme qui gêne lorsqu'on
veut nettoyer le creuset ne présente aucune utilité.
La distance de la tympe à la partie supérieure de la
dame, est de 31 à 36 centim. (12 à 14 pouces du
Rhin), si l'ouvrage est grand, et de 21 à 26 centim.
(8 à 10 pouces du Rhin), s'il a de faibles dimensions.
Quand on a lieu de craindre que l'avant-creuset ne se
refroidisse par l'emploi de coke impur, on en diminue
la capacité en prolongeant la face intérieure de la dame,
c'est-à-dire, en l'inclinant davantage (fig. 1).

631. Le côté extérieur de la dame est couvert d'une
plaque de fonte légèrement creusée pour l'écoulement
des scories. Cette plaque se trouve percée du côté
de la coulée de quelques trous dans lesquels sont placées des barres de fer, qui retiennent une autre plaque
disposée de champ ; on l'appelle ordinairement *Gen-*

tilhomme. C'est entre cette derniere et la joue de
l'embrasure qu'on pratique dans le sable une longue
rigole destinée à recevoir la fonte liquide qu'on veut
couler en gueuse.

Je ne connais point de fourneau qui ait deux embrasures de coulée et dans lequel on puisse travailler sur deux côtés opposés. Une disposition de cette
nature ne présenterait point d'avantage, parce que
le foyer serait trop fortement refroidi.

632. Si la forme de la cuve n'est pas appropriée
à la force de la machine soufflante, à la qualité du
minérai et à l'inflammabilité du charbon, et si la
vîtesse du vent n'est pas proportionnée à la densité du
combustible, on en consomme nécessairement une
grande quantité en pure perte.

La régularité de la marche du travail exige aussi
que les matériaux employés à la construction de la
cuve, soient très-réfractaires. Il ne faut pas craindre
les frais qu'entraînent l'achat et le transport des pierres
de l'ouvrage : le maître de forges doit les chercher
quelquefois au loin ; la durée du fondage, la qualité
des produits et l'économie en charbon, le dédomma-
geront amplement de ses dépenses. Il est un pays
renommé pour l'excellente qualité de ses fers, où il
règne à cet égard la plus grande négligence ; mais le
travail des hauts fourneaux s'y trouve encore dans un
état d'imperfection extrême. L'emploi de mauvais matériaux dans la construction de l'ouvrage, occasionne
des pertes considérables aux propriétaires de hauts
fourneaux ; cependant cette raison d'intérêt, si puissante ailleurs, n'a pas eu jusqu'ici assez de poids pour
vaincre leurs anciennes habitudes.

De la mise en feu.

633. Pour mettre un fourneau en activé, on commence par le sécher, ce qu'on appelle *fumer*. Cette opération exige beaucoup de précautions, si la cuve a été construite à neuf. On ferme d'abord avec de l'argile l'ouverture de la tuyère, pour modérer le courant d'air. Après avoir nettoyé le creuset auquel il manque encore la dame, on allume devant le fourneau avec du bois sec un petit feu, qu'on rapproche peu à peu de l'intérieur de l'ouvrage. Il doit se passer plusieurs jours avant que le feu puisse être porté dans l'avant-creuset, sur-tout si l'ouvrage à de grandes dimensions et que les pierres éclatent facilement.

C'est donc par une douce chaleur qu'on chasse d'abord les vapeurs épaisses. On jette ensuite du charbon embrasé dans l'intérieur du creuset : le feu de braise est entretenu pendant deux à quatre jours ; on emplit après cela tout l'ouvrage avec du charbon frais ; de nouvelles charges succèdent aux premières, à mesure qu'on aperçoit par le gueulard que la couche supérieure commence à rougir. La dose de combustible introduite dans le fourneau en une seule fois est assez indifférente.

Pour empêcher que les charbons incandescens ne se répandent dans l'avant-creuset et pour être à même d'enlever les cendres à mesure qu'elles se forment, on fait avec des ringards à hauteur de la tuyère, une grille qui supporte le combustible.

On charge de cette façon et sans minérai jusqu'à ce que le charbon paraisse au gueulard. Si le fourneau est très-grand et que les parois n'aient pas été renouvelées, on peut abréger l'opération en remplissant la

cuve en une seule fois, lorsqu'on est arrivé à moitié
ou aux deux tiers de sa hauteur. Il en serait autrement si, reconstruite à neuf, la maçonnerie était très-
humide; alors il faudrait non-seulement emplir la
cuve peu à peu, intercepter le courant d'air en fermant l'ouverture de la tympe et celle du gueulard
avec des briques et des plaques de fonte, mais projeter
aussi de nouveau charbon dans les vides formés par
la descente des charges et continuer de cette manière
pendant huit à quinze jours.

Préparé de la sorte, le fourneau reçoit avec chaque
charge de charbon, une petite dose de minérai fusible
qu'on augmente insensiblement et qui cependant doit
rester très-petite; car ce n'est que lorsque le fourneau
est en pleine activité qu'il est possible de connaître et
d'employer toute la charge de minérai que le charbon
peut porter.

Dès que le minérai ou le métal paraît dans l'ouvrage, on se hâte de nettoyer la sole, d'enlever les
ringards, de placer la dame, de fermer le trou de
la coulée avec du bouchage (de la terre glaise mêlée
quelquefois de fraisil), d'arranger la tuyère ainsi que
la buse et de donner le vent. On fait d'abord agir
les soufflets avec beaucoup de lenteur, afin que la
température, vu la faible charge de minérai, ne puisse
s'élever assez fortement pour mettre les pierres de
l'ouvrage et des étalages en fusion. On augmente le
vent à mesure que des charges plus fortes se présentent
dans l'ouvrage; mais ce n'est qu'au bout de 3 ou 4 jours
qu'il doit recevoir la vitesse qui convient à la densité
du combustible.

634. La dessication d'un fourneau à coke plus
lente encore, demande aussi de plus grandes pré-

cautions. Le feu de houille allumé devant le fourneau ne doit être approché du creuset que très-lentement; ce n'est qu'au bout de huit jours qu'on peut l'introduire dans le foyer : on l'entretient alors avec du coke et l'on procède comme pour les fourneaux à charbons de bois.

On est obligé, pendant cette opération appelée *chauffage*, de nettoyer la sole de six en six heures. Quelques ringards enfoncés au-dessous de la tympe jusqu'à la rustine, appuyés à l'extérieur sur une barre de fer qu'on place sur les deux costières, et retenus par des poids suspendus à leur extrémité, servent à supporter une plaque de fonte qui empêche le coke de tomber dans le creuset, pendant qu'on s'occupe à enlever les cendres et le fraisil. Dès que ce travail est achevé, on retire les ringards et la plaque, afin que le creuset puisse se remplir de nouveau de coke incandescent.

Il faut plus de temps pour dessécher et pour remplir graduellement les fourneaux à coke que les fourneaux à charbon de bois, parce que le coke brûle avec plus de lenteur que ce dernier. On ne doit pas précipiter cette opération : un fourneau mis trop vite en activité se fend intérieurement, ce qui entraîne des pertes de chaleur et une prompte dégradation. Si les parois n'ont pas été reconstruites à neuf, le coke employé à la dessication brûle avec une plus grande rapidité, parce qu'il y a moins de chaleur absorbée pour la vaporisation de l'humidité; on peut alors accélérer la descente des charges. Il ne s'agit pour cet effet, que de nettoyer fréquemment le creuset, et d'augmenter le passage de l'air au-dessous de la tympe. Si la cuve est neuve, on diminue ce passage, en fermant légèrement l'ouverture du creuset avec des briques ou bien avec une plaque de fonte.

Lorsque le fourneau rempli de coke est suffisamment échauffé, on ajoute aux charges de combustible une légère dose de minérai mêlée d'une forte addition de chaux, pour entraîner les cendres en fusion: Il est en général très-essentiel de faire précéder les charges de minérai d'un mélange de matières très-fusibles, afin de pouvoir donner le vent aussitôt que ces matières commencent à paraître, et avant que le minérai arrive dans l'ouvrage: Cette disposition est nécessaire à cause de la viscosité des scories qui pourraient engorger la cuve et l'ouvrage, dès le commencement de l'opération; c'est pour cette raison qu'on doit mêler avec les charges, du laitier pur et bien vitrifié, dont on diminue la dose à mesure qu'on augmente celle du minérai.

Aussitôt que les premières gouttes de laitier paraissent devant la tuyère, on nettoie le creuset; on place la dame, etc., etc. Les soufflets se meuvent d'abord très-lentement, car ce n'est qu'au bout de huit jours que le vent doit recevoir une vîtesse proportionnée à la nature du combustible.

635. Dans plusieurs pays et particulièrement en Suède, on a la mauvaise habitude d'achever le creuset entièrement, ou de placer la dame avant d'avoir *fumé* le fourneau. On répand sur la sole une couche de sable de quatre à six pouces d'épaisseur; on remplit toute la cuve avec du charbon frais, en disposant au fond quelques matières inflammables et l'on y met le feu; quelquefois on allume aussi par le haut.

On modère le tirage au commencement, en plaçant des briques ou une plaque de fonte devant l'ouverture du creuset, et en fermant le gueulard de la même manière. L'air nécessaire à la combustion arrive par des trous pratiqués dans les plaques.

La mise en feu, d'après la méthode suédoise, est très-longue, avantage que peut présenter aussi la méthode allemande, puisqu'on est maître de ralentir la combustion; mais en Suède, le creuset se remplit de fraisil, de cendres vitrifiées et de laitiers visqueux, à tel point qu'il se passe plusieurs jours avant qu'il soit entièrement nettoyé. Le charbon est remplacé à mesure qu'il se consume. Au commencement de l'opération, le feu s'éteint, quelquefois par défaut d'air. Si les cuves sont neuves, on est obligé d'enflammer à plusieurs reprises les vapeurs qui se dégagent; il en résulte toujours une détonation qui, quoique légère, se prolonge depuis le gueulard jusque dans l'ouvrage. Si l'on allume par le haut, une partie des vapeurs sont refoulées dans la cuve; et si l'on allume par le bas, on échauffe l'ouvrage trop vite, parce qu'il faut au commencement un feu assez vif pour embraser le charbon. Telles sont les défectuosités inhérentes à la mise en feu usitée en Suède.

Du travail des hauts fourneaux

636. Après avoir donné le vent, le fondeur doit avoir grand soin que les matières solides ne se tassent pas, ne se compriment pas dans le creuset, et que la fonte, ainsi que le laitier, puisse s'y loger et en remplir peu à peu toute la capacité.

L'avant-creuset, lors même qu'il ne contient pas une très-grande quantité de scories, doit être bouché avec du fraisil ou avec de la terre glaise, si la ra—

pidité du courant d'air l'exige, afin qu'on ne perde par cette ouverture que le moins de chaleur possible.

Si la dame est trop haute pour laisser écouler les scories, on les *hâle* lorsqu'elles s'élèvent jusqu'à la tuyère ; on enfonce à cet effet des ringards dans l'avant-creuset, on soulève la première couche de matières, on la retire et l'on fait sortir ensuite le laitier liquide avec le crochet appelé *croard*, et quelquefois aussi avec une pelle. Si pendant cette opération, le fondeur s'aperçoit que des matières durcies se sont attachées à la tympe ou aux costières, il les enlève avec le ringard : son devoir est de sonder l'ouvrage dans toute sa longueur. S'il rencontre des pierres tombées de la cuve ou des masses figées, il les retire du creuset ; mais il doit exécuter ce travail avec une grande célérité, pour ne pas trop refroidir l'avant-creuset qu'il recouvre avec du fraisil aussitôt que l'opération est terminée.

Si les scories doivent s'écouler librement sur la dame ; on doit fermer l'avant-creuset avec des matières très-compactes, afin que ces scories retenues dans l'ouvrage puissent acquérir une grande fluidité. Lorsqu'elles ont atteint la hauteur de la tuyère, on perce la couche d'argile qui recouvre l'avant-creuset. Le laitier s'écoule alors par l'ouverture pratiquée vis-à-vis du milieu de la dame. Cette manière de procéder, lorsqu'elle est praticable, doit être préférée à l'autre, parce qu'il y a moins de chaleur perdue et que les scories séjournant davantage dans le foyer, deviennent plus chaudes, plus liquides, et se laissent mieux traverser par les gouttes métalliques ; tandis que le laitier de hâlage, qui est très-visqueux, renferme toujours des grains de fonte en grande quantité.

Lorsque l'ouvrage et l'avant-creuset ont de grandes dimensions, il faut avoir soin que la communication de l'un à l'autre ne soit jamais interrompue par le tassement des matières, qui se compriment sous la tympe : on occasionnerait, en négligeant cette précaution, un durcissement des scories ou de la fonte contenues dans l'avant-creuset. On y laisse passer le vent pendant quelques instans avant de le fermer avec du fraisil ou de la terre glaise, afin de l'échauffer convenablement.

637. Dans les fourneaux alimentés avec du charbon de bois, les opérations à exécuter pour hâler ou faire écouler les laitiers et nettoyer le creuset, ne présentent aucune difficulté; mais dans les fourneaux à coke, ce travail devient extrêmement pénible, à cause du fraisil et de la viscosité des scories; c'est principalement pour se débarrasser de la première de ces substances, qu'on est obligé de nettoyer le creuset fréquemment et avec le plus grand soin. Cette matière incombustible, si elle n'était pas enlevée à temps, se mêlerait avec le laitier, le rendrait si tenace et si gluant qu'on ne pourrait le retirer de l'ouvrage qu'avec beaucoup de peine.

Le nettoyement du creuset doit s'exécuter régulièrement de 6 en 6 heures. Si le coke contient des parties schisteuses et qu'il donne naturellement un laitier visqueux, on doit redoubler d'attention, sur-tout lorsque l'ouvrage commence à s'élargir et que la chaleur n'est plus assez forte pour entretenir les matières dans un état de liquidité parfaite.

638. Lorsqu'on veut nettoyer l'ouvrage, ce qui exige toujours la présence de tous les ouvriers du haut fourneau, le fondeur commence par détacher les lai-

tiers durcis qui obstruent la tuyère, et par intercepter
le courant d'air. Il enfonce ensuite son ringard dans
l'avant-creuset pour enlever la première couche de matières : c'est là qu'il rencontre fréquemment des masses
de laitier durcies, fixées aux costières, à la tympe
et à la dame ; il les détache à coups de ringard. Lorsque la partie supérieure de l'avant-creuset est net-
toyée, un ouvrier fait sortir avec le *croard* (espèce
de crochet plat et rectangulaire), le laitier liquide ;
tandis qu'un autre placé sur le coté, détache avec un
petit ringard les scories durcies et figées contre les
faces des avant-costières.

Le laitier retiré du fourneau, est arrosé d'eau et
transporté aussitôt hors de l'usine.

Après avoir terminé cette première opération, on
enfonce le long des deux costières et jusqu'à la rustine
deux ringards, qui, appuyés ensuite contre la tympe
et maintenus dans une direction convergente, puis
retirés du foyer avec les plus grands efforts, amènent
avec eux du laitier visqueux mélangé de fraisil : un
ouvrier l'enlève de l'avant-creuset avec une pelle,
tandis qu'un autre vient à son secours avec le ringard.
Si ce laitier était très-liquide, on pourrait, au lieu
de pelle, se servir du croard, mais on ne doit jamais
employer cet outil lorsque les scories sont disposées
à se boursouffler, ou bien lorsqu'il n'y en a que très-
peu dans l'ouvrage, parce qu'on enleverait en même
tems une trop grande quantité de coke.

On tire le laitier à plusieurs reprises selon la largeur
de l'ouvrage et selon la quantité amenée chaque fois.

Les ringards qu'on emploie pour donner du jour,
soulever et tirer les scories, ont différentes dimensions d'après l'usage auquel ils sont destinés.

Le travail est d'autant plus facile qu'il y a plus de fonte dans le creuset : les matières sont alors plus liquides et plus maniables ; c'est pour cette raison qu'on l'exécute immédiatement avant la coulée.

Lorsque le creuset est nettoyé et qu'on ne veut point couler la gueuse, le fondeur fait ôter par son aide la plaque de fonte qui intercepte le courant d'air, laisse passer le vent pendant une minute ou deux au-dessous de la tympe, soit pour échauffer l'avant-creuset, soit pour chasser le fraisil qui peut s'y trouver encore et qui se répand alors dans toute l'embrasure du travail comme une pluie de feu. Cela fait, il referme la tuyère, donne quelques coups de ringard sous la tympe pour empêcher le tassement des matières et entretenir la communication de l'intérieur du foyer avec le dehors, tire à l'aide d'un crochet, du coke incandescent sur le devant, jette dans l'avant-creuset du fraisil qu'il couvre d'une couche de terre glaise, et débouche la tuyère pour la seconde fois.

Si l'on coulait la gueuse, on profiterait du moment de la coulée pour échauffer l'avant-creuset, en laissant passer le vent sous la tympe.

Lorsque le fourneau est dérangé, et qu'il se forme des scories corrosives, qui se figent très promptement par l'action du vent, attaquent l'ouvrage et occasionnent des engorgemens, on doit nettoyer le creuset plus fréquemment. Quelquefois on est obligé d'y procéder toutes les deux heures ; mais en ce cas il faut mettre la plus grande célérité dans l'exécution de ce travail, pour ne pas trop refroidir l'ouvrage.

639. On coule la fonte au bout de vingt-quatre heures, ou seulement après deux ou trois jours, selon les dimensions du creuset. La gueuse obtenue à la pre-

mière et à la deuxième coulée, est ordinairement
blanche, bien que la proportion de minérai soit très-
faible par rapport au charbon *. Souvent même on
obtient de la fonte blanche pendant plusieurs jours
encore, lorsque le fourneau n'a pas été desséché convenablement et qu'il a reçu une cuve neuve. Les parois absorbent alors tant de chaleur par la vaporisation de l'humidité, que le fourneau ne peut acquérir
le degré de température nécessaire au changement de
la fonte blanche en fonte grise. C'est encore, pour
cette raison, que le charbon ne doit recevoir qu'au
bout d'une quinzaine de jours, toute la charge de minérai qu'il peut porter.

On doit user de beaucoup de ménagement pour ne
pas surcharger le fourneau pendant les premiers jours,
parce qu'il se formerait des engorgemens qui pourraient exercer une influence très-préjudiciable sur le
travail de toute la campagne. Pour augmenter les
charges pendant la première quinzaine, on doit consulter chaque fois l'allure du fourneau et être certain
qu'il se trouve dans une situation favorable. Lorsque
les parois et le muraillement ont acquis le degré de
chaleur qu'ils doivent conserver, une surcharge accidentelle ne peut plus avoir des suites aussi graves,
parce que les murs peuvent céder une portion de
calorique et restituer en partie celui qui se trouve
absorbé par un excès de minérai. Il suit de là, que les
parois, les contre-parois et le remplissage, se pénétrant, lorsqu'ils ont une forte épaisseur, d'une grande
quantité de calorique, doivent retarder le moment

---

* La première fonte obtenue dans des fourneaux alimentés avec
du charbon de bois, est ordinairement très-grise; elle est toujours
blanche dans les fourneaux à coke.   Le T.

où le fourneau se trouve en plein rapport, mais ensuite, ils contribueront aussi à la régularité de la marche, en atténuant les accidens fàcheux qui pourraient
naître d'une surcharge de minérai.

Nous supposons toutefois que le fourneau soit isolé,
et qu'il ne puisse céder son calorique qu'à l'atmosphère, comme tous les corps bons ou mauvais conducteurs; car si la cuve était taillée dans le roc, on ne
pourrait jamais charger toute la dose de minérai que
le charbon porterait dans d'autres circonstances.

640. A mesure que les charges descendent, elles
laissent au gueulard un vide, dont la profondeur se mesure avec une barre de fer courbée à angle droit, et
qu'on appelle *bécasse*. Il est essentiel que ce vide ne
devienne jamais si profond qu'une charge de charbon
et de minérai ne puisse pas le remplir; car une grande
quantité de matière introduite à la fois dans le fourneau pourrait le refroidir. La négligence du chargeur
a par consequent une influence très-nuisible sur la
marche du travail et doit toujours être suivie d'une
punition sévère.

641. Il est essentiel que le charbon soit le plus sec
possible; il faut donc le conserver sous des hangars.
Le coke se tire des meules immédiatement avant son
emploi; on ne devrait jamais en avoir pour plus de
vingt-quatre heures.

Le combustible est chargé à la mesure et il ne l'est
jamais au poids (590): il faut faire en sorte que le volume
de la charge reste toujours le même. On y parvient le
plus sûrement en mesurant le charbon avec un cylindre
qui, confectionné en tôle forte, supporté sur quatre
roulettes de fonte et pourvu d'un fond mobile que
l'on peut enlever par un mécanisme simple, se trouve

conduit sur un châssis en fer immédiatement au-dessus de l'ouverture du gueulard, où on le décharge en retirant le fond mobile.

Cette manière de mesurer le charbon et de le verser dans le fourneau, est pratiquée sur-tout pour le coke, parce que les suites d'une légère variation dans les charges, sont plus graves en faisant usage de ce combustible qu'en employant le charbon de bois; mais il est aussi plus facile de mesurer le coke, puisqu'on l'introduit dans le fourneau en plus faible quantité.

Lorsque les charges de charbon de bois sont tellement grandes, que l'emploi d'un cylindre en fer devient incommode à cause de son poids, on doit se servir au moins de caisses en bois supportées sur des roulettes.

Si la machine qui sert à élever les matières sur la plate-forme du gueulard n'est pas assez puissante pour enlever d'une seule fois toute la dose de coke, on peut charger à plusieurs reprises, parce que ce combustible s'enflamme si lentement qu'il peut rester dans le gueulard sans être couvert de minérai. Il n'en est pas de même avec le charbon de bois, qui, exposé au contact de l'air, entrerait en combustion.

Vouloir mesurer les charges par un certain nombre de *rasses*, ou paniers d'une forme ellipsoïdale, ce serait adopter une méthode très-défectueuse; parce que les rasses n'ont pas toutes la même capacité, et que le chargeur ne peut les remplir également bien. Cette manière de procéder exigerait un ouvrier très-intelligent et très-attentif.

642. Dans le cas même où le charbon est mesuré avec la plus grande exactitude, l'effet produit peut néanmoins varier d'une charge à l'autre, si, comme on le pratique dans plusieurs usines, les essences de

bois sont mêlées ensemble. Ces sortes de variations
sont moins fréquentes dans les fourneaux à coke, si
toutefois ce combustible provient d'un seul banc et
si l'on a soin de ne carboniser dans une seule meule
que de la houille d'une même couche et d'une même
qualité ; ce qui d'ailleurs est indispensable, puisque
les différens charbons de terre exigent chacun un
mode de carbonisation particulier. Il faut pour cette
raison mélanger les cokes d'espèces différentes, en proportions déterminées, ou bien alterner les charges.

643. C'est un procédé extrêmement vicieux que de
mêler le charbon dur avec le charbon tendre, parce
que l'un peut supporter une bien plus grande quantité
de minérai que l'autre. De sorte qu'en ne prenant
accidentellement que du charbon dur, on fait une
dépense inutile, et si au contraire, on charge plusieurs
fois en charbon tendre, le fourneau se refroidit et la
fonte devient blanche.

La grosseur et la siccité des charbons influent également sur l'effet qu'ils peuvent produire : humides,
trop brûlés, en petits fragmens, ils se tassent et se
consument sans développer beaucoup de chaleur. Il
faut pour cette raison, que le chargeur ait assez d'intelligence pour diminuer la charge de minérai, lorsque le charbon se trouve être de mauvaise qualité:
cependant, ce n'est que pour les fourneaux qui sont
petits qu'on doit lui laisser cette latitude ; dans ceux
qui ont de grandes dimensions, il se fait d'une charge
à l'autre une espèce de compensation. Les chargeurs
de ces foyers, comme ceux des fourneaux à coke, ne
doivent par conséquent avoir d'autre soin que de remplir les mesures avec la plus scrupuleuse exactitude ;
mais il est sous-entendu alors que le charbon de bois

tendre doit être séparé de celui qui provient de bois
dur : le contraire serait d'ailleurs la preuve d'une ad-
ministration des plus vicieuses.

De très-gros charbons laissent entre eux de si grands
interstices que les minérais peuvent couler au travers
des lits du combustible, tandis que les petits charbons
contiennent beaucoup de sable, interceptent le passage à l'air et se consument sans donner beaucoup
de chaleur. Il faut donc que les *cœurs* (les petits
charbons qui sont très-brûlés et qui proviennent du
centre de la meule) soient employés seulement pour
le grillage des minérais et pour d'autres opérations
de ce genre, et que les trop gros charbons soient
brisés par le chargeur, qui d'ailleurs doit s'arranger
de manière que les plus gros occupent la couche inférieure et les plus petits la couche supérieure du
combustible.

644. Le volume des charges dépend de la capacité
du fourneau. Trop fortes, elles refroidiraient les régions supérieures de la cuve, ce qui présente de grands
inconvéniens, si le minérai contient du zinc, parce que
la formation du dépôt ou de la cadmie en est favorisée.
Les petites charges sont traversées ou déplacées par le
minérai, ce qui occasionne des chutes, des descentes
obliques et des éboulemens. Il s'ensuit que le volume
des charges, proportionné d'ailleurs à la largeur du
ventre, doit augmenter à mesure que le charbon est
plus léger, plus susceptible d'être déplacé, et à mesure
que le minérai est plus friable, plus pesant ou d'une
forme plus arrondie. C'est aussi pour cette raison que
les charges en coke peuvent être plus faibles que les
charges en charbon de bois.

645. On ne peut indiquer exactement le point où

le minérai, supporté continuellement par la couche
de charbon, commence à fondre; il est probable que
c'est à l'entrée de l'ouvrage et, dans le cas seulement
d'un dérangement du fourneau, devant la tuyère, que
s'effectue la fusion.

La chaleur, considérée dans une tranche quelconque de la cuve, doit être d'autant plus intense
que la couche de charbon arrivée à cette tranche est
plus épaisse. Il s'ensuit que du minérai fusible, disposé à entrer trop tôt en liquéfaction, exige des
charges plus faibles que ceux du minérai réfractaire:
Cependant si les lits de charbon et de minérai ont
une trop grande épaisseur, la cuve ne sera plus assez
échauffée dans les régions élevées. Il résulte de là, qu'il
existe un maximum et un minimum pour chaque
largeur du fourneau, et pour chaque espèce de minérai et de charbon. Ce n'est donc que par l'expérience qu'on peut connaître la quantité de charbon
dont une charge doit se composer*.

646. Les volumes des charges de charbon employées
en Silésie pour des fourneaux de $9^m,41$ à $12^m,55$
(30 à 40 p. du Rh.) d'élévation, sont de 866 à 927 décimètres cubes (28 à 30 ppp. du Rh.).

En Suède et en Norwége, la charge en charbon
est ordinairement de 1545 décimètres cubes (50 ppp.
du Rh.) pour des fourneaux de $9^m,41$ de hauteur.

En Russie, les charges sont souvent de 2473 dé-

* Il est probable que le charbon de ces charges qui sont très-
fortes provient de bois résineux.,— A Longuyon, où l'on dispose
de charbons durs et de minérais assez réfractaires, le volume des
charges est tout au plus de 479 décimètres cubes (où 14 ppp.
de roi), et l'allure du fourneau qui a 24 pieds d'élévation, me paraît
très-avantageuse. Le T.

cimètres cubes, pour des fourneaux de 12^m,55 de hauteur et de 2^m,50 de largeur au ventre.

Si l'on considère que le charbon est brûlé en partie au moment où il arrive à la hauteur des étalages, on doit sentir la nécessité d'employer des charges assez fortes pour qu'elles ne soient pas traversées alors par la matière qui est dans un état pâteux. Un ventre de 2^m,51 de largeur présenterait une superficie de 4^m,9 carrés; une charge de 1545 décimètres cubes répartie sur cette surface n'aurait plus que 31 centimètres d'épaisseur, abstraction faite et de la compression qu'éprouvent les matières et du charbon qui aurait été brûlé précédemment. D'après cela, les charges usitées en Silésie seraient trop faibles principalement pour des minérais friables, si, à cause de la présence du zinc, on ne craignait pas de refroidir le gueulard. C'est pour cette raison que l'on doit employer des charges moins fortes pour un fourneau qui a peu d'élévation que pour celui dont la hauteur serait plus grande, lors même qu'ils auraient tous les deux la même largeur au ventre.

647. Plusieurs métallurgistes prétendent avoir trouvé une économie dans la diminution des charges; d'autres ont proposé même de faire un mélange de toutes les matières. Mais ce n'est que pour des minérais fusibles, traités dans des fourneaux étroits et d'une faible hauteur que les petites charges peuvent présenter quelqu'avantage. Quant au mélange de toutes les matières introduites dans le fourneau, il produirait un engorgement aussitôt qu'il serait descendu devant la tuyère; à moins que le minérai extrêmement fusible ne donnât un laitier très-liquide. Il est évident du reste, qu'une partie pourrait fondre et se réduire;

qu'une, autre entrerait en vitrification; que les charbons seraient tellement enveloppés de laitier et de matières pâteuses, qu'ils brûleraient avec une extrême lenteur; enfin que le produit de l'opération serait hétérogène, en ce qu'une partie se trouverait à l'état de fer demi-affiné et l'autre à l'état de fonte blanche.

Le travail suit une marche d'autant plus uniforme, et la chaleur est d'autant plus intense que les couches de minérai sont mieux soutenues par le combustible. Il s'ensuit que les charges qui sont petites doivent occasionner de fréquentes irrégularités, ce qui n'a pas lieu pour les charges volumineuses, parce que les premières sont plus susceptibles de produire un mélange de matières, et que le vent est alors disposé à se répartir inégalement.

648. Le coke, qui est moins combustible que le charbon de bois, peut être chargé en bien plus faible dose que celui-ci, parce qu'en arrivant au ventre, il n'est pas si fortement diminué de volume. Les charges de coke usitées en Silésie, pour des fourneaux de 12^m,55 (40 p. du Rh.) de hauteur, sur une largeur de 3^m,45 à 3^m,76 (11 à 12 p. du Rh.), n'étaient anciennement que de 371 décim. cubes (12 ppp. du Rh.); de sorte qu'au ventre l'épaisseur de la couche de combustible se trouvait être à peine de 4 à 5 centim. Ces faibles charges occasionnaient souvent des irrégularités dans la marche du fourneau ou dans la descente des matières. On les a par conséquent changées, et on les fait à présent de 742 et même de 1113 décim. cubes. Pour ce qui est de la consommation de combustible, on ne s'est aperçu d'aucune différence en faisant varier les charges entre 371 et 1484 dé-

cim. cubes (12.et 48 ppp. du Rhin). En continuant à
les prendre de 742 litres seulement, on n'avait même
d'autre raison que d'éviter les erreurs en comptant,
parce qu'on ne pouvait enlever avec la machine en
une seule fois, que 371 litres ou 12 p. cubes du
Rhin.

649. On réduit les minérais seuls ou mêlés ensemble (311–317, 342–346). Le premier cas a lieu
lorsqu'ils sont faciles à fondre; souvent ils le sont
à un tel point que, traités dans les hauts fourneaux,
ils donnent presque toujours de la fonte blanche,
parce qu'ils entrent trop tôt en fusion. Il est possible
même que certains minérais, à cause de leur grande
fusibilité, ne puissent jamais donner de la fonte grise,
quelle que soit d'ailleurs la proportion de charbon
employée, sur-tout lorsque, par un rapide courant
d'air, le point où s'effectue la fusion est porté à une
grande hauteur. Si avec de semblables minérais on
voulait obtenir de la fonte grise, il faudrait employer
un vent très-faible, ce qui ferait perdre une grande
partie de l'effet que le charbon peut produire. On
les traite ordinairement dans les *flussofen*, dont la
température est peu élevée, à cause de la largenr du
foyer, et alors on les charge en très-forte dose par
rapport au charbon; mais on les réduirait avec une
plus grande économie de combustible dans les hauts
fourneaux, et, à moins qu'ils ne fussent extrêmement
fusibles, on en retirerait de la fonte grise, parce
qu'il faudrait éviter de les charger en aussi grande
proportion, vu que le foyer d'un haut fourneau est
bien plus rétréci et par conséquent plus sujet à s'engorger que celui d'un flussofen. Cependant l'emploi
des hauts fourneaux pour le traitement d'un minérai

riche et facile à fondre, n'est réellement avantageux que dans le cas où l'on est à même de l'assortir avec un minérai pauvre, afin que la masse de laitier produite soit assez considérable pour protéger la fonte contre l'action du courant d'air.

650. En assortissant * les minérais on a pour but d'obtenir des mélanges d'une richesse et d'une fusibilité moyenne, ou bien d'employer en faible dose des minérais d'une qualité médiocre. On ne peut donc établir à ce sujet aucune règle générale : tout est déterminé par la nature de la gangue.

La quantité et la nature du fondant employé dépendent également de la composition du minérai : on ne peut les connaître que par l'expérience. Le manque de ces matières stériles qui favorisent la fusion, se manifeste par la viscosité et quelquefois aussi par la pesanteur ou la *crudité* du laitier. L'excès de fondant se reconnaît par la fluidité des scories qui, dans ce cas, sont corrosives, avides de fer et se trouvent accompagnées de fonte blanche, quoiqu'il règne dans le fourneau une haute température. Si, dans ce cas, on augmentait encore la quantité de fondant, le laitier deviendrait visqueux et obscurcirait la tuyère, lors même que le charbon serait en proportion convenable.

651. Les minérais qu'on veut assortir ensemble ainsi que le fondant, sont uniformément répandus par couches et en dose voulue sur un emplacement *ad hoc ;* de sorte que les charges prises sur le tas et à la mesure se trouvent dosées convenablement. Si

---

* Assortir les minérais c'est mélanger diverses espèces, afin qu'on puisse les traiter avec plus de facilité dans le haut fourneau ; et en obtenir de meilleurs produits.   Le T.

le chargement se fait au poids, on peut aussi mêler d'avance les minérais, mais il faut peser chaque fois le fondant.

Nous avons indiqué au paragraphe 590, les raisons pour lesquelles les charges de minérai doivent être prises au poids plutôt qu'à la mesure.

652. On introduit le minérai dans le gueulard, soit avec la pelle, soit avec une caisse appelée *bache*, en comptant le nombre de pelletées ou de baches, soit à l'aide d'un cylindre en fer, qui contenant toute la dose de minérai prise au poids, est transporté immé-diatement au-dessus de l'ouverture de la cuve, d'où il verse la charge dans le fourneau.

Le chargement au volume est très-défectueux : 1°. parce que les vases qui servent de mesures ne con-tiennent jamais une égale quantité de minérai; 2°. parce qu'on fait nécessairement abstraction de l'eau dont ils sont imbibés, à moins qu'on n'accorde au chargeur la latitude de varier la dose, ce qui serait aussi très-vicieux. Il est évident que ces méthodes sont d'autant plus imparfaites que les baches ont moins de capacité. Lorsqu'on ne peut charger à l'aide d'un cy-lindre en fer, on doit peser chaque bache séparément. Il est donc essentiel que le chargeur ait une balance à sa disposition; si l'on négligeait d'en faire usage, on ne pourrait compter sur aucune régularité dans le travail.

653. Le minérai mal bocardé, humide ou mal grillé, exerce sur la marche du haut fourneau une influence d'autant plus nuisible que ce dernier est plus petit. Mis trop promptement en fusion dans ces sortes de foyers et sans avoir subi une préparation suffisante, ce minérai donne toujours de la fonte blanche; les

fourneaux de faibles dimensions se refroidissent d'ailleurs très-vite par les pertes de chaleur que la vaporisation de l'eau leur fait éprouver.

Un minérai réfractaire ou mal préparé à la fusion produit de la fonte blanche, lors même que la proportion de charbon est très-considérable. Quelquefois même on retire du creuset des fragmens demi-fondus ou à l'état vitrifié. Une semblable allure du fourneau entraîne une immense consommation de matières, donne de mauvais produits et occasionne souvent des engorgemens dans l'ouvrage.

Le minérai humide refroidit le fourneau d'une manière étonnante ; on est donc obligé d'en diminuer la charge, pour conserver le degré de chaleur voulu. Celui qui est ocreux et friable, qu'on ne peut sécher que difficilement et qui s'imbibe d'une grande quantité d'eau, devrait être conservé à couvert, afin qu'on puisse le tirer des halles, du moins pendant l'hiver et les temps de pluie. Dans la belle saison, il n'y a point d'inconvénient à le prendre sur des tas qui sont en plein air ; sur-tout lorsqu'on a la précaution d'enlever toujours la couche supérieure desséchée par le soleil.

Si les minérais humides sont mêlés d'argile, il arrive souvent qu'ils s'agglutinent et descendent en fortes masses dans le foyer. Ces masses, qu'on retire du creuset et qui pourraient engorger tout l'ouvrage, se composent d'un mélange de scories visqueuses et de minérais demi-réduits. De semblables accidens peuvent mettre un fourneau à coke dans le plus grand danger ; si le combustible produit beaucoup de fraisil, le fourneau se refroidit alors à tel point, tant par l'humidité des minérais que par le travail dans l'ouvrage, qu'on a de la peine à le maintenir en activité.

654. On est dans l'usage de charger toujours la même quantité de charbon et de ne faire varier que la dose de minérai. En se servant constamment des mêmes matières, on pourrait croire au premier abord que la proportion de minérai reconnue la plus convenable, lorsque le fourneau est en bonne allure, ne devrait jamais être changée. Mais les variations dans la quantité d'eau mêlée ou combinée avec le minérai et le charbon, l'élargissement successif de l'ouvrage, les brèches qui se font dans la cuve et dans les étalages, l'inégal effet des machines soufflantes, la négligence des chargeurs et des fondeurs, ainsi que mille autres causes accidentelles, forcent souvent de diminuer la dose de minérai, afin qu'on puisse obtenir de la fonte raffinée, entretenir le même degré de chaleur et prévenir les engorgemens de l'ouvrage. Il arrive presque toujours que les circonstances qui nécessitent une semblable diminution sont passagères, et que plus tard on peut augmenter les charges en y procédant avec ménagement. A ces variations, plus fréquentes dans les fourneaux qui ont de faibles dimensions que dans ceux dont la hauteur est considérable, correspondent aussi des changemens dans la nature de la fonte.

La marche du travail se reconnaît à la flamme du gueulard, à celle de la tympe, à l'aspect de la tuyère, à celui du fer cru, à la descente des charges et principalement à la nature des scories. C'est en observant cette marche qu'on peut savoir s'il faut augmenter ou diminuer la proportion de minérai.

655. Le chargement se fait de manière que, dans un fourneau à charbon de bois, le combustible se trouve toujours couvert par le minérai, tandis que dans un

fourneau à coke, c'est quelquefois le contraire ; on
verse le combustible sur le minérai introduit d'abord
dans le gueulard. Cette méthode, adoptée seulement
pour le coke compacte et difficile à brûler, sert à
le préparer à la combustion. Dans tous les cas, il faut
étendre le charbon et le minérai avec un *rable* ; ce
n'est que pour de petit charbon et du minérai friable qui se tassent fortement, ou bien dans des fourneaux d'une grande hauteur et généralement dans
toutes les circonstances où l'on doit craindre que le
courant d'air ne puisse s'élever à travers les matières,
qu'il faut jeter le minérai dans le gueulard en tas
arrondi, afin que l'air et les gaz trouvent des issues le
long des parois de la cuve. On ne doit pas verser le
minérai d'un seul côté pour remédier à quelque défaut de construction, pour forcer le vent de se chercher un passage du côté opposé où la pente des étalages
est plus rapide. De semblables moyens manquent toujours leur but et peuvent occasionner des engorgemens,
des descentes obliques et des chutes de matières.

Lorsque le fondant n'est point mêlé avec le minérai
avant qu'ils soient versés dans le gueulard (651), on
doit avoir soin de le répandre uniformément sur toute
la charge.

656. Le nombre des charges qui peuvent descendre
dans les 24 heures, dépend principalement de la quantité de vent qu'on donne au haut fourneau. Mais,
l'effet de la machine soufflante restant le même, la
vîtesse de la descente sera d'autant plus grande que la
température du fourneau sera plus élevée. C'est pour
cette raison que les charges se succèdent plus lentement, pendant la première quinzaine qui suit la mise
en feu, que lorsque le fourneau est en plein rapport.

C'est encore en vertu du même principe que l'humidité du charbon ou du minérai retarde la descente des charges et qu'une trop forte accumulation de scories dans l'ouvrage produit le même effet, probablement parce que le vent rencontrant trop d'obstacles ne peut conserver une vitesse suffisante, ce qui a lieu sur-tout dans les fourneaux à coke dont les laitiers sont si visqueux. En se débarrassant de ces laitiers, un fondeur habile fait dans un temps donné, descendre quelques charges de plus qu'un ouvrier négligent ou mal-adroit.

Les petits fourneaux sont desservis convenablement par 3 hommes, dont un fondeur et deux ouvriers occupés à préparer, à transporter, à charger les matières employées à la fusion et à la combustion. Les fourneaux de grandes dimensions exigent pour ces travaux 4 hommes, sans compter le fondeur. Comme ces ouvriers sont relevés de leur travail de douze heures en douze heures, les petits foyers exigent deux fondeurs avec quatre chargeurs, et les grands, deux fondeurs avec 6 ou 8 chargeurs. Du resté, le nombre des manœuvres dépend des localités ; car le travail du fourneau considéré en lui-même, n'exige réellement que deux fondeurs et deux chargeurs.

657. Lorsque le creuset est rempli, qu'il ne reste que peu de distance de la surface de la fonte à la tuyère, on procède à la coulée *. Le fondeur commence alors par nettoyer la tuyère et par enlever de l'ouvrage les masses durcies et les laitiers visqueux (637, 638), opération qui, pour les fourneaux à coke,

---

* Dans beaucoup d'usines on coule après un nombre de charges déterminé.   Le T.

est indispensable et qui précède toujours le moment
où l'on veut couler la fonte. On prépare ensuite les
rigoles par lesquelles le fer cru est conduit dans les
moules. Pour cet effet, on bêche le sable afin qu'il
soit moins tassé; quelquefois même, on tapisse l'intérieur de ces canaux, lorsqu'ils sont déjà formés, avec
du sable frais mêlé de fraisil. La rigole principale,
celle qui aboutit au fourneau, reçoit un élargissement
considérable, formant une espèce de bassin à l'endroit
où se termine la plaque ou pièce de fonte appelée
gentilhomme.

On est obligé de lâcher le fer liquide dans un semblable réservoir, parce qu'il doit sortir du foyer avec
impétuosité, afin que le trou de la coulée ne puisse
s'obstruer et que l'avant-creuset ne soit pas trop refroidi. Ce réservoir est terminé ordinairement du côté
antérieur par une plaque de fonte percée d'une ouverture, qu'on peut fermer entièrement ou en partie
avec une pelle revêtue d'une couche d'argile. Au moyen
de cette disposition, on est maître de faire couler la
fonte dans les moules avec plus ou moins de vîtesse.

Après avoir achevé le bassin et les rigoles, on se
prépare à faire la *percée;* pour cet effet, on commence par enlever la terre avec une pelle, jusqu'à
ce qu'on aperçoive la couleur du feu, à laquelle on
reconnaît le trou de la coulée; ensuite on perce le
bouchage à coups de ringard. Il est essentiel qu'on
pratique l'ouverture au niveau de la *sole*, afin qu'il
ne puisse pas rester de fonte dans le fourneau. Le
courant d'air doit être intercepté pendant ce travail
et celui qui le suit immédiatement, parce qu'on ne
coule jamais qu'après avoir nettoyé le creuset.

658. Le trou de la coulée est quelquefois si forte-

mènt obstrué par du fer et des laitiers durcis mêlés avec le bouchage, qu'on a beaucoup de peine à
l'ouvrir. Quelquefois même ces matières résistent au
ringard et aux coups de masse appliqués à l'extrémité
de cette barre de fer. Dans ce cas, on est obligé de
les couper avec une hache. Ce travail est à la fois pénible pour l'ouvrier et préjudiciable au fourneau : il
endommage la sole et refroidit l'avant-creuset.

Il est donc essentiel que le trou de la coulée soit
entretenu net et en bon état; que le fondeur enlève
le fer et les laitiers figés contre la *dame* et la *costière*
avec le plus grand soin; qu'il ne ferme jamais cette
ouverture avec de l'argile ou du sable seulement; mais
qu'il se serve pour cet effet de terre mêlée de fraisil.
Placé avec négligence, le bouchage est entraîné souvent
par la fonte, qui, lorsqu'elle est très-chaude, parvient à se frayer un passage et à se répandre dans
l'usine.

Dès que le creuset est vide et qu'on a fini de re-
boucher le trou de la coulée, on doit fermer aussi
l'avant-creuset, après l'avoir rempli de charbons incandescens tirés de l'intérieur du foyer, et après avoir
donné quelques coups de ringard sous la tympe pour
empêcher le tassement des matières. Il est nécessaire
qu'on ferme le creuset avec soin; après avoir terminé
cette opération, on débouche la tuyère et l'on remet
la machine soufflante en activité.

659. Lorsque le fer cru est destiné à l'affinage, on
coule la gueuse régulièrement toutes les 12, 18 ou
24 heures, selon la rapidité de la descente des charges,
la capacité du creuset et la richesse du minérai. Mais
on ne peut rien statuer à cet égard, lorsque la fonte
doit être convertie en fer coulé, parce qu'on dépend

ordinairement du travail des mouleurs *. Cette manière irrégulière de procéder dérange la marche des
petits fourneaux; et comme beaucoup de moules ne
peuvent être remplis avec de la fonte dirigée à l'aide
de rigoles, on la puise dans l'avant-creuset avec des
poches de fer couvertes d'argile **. Pour retenir alors
la couche de laitier qui, se renouvelant toujours,
viendrait recouvrir le bain, le fondeur fait avec les scories les plus liquides, un tampon cylindrique dont la
longueur mesure l'écartement des deux costières et
dont le diamètre est presqu'égal à la hauteur du creuset. Dès que ce tampon est refroidi, l'ouvrier le place
sur la fonte, l'enfonce dans le bain et le pousse sous
la tympe de manière que la communication de l'intérieur de l'ouvrage à l'avant-creuset, interrompue
dans la partie supérieure, reste libre dans le bas,
et laisse un passage à la fonte, qui d'ailleurs tend à
soulever le bouchon et le presse contre la tympe.
Après avoir exécuté ces préparatifs, on nettoie la
surface du bain et l'on commence à puiser le fer
cru.

Il est évident qu'une partie de la fonte doit rester
dans le creuset, parce qu'il est impossible de retenir
les scories assez bien pour pouvoir l'épuiser jusqu'à
la dernière goutte. Lorsqu'on a fini, on enlève le
tampon, on retire, au moyen de ringards, le laitier
visqueux qui s'est amoncelé dans l'ouvrage, on nettoie la tuyère, on remplit l'avant-creuset de char-

---

* On oblige ces ouvriers de tenir leurs moules prêts à des heures
déterminées.   Le T.

** Les poches ou cuillers sont moitié en fer et moitié en argile;
chaque mouleur prépare la sienne avant la coulée, et la fait sécher
sur le laitier.   Le T.

bons incandescens ; on le ferme avec du fraisil et l'on
remet les soufflets en mouvement.

Si le fourneau avait de grandes dimensions et que
la matière liquide exerçât une très-forte pression
contre l'avant-creuset, cette méthode de puiser la
fonte présenterait des inconvéniens, parce qu'on serait
obligé d'arrêter le mouvement des soufflets trop long-
temps, ce qui pourrait occasionner des engorgemens,
sur-tout si l'ouvrage s'était élargi déjà : on perdrait
d'ailleurs une grande partie de métal qui serait mêlée avec les laitiers visqueux dont l'intérieur du creuset
se remplit, et une autre partie qui ne serait qu'à demi-
fondue.

66o. Lorsque le travail du moulage le permet,
on ne manque point de fixer l'heure de la coulée.
Dans ce cas, le creuset se trouve à peu près rempli
de fonte, quand on commence à puiser. La quantité
de métal qu'il contient peut varier selon sa capacité,
entre 6oo et 25oo kil. On peut, sans danger, retenir
la fonte long-temps dans les fourneaux à charbon
de bois pour en rassembler une grande masse, parce
que le vent n'a pas assez de force pour dépouiller
le bain de la couche de scories qui le couvre, ce
qui arriverait dans les fourneaux à coke activés toujours par de fortes machines soufflantes. Cependant
il ne faut jamais retarder l'heure de la coulée, jusqu'au moment où les scories menacent d'entrer dans
la tuyère, si le vent est faible, ou jusqu'à ce qu'elles
puissent être refroidies par le courant d'air, s'il est
animé d'une grande vîtesse.

On peut admettre, en général, que dans les fourneaux à coke la fonte ne doit jamais s'élever au-dessus
des trois quarts de la hauteur totale du creuset, afin

qu'elle ne soit pas refroidie par le vent ni chassée avec violence par-dessus la dame. D'un autre côté, on aurait tort de couler trop fréquemment et de ne laisser remplir le creuset qu'à moitié, puisque la fonte qu'il contient contribue à l'échauffer, à augmenter la liquidité du laitier, et que d'ailleurs elle favorise la descente des charges et la réduction du minérai.

Quant au moment où se fait la première coulée après la mise en feu, il dépend ordinairement de la qualité de la matière qui est dans le creuset. Si par suite d'une mauvaise dessication du fourneau, la fonte est épaisse, on doit craindre qu'elle ne se fige; et dans ce cas on la fait écouler lors même que le creuset n'est rempli qu'à moitié, afin que celle qui descend plus tard ne participe pas au même refroidissement.

661. Conservée long-temps dans le creuset, la fonte s'épaissit, se décolore et augmente en ténacité, ce qui annonce un commencement de décarburation; mais on doit craindre alors que dans les fourneaux à coke, le laitier, en vertu de sa viscosité, ne parvienne à engorger l'ouvrage. Refroidi par le vent, ce laitier n'est plus aussi propre à s'imprégner de fraisil et à favoriser la séparation du fer d'avec les substances étrangères. Le fourneau paraît alors surchargé en minérai, et la fonte devient impure, en se combinant avec le soufre et les métaux terreux.

Dans l'Eiffel, on dirige à dessein le courant d'air sur le bain, lorsque le creuset est rempli, afin de préparer la fonte à l'affinage; tandis que pendant la fusion on donne au vent une direction ascensionnelle pour hâter la descente des charges. Cette méthode n'est praticable que dans les fourneaux alimentés avec du charbon de bois et des minérais de bonne espèce donnant des laitiers très-liquides, mais elle entraîne dans tous les cas une grande consommation de charbon et fournit de mauvais produits.

662. Si la température du fourneau ne s'élève pas au degré convenable, on ne peut obtenir de la fonte grise raffinée, quel que soit d'ailleurs le dosage. Il faut donc que la proportion de minérai reste au-dessous du maximum que le charbon peut porter, afin que le fourneau ne soit point dérangé par quelque circonstance accidentelle, par des minérais humides, par des charbons légers, par l'effet de quelque négligence des ouvriers, par une plus ou moins grande quantité de fraisil contenue dans les cokes, par la chute de quelques pierres de l'ouvrage, etc., etc.

Un fourneau qui a été refroidi et qu'on remet en bonne allure, ne peut donner tout de suite de la fonte grise, lors même que le laitier paraît déjà très-pur : il se passe quelquefois plusieurs jours avant que la température soit assez élevée pour opérer la conversion de la fonte blanche en fonte grise ; tandis qu'un fourneau animé d'une chaleur intense, peut donner encore de la fonte grise plusieurs heures après l'apparition des différens signes qui indiquent une surcharge de minérai.

On obtient de la fonte blanche aux premières coulées, parce que les régions supérieures du fourneau manquent de chaleur et que le minérai descendu dans le foyer n'est pas assez préparé. On en obtient aussi lorsque la sole est refroidie, ou lorsque le vent ne peut pas s'élever avec assez de force pour déterminer la combustion du charbon dans la partie supérieure de la cuve ; ce qui peut avoir lieu si les étalages ont une pente très-rapide, si le charbon est petit, si le minérai est friable et susceptible de se tasser. Cet accident, très-grave alors, arrive fréquemment lorsque le coke se divise au feu et donne beaucoup de fraisil.

Pour traiter du minérai ocreux et friable, il faut réduire le fondant presqu'en poussière, employer de fortes charges, afin d'empêcher le minérai de traverser le combustible, et se servir de gros charbons pour prévenir le tassement des matières.

663. La fonte blanche qui est due à un défaut de chaleur et à une proportion convenable de charbon, se distingue essentiellement de la fonte blanche produite par une surchage de minérais, en ce que la première est bien plus tenace, qu'elle se trouve accompagnée de laitier pur, et que dans le creuset elle est d'une liquidité moyenne. Cette fonte est produite assez rarement dans les fourneaux à charbon de bois, parce que le combustible étant très-inflammable, peut, en ne brûlant que dans l'ouvrage, donner assez de chaleur pour réduire le minérai et changer la nature du fer cru. Mais on obtient dans les fourneaux à charbon de bois comme dans les fourneaux à coke, une fonte pareille à celle-ci, lorsque le vent est fort et que le point où s'effectue la réduction est très-élevé; il arrive alors que le courant d'air animé d'une trop grande vîtesse par rapport à la densité du charbon, refroidit l'ouvrage, et que la température ne suit plus une progression croissante assez rapide, depuis le point de la fusion jusqu'à la tuyère. Si en même temps le foyer se trouve élargi déjà, il descend dans le creuset du minérai non réduit, ce qui peut produire des éboulemens. On cor-

rige cette allure en employant des buses plus larges :
moyen dangereux cependant, lorsque l'ouvrage est
fortement dégradé; dans ce cas, on est presque toujours forcé de mettre hors. Du reste, cet accident
arrive plus souvent si l'ouvrage est étroit et le charbon
léger; mais on peut y remédier alors d'une manière
avantageuse, en augmentant le diamètre des buses,
ce qui augmente aussi la production journalière.

664. Des fourneaux à coke qui reçoivent un vent
trop faible, par rapport aux dimensions de la cuve,
donnent souvent de la fonte blanche, quoique la réduction du minérai puisse être parfaite; ce qui devient dangereux lorsque l'ouvrage commence à s'é-
largir, parce que les matières descendent alors non
fondues devant la tuyère et qu'il en résulte des engorgemens dans le creuset, si l'on ne peut augmenter
l'effet des machines soufflantes et lancer le vent avec
une plus grande vitesse dans le foyer. Pour les fourneaux qui ne sont pas encore très dégradés, il suffit
quelquefois de rétrécir la tuyère (non la buse), afin
que l'air ne puisse pas se dilater si fortement en arrivant dans l'ouvrage.

665. Il résulte de tous les phénomènes qui accompagnent la formation de la fonte blanche, non due à une
disproportion de minérai et de charbon, ainsi que des
propriétés de cette fonte, qu'elle a manqué de chaleur
pour se convertir en fonte grise, et qu'elle a subi
dans l'ouvrage un commencement de décarburation.
Les deux espèces de fonte blanche se ressemblent d'autant plus que cette décarburation est moins avancée.
Plus le point où s'opère la fusion sera élevé, plus la
fonte sera dépouillée de son carbone avant de tomber
dans le creuset; sa cassure qui sera grenue et d'une

couleur cendrée, ressemblera à celle de la fonte grise
et n'en différera que par le manque d'éclat *.

La fonte blanche matte et grenue est traitée avantageusement dans les feux d'affinerie, lorsqu'elle provient d'un minérai pur; mais on ne peut s'en servir
pour la moulerie, parce qu'elle n'est pas assez liquide
et qu'elle se refroidit trop vîte. Participant presqu'à
tous les vices de la fonte blanche ordinaire, elle possède encore le défaut de se convertir trop promptement én fer ductile, de n'être jamais assez liquide
en tombant dans le foyer d'affinerie et d'y subir un
déchet considérable.

666. La fonte blanche dont il s'agit ici provient donc
d'un vent trop fort ou trop faible. Le fourneau qui
la donne ne peut être remis en bonne allure par une
diminution de la dose de minérai. Il faut connaître la
cause qui l'a dérangé, augmenter ensuite ou diminuer la vîtesse du vent et porter presque toujours
dans le foyer un plus grand volume d'air, afin qu'en
brûlant à la fois plus de charbon, on parvienne à
élever la température.

On n'a pas assez observé jusqu'ici les hauts fourneaux, au moment où ils produisent cette espèce de
fonte blanche; on l'a confondue même avec la fonte
blanche ordinaire provenant d'une surcharge de minérai, parce que l'une et l'autre ne doivent leur existence qu'à un manque de chaleur. La première subit
une décarburation quoiqu'entourée de charbons,
parce que la réduction se fait au-dessus de la tuyère ;
mais sa conversion en fonte grise ne peut avoir lieu;

* Ce fer cru est réellement un produit intermédiaire entre les
deux espèces de fonte.   Le T.

puisque la chaleur du foyer n'est pas assez intense :
le vent étant d'ailleurs trop fort ou bien trop comprimé
dans l'ouvrage, lorsqu'il n'a pas la force nécessaire pour
s'élever à travers les matières, brûle une partie du
carbone de la fonte blanche, qui peut recevoir alors
une texture grenue et une couleur grise cendrée. C'est
en raison de cette grainure et de cette couleur, jointes
à la pureté des scories, que ce fer cru a été confondu
quelquefois aussi avec la fonte grise, quoiqu'il ne
soit réellement qu'une fonte blanche dépouillée d'une
partie de son carbone. Grillée en contact avec l'air, la
fonte blanche ordinaire présente le même aspect *.

Lorsque le fourneau est surchargé en minérais, la
séparation des matières se fait devant la tuyère; la
fonte obtenue ne peut donc éprouver aucune perte
de carbone, puisqu'elle se trouve tout de suite à
l'abri du courant d'air sous une couche de scories;
souvent même la température est si basse, que les
minérais au lieu de se réduire entrent seulement en
vitrification.

La fonte blanche matte, lorsqu'elle n'éprouve dans
l'ouvrage qu'un faible degré de chaleur, se rapproche
de la fonte blanche ordinaire obtenue par une surcharge
de minérai. Ce degré de chaleur va toujours en des—
cendant, à mesure que, dans un ouvrage rétréci, le

---

* Ce n'est pas précisément parce que la fonte blanche a perdu
une partie de son carbone qu'elle est devenue grise cendrée; car
elle prendrait la même couleur, si elle était exposée quelque temps
à la chaleur blanche hors du contact de l'air. Le changement dont
il s'agit ici doit être attribué à l'abandon d'une partie du carbone
combiné avec toute la masse du fer; ce carbone s'unit à une petite
quantité de métal, reste disséminé ensuite à l'état de mélange dans
la fonte, et lui donne une apparence grisâtre. Voyez le mémoire
annexé au premier volume.   Le T.

courant d'air est plus fort et le charbon plus léger; ou
bien à mesure que, dans un ouvrage large; le vent est
plus, faible et le charbon plus compacte. Si le foyer
se trouve élargi, la ressemblance entre les deux fontes
peut devenir parfaite; elle est en général d'autant plus
frappante que la fonte blanche matte conserve plus
de carbone.

Si le coke donne beaucoup de cendres et de fraisil,
on obtient souvent cette fonte blanche matte, qui,
malgré la diminution de la dose de minérai, ne prend
jamais un éclat vif ni une véritable texture grenue;
elle conserve toujours, lors même que les scories sont
d'une grande pureté, une texture écailleuse ou à facettes plates. Une surcharge de minérai, dangereuse
alors, serait toujours suivie d'un engorgement du creuset, à cause de la viscosité des scories. Si d'ailleurs
l'ouvrage est large, le vent faible et le coke compacte,
une partie de ce combustible brûlera trop lentement et dégagera peu de chaleur; de sorte que l'ef_
fet sera le même que si le fourneau était surchargé :
des masses solides descendront dans le creuset. Le
même accident peut arriver, lorsque la vitesse du vent
est trop considérable, parce que le combustible se
trouve déplacé par le courant d'air, ce qui peut occasionner des éboulemens.

667. C'est parce qu'une trop forte dose de minérai
diminue la chaleur du fourneau, et que les matières
arrivent alors dans le foyer sans être suffisamment
préparées, qu'on obtient de la fonte blanche.

La séparation du fer d'avec les substances étrangères est d'autant plus complète et la fonte est
d'autant plus grise, que la chaleur est plus considérable et que le minérai a été mieux préparé avant

d'entrer dans le foyer de la fusion. La réduction est
donc plus imparfaite, et la fonte est moins grisé à mesure que les fourneaux activés par de fortes machines
soufflantes, sont plus petits et que les charges se succèdent avec plus de rapidité.

Si la chaleur est faible, on perd une grande quantité de fer qui se vitrifie et la fonte devient blanche,
suite nécessaire de cette vitrification.

668. La fonte blanche qu'on obtient dans les fourneaux à charbon de bois qui ont peu d'élévation,
provient presque toujours d'une surcharge de minérai; elle occasionne une plus grande consommation
de matières premières, donne de très-mauvais fer, si
le minérai n'est pas de la meilleure espèce, et se
trouve accompagnée d'un laitier corrosif, qui attaque
l'ouvrage et qui, promptement refroidi par le vent,
peut obstruer la tuyère et engorger le creuset. Il faut
donc craindre de charger le minérai en trop forte
dose. Dans le cas opposé, lorsqu'on l'introduit en
trop faible proportion dans le fourneau, on obtient
un degré de chaleur très-élevé, qui dégrade la cuve
et l'ouvrage, et l'on consomme une trop grande quantité de charbon, puisqu'on n'utilise pas tout l'effet
qu'il peut produire; ce qui serait déjà une raison suffisante d'éviter une semblable allure, si même
elle n'agissait pas d'une manière préjudiciable sur la
suite du travail, comme nous allons le faire voir.
Fondues à une grande hauteur au-dessus du creuset,
les matières arrivent au milieu du courant d'air dans
un état de liquidité parfaite; une partie de la fonte
et du laitier refroidie sur la tuyère s'y attache, une
autre partie de fer se vitrifie. Le laitier, qui est très-
liquide, qui bouillonne devant la tuyère et qui res-

semble au laitier corrosif obtenu par une surcharge de minérais, devient épais et gluant, malgré sa liquidité première; des masses de scories durcies descendent de temps à autre dans le creuset; ces masses se dissolvent très-difficilement et obstruent quelquefois la tuyère à tel point que le fourneau en est étouffé.

669. Il suit, de ce que nous venons de dire, qu'un dosage faible, outre qu'il occasionne une grande consommation de charbon, peut avoir des suites fâcheuses pour le travail, la cuve et l'ouvrage. Cependant, si l'on traite un minérai souillé de matières nuisibles, il faut toujours employer des charges au-dessous de celles que le charbon peut porter, afin d'obtenir toujours de la fonte grise et d'entretenir la température à un très-haut degré. Ce n'est qu'en fondant un minérai d'une grande pureté qu'il est permis de donner au charbon le maximum de la charge, et alors le fer cru doit nécessairement incliner à l'état de fonte blanche. Mais aussitôt qu'on dépasse une certaine limite, et que la gueuse au lieu d'être mêlée se change en fonte blanche lamelleuse, qui est épaisse en sortant du creuset, on perd tout l'avantage qu'on veut obtenir, parce qu'il reste une trop grande quantité de fer dans le laitier.

Pour activer un fourneau à charbon de bois, de la manière la plus lucrative, on doit donc lui imprimer une allure telle qu'il soit disposé à donner de la fonte mêlée, si toutefois la nature du minérai le permet. En employant des fourneaux à coke, ou bien en traitant des minérais souillés de matières nuisibles à la qualité du fer, on ne peut jouir d'aussi grands bénéfices, parce qu'il faut nécessairement obtenir de la fonte grise et raffinée.

670. Des minérais très-fusibles, ou rendus tels par une trop forte addition de fondant, donnent souvent de la fonte blanche, lorsque la proportion de charbon est trop grande, parce que la fusion a lieu trop tôt, et que la fonte, en vertu de sa liquidité, traverse l'ouvrage avec une trop grande vitesse. Le laitier, qui est alors chaud et corrosif comme celui qu'on obtient par une surcharge de minérai, absorbe beaucoup d'oxide de fer. La réduction ne se fait donc que d'une manière imparfaite. Ce laitier se boursouffle et bouillonne devant la tuyère dont la surface supérieure se charge de fer demi-affiné ; ce qui arrive sur-tout lorsque les minérais sont pauvres et faciles à fondre. Si au contraire ces minérais fusibles étaient aussi très-riches, il ne se formerait pas assez de séories ; on perdrait une plus grande quantité de métal entraîné en vitrification, et il s'attacherait aux parois du creuset de plus fortes masses de fer demi-affiné. Dans ce cas on doit abaisser le point où s'effectue la fusion, en diminuant le vent, ce qui fait diminuer aussi la température qui règne dans la cuve du fourneau. Une augmentation de minérai serait dangereuse, parce qu'elle pourrait favoriser les engorgemens.

Lorsque le minérai est réfractaire, ou lorsqu'il l'est devenu par une trop faible ou par une trop forte addition de fondant, on doit craindre, avant toutes choses, qu'il ne soit introduit en trop grande proportion dans le fourneau, parce qu'il occasionnerait des engorgemens qu'on ne détruirait qu'avec beaucoup de peine. Un dosage qui est un peu au-dessous du maximum de minérai que le charbon peut porter, procure alors une bonne fonte grise, mais le laitier ne cesse d'être visqueux et de salir la tuyère ; il faut par conséquent employer un vent assez fort pour le rendre plus liquide, en élevant le point de la fusion. Si donc on disposait d'une forte machine soufflante, on ferait bien de rendre le mélange de minérais et de fondant un peu difficile à fondre * ; mais il ne faudrait pas dépasser certaines bornes, parce que la consommation du charbon augmenterait, que les scories obscurciraient la tuyère et qu'enfin le fourneau pourrait se déranger par le moindre refroidissement.

La fonte blanche matte, forme ordinairement la transition de la fonte grise à la fonte blanche rayonnante et de celle-ci à celle-là ; où, ce qui revient au même, le fourneau, en passant d'une bonne allure à une marche déréglée par une surcharge de minérai, donne, avant d'arriver à ce terme extrême, de la fonte blanche matte, et il présente plus tard le même produit lorsqu'il se réchauffe de nouveau.

671. L'allure du fourneau dépend donc essentiellement du degré de chaleur, de la nature du laitier et de sa quantité. Trop fusible ou en trop faible dose, il ne peut protéger le fer contre l'action du courant d'air ; et, dans ce cas, la fonte elle-même étant trop liquide, ne peut séjourner le temps convenable dans une température élevée, pour se changer en fonte grise. Les minérais qui donnent ces laitiers demandent un vent faible et ne peuvent être traités de manière, que tout l'effet du charbon soit utilisé. S'ils sont aussi très-riches, les engorgemens deviennent fréquens à cause de la faiblesse du courant d'air.

Des minérais difficiles à fondre occasionnent une

---

* Ceci ne doit toutefois avoir lieu que dans le cas où il s'agit d'obtenir de la fonte grise. **Le T.**

grande consommation de charbon et donnent des scories visqueuses qui absorbent beaucoup d'oxide de fer
pour devenir liquides, et qui sont disposées à engorger
le fourneau.

Si la cuve est privée du degré de chaleur nécessaire, soit par la compression des matières due à
la rapidité de la pente des étalages, soit par l'humidité du minérai, soit par de nombreux repos de
la machine soufflante, etc., etc., on obtiendra de
la fonte blanche matte et quelquefois aussi de la fonte blanche ordinaire; comme lorsqu'il y a surcharge
de minérai. Si dans ce cas l'ouvrage n'est pas assez
échauffé, l'allure du fourneau se dérange complètement; son état est d'autant plus dangereux que la proportion de charbon est plus faible.

Une trop haute température dans la cuve du fourneau, fait entrer une partie du fer en vitrification, et
produit un déchet qui va croissant avec la richesse du
minérai.

672. La connaissance exacte *des signes*, d'après lesquels on juge de l'allure d'un fourneau, est de la plus
haute importance; car c'est à l'aide de ces signes qu'on
prévient les accidens et qu'on règle la marche du travail.

Si la *flamme du gueulard* est faible, le vent retenu
dans l'ouvrage ne peut s'élever avec assez de vîtesse
à travers les matières, la cuve reste froide et les minérais ne sont pas suffisamment préparés à la fusion. On
peut en attribuer la cause soit à la rapidité de la pente
des étalages, soit à la qualité du charbon, lorsqu'il est
trop menu, soit à la nature du minérai lorsqu'il se
tasse trop fortement, soit enfin à la faiblesse du
courant d'air. Si dans ce cas, le vent a la vîtesse qui
convient à la densité du combustible, on doit aug-

menter la masse d'air en employant des buses plus larges.

Lorsque la flamme du gueulard se porte vers un côté, on peut en conclure que la cuve est engorgée ou que les étalages sont inégalement inclinés, ce qui occasionne des descentes précipitées et des éboulemens. Il faut aussi que la flamme sorte du gueulard avec une certaine vivacité, en faisant entendre un léger bruissement; si elle s'élève avec lenteur, les charbons se consument sans développer beaucoup de chaleur.

Une flamme sombre ou pâle, accompagnée d'une fumée visible, indique un manque de chaleur et, une surcharge de minérai; si l'on traite des minérais mêlés de zinc. Une flamme claire et vive annonce un degré de température convenable. Un fourneau alimenté avec ces minérais dégage une plus grande quantité de vapeurs quand il est surchargé que lorsqu'il se trouve en bonne allure, parce que ces vapeurs sont moins dilatées; elles se déposent aussi en plus grande quantité dans la partie supérieure de la cuve.

On est obligé d'enlever la cadmie de temps à autre, parce qu'elle rétrécit la cuve au point de gêner le passage du vent, d'occasionner un déplacement du charbon et quelquefois aussi des descentes obliques, lorsque le dépôt se trouve sur un côté de la cuve; le minérai répandu alors sur des surfaces inclinées descend le premier en vertu de sa pesanteur spécifique, ce qui produit des éboulemens et des chutes de matières.

En détachant la cadmie, il faut avoir soin de la faire sortir par le gueulard. Des morceaux qui tomberaient dans la cuve, absorberaient une grande quantité de calorique pour se volatiliser de nouveau, ou se présenteraient quelquefois en masses dans l'ouvrage, feraient bouillonner les scories et pourraient occasionner des engorgemens.

La poussière qui sort du fourneau et qui tombe sur la plate-forme du gueulard, indique aussi par sa plus ou moins grande abondance, le degré de force avec lequel le vent s'élève à travers les matières. Il s'ensuit que lorsque le courant d'air est rapide, on ne doit pas employer un minérai friable à l'état de siccité, parce qu'on en perdrait la partie la plus fusible. Il faut donc examiner cette poussière de temps à autre et charger en minérai plus humide, si les cas l'exigent. On ne peut d'ailleurs la traiter dans les fourneaux : fondue seule, elle paraît très-réfractaire, parce qu'elle empêche la circulation de l'air, et, mêlée de fondans, elle devient trop pauvre.

673. Un autre signe auquel on reconnaît l'allure du fourneau, c'est *la flamme de la tympe :* lorsqu'elle est très-forte, d'une couleur bleuâtre et accompagnée de vapeurs, le minérai se trouve chargé en trop forte dose, ou bien la chaleur se concentre dans l'ouvrage sans pouvoir s'élever. On ne peut avoir aucun doute sur le refroidissement de la cuve, si, en traitant des minérais mêlés de zinc, la flamme ressemble à celle que dégage ce métal. Lorsque l'allure du fourneau est bonne, on n'aperçoit point de flamme devant la tympe, parce que tout le vent s'élève dans la cuve : ce n'est qu'après avoir travaillé dans l'ouvrage et retiré tout le laitier qu'il contenait, qu'on est forcé de fermer le passage à l'air, en bouchant l'avant-creuset. Si alors on veut l'échauffer, en y laissant passer la flamme, on ne doit apercevoir aucune trace de fumée, et il ne doit se déposer sur la plaque de la tympe qu'une matière légère et blanchâtre.

674. L'aspect de *la tuyère* et celui *du laitier* offrent au fondeur les signes les plus certains auxquels il reconnaît la marche du fourneau. Elle est bonne, lorsque la tuyère est claire et tellement brillante, qu'au premier abord on ne puisse distinguer les matières qui sont dans l'intérieur du foyer. Si la tuyère est très-claire et que cependant il s'y attache des masses durcies, qu'on soit obligé d'enlever de temps à autre, afin qu'elle ne puisse pas s'obstruer, il ne reste point de doute que les minérais ne soient difficiles à fondre ; il faut donc augmenter le vent ou charger un mélange de minérais et de fondans qui soit plus fusible. Dans ce cas, le laitier se trouve plus visqueux qu'il ne devrait l'être.

Si la tuyère cesse d'être claire et brillante, si sa couleur est rougeâtre, et si l'on distingue au premier coup d'œil les matières contenues dans le foyer, le fourneau est surchargé de minérai. Le laitier devient avide et corrosif, bouillonne devant la tuyère, la salit et l'obstrue continuellement, malgré tous les soins qu'on prend pour la déboucher. Ce laitier, qui est très-liquide au moment où il sort du foyer, a peu de chaleur, se durcit promptement, se fige même en partie dans l'intérieur du foyer, et finit par arrêter la descente des matières ; la fonte se refroidit alors et forme des masses de fer demi-affiné dont il faut se débarrasser à force de travail dans l'ouvrage.

On se hâte dans ces circonstances de diminuer considérablement la charge de minérai pour réchauffer le fourneau : ce n'est que dans le cas où l'ouvrage est encore très-étroit et que le charbon est léger, qu'on peut aussi diminuer la vitesse du courant d'air ; mais si le charbon est compacte, on ne doit pas la changer ; puisqu'on abaisserait encore la température.

Il peut arriver aussi que les scories bouillonnent devant la tuyère, parce qu'elles sont amoncelées en trop grande quantité dans le creuset ; il est facile alors d'y remédier. Si le bouillonnement est une suite de la fusibilité des minérais, la tuyère se salit encore et se recouvre d'un nez, mais elle reste assez brillante, et les engorgemens ne sont pas à craindre, puisque la température du fourneau est assez élevée. Il faut dans ce cas enlever le nez à mesure qu'il se forme, nettoyer l'ouvrage, ralentir le mouvement des machines soufflantes et rendre le mélange des minérais et du fondant plus réfractaire. Quoique le laitier soit alors court, qu'il se rompe et se refroidisse très-facilement, il est cependant moins nuisible à la régularité du travail, et il ne s'oppose pas aussi fortement à la descente des charges, que le laitier qui résulte d'une surcharge de minérai.

Si la tuyère manque de clarté, si elle est sombre et salie de temps à autre par un laitier très-visqueux, sans que le fourneau soit du reste dérangé, on ne peut l'attribuer qu'à des fragmens de minérai mal grillé ou mal bocardé, ou bien au fondant chargé en trop gros morceaux. Si la tuyère est un peu sombre et que le laitier présente tous les signes d'une bonne allure, la température de la cuve est trop basse. Il faut alors se servir de buses plus larges pour augmenter la masse d'air lancée dans le fourneau ; ou bien conserver les mêmes buses et accélérer le mouvement des machines soufflantes. Le premier moyen doit s'employer, lorsque la vitesse du vent est déjà proportionnée à la densité du combustible ; on se sert du deuxième, lorsque la pression de l'air est trop faible. Les scories sont dans ce cas, non-seulement très-pures, mais quelquefois, aussi très-chaudes, parce que toute la chaleur est concentrée dans l'ouvrage ; mais la fonte qui est d'abord blanche et matte, se rapproche de plus en plus de la fonte blanche, due à une surcharge de minérai.

Si le laitier est très-pur, la fonte très-grise et la température très-élevée, et qu'il se forme pourtant un nez devant la tuyère, on doit ralentir le mouvement des soufflets et travailler à force dans le foyer, parce que le fourneau menacé d'un engorgement du creuset, se trouve dans une situation dangereuse : le laitier s'épaissit, la fonte ne pouvant le traverser, s'affine par l'action du courant d'air, et encombre l'ouvrage à tel point qu'on est forcé de mettre hors.

675. Nous devons faire observer comme règle générale, qu'on doit diminuer d'un quart ou d'un tiers la dose de minérai, quand on est obligé de travailler souvent dans le creuset, lors même que le fourneau a été dérangé par un excès de chaleur. Ces sortes d'opérations le refroidissent considérablement, parce qu'on est obligé d'arrêter les machines soufflantes et de tenir l'avant-creuset ouvert. Il faut donc le réchauffer d'abord et augmenter ensuite la charge avec beaucoup de ménagement.

Lorsqu'on s'aperçoit que l'ouvrage s'élargit et que le charbon ne peut plus porter autant de minérai qu'au commencement de la campagne, on doit en diminuer la dose avant que le fourneau ne se trouve surchargé, afin de ne pas le refroidir et de ne pas occasionner des engorgemens.

Le durcissement des matières et la voûte ou le nez qui recouvre la tuyère, ne sont donc pas toujours le résultat d'un échauffement du fourneau ; ils proviennent aussi d'une surcharge de minérai. Dans tous les cas, il s'ensuit une décarburation de la fonte qui s'affine et se fige au-dessus de la tuyère.

Il est probable que dans l'un et dans l'autre cas, le laitier refroidi par le vent, forme vis-à-vis et au-dessus de la tuyère, des espaces creux dans lesquels la réduction et la carburation du métal ne peuvent s'opérer que très-imparfaitement, s'il y a surcharge de minérais; et dans lesquels la fonte est décarburée, si le point où s'opère la réduction est très-élevé. Ce n'est que dans le cas où la voûte provient d'un mélange trop fusible de fondans et de minérais, qu'il n'y a point de danger; pourvu, toutefois, qu'on apporte les corrections voulues et qu'on empêche les scories de se figer dans le creuset.

Il est très-difficile de se débarrasser du fer demi-affiné et de le détacher, à coups de ringard, des environs de la tuyère. Ce travail qui est pénible, refroidit le fourneau; mais on ne peut s'en dispenser, parce qu'il se formerait toujours un plus grand nombre de voûtes qui finiraient par obstruer l'ouvrage en entier : le danger s'accroît avec l'élargissement du foyer.

Pour empêcher qu'une tuyère nouvelle ne se fonde, on tâche de la couvrir de fer demi-affiné; pour cet effet, on la refroidit le plus possible, lorsque le fourneau est en *bonne allure*.

676. La couleur *du laitier*, variant avec les minérais, ne peut pas donner de renseignement positif sur la marche du fourneau : cependant le bleu et le vert se rencontrent le plus fréquemment. Les minérais plombifères fondus avec du coke donnent des laitiers jaunes, et avec du charbon de bois, des

laitiers gris-clairs. Ces couleurs nuancées d'une manière infinie, sont d'autant plus claires que le fourneau est plus échauffé, deviennent plus sombres à
mesure que la chaleur diminue, et passent au noir
lorsqu'il y a dérangement complet par surcharge de
minérai : elles servent donc à faire connaître la marche
du travail.

Un laitier de différentes couleurs annonce une allure
un peu irrégulière, ou bien un mélange imparfait
de minérai et de fondant. Il faut donc recourir à
l'observation des autres signes, et voir sur-tout si
des pierres tombées dans le creuset font craindre un
engorgement, ou bien si le fondant est mal bocardé.

Du laitier obtenu à une très-haute température, se
boursoufle, étant arrosé d'eau, et se présente alors sous
la forme d'une substance blanche caverneuse, semblable à la pierre ponce. Frappé par l'haleine, il fait
entendre un léger craquement et dégage du gaz hydrogène sulfuré ou phosphuré. Les scories des fourneaux à coke ne présentent jamais cet aspect, parce
qu'elles ne contiennent point d'alkali et qu'elles sont
plus réfractaires.

Le laitier des fourneaux à charbon de bois est
toujours à l'état vitreux, à moins qu'il n'ait été soumis à une chaleur trop forte ou trop faible. Tant
qu'il est vitrifié, on n'a rien à craindre de la marche
du travail; l'intensité de sa couleur donne alors un
renseignement suffisant sur la proportion de minérais
et de charbon ou sur la fusibilité du mélange des
matières. Mais lorsque le laitier se rembrunit, que son
éclat vitreux disparaît, qu'il prend un éclat faible,
qu'il devient caverneux et terreux, on peut être certain que le point où s'effectue la fusion est descendu

trop bas et que le fourneau se dérange entièrement.
Il faut donc travailler à force dans l'ouvrage et charger
le minérai en faible dose pour élever la température.
On introduit quelquefois par la tuyère, dans l'ouvrage, du spath fluor ou du cuivre, pour former un
laitier chaud qui puisse dissoudre les masses agglutinées et demi-fondues ; mais on ne doit recourir à
ce moyen qu'à la dernière extrémité. Ces laitiers
corrosifs attaquant les pierres du creuset, occasionnent
de fortes dégradations ; ils ne peuvent d'ailleurs dissoudre les matières figées au-dessus de la tuyère, et
celles qui se trouvent au-dessous peuvent être dé-
tachées facilement à coups de ringard.

Si les matières agglutinées ont fermé l'ouvrage de
manière à ne plus laisser de passage à l'air, on est
obligé de *mettre hors*. Quelquefois on essaie d'enlever
la tympe pour faire sortir les *massaux ;* si l'on réussit,
on place une nouvelle tympe et l'on recommence le
fondage : mais le succès de cette opération devient
très-incertain quand l'engorgement est avancé et que
le fourneau a de grandes dimensions, ce qui augmente le danger des éboulemens *. Lorsque l'ouvrage
n'est pas très-élargi, cet accident ne peut arriver sans
la plus grande négligence de la part des ouvriers,
parce qu'on est toujours à même de le prévenir à
temps, en diminuant la dose de minérai.

---

* On peut aussi sauver le fourneau en y pratiquant une ouverture au-dessus de la tuyère ou au-dessus des masses agglutinées
qui occasionnent l'engorgement, et en donnant le vent par cette
ouverture jusqu'à ce que toutes ces matières soient mises en fusion.
Cette opération peut présenter quelques difficultés, mais elle n'est
pas impraticable, sur-tout pour les fourneaux de petites dimensions.   Le T.

677. Si le laitier, quoique peu coloré, n'est ni vitreux ni lithoïde, qu'il ait l'air terreux demi-fondu et très-caverneux ou boursouflé, le fourneau manque de chaleur sans être dérangé, et la séparation des matières est incomplète. Si en même temps la fonte est blanche et matte, il faut augmenter le courant d'air pour élever le point de la fusion et pour échauffer davantage la partie supérieure de la cuve, afin que les minérais soient mieux préparés en arrivant dans l'ouvrage. Cette espèce d'allure a lieu plus fréquemment lorsque le foyer se trouve élargi, qu'au commencement de la campagne.

Un laitier peu coloré et d'un aspect lithoïde, annonce une très-haute température; on doit donc augmenter la charge de minérai, pour ménager les parois de la cuve et pour empêcher que par un excès de chaleur, il ne se produise des scories épaisses. Cependant il ne faut procéder à cette augmentation que dans le cas où la fonte est parfaitement grise.

678. Les laitiers des fourneaux à coke n'ont jamais le degré de transparence de ceux des fourneaux à charbon de bois. Celui qui, dans les fourneaux à charbon de bois, accompagne la fonte grise, est au moins demi-transparent, et celui de la fonte mêlée est translucide sur les bords; tandis que les laitiers des fourneaux à coke sont presque toujours opaques; du moins la translucidité n'est pas une condition essentielle de leur bonne qualité : malgré leur opacité, ils sont peu colorés, ont un éclat vitreux parfait et une cassure conchoïde. Quelquefois aussi leur couleur est foncée; mais ce n'est que dans le cas où elle passe au brun qu'il y a surcharge de minérai. A mesure qu'elle se rembrunit, l'éclat vitreux va en diminuant et la sur-

face des scories devient moins lisse; enfin, lorsqu'elles sont poreuses, mattes et que leur couleur passe au noir, le fourneau est en danger.

Un laitier vitreux, et dont le noyau est lithoïde, annonce une bonne température; mais si toute la cassure est pierreuse et que la fonte soit grise, on doit augmenter la dose de minérai avec précaution.

Un laitier *porcelanisé*, qui ressemble au verre de Réaumur, qui n'est ni vitreux ni lithoïde, indique une marche uniforme; mais il est la preuve d'une réduction imparfaite et d'un défaut de chaleur.

679. Le laitier qui provient d'un mélange de matières trop difficiles à fondre, se présente dans un état de vitrification imparfaite; quoiqu'il puisse avoir une couleur claire, il est caverneux, percé de nombreuses soufflures et ressemble presque toujours à la porcelaine.

La consistance des laitiers, pendant qu'ils sont dans le foyer et au moment où ils s'écoulent sur la dame, doit être soigneusement observée. Un laitier très-liquide et qui se refroidit promptement, est toujours riche en fer; il doit son origine soit à la fusibilité des matières qui composent la charge, soit à une trop grande dose de minérai, soit aussi à une trop grande vîtesse du vent, qui accélère la descente du minérai et l'empêche d'être suffisamment préparé en arrivant au centre de la chaleur : dans tous ces cas on obtient de la fonte blanche.

Si le laitier devient trop visqueux, les matières manquent de fusibilité, la chaleur n'est pas assez intense pour en opérer la liquéfaction, ou bien la température est trop élevée; dans ce dernier cas, les scories ne contenant point d'oxide de fer, ont la consistance d'une pâte épaisse et tenace, sont très-réfractaires et se refroidissent aussi très-promptement, lorsqu'elles sont exposées à l'action du courant d'air. Il faut donc approfondir la cause de la viscosité de ces laitiers qui ne s'écoulent pas et qui s'attachent si fortement aux outils.

680. Le laitier d'un fourneau dont la marche est bien réglée, doit avoir une consistance pâteuse, telle qu'il puisse s'écouler lentement et sans se rompre, qu'il ait assez de cohérence pour se tirer en fil, et assez de liquidité pour remplir des moules. Plus liquide, il écume, bouillonne devant la tuyère et ne peut défendre le fer contre l'action de l'oxigène; plus visqueux, il se durcit dans le creuset, empêche la descente des charges et occasionne des engorgemens. Le laitier qui provient d'une trop forte proportion de fondant ou d'une surcharge de minérai, présente les mêmes inconvéniens, parce qu'il se refroidit très-vîte, malgré sa liquidité, et qu'il est aussi très-disposé à engorger l'ouvrage.

Il faut donc que le fondeur porte beaucoup d'attention à l'état des scories qui sont dans le creuset et qu'il tâche de leur conserver toujours le degré de consistance voulu. Lorsqu'il veut hâter leur écoulement, en les ramenant de l'intérieur dans l'avant-creuset, il finit par les épaissir et par refroidir le foyer, et s'il en retarde la sortie, elles deviennent trop liquides et peuvent produire ensuite des engorgemens.

681. Au commencement de la campagne, quand l'ouvrage est encore assez étroit pour que le vent puisse chasser les scories dans l'avant-creuset, il n'est pas nécessaire de les haler (638); il suffit qu'une heure avant de travailler dans l'ouvrage, on charge l'avant-creuset de poids, après l'avoir rempli de fraisil et de

terre damée, afin que le laitier retenu plus long-
temps, devienne plus liquide et dissolve les matières
durcies. Quelquefois on place aussi des poids dans
l'avant-creuset; lorsque le laitier se gonfle et qu'il
menace de passer sur la dame, ce qui peut arriver
par suite d'une trop forte pression de la colonne des
matières ou d'un engorgement de l'ouvrage.

Si le foyer s'est élargi de manière que le vent n'ait
plus le degré de force nécessaire pour déplacer le
laitier, on le fait sortir avec des ringards. Ce laitier
de halage ressemble toujours au laitier obtenu par
une trop forte proportion de minérai, lors même que
celui qui s'écoule librement sur la dame est d'une pureté parfaite.

On est souvent obligé, s'il existe une grande quantité de fraisil dans le foyer, de sonder la partie postérieure de l'ouvrage immédiatement après la coulée,
et d'enlever les matières durcies avec le plus grand
soin.

Un laitier qui refuse de s'écouler, indique un engorgement du côté de la rusfine; il faut donc le haler
le plus tôt possible, parce qu'il se figerait devant la
tuyère. Ce laitier qui est très-avide a un air de crudité
ou une couleur rouge, parce qu'il est chargé de fraisil. Quelques soins que le fondeur doive prendre pour
retenir les scories dans le creuset, il doit craindre
qu'elles ne se portent et ne s'amoncellent du côté de la
rustine, et que ce ne soit à la fin le métal qui s'écoule
au lieu des scories. Dans ce cas, l'avant-foyer se dessèche; il faut donc y ramener les laitiers. Après avoir
introduit le ringard dans l'ouvrage, on doit le retirer
avec lenteur, en le tournant continuellement; le laitier
arrive alors à grands flots et bouillonne dans l'avant-

creuset, ce qu'on doit cependant empêcher, en y jetant du fraisil mêlé de terre. En général, si le laitier, sans être retenu dans le fourneau par un moyen forcé, refuse de s'écouler, on doit le haler, fermer l'avant-creuset, donner un vent plus fort, pour augmenter la liquidité des matières, et travailler fréquemment dans l'ouvrage.

682. Un laitier trop visqueux qui s'amoncelle du côté de la rustine, parce qu'il ne peut pas être retiré entièrement, lorsqu'on travaille dans l'ouvrage (638), s'écoule et se mêle avec la fonte, ce qui est sur-tout fâcheux dans la fabrication des objets moulés. Un inconvénient plus grave encore, c'est que ce laitier ne peut absorber le fraisil qui, tombant alors sur la sole, encombre et refroidit le creuset; on ne peut y remédier qu'en produisant un laitier avide et corrosif.

Si par le tassement des matières ou par une trop forte pente des étalages, le vent ne peut s'élever, la flamme s'échappe sous la tympe et ne peut être retenue qu'avec beaucoup de peine. Dans ce cas on jette de l'argile sur la couche de scories qui est dans l'avant-creuset, et l'on dame cette terre pour opposer une résistance suffisante au courant d'air.

Le fondeur peut donc retarder ou favoriser l'écoulement des scories. Un laitier pur et liquide paraît augmenter la température du fourneau, accélère la descente du métal, facilite la fusion des minérais qui sont encore à l'état solide en arrivant devant la tuyère, empêche le contact immédiat du fer avec le coke, et s'imbibe de fraisil sans se durcir. Il ne faut donc pas haler le laitier tant qu'il est assez liquide pour s'écouler librement sur la dame.

683. La descente des charges offre aussi un signe auquel on reconnaît l'allure du fourneau. Si
les charges descendent uniformément; si dans des
temps égaux on en introduit le même nombre dans
le gueulard, le fourneau suit une marche uniforme,
et il n'existe point d'engorgement ni dans la cuve
ni dans l'ouvrage. Mais lorsque les descentes sont
rapides, après avoir été lentes; ou bien lorsque les
charges tombent tout d'un coup, après avoir été arrêtées, on doit craindre les engorgemens; il est alors
nécessaire de bien surveiller le fourneau pour remédier
au mal aussitôt qu'il sera connu.

Cette inégalité des descentes fait varier la quantité
de fer que les minérais produisent : on obtient au
commencement plus de fonte, mais elle est toujours
blanche; ensuite le produit diminue, parce qu'il se
forme des voûtes, ou espaces creux dans lesquels la
réduction se fait imparfaitement (675); bientôt on
voit paraître les signes ordinaires qui accompagnent
une surcharge de minérai; la flamme du gueulard
devient faible, la tuyère s'obscurcit, et il sort une
épaisse fumée de l'avant-creuset.

Dès qu'on voit que les éboulemens se répètent
plusieurs fois, on doit diminuer la dose de minérai
afin de soutenir la température au même degré; parce
qu'on sera forcé bientôt de travailler dans l'ouvrage
pour détacher et enlever les matières durcies qui s'y
forment. Le fourneau se refroidit alors et ne peut
plus recevoir la charge ordinaire. On doit dans ce
cas, différer la coulée le plus possible, à moins que
la fonte ne se fige dans le creuset.

684. Si, après qu'on a travaillé dans l'ouvrage, le
laitier bouillonne encore devant la tuyère, et que celle-

ci continue à rester sombre, le fourneau se trouve
dans une situation des plus dangereuses; il peut arriver alors que les scories, au lieu de s'abaisser,
montent avec la fonte dans la tuyère, parce que le
creuset encombré de charbonnaille ou de fraisil fortement tassé, n'a plus assez de capacité ni assez de
chaleur pour recevoir les matières et les conserver
à l'état liquide. On doit dans ce cas, ne faire écouler
la fonte que le plus tard possible, d'autant plus que
les charbons empâtés de scories brûlent difficilement.
On ne peut donc faire autre chose que de fermer l'a-
vant-creuset solidement avec de la terre, pour rendre
le laitier plus liquide et pour le disposer à descendre.
Le mouvement des machines soufflantes ne doit pas
changer de vitesse.

685. Les engorgemens du creuset ne proviennent
pas toujours des éboulemens ou descentes irrégulières;
mais ces dernières sont toujours suivies d'engorgemens,
parce que les couches de matières prennent une direction inclinée, de sorte que les minérais, en vertu
de leur plus grande pesanteur spécifique, déplacent
les charbons et les poussent vers un des côtés de la
cuve. Au reste, quelle que soit la cause des engorgemens, elle n'influe en rien sur la manière dont on
doit conduire le fourneau pour le remettre en bonne
allure.

Si le produit est ou trop faible ou trop fort, eu
égard au nombre des charges, on doit s'attendre à
des accidens : quelque bonne que paraisse l'allure du
fourneau, il se manifestera bientôt des signés de dérangement. Si la fonte n'était pas entièrement grise,
les suites de l'engorgement, sur-tout s'il était accompagné de descentes obliques, n'en seraient que plus

dangereuses. Voici quelles sont les causes ordinaires de ces obstructions de l'ouvrage qui s'annoncent presque toujours par des chutes et des descentes obliques :

1°. Des minérais humides et friables souillés d'argile. Si le foyer se trouve déjà élargi par la suite du fondage et si la cuve est refroidie par l'humidité des minérais, ces derniers arrivent dans l'ouvrage en masses solides mêlées d'argile et de fraisil, et occasionnent des engorgemens augmentés ensuite par le vent, qui refroidit le laitier et le rend de plus en plus épais. La meilleure correction que l'on puisse apporter à ces accidens, c'est de diminuer la dose de minérai, d'employer un vent fort et de travailler dans le creuset avec la plus grande célérité.

2°. Du coke impur, donnant beaucoup de fraisil, qui, en se mêlant avec les scories de minérai réfractaire, produit des massaux dans le creuset. Il arrive quelquefois que les scories, la fonte, le minérai et le coke sont tellement enveloppés de fraisil, que la réduction devient impossible et qu'il ne se forme que des agglomérations de matières, qu'on est obligé de faire sortir du foyer.

3°. Un ouvrage trop large que le vent ne peut traverser avec le degré de force convenable. On ne peut augmenter la vitesse du courant d'air que jusqu'à un certain point; on est donc obligé de diminuer la dose de minérai, d'où il résulte ensuite une forte consommation de charbon; il vaut donc mieux mettre hors.

4°. Un vent trop fort et un foyer trop large. Le courant d'air déplace alors le charbon, le consume trop rapidement du côté de la tuyère et produit des descentes obliques suivies toujours d'une réduction imparfaite.

5°. De trop petites charges de charbon. Le minérai les traverse, et il en résulte des éboulemens.

6°. Un vent irrégulier, de fréquens repos de la machine soufflante, ce qui fait varier le point où s'effectue la fusion. Si l'on augmente le courant d'air trop brusquement dans un ouvrage qui est élargi, on peut occasionner des éboulemens; mais, dans un ouvrage étroit, on fait entrer en liquéfaction les massaux qui sont déjà formés. Si l'on diminue le vent, la température s'abaisse et une partie des matières liquides se fige, ce qui peut causer des engorgemens et des descentes obliques. Les repos de la machine soufflante, lorsqu'on la répare, sont très-préjudiciables, parce que les minérais demi-fondus qui se trouvent dans la partie supérieure des étalages, se durcissent et font ralentir du moins pour quelque temps la descente des charges, lors même qu'ils ne produisent point d'éboulemens.

7°. Des étalages dont la pente est trop douce. Les matières demi-fondues ont alors trop de facilité à s'y attacher et à produire des agglomérations qui sont toujours suivies de chutes, sur-tout lorsque les cokes donnent beaucoup de fraisil.

8°. Des étalages inégalement inclinés. Les matières éprouvent alors une compression inégale, elles sont resserrées davantage à l'endroit où la pente est plus roide, et le vent se cherche un passage du côté opposé où la résistance est moins forte, ce qui produit des descentes obliques. Cette cause de dérangement et celle que nous avons signalée n°. 7, proviennent donc de la construction du fourneau.

9°. Des pierres demi-fondues qui restent attachées aux parois de la cuve des étalages ou de l'ouvrage.

Elles font d'abord courber les lits des matières et occasionnent ensuite des descentes obliques. Il serait bon
que ces pierres pussent tomber tout de suite, on les
retirerait du creuset ; cependant lorsque plusieurs se
succèdent, elles peuvent engorger l'ouvrage au point
qu'on soit obligé de mettre hors. Il faut donc employer
les matériaux les plus réfractaires et donner les plus
grands soins à la construction de la cuve.

10°. Un élargissement irrégulier de la cuve des
étalages et de l'ouvrage. Les charges forcées alors de
s'étendre inégalement finissent par s'incliner à l'horizon ; le même inconvénient a lieu, si l'axe de l'ouvrage
ne se confond pas exactement avec celui de la cuve.
La compression des matières ne peut alors être uniforme. Le vent se cherche un passage à l'endroit où
il trouve le moins de résistance, et les charbons sont
consumés plus vite d'un côté que de l'autre, ce qui
occasionne des descentes obliques.

11°. Enfin le peu de chaleur de la cuve et de l'ouvrage, par suite d'un refroidissement antérieur. Ce
n'est donc que la répétition du même mal ; un dérangement est suivi d'un autre et le fourneau ne peut reprendre le degré de chaleur voulu, si les charges qui
se présentent plus tard dans le foyer, ne sont pas plus
légères en minérais.

On ne peut apporter de remède radical aux engorgemens dont la cause est inhérente à la construction
de la cuve. On fait donc bien de cesser le fondage et
de reconstruire le fourneau.

686. La nature de la fonte présente aussi un moyen
de reconnaître l'allure du fourneau, mais pour mieux
juger de sa situation et pour savoir quelles corrections elle nécessite, on doit réunir toutes les indica-

tions fournies par la flamme du gueulard, celles du creuset, l'aspect de la tuyère, du laitier et du fer cru.

La fonte grise obtenue à une haute température, coule tranquillement, en sortant du foyer; elle est d'une couleur blanche éclatante sans être nuancée de jaune, et d'une liquidité parfaite qu'elle conserve très-long-temps. Après le refroidissement, ses arêtes sont vives, sa surface est plane*. Si la fonte est très-grise, il s'en sépare du graphite, qui s'y attache sous forme de poussière. Convertie en objets minces, elle montre encore une couleur grise dans sa cassure, remplit les moules parfaitement, présente en coulant une surface homogène d'un éclat faible et non métallique.

A mesure que la chaleur du fourneau diminue, la couleur de la fonte liquide passe du blanc au rougâtre; son éclat, au moment où elle s'écoule, devient plus brillant. Sa surface présente de grandes taches mattes, qui sont d'autant plus considérables que la fonte se rapproche davantage de la grise. La fonte mêlée coule encore tranquillement sans lancer d'étincelles, mais elle se refroidit assez promptement et présente alors une surface concave, qui commence à se couvrir de soufflures**.

La fonte blanche, extrêmement vive en sortant du foyer, jette beaucoup d'étincelles et paraît surpasser

---

* La fonte grise, en sortant du foyer, a dans nos forges une couleur rouge d'autant plus intense que le fourneau est moins chaud. Refroidie, sa surface est concave : ce n'est que dans le cas où elle est très-peu liquide que la surface de la gueuse peut devenir plane ou même convexe, ce qui est très-rare, et alors ses arêtes sont arrondies. Le T.

** La surface de la fonte mêlée est ordinairement plane; il en existe cependant qui prend une surface concave. Le T.

II

la fonte grise en liquidité; mais elle devient bientôt épaisse, montre en coulant un reflet rouge ; brille de l'éclat métallique, se refroidit promptement et présente ensuite des arêtes arrondies et une surface concave ; elle adhère bien plus fortement au ringard que la fonte grise : cette seule différence servirait à les distinguer l'une de l'autre *.

Le fer cru qui contient du soufre, se reconnaît à la coulée par son odeur. Cette fonte disposée souvent à prendre une couleur jaunâtre, étant liquide, doit toujours être très-grise et très-chaude. En se figeant, elle se dilate au lieu de se retirer, jette beaucoup d'étincelles et se refroidit promptement.**

Le fer cru que donnent les minérais phosphoreux ressemble en tout point à la bonne fonte, lorsqu'il est liquide et pendant le refroidissement ; mais, il prend un retrait plus considérable.

687. La fonte des fourneaux alimentés avec du coke, doit être obtenue à un haut degré de chaleur, à cause de la grande quantité de cendres et de soufre

---

* La fonte blanche a une couleur blanche éclatante en sortant du creuset; refroidie, ses arêtes sont arrondies et sa surface devient convexe. Il s'en trouve toutefois qui, étant très-liquide, prend une surface plane ou même concave. Il me semble que dans la description de ces trois espèces de fontes, donnée par M. Karsten, il s'est glissé une erreur ou quelque faute d'impression qui n'a pas été rectifiée.   Le T.

** Toutes les fontes se dilatent d'une quantité plus ou moins grande en se figeant. Une observation journalière le prouve : les globes qui servent au moulage, ont presque les dimensions que les projectiles doivent avoir, après être refroidis; il faut donc que le diamètre de ces derniers, lorsqu'ils étaient à la chaleur blanche, c'est-à-dire immédiatement après avoir passé à l'état solide, ait été plus grand que celui du moule, puisqu'ils subissent un retrait considérable en se refroidissant.   Le T.

même contenue encore dans ce combustible. Les métaux terreux et le soufre, qui entrent toujours dans
sa composition, quelle que soit la température du
fourneau, la disposent à se figer et à s'oxider plus
vîte que le fer cru obtenu au charbon de bois. Très-
grise et très-chaude, elle a une couleur blanche éclat-
tante avec un léger reflet rougeâtre ; sa surface est
brillante d'étincelles qui se meuvent avec une grande
rapidité, jusqu'à ce qu'elle ait passé à l'état solide.
Cette fonte, qui est très-liquide ; coule avec beaucoup
de vivacité et remplit les moules parfaitement. Elle
devient plus épaisse, se refroidit plus promptement
et forme des arêtes moins vives à mesure que le reflet
rougeâtre diminue et que la couleur blanche se nuance de jaune.

La fonte très-blanche est tellement épaisse qu'elle
peut à peine couler et qu'elle se fige à l'instant. On
n'aperçoit qu'un léger mouvement à sa surface ; elle
jette une lumière faible et rouge.

Si les cokes donnent beaucoup de fraisil, une grande
quantité de cendres et peu de chaleur, il est presqu'impossible d'obtenir de la fonte réellement grise
et grenue. En coulant, elle est toujours épaisse,
s'oxide facilement et dégage un peu de flamme ; elle
montre dans sa cassure une couleur grise claire, une
texture à facettes et un éclat métallique plus faible
que celui de la fonte grise foncée dont la texture est
grenue. Si l'on refond ce fer cru dans les fours à
réverbère, il abandonne une partie des métaux terreux qu'il contient.

La fonte blanche, grenue et d'un éclat mat, se présente rarement dans les fourneaux alimentés avec le
charbon de bois ; mais elle se forme bien souvent dans

les fourneaux à coke, sur-tout en été, lorsque les
machines soufflantes ne donnent pas assez d'air, ou
bien lorsque les foyers sont trop élargis.

De la fin du travail des hauts fourneaux.

688. Lorsque l'ouvrage s'est tellement élargi, que
la fonte grise ne peut s'obtenir qu'à l'aide d'une
forte dépense en combustible, et qu'il arrive de fréquens éboulemens, on est obligé d'interrompre le
fondage et de *mettre hors*. On cessera alors de charger,
et on laisse descendre toutes les matières. A mesure
qu'elles s'affaissent, les charges arrivent avec plus de
lenteur dans l'ouvrage, probablement parce que la
pression exercée sur les couches inférieures est diminuée. Après l'écoulement de la fonte, il reste d'autant moins de métal sur la sole du fourneau, que la
température a été plus élevée. Ces masses attachées
à la pierre de fond sont demi-affinées et s'appellent
massaux; on les concasse pour les refondre dans les
hauts fourneaux ou pour les traiter dans les feux
d'affinerie.

L'ouvrage se reconstruit à neuf, ainsi que les étalages, du moins leur partie inférieure, lorsqu'on peut
conserver le reste...

689. Si l'on est obligé de suspendre le travail, soit
par défaut de charbon ou de minérai, soit pour cause
de réparations, on ferme le gueulard et l'avant-creuset
hermétiquement, on ôte la tuyère et l'on bouche
le trou de la pierre avec de l'argile. Le vide qui se
forme par l'affaissement des charges est rempli de
temps à autre avec du charbon. Un fourneau à
charbon de bois peut rester plusieurs jours dans cette

situation qui aurait plus d'inconvéniens pour les fourneaux à coke.

690. La durée d'une campagne est très-variable :
elle dépend sur-tout, à moins de circonstances particulières, de la qualité des matériaux employés à
la construction du foyer et des parois. L'ouvrage et
la cuve ont d'autant moins à souffrir de la chaleur,
que la marche du travail est plus uniforme. Un fondage peut donc être terminé en peu de semaines,
tandis qu'un autre peut se prolonger pendant plusieurs années.

691. La fonte se convertit en objets coulés, ou bien
elle est mise sous forme de plaques et de prismes ou
parallélipipèdes de 6 à 8 p. de longueur, de 10 à 12
pouces de largeur et de 2 à 4 pouces d'épaisseur, destinés pour les feux d'affinerie. Les plaques s'appellent
floss, les prismes portent le nom de *gueuses*. Quelque essentiel qu'il soit de ne faire produire que de la
fonte très-grise aux minérais traités avec du coke, on
ne peut nier cependant que ce fer cru n'exige le plus
de temps et de matières pour être converti en fer
ductile. La fonte blanche ne donnerait que de mauvais
fer; et pour l'améliorer, il faudrait faire encore une
plus grande dépense en métal et en combustible. Pour
réunir l'un et l'autre avantage, pour avoir une fonte
pure et facile à traiter dans les feux d'affinerie, on
cherche à n'obtenir dans certains pays, comme en
Suède, que de la fonte grise, qu'on blanchit au sortir
du fourneau, en l'arrosant avec de l'eau.

Il est hors de doute qu'il ne soit avantageux, sous
le rapport de l'économie, de refroidir la fonte grise
subitement, de la mettre sous forme de blettes et de
la griller ensuite dans les fours à réverbère, avant de

la soumettre à l'opération de l'affinage, afin de brûler une partie du carbone qu'elle contient. Les essais qui ont été faits en Silésie ont donné d'excellens résultats.

692. Quand on est obligé de puiser la fonte avec la poche, et que le laitier ne peut s'écouler librement, il est toujours imprégné d'une grande quantité de globules de fer cru; ce qui arrive du reste pour toutes les scories de halage qu'on obtient en nettoyant le creuset. Cette fonte, qui se trouve encore en plus grande abondance dans les laitiers des flussofen et des stuckofen, en est retirée par le bocardage: on l'appelle *fonte de bocard.*

Le laitier qui s'écoule spontanément n'est pas mêlé de grains de fonte et n'a pas besoin d'être bocardé.

693. La consommation du fourneau en matières premières et le poids des produits, doivent être enregistrés tous les jours avec la plus grande exactitude.

Le charbon est reçu et chargé à la mesure, et comme la dose en est constante, il suffit pour en déterminer la consommation journalière, de prendre le total des charges notées par l'ouvrier qui les verse dans le gueulard.

Les minérais sont aussi reçus à la mesure et livrés de cette manière aux employés des fourneaux, par jour ou par semaine. Un autre moyen de connaître la consommation des minérais et qui sert de vérification au premier, résulte du poids des charges, qu'on peut réduire en mesures, d'après des rapports connus. Si dans les usines il existe des ouvriers particuliers pour composer les charges, ils doivent noter les poids et les mesures. Ce qu'on dit des minérais s'applique aussi aux fondans. Le nombre des charges, le poids des minérais, le poids et le numéro des gueuses, sont donc inscrits sur un tableau qui est dans l'usine. C'est à l'aide de ces situations journalières, qu'on peut composer l'état général du fondage, qui doit contenir les colonnes suivantes :

1°. Le numéro de la semaine, compté depuis le premier jour de la mise en feu ;

2°. Le nombre des charges faites par jour ;

3°. La consommation journalière de minérais exprimée en poids et en mesures ;

4°. La consommation journalière de fondant ;

5°. La consommation journalière de charbon ;

6°. Le produit journalier ;

7°. La pression du vent ;

8°. Le nombre des coups de piston fournis par la machine soufflante, dans une minute ;

9°. Des observations sur la nature des matières premières, la hauteur du thermomètre, celle du baromètre et les accidens survenus pendant le travail.

Un semblable registre tenu avec l'exactitude nécessaire, peut donner au maître de forges, les renseignemens les plus positifs sur la marche de ses opérations et sur les moyens qu'il doit employer, pour réduire ses minérais avec le plus de bénéfice possible. Il faut donc enregistrer aussi les dimensions du fourneau, de la cuve, des étalages, de l'ouvrage, et joindre des dessins à ces notes pour en faciliter l'intelligence.

694. Dans plusieurs usines on a essayé de déterminer le déchet, en pesant les minérais, le charbon, le fondant, le produit et le laitier ; mais il est évident que cette manière de procéder ne peut donner aucun éclaircissement sur la marche du fondage, parce qu'il faudrait connaître avec la plus grande précision les quantités d'eau, de cendres, d'acide carbonique et

d'oxigène contenues dans les minérais, le combustible et le fondant; voilà précisément ce qu'il est impossible de savoir.

Il serait de la plus grande utilité qu'on dressât pour les hauts fourneaux, les flussofen et les stuckofen, qui sont connus, des tableaux de la consommation du charbon; mais il faudrait indiquer aussi avec exactitude les póids moyens des charbons séchés à l'air, donner les renseignemens les plus précis sur la nature de ces combustibles et sur la composition des minérais, sur les dimensions du fourneau, sur la quantité d'air qu'il reçoit, sur la vitesse du vent et sur le mode de travail suivi par le fondeur. M. de Marcher s'est livré à ces recherches pénibles; mais les tableaux qu'il a dressés, ne renferment pas les données les plus essentielles. Ces tableaux seraient particulièrement instructifs, si les fourneaux de dimensions différentes étaient alimentés avec les mêmes minérais et les mêmes charbons; mais il est peu d'usines où l'on puisse faire des observations comparatives avec une grande précision.

On ne devrait pas estimer la consommation de charbon au poids seulement; mais il faudrait l'évaluer sur-tout à la mesure, à cause de l'eau dont il est plus ou moins chargé. D'après les observations qu'on a faites, il paraîtrait que la quantité de charbon nécessaire pour obtenir une partie pondérée de fonte, varie entre 1 et 5 kilog.; prise à la mesure, la consommation de charbon serait de 0,79 à 1,85 mètres cubes par 100 kilog. de fonte; mais il est très-probable que ces données sont loin de s'accorder avec les nouvelles observations.

DEUXIÈME DIVISION.

---

695. L'art de jeter en moule consiste en général à donner aux métaux liquides des formes variées et déterminées par l'usage des objets que l'on veut fabriquer. Ces objets, lorsqu'ils sont en fonte, s'appellent *fers coulés*.

696. La fabrication des fers coulés a été connue avant l'usage des hauts fourneaux; il est probable que, versée dans les moules, la fonte a reçu des formes appropriées à nos besoins, aussitôt qu'on est parvenu à l'obtenir à l'état liquide. Les minérais traités d'abord dans les stuckofen et dans les foyers dits à la *catalane*, ne pouvaient donner un produit liquide, à moins que l'opération ne fût manquée en partie. Il faut donc croire que la première fois qu'on a fait usage de la fonte pour en fabriquer certains objets, on l'avait obtenue accidentellement. Dans les pays où l'on réduisait des minérais peu disposés à produire du fer liquide, l'art de mouler, connu plus tard, a dû faire aussi peu de progrès; c'est ce qui a eu lieu par-tout où l'on disposait de fers spathiques et d'oxides non mêlés de substances étrangères.

Après qu'on eut commencé à donner plus de hauteur aux stuckofen pour y traiter des minérais moins riches, quoique très-fusibles, il arriva souvent que le fer devint liquide; on essaya donc de le convertir en objets coulés, dont la fabrication fut perfectionnée depuis par suite de l'emploi des hauts fourneaux.

697. D'après les renseignemens que l'histoire nous a transmis, il paraît que l'argent est le métal qui le premier a été converti en objets coulés. Peut-être a-t-on commencé dans le même temps à confectionner des vases d'or. Mais l'emploi du bronze a été connu plus tard. Le degré de perfection où l'art de jeter en moule était parvenu dans l'antiquité, nous est prouvé par les statues. Le plomb et l'étain sont trop mous et trop fusibles pour être moulés. Quant au fer, on ne peut affirmer d'une manière positive que les anciens n'en aient jamais fabriqué des objets coulés, mais l'histoire ne fournit aucune preuve de l'opinion contraire.

698. A peine avait-on connu l'emploi du fer moulé dans la vie domestique, qu'on a senti l'avantage qui pouvait en résulter pour les arts. Ce sont particulièrement les anglais qui en ont étendu l'usage : on leur doit les progrès rapides que l'art de mouler la fonte a faits depuis une cinquantaine d'années. Le fer cru a sur le cuivre ou sur le bronze les avantages suivans :

1°. Il est d'un prix moins élevé. Son usage peut donc devenir plus général que celui du bronze; au point que dans beaucoup de circonstances il peut remplacer le bois et la pierre;

2°. Il est plus réfractaire. On peut donc l'employer pour des objets destinés à subir un degré de chaleur qui mettrait le bronze ou le cuivre en liquéfaction ;

3°. Il est plus dur que le cuivre, du moins dans certaines circonstances. On peut donc s'en servir pour des enclumes, des marteaux, des pilons, des cylindres de compression, des fers de charrue et pour beaucoup d'objets soumis à un frottement considérable;

4°. Il est beaucoup plus liquide et prend moins de

retrait en se figeant. Il peut donc recevoir des impressions plus délicates que le bronze qui est plus épais et se retire davantage en passant à l'état solide *.

A ces avantages on peut opposer, plusieurs inconvéniens : la fonte exige un degré de chaleur bien plus élevé, attaque les moules davantage et se fige plus vite que le bronze. C'est par ces deux dernières raisons qu'il est très-difficile de couler les statues colossales en fer, parce qu'on a besoin de ménagemens sans nombre pour confectionner les moules, pour y conduire le métal liquide, pour les remplir promptement et pour offrir des issues à la vapeur : l'ouvrage serait manqué, si une partie de la statue se figeait avant que le moule fût rempli en entier.

699. La fonte que l'on veut convertir en objets moulés doit avoir les qualités suivantes :

1°. Elle doit être très-liquide, se figer le moins vite possible, afin de remplir les moules parfaitement ;

2°. Refroidie, elle ne doit pas avoir de soufflures intérieurement ni présenter des inégalités à sa surface ;

3°. Lorsqu'elle est destinée à recevoir des impressions délicates, elle ne doit pas dégager beaucoup de graphite en se figeant, parce que la netteté des contours en souffrirait ;

4°. Il faut qu'après le refroidissement elle soit le moins aigre possible ;

5°. Convertie en objets qui doivent être travaillés au foret et à la lime, elle ne doit pas avoir une très-grande dureté après le refroidissement ; mais elle doit posséder un peu de malléabilité ;

6°. Il ne faut pas que, douée d'un excès de chaleur,

---

* La fonte, sur-tout lorsqu'elle est grise, ne se retire point du tout ; elle se dilate. Voyez la dernière note du paragraphe 686. Le T.

elle puisse attaquer les moules, ce qui dégraderait la surface de l'objet;

7°. Employée pour des objets durs, elle ne doit pourtant pas devenir aigre : il faut qu'elle soit tenace malgré sa dureté;

8°. Elle doit prendre peu de retrait, afin que les proportions entre les parties de l'objet ne soient point altérées;

9°. Il ne faut pas qu'elle soit poreuse, sur-tout si dans les objets moulés on fait bouillir des liquides.

700. D'après ce qui vient d'être dit, on voit évidemment que c'est la fonte grise qui est la plus propre à la fabrication des objets moulés. La fonte blanche des minérais manganésifères, lors même qu'elle est très-raffinée, ne peut servir au moulage, parce qu'elle est épaisse, se fige vîte et devient trop aigre après le refroidissement. La fonte blanche provenant d'une surcharge de minérai offre les mêmes inconvéniens, sur-tout lorsqu'elle est très-crue; on ne peut l'employer, puisqu'elle ne remplit pas les moules, qu'elle est trop aigre et trop cassante. La fonte blanche matte et raffinée, à moins d'être trop froide, peut servir à la fabrication des objets qui demandent une grande dureté, comme les cylindres, les enclumes, les pilons des bocards, etc., attendu qu'elle n'a pas l'aigreur de la fonte blanche ordinaire. On pourrait en couler aussi des cloches, mais on l'obtient rarement dans les fourneaux à charbon de bois, probablement parce que le passage d'une espèce de fer crû à l'autre, est trop rapide. C'est pour cette raison que la fonte provenant d'un refroidissement du fourneau, se compose ordinairement de fonte blanche et de fonte grise mêlées ensemble. Ce n'est point à dessein non plus, qu'on

l'obtient dans les fourneaux à coke, parce qu'elle ne peut guères servir au moulage et qu'elle donne de mauvais fer.

La fonte très-grise dégage beaucoup de graphite pendant le refroidissement, ce qui la rend poreuse; on ne peut donc l'employer pour la confection des objets délicats. Le fer cru des fourneaux à coke ne peut servir non plus à la fabrication des pièces qui exigent une grande compacité: chargé de métaux terreux dont une partie, combinée probablement avec du carbone', est mise à nu par le refroidissement', il se crévasse par le contact de l'air. Lorsque cette fonte se refroidit hors du contact de l'air, il se forme dans son intérieur des cristallisations qui produisent des solutions de continuité. Ce phénomène, suite d'un refroidissement inégal, a lieu rarement dans les objets qui sont très-gros ou très-minces: dans le premier cas, la fonte est très-liquide, échauffe le moule suffisamment et se refroidit alors à la fois dans toute l'épaisseur de sa masse; dans le deuxième, sa congélation est pour ainsi dire instantanée.

701. La fonte raffinée ne contenant pas une grande dose de métaux terreux, n'est pas disposée à prendre une texture cristalline; ce qui ressemble à cette forme au premier abord, ce sont des lames de graphite qui s'accumulent par le refroidissement dans l'intérieur de la masse *. Les cristallisations se rencontrent fré-

---

* Ces formes cristallines très-fréquentes dans les bombes, sont rares dans les obus et dans les flasques. Parmi 38 bombes de 10 et de 12 pouces que j'ai fait briser, et qui se trouvaient rebutées pour d'autres raisons, j'en ai trouvé un tiers qui présentaient dans leur cassure des cristallisations colorées en jaune, en cramoisi, etc. Celles des obus, si toutefois ce sont des cristallisations, ont rarement une couleur particulière. Le T.

quemment dans la cassure de la fonte blanche qui
provient d'une surcharge de minérai, lors même qu'elle
est assez pure, ainsi que dans toutes les fontes chargées
de métaux terreux. Mais la matière cristalline, ne renferme jamais du graphite; elle se compose de fonte
blanche qui contient toujours une forte dose de métaux terreux, quand bien même la masse du métal est
très-pure.

Ces métaux peuvent donner au fer cru des propriétés toutes particulières; ils en favorisent l'oxidation lorsqu'il est liquide, lui donnent une couleur
plus claire dans sa cassure et changent la texture
grenue en un tissu à facettes. Il ne faut donc jamais
employer une semblable fonte pour la fabrication des
objets coulés.

Les formes cristallines qu'on voit dans l'intérieur
des bouches à feu s'appellent *taches de cristallisation*. Ces taches peuvent se rencontrer aussi dans la
meilleure fonte, sur-tout lorsqu'elle se rapproche du
fer malléable.

702. La fonte du fer rouverin est la moins convenable pour la fabrication des objets coulés, quoiqu'elle se dilate en se refroidissant: mais elle est trop
disposée à prendre des soufflures, et à devenir caverneuse; elle se refroidit promptement et ne possède
jamais une grande liquidité.

La fonte du fer tendre, douée d'une liquidité parfaite qu'elle conserve long-temps, convient particulièrement pour objets moulés: elle peut recevoir les
impressions les plus fines, coule tranquillement et
ne corrode pas les moules, si on la laisse reposer un
instant avant de la verser. Du reste, elle a le défaut
d'être cassante; il ne faut donc pas l'employer pour

des pièces qui doivent offrir une grande résistance. Cette fonte, lorsqu'elle est blanche, est encore assez liquide pour remplir les moules ; mais on ne doit pas la convertir en fer coulé à cause de son extrême fragilité. Il est arrivé souvent que des projectiles confectionnés avec du fer cru de cette espèce, ont éclaté en sortant de la bouche à feu. La fonte grise du fer tendre peut servir pour la fabrication des boulets. Pour ce qui est des projectiles creux, il serait possible qu'ils n'offrissent pas assez de résistance à l'explosion de la poudre, si la fonte était très cassante. Cette espèce de fer cru est convertie avec avantage en poterie, en poêles, en objets d'ornemens ; mais on ne doit pas en couler des machines *.

703. Il est évident qu'une fonderie se trouve placée le plus avantageusement auprès de hauts fourneaux, parce que la fonte est alors toute préparée pour être versée dans les moules (659, 660). Mais si l'on était réduit à n'employer que la fonte de première fusion, les objets confectionnés n'auraient pas tous les qualités requises. En ne traitant que des minérais de fer tendre, on ne pourrait couler des bouches à feu ni des parties de machines exposées à des secousses. En fondant des minérais pyriteux ou de qualité médiocre, on serait obligé de maintenir le fourneau à un haut degré de chaleur, afin d'obtenir de bons résultats dans les feux d'affinerie ; mais alors la fonte serait très-grise, poreuse, douce et deviendrait impropre à la confection des choses qui demandent une

---

* La plus mauvaise fonte du fer tendre peut servir pour la fabrication des obus et des bombes. Quant aux boulets, on ne doit les confectionner qu'en bonne fonte grise, à cause du rebattage : mais nous reviendrons sur cet objet. Le T.

certaine dureté, ou des objets qui doivent être minces
et délicats, parce que leurs angles ne seraient pas
assez vifs. Si dans ce. cas on voulait rendre la fonte
moins grise, elle perdrait de sa ténacité, deviendrait
dure et ne se laisserait plus entamer par la lime, ou
le foret, chose indispensable pour une foule de pièces.
Il est d'ailleurs dangereux et peu économique de refroidir le fourneau et de le maintenir en cet état.

704. Une fonderie doit avoir à sa disposition les
diverses espèces de fontes propres à tous les articles
qui sont demandés par le commerce. On ne peut obtenir cet avantage qu'en refondant le fer cru, afin de
ne pas troubler l'allure du fourneau, qui doit être réglée d'après d'autres considérations.

Si l'on se trouve dans une situation assez avantageuse, pour pouvoir convertir la fonte en un certain
nombre d'objets dont le débit est assuré, comme par
exemple, en poêles et poterie, on n'a pas besoin de
se pourvoir de fonte de seconde fusion, nécessaire
dans les usines où l'on veut fabriquer toutes les pièces
demandées. Comme on ne peut vider le creuset du
haut fourneau que deux fois ou tout au plus trois
fois dans les vingt-quatre heures, et comme tous les
moules doivent être préparés pour le moment de la
coulée, on serait obligé de se procurer un matériel
immense et très-dispendieux, et une grande quantité
de mouleurs, tantôt surchargés de travail et tantôt
oisifs, si l'on voulait fabriquer un grand nombre d'objets; une semblable disposition serait donc pleine d'inconvéniens. Si la fabrication ne roulait que sur peu
d'articles, il serait facile d'occuper les mouleurs d'une
coulée à l'autre, et de se procurer le matériel nécessaire pour employer toute la fonte du haut fourneau;

mais quels que soient les bénéfices qu'on retire de ce genre de travail, on ne peut nier qu'il ne soit extrêmement imparfait sous le rapport technologique.

705. Les hauts fourneaux qui sont grands, qui d'ailleurs ont une forme appropriée à la nature des minérais et des combustibles, et qui sont pourvus d'une forte machine soufflante, méritent la préférence sur ceux qui ont de faibles dimensions, tant pour l'économie en charbon que pour la qualité et la quantité des fontes qu'ils produisent; mais on est obligé d'entretenir les premiers constamment à un haut degré de chaleur, parce qu'un refroidissement est bien plus dangereux pour ceux-ci que pour ceux-là. Les dérangemens ne peuvent arriver du reste, dans les fourneaux d'une élévation considérable, que par une grande négligence des ouvriers, ou par une construction très-vicieuse, tandis qu'ils sont très-fréquens dans les fourneaux qui ont une petite capacité.

Lorsque les hauts fourneaux sont alimentés avec du coke et qu'ils ont la hauteur convenable, la fonte qu'ils donnent est ordinairement trop grise, ou, selon l'expression des ouvriers, *trop limailleuse*, pour être convertie en petits objets moulés, parce que le graphite qui se sépare du métal par le refroidissement, reste mélangé dans la masse et la rend trop poreuse. On ne peut donc employer cette fonte ni pour des pièces qui doivent être dures, ni pour des objets délicats dont les contours exigent une grande netteté.

On pourrait fondre avec cette espèce de fer cru des bouches à feu, ce qui a lieu dans plusieurs usines, mais la porosité jointe à l'impureté de cette fonte, qui contient toujours beaucoup de métaux terreux, si la réduction se fait avec le coke, lui fait préférer ordinairement la fonte de seconde fusion, qui est plus compacte, plus pure et plus tenace.

706. Il existe donc plusieurs raisons qui forcent de refondre le fer cru, lorsqu'on veut le convertir en objets coulés :

1°. Pour avoir continuellement de la fonte liquide à sa disposition, afin de ne pas être forcé d'augmenter outre mesure le matériel et le nombre des ouvriers ;

2°. Pour pouvoir se procurer la fonte qui convient le plus à chaque espèce d'objet qu'on veut mettre en fabrication ;

3°. Pour pouvoir couler de fortes pièces, qui demandent plus de fonte que le creuset du haut fourneau n'en contient ordinairement. Si dans ce cas on n'a point de foyer pour refondre le fer cru, on est obligé de retenir la fonte dans l'ouvrage ; ce qui peut avoir de graves inconvéniens pour les fourneaux à coke. En Suède, où l'on coule souvent des bouches à feu avec de la fonte de première fusion, on accolle deux fourneaux l'un à l'autre ; mais ce moyen n'est pas toujours praticable : et si l'on augmente la capacité du creuset, on dérange toujours la régularité du travail et l'on consomme une plus grande quantité de charbon ;

4°. Pour construire des fonderies dans le voisinage des villes, des rivières navigables et dans les lieux où l'on ne pourrait établir des hauts fourneaux, quoiqu'il y existe beaucoup de manufactures qui assurent le débit des marchandises.

707. Les fondéries présentent beaucoup d'avantages lorsqu'on peut les joindre aux hauts fourneaux. On est alors à même de se procurer toujours de bonne fonte et d'économiser les frais d'une autre fusion, pour une

foule d'objets qu'on peut couler en fonte de haut
fourneau sans nuire à leur qualité. Il existe d'ailleurs
des marchandises dont le prix est si bas, qu'elles ne
pourraient se confectionner avec la fonte de seconde
fusion.

Les moyens qu'on emploie pour former et remplir
les moules sont les mêmes, soit que le fer cru sorte
immédiatement des hauts fourneaux, soit qu'il ait
subi une seconde fusion. On les remplit en y dirigeant la fonte liquide par des rigoles, ou bien en la
versant avec des poches. Les moules des gros objets
doivent être enterrés dans le sable, qui est ensuite
damé à l'entour, afin qu'ils puissent offrir plus de résistance à l'effort de la fonte qui tend à les rompre. Ces
moules sont donc placés plus bas que le trou de la coulée, qui d'ailleurs est toujours à une certaine hauteur
au-dessus du sol de l'usine, pour que les rigoles puissent recevoir une pente convenable.

708. Si d'après cela nous supposons que le fer cru
ne soit pas employé en sortant du haut fourneau, nous
pourrons diviser l'art de la fonderie en deux parties :
l'une traitera des procédés qu'on doit suivre pour refondre le métal, et l'autre enseignera les moyens de
lui donner les formes voulues.

DE LA REFONTE DU FER CRU.

709. On suit trois méthodes pour mettre le fer cru
en liquéfaction : on peut le refondre, soit dans des
creusets couverts placés au milieu de charbons embrasés, sur la grille d'un fourneau à vent; soit dans de
petits fourneaux appelés *fourneaux à manche* activés
par des soufflets, et dans ce cas, le métal chargé avec

le charbon par lits alternatifs, se rassemble lorsqu'il
est liquide, dans la partie inférieure de la cuve ; soit
dans un four à réverbère pourvu d'une grille sur laquelle se place le combustible ; dont la flamme conduite dans un espace séparé, liquéfie la fonte, qui
coule dans une cavité ; un creuset pratiqué à l'autre
extrémité de la sole.

Ces diverses méthodes modifient plus ou moins les
qualités de la fonte.

710. Fondu *dans des creusets*, le fer cru subit le
moins de changement, parce qu'il n'est en présence
immédiate ni avec le charbon ni avec l'air atmosphérique. Cependant on ne peut empêcher entièrement
le contact de ce fluide, à moins de couvrir le métal
d'une couche de substances vitrifiables, ce qu'on ne
fait pas ordinairement, pour raison d'économie : il
faut donc qu'une partie passe à l'état d'oxide.

Dans les *fourneaux à manche*, le fer cru se trouve
exposé à l'influence immédiate du carbone ; mais il
est fondu si rapidement qu'il ne peut former avec ce
dernier une nouvelle combinaison. La conversion
de la fonte blanche en fonte grise exige d'ailleurs un
degré de chaleur qu'on ne pourrait guère atteindre
dans ces sortes de foyers. Il arrive quelquefois, sur-
tout immédiatement après la mise en feu, que la
fonte grise devient blanche ; mais le phénomène contraire est très-rare : il demanderait une si haute température que le fourneau en serait fortement endom-
magé. Les cendres et les pierres de la cuve mises en
fusion, forment une scorie réfractaire qui entraîne une
grande partie de fer en vitrification, et qui nécessite
l'interruption du fondage, après que le fourneau s'est
trouvé plusieurs heures en activité. Les modifications

que, subit la fonte dans ces foyers, par la présence du carbone, sont donc presqu'insensibles. Son grain, lorsqu'elle est grise, devient ordinairement plus fin et plus serré. Il paraît que le graphite interposé entre les particules du fer cru, est ou chassé ou dissous plus uniformément par une seconde fusion.

Dans les *fours à réverbère*, le fer reste exposé entièrement à l'action de l'air. Nous avons déjà parlé (121) des modifications que subissent la fonte grise et la blanche dans ces foyers de fusion. La première, lorsqu'elle est fondue rapidement, n'éprouve qu'un faible déchet et ne devient pas plus cassante, bien que plusieurs métallurgistes aient prétendu le contraire; elle acquiert une plus grande ténacité, sans prendre une dureté telle qu'on ne puisse la travailler à la lime ou au foret *. Plus on la refond souvent, plus sa couleur s'éclaircit, sans pouvoir atteindre cependant celle de la fonte blanche; sa texture reste grenue et ne passe jamais au tissu lamelleux : preuve évidente qu'elle se rapproche du fer affiné. A mesure que sa couleur s'éclaircit, sa dureté et sa ténacité vont en augmentant. Ce fer cru convient particulièrement pour des cylindres de compression, pour des enclumes, etc., sur-tout lorsqu'on a soin de tremper ces objets après qu'ils sont achevés. Il serait aussi très-propre à la confection des

---

* La fonte grise refondue dans un creuset prend une grainure plus fine; et si à l'état liquide elle se trouve refroidie subitement, elle se change avec plus de facilité en fonte blanche. Refondue dans un fourneau à manche, elle devient d'ordinaire plus blanche et plus dure qu'elle ne l'était avant la deuxième fusion. Refondue dans un four à réverbère et refroidie avec beaucoup de lenteur, elle acquiert plus de douceur et de ténacité. Voyez le mémoire joint au premier volume, page 459 à 462. Le T.

bouches à feu, si l'on n'y trouvait pas des cristallisations fréquentes, que cependant on ne peut pas attribuer à des métaux terreux, mais qui n'en font pas moins rebuter les pièces fabriquées avec la fonte la plus tenace.

711. Il faut donc qu'une bonne fonderie puisse disposer à la fois d'un haut fourneau, de fourneaux à vent, de fourneaux à manche et de fours à réverbère. Les creusets qui ne servent qu'à liquéfier de petites quantités de fer, pour la fabrication des objets de quincaillerie, des boutons, des boucles, des médailles, etc., etc., ne s'emploient que dans le cas où les besoins en fonte ne sont pas assez grands pour qu'on mette les fourneaux à manche en activité. La fonte tirée de ces derniers peut servir du reste à la fabrication de presque toutes les pièces; ces foyers offrent d'ailleurs l'avantage de fournir presqu'à tous les instans, de la fonte liquide et d'occuper par conséquent les mouleurs, sans qu'on ait besoin de se pourvoir d'une si grande quantité de modèles et de châssis.

Les fours à réverbère sont indispensables lorsqu'on veut couler de gros objets qui exigent beaucoup de fonte, et qui doivent être durs, tenaces et compactes. Ces foyers, s'ils étaient construits de manière que la fonte liquide pût se puiser à la poche, remplaceraient au besoin les fourneaux à manche.

DE LA REFONTE DU FER CRU DANS DES CREUSETS.

712. La liquéfaction de la fonte dans des creusets, est une opération très-simple, qu'on peut exécuter facilement et par-tout où l'on dispose d'une cheminée. Les fig. 18 et 19 représentent la coupe et l'élévation d'un fourneau à vent, composé d'une cuve A de 63

centimètres de hauteur, de forme prismatique ou cylindrique, pourvue d'une grille B et fermée au dessus par une plaque C qui a une position inclinée à l'horizon et qui est percée d'une ouverture par laquelle on peut introduire dans le foyer les creusets remplis de fonte, les disposer sur la grille et les retirer après que la fusion est achevée.

Aussitôt que le creuset est placé, on ferme l'ouverture avec une plaque de fonte qui se meut en tiroir, et l'on fait passer la fumée dans la cheminée E, par le canal incliné D qu'on appelle le *rampant*. On arrive au cendrier F par une porte pratiquée dans la face antérieure du mur, immédiatement au-dessous de la grille ; c'est à l'aide de cette porte qu'on peut gouverner le feu, augmenter ou diminuer le tirage. Le rapport des dimensions de la porte du cendrier à la surface de la grille, à la hauteur de la cheminée et à la qualité du combustible, ne peut être déterminé que par l'expérience. L'air doit passer sous la grille avec une certaine vîtesse ; si l'ouverture qui sert à établir le courant d'air est trop grande, une partie des charbons brûlent sans développer le maximum de chaleur ; si elle est trop petite, la combustion n'est pas assez active. Pour mieux régler le tirage, on établit un registre à l'entrée du rampant D, afin qu'en ouvrant ce dernier plus ou moins, on puisse accélérer ou retarder à volonté le dégagement de la fumée et de la chaleur. Le courant sera le plus rapide possible, si, en fermant la porte du cendrier, on met la grille en communication immédiate avec l'air extérieur, à l'aide d'un conduit ou porte-vent.

713. Le nombre des creusets qui peuvent être chauffés à la fois, dépend de leurs dimensions et de

celles du fourneau. Les creusets se placent sur des supports réfractaires de 75 à 105 millim. d'épaisseur, afin qu'ils ne soient pas refroidis par le contact im—médiat du courant. d'air ni exposés à se briser, et afin qu'ils puissent chauffer plus' uniformément.

714. Les creusets sont confectionnés soit avec de l'argile réfractaire, tels que les creusets de Hesse, soit avec du graphite, comme les creusets d'Ips. Ces derniers sont les plus coûteux, mais on doit les préférer aux premiers : le fer s'y trouve mieux garanti contre l'oxidation, ce qui diminue le déchet. Des creusets de bonne qualité résistent à plusieurs fondages. Ils ne contiennent jamais au-delà de 10 à 15 kilog. de fonte; s'ils pouvaient en renfermer davantage, ils cesseraient d'être maniables, et soumis à un haut degré de chaleur, ils seraient trop exposés à se fendre.

715. On peut se servir pour combustible, du charbon de bois ou du coke. Si l'on fait usage du premier, il faut donner aux fourneaux plus de 63 centim. de hauteur, et il faut d'ailleurs remplacer ce combustible par de nouvelles charges à mesure qu'il descend; ce qui augmente considérablement les frais de l'opération ; on ne doit donc l'employer que dans les pays où le bois a peu de valeur. Il est pro—bable que 100 kilog. de fonte demanderaient pour être liquéfiés, 5200 à 6600 décim. cubes de charbon végétal, c'est-à-dire 7 ou 8 fois autant qu'il en faut pour la préparation du fer cru dans les hauts fourneaux.

L'emploi du coke est bien plus avantageux que celui du charbon de bois. Cependant, d'après les méthodes imparfaites suivies jusqu'à présent, on brûle pour refondre 100 kilog. de fer cru, 660 à 990 dé—cim. cubes de coke. Au reste, on ne peut en dé—

terminer la consommation d'une manière bien précise, parce qu'elle n'est pas en proportion avec la capacité des creusets ni avec le poids de la fonte qu'ils contiennent. Si l'opération se faisait en grand et que les fourneaux fussent construits à l'instar de ceux qui servent à liquéfier le cuivre jaune, on fondrait plus de métal à la fois, sans brûler plus de charbon.

Si l'on trouvait un débit considérable de petits objets de fer coulé, dans un endroit où pour une raison quelconque on ne pourrait établir ni fourneau à manche ni four à réverbère, on pourrait liquéfier la fonte dans un fourneau à vent, semblable à ceux qui servent à fondre le bronze.

716. Dans les fourneaux qui peuvent contenir deux creusets, on brûle beaucoup de charbon inutilement, sur-tout dans les coins de la cuve. On doit donc resserrer cette dernière le plus possible, la rendre plutôt ronde que carrée, et employer toujours trois creusets ou bien un seul qui ait de grandes dimensions.

717. On ne doit jamais refondre de la fonte blanche, parce qu'elle ne devient pas très-liquide et qu'elle s'épaissit par la moindre diminution de température, inévitable lorsqu'on sort le creuset du fourneau ; une grande partie du métal reste alors attaché aux parois du vase. Elle ne peut d'ailleurs prendre les empreintes délicates essentiellement exigées dans la fabrication des objets de luxe.

La fonte qu'on veut liquéfier dans les creusets ne peut jamais être trop grise, sur-tout quand on ne la couvre pas d'une couche de matières vitrifiables. On ferme ces vases ordinairement avec le fond d'un vieux creuset ; mais ce couvercle, qui suffit pour empêcher le combustible de se mêler avec le métal, ne peut préserver ce dernier du contact de l'air atmosphérique. L'oxidation qui en résulte augmente avec le temps qu'on emploie pour mettre la fonte en fusion; parce que, à l'état solide, elle présente beaucoup de surface : c'est une raison de concasser le fer cru en petits morceaux pour en hâter la liquéfaction. On diminuerait le déchet en chargeant la fonte dans des creusets rouges de feu, mais il en résulterait une trop grande consommation de charbon. Il vaut donc mieux couvrir le fer avec de la poussière de charbon très-pure, si l'emploi d'un flux vitrifiable est dispendieux.

718. La fonte grise, qui exige pour entrer en fusion plus de chaleur que n'en demanderait la fonte blanche, devient plus liquide et conserve sa liquidité plus long-temps. Tenue en bain et devenue blanchâtre dans sa cassure, elle est plus réfractaire que la fonte grise ordinaire; mise ensuite en fusion à une haute température, elle devient cependant très-liquide, se fige plus tôt que cette dernière, et pourtant moins vite que la fonte blanche. On ne peut s'en servir pour la refondre dans des creusets; il en est de même de la fonte blanche matte obtenue dans des fourneaux à coke, qui, sans être dérangés, manquaient de chaleur. Cette dernière, qui est d'autant plus difficile à fondre qu'elle est privée d'une plus grande partie de son carbone, se rapproche de la fonte blanche ordinaire; elle se fige plus tard, quoique très-promptement, et peut acquérir aussi une plus grande liquidité.

719. On devrait croire que la fonte, et surtout la grise, refondue rapidement et couverte de poussière de charbon, ne subirait pas un déchet considérable.

Ce déchet est néammoins de 25 à 33 pour cent.; mais la plus grande partie de cette perte doit être attribuée au fer répandu dans l'usine, mêlé avec les scories et attaché aux parois des creusets. La partie du métal entré en vitrification ne devrait jamais s'élever au-dessus de 5 pour cent. Pour la diminuer autant qu'il est possible, on doit nettoyer les morceaux de fonte, enlever la terre et les grains de sable qui peuvent être attachés à leur surface. La plus grande perte résulte d'une dispersion de fonte qu'il est impossible d'éviter.

Le déchet de la fonte blanche serait plus considérable encore, parce que la majeure partie resterait attachée au creuset.

720. On peut proportionner la quantité de combustible chargé dans le fourneau, au poids de la fonte que l'on veut mettre en fusion, pour ne pas occasionner une dépense inutile, et pour produire cependant le degré de chaleur convenable; mais il faut exercer une surveillance très-active; car les ouvriers qui, d'ordinaire sont très-négligens, se soumettent difficilement à ces sortes de considérations. On doit préférer pour cette raison des fourneaux étroits et hauts, plutôt que larges, afin qu'il soit plus facile d'en régler le chargement. Dans ce cas, on brise les cokes, pour ne les employer qu'en fragmens qui aient au plus deux pouces cubes de volume; parce que les gros morceaux laissent entre eux de trop grands interstices et que l'air froid frappant alors les creusets peut en déterminer la rupture ou du moins retarder la liquéfaction de la fonte.

721. Il résulte de ce qu'on vient de dire, que les procédés qu'on suit pour liquéfier la fonte dans des creusets, sont extrêmement simples; mais l'achat de ces vases, la consommation du charbon et le déchet

de la fonte, les rendent très-dispendieux : on ne peut
donc fabriquer de cette manière que de petits objets.
Des marchandises d'un poids plus considérable et dont
le prix n'est pas assez élevé, ne peuvent supporter ces
dépenses qui surpassent deux fois la valeur de la fonte.
On ne pourrait d'ailleurs refondre dans les creusets
une grande quantité de fer cru par les raisons que nous
avons citées au paragraphe 714.

DE LA REFONTE DU FER CRU DANS DES FOURNEAUX A CUVE.

722. On ne peut savoir si le fer cru a été refondu
d'abord en contact immédiat avec les charbons ou
dans des creusets. D'après le témoignage de Réaumur,
on se servit en France de creusets, au commencement
du siècle dernier. Ces creusets furent placés le plus
souvent devant la tuyère d'un feu de maréchal, comme ceux qui servent à faire des essais. On brûlait de
cette manière peu de charbon ; mais on ne pouvait liquéfier que 2 ou 3 kilog. de fer dans un de ces vaisseaux, qui, pour chauffer uniformément, ne pouvaient
avoir qu'une faible capacité.

On fit usage en France, à la même époque, de
petits fourneaux portatifs de 16 à 24 pouces de hauteur et de 6 à 9 pouces de diamètre. Activés par plusieurs soufflets à main, ils ne purent liquéfier que de
petits morceaux de fonte stratifiés avec le charbon.
Ces fourneaux faits en argile réfractaire se composaient
de deux pièces principales, dont l'une de forme conique était la cuve, et l'autre le creuset, appelé aussi
la poche, où la matière liquide se rassemblait : elles
s'ajustaient parfaitement ensemble ; leur jointure où

l'on pratiquait le trou qui donnait entrée au courant d'air, était lutée. Tous les creusets et même les vieux pots, pourvu qu'ils fussent solides et réfractaires, pouvaient servir comme poche; et la partie supérieure se construisait avec des débris de creusets, dont les pièces annulaires posées l'une sur l'autre, étaient liées ensemble avec de l'argile.

Pour fondre dans ces fourneaux, on plaçait la partie inférieure sur un châssis en fer pourvu d'une anse mobile, qu'on pouvait lever ou abattre. Après avoir placé la cuve sur le creuset, on y jetait d'abord quelques charbons incandescens; on remplissait ensuite tout le fourneau de ce combustible, et l'on faisait agir les soufflets. A mesure que le charbon descendait, on introduisait de nouvelles charges dans la cuve; jusqu'à ce que les parois extérieures fussent rouges de feu. C'est alors seulement qu'on chargeait le métal concassé en petits fragmens. On faisait varier le poids des charges d'après l'aspect de la tuyère; si les matières vues à travers ce trou étaient très-blanches, on augmentait la dose de fer cru; on la diminuait, si la couleur inclinait au rouge. La fonte se figeait quelquefois dans le creuset, et alors on avait beaucoup de peines à la remettre en fusion. Lorsqu'on s'apercevait que toute la poche était remplie, le fondeur laissait descendre les charges, enlevait la cuve, retirait les scories de la fonte, soulevait par l'anse toute la partie inférieure y compris le châssis, et versait le métal dans les moules.

On perfectionna ces fourneaux en composant la cuve et la partie inférieure, de carcasses en fer forgé, dont les vides furent remplis avec de l'argile réfractaire. La cuve put supporter alors un grand nombre de fondages, et l'on n'eut plus qu'à réparer la poche de temps à autre.

En détachant la cuve du creuset, on perdait du temps et le fourneau se refroidissait. Réaumur imagina donc pour cette raison, de ne séparer les deux parties qu'en cas de réparation. Il pratiqua dans le fourneau, à la hauteur et vis-à-vis de la tuyère, un trou qu'on bouchait pendant le fondage, et qui servait à l'écoulement de la fonte lorsque le creuset se trouvait rempli. Le fourneau suspendu verticalement sur deux tourillons mobiles, placés dans des crapaudines, pouvait alors recevoir une position inclinée, pour verser toute la fonte dans les moules; avant de le renverser, on débouchait le trou de la coulée.

723. Les dimensions de ces fourneaux dits à manche ont augmenté successivement jusqu'à ce que leur hauteur ait été portée à 3 mètres. Ce sont encore les anglais qui ont perfectionné la refonte du fer cru dans ces foyers. Au lieu de les renverser, comme on l'a pratiqué long-temps en suivant le procédé de Réaumur, ils ont fini par faire le trou de la coulée au niveau de la sole, de sorte que la fonte peut s'écouler sans qu'il soit nécessaire d'incliner le foyer à l'horizon; ce qui est un avantage incontestable : on peut se passer, de cette manière, des machines qu'il fallait employer pour manœuvrer le fourneau, et l'on n'est plus forcé d'interrompre le fondage pour procéder à la coulée. Il est vrai qu'on a donné de si grandes dimensions à ces foyers, que le creuset peut contenir plus de 500 kilog. de fonte; l'interruption du travail pendant la coulée serait donc peu de chose. Mais il ne serait pas moins vrai que pour remettre le fourneau en activité, il faudrait le remplir de com-

bustible, ce qui occasionnerait une dépense qu'on épargne avec les fourneaux immobiles. Selon Norberg, on emploie 0,33 mètres cubes de charbon de bois pour refondre 100 kilog. de fer cru; ce qui est une très-grande consommation.

Le refroidissement du foyer, suite inévitable de la cessation du fondage, doit favoriser aussi l'oxidation du fer et augmenter le déchet de la fonte dans les fourneaux mobiles.

Les moyens qu'on emploie pour suspendre et manœuvrer les fourneaux mobiles, deviennent plus compliqués et plus dispendieux à mesure qu'on en augmente les dimensions. Il est essentiel que l'axe des tourillons passe par le centre de gravité. L'enveloppe extérieure, y compris le fond, se compose d'un système de plaques en fonte dont l'ensemble a une forme arrondie comme celle d'un œuf; c'est dans cette enveloppe creuse que l'on construit le fourneau avec des pierres réfractaires, de la même façon que le fourneau à manche qui est immobile : l'un et l'autre sont activés aussi de la même manière.

724. Le fourneau, pl. 4, fig. 20 et 21, repose sur des fondations A de 57 à 63 centimètres de hauteur, terminées ordinairement par une plaque de fonte qui est pourvue d'un rebord auquel on fixe les plaques latérales ou le cylindre C. Cette plaque de fond a une forme annulaire, étant percée au centre d'un trou dont le diamètre est égal à celui de la cuve. L'extrémité supérieure est terminée par une plaque semblable, dont le rebord sert à retenir les plaques latérales jointes aussi entre elles par des rebords i, fig. 21. Si l'enveloppe se compose de plusieurs cylindres, on les assemble de la même manière, fig. 22. Peu importe

au reste la manière de revêtir le fourneau extérieurement. On lui donne une enveloppe en fonte plutôt
qu'en pierres, afin qu'il prenne moins de place dans
l'usine et qu'il n'exige pas de très-profondes ni de
très-larges fondations. Cette enveloppe peut donc se
construire avec de vieilles plaques d'une forme quelconque, pourvu qu'on parvienne à les réunir solidement avec des crampons et des barres de fer. Si l'emplacement le permet, on construit la partie inférieure
de l'enveloppe en pierres, sur lesquelles on appuie les
plaques; quelquefois aussi on fait le contraire.

725. C'est dans cette enveloppe que l'on construit
le fourneau avec des briques réfractaires, fig. 20 et 21.
On remplit l'espace qui reste entre les briques et les
parois, avec du poussier ou des cendres, pour diminuer
les pertes de chaleur. La sole F, confectionnée en
sable quartzeux très-pur, battu en forme de pisé, reçoit une inclinaison vers le trou de la coulée, afin que
la matière liquide puisse s'écouler entièrement. La
hauteur de la tuyère au-dessus de la sole est de 39 à 52
centimètres. Le trou de la coulée a 31 centimètres de
largeur sur 39 de hauteur : on lui donne de si fortes
dimensions, parce qu'on est obligé de se servir de cette
ouverture pour damer la sole et pour faire sortir les
scories après avoir coulé la fonte. On la mure ensuite en ne laissant au point le plus bas qu'une petite
ouverture circulaire, qu'on bouche avec de l'argile.

726. La hauteur et la largeur de la cuve du fourneau dépendent de la force du vent et de la qualité
du combustible. Il est probable du reste qu'il règne
beaucoup d'arbitraire dans les dimensions du vide
intérieur de ces foyers, à cause de la facilité avec laquelle on liquéfie le fer cru. On peut conclure de ce

qui a été dit sur la forme des hauts fourneaux, que les cuves qui sont basses, doivent consommer plus de charbon que celles dont la hauteur est plus considérable; parce que la fonte y est moins préparée, en arrivant au foyer de la fusion. Il est probable aussi qu'un ventre analogue à celui des hauts fourneaux, produirait un effet salutaire, sur-tout si l'on faisait usage d'un coke pesant; mais la construction de l'enveloppe deviendrait plus embarrassante. Il est aussi très-évident, qu'on doit donner aux cuves, la forme d'un tronc de cône posé sur la base, plutôt que celle d'un cylindre ou d'un cône posé sur sa troncature.

727. Les fourneaux à manche qu'on chauffe avec du charbon de bois, doivent être plus hauts que ceux dans lesquels on brûle du coke; ce qui paraît contraire à notre théorie sur la construction des hauts fourneaux; mais on peut s'en rendre raison par le poids de la fonte : elle déplace le charbon de bois facilement et arrive souvent froide dans la partie inférieure de la cuve, tandis que les charbons brûlés bien au-dessus de la tuyère ne peuvent produire tout leur effet. La hauteur du fourneau doit donc augmenter à mesure que la pesanteur spécifique du combustible diminue.

Les fourneaux représentés par les fig. 20 et 21, appartiennent à la fonderie de Gleiwitz; l'un a $1^m,57$ et l'autre a $1^m,88$ d'élévation. Si la fonte est en morceaux menus et que le coke soit de bonne qualité, la fusion s'exécute parfaitement dans le premier de ces foyers; mais, si l'on charge le fer cru en morceaux et qu'on emploie des cokes agglutinés, qui sont ordinairement très-légers, le métal déplace le combustible et la fonte devient épaisse. On a donc augmenté la hauteur du fourneau de 31 centim., et l'on a obtenu de meil-

leurs résultats. Il est probable qu'une plus forte augmentation produirait encore quelqu'avantage; mais
le chargement deviendrait plus difficile, et comme
on est obligé de remplir la cuve avec du charbon
ayant d'y mettre le feu; on pourrait perdre en grande
partie le combustible économisé pendant la fusion.
La hauteur de 1^m,88 à 2^m,04 (6 à 6 1/2 p. du Rhin),
nous paraît suffisante pour des fourneaux à manche
activés avec du coke. Si l'on pouvait toutefois établir sans beaucoup de frais, une plate-forme de gueulard, il n'y aurait point d'inconvénient à les élever
davantage.

Les fourneaux chauffés avec du charbon de bois
ne devraient pas avoir moins de sept pieds de hauteur,
pour que la fonte pût devenir assez liquide; et une
plus grande hauteur offre un avantage incontestable.
La fig. 22 représente un fourneau de 4^m,08 d'élévation construit à St.-Pétersbourg et alimenté avec
du charbon de bois. Ces fourneaux doivent être pourvus
au gueulard d'une plate-forme, avec laquelle on communique à l'aide d'une rampe ou d'un escalier.

728. La largeur des cuves dépend de la quantité
de vent, de la qualité du combustible et de celle
des matériaux employés à la construction.

Plus la cuve est étroite à l'endroit de la tuyère,
plus on économise de charbon : il faut la rétrécir;
si les soufflets fournissent peu de vent et si le combustible est léger. Au reste, l'oxidation du métal sera
d'autant moins forte, et les parois résisteront d'autant
mieux à l'action de la chaleur; que la cuve sera plus
large. La distance de la pierre de tuyère au contrevent est ordinairement de 52 à 57 centim. On la
fait si grande, soit pour ménager la cuve, soit pour

donner une plus grande capacité au creuset. On parviendrait au même but en élargissant le creuset au-dessous de la tuyère; mais on risquerait que la fonte ne s'épaissît alors, à moins qu'on n'employât du coke très-dur ou d'excellent charbon de bois, et de fortes machines soufflantes.

Pour donner la meilleure forme à la cuve, on devrait donc la rétrécir le plus possible à l'endroit de la tuyère*, l'élargir graduellement, en faisant un ventre au milieu de sa hauteur, et, partant de ce point, diminuer ensuite la largeur jusqu'au gueulard dont le diamètre ne devrait point excéder 31 centim. (12 pouces du Rhin).

729. Rien ne détermine d'une manière rigoureuse la hauteur de la tuyère au-dessus de la sole; cependant on ne doit pas la rendre trop grande, afin de ne pas refroidir la fonte liquide et de ne pas trop diminuer, dans les petits fourneaux, la distance de la tuyère au gueulard. Si la machine soufflante est forte et que les cokes soient compactes, l'élévation de la tuyère au-dessus de la sole peut avoir 57 centim.; dans le cas opposé, elle ne doit pas être fixée au-dessus de 42.

Lorsque le creuset est rempli d'une fonte bien chaude, on ne doit pas en craindre le refroidissement. Pour rassembler par conséquent une grande quantité de métal liquide dans le fourneau, on a imaginé d'employer deux tuyères placées l'une au-dessus de l'autre, et espacées de 26 à 31 centim.; ou quatre tuyères, si le fourneau est construit de manière qu'il doive en avoir deux à la même hauteur. L'élévation de la

---

* Eu égard à la quantité de métal que l'on veut rassembler dans le creuset.   Le T.

tuyère supérieure au-dessus de la sole est alors de
68 à 73 centim., ce qui donne au creuset une capacité
suffisante pour contenir huit à dix quintaux métriques
de fer cru. La tuyère supérieure ne s'ouvre que lorsque
la fonte liquide s'élève jusqu'à la tuyère d'en bas;
qu'on bouche alors avec de l'argile. Après la coulée,
on ferme celle qui est en haut, et l'on place la buse
dans l'autre. La fig. 23 représente un fourneau de
cette espèce employé dans la fonderie de Baird, près de
St.-Pétersbourg. En Angleterre, où l'on adapte quatre
à cinq tuyères l'une au-dessus de l'autre, on coule,
au moyen de ces foyers, les objets les plus pesans.

730. On ne se sert que de tuyères d'argile ou de
fonte; leurs bouches sont proportionnées à celles des
buses, qui, à leur tour, dépendent de la masse d'air
fournie par la machine soufflante, et de la vîtesse du
vent exigée par le combustible. Plus elles sont larges,
si toutefois le vent conserve la pression convenable,
plus on accélère l'opération; mais il faut aussi que
la hauteur du fourneau soit dans un certain rapport
avec la rapidité de la descente des charges, afin que
le métal soit suffisamment préparé en arrivant au foyer
de la fusion. On pourrait donc être forcé de donner
aux fourneaux à manche une hauteur plus grande que
celle des fourneaux de Gleiwitz, qui est relative à
un volume d'air de 12 à 15 mètres cubes par minute.

731. Un vent dont la vîtesse est trop grande, déplace
le charbon, en consume une trop grande quantité
dans la partie supérieure de la cuve, et blanchit la
fonte, dont le tissu devient quelquefois grenu, parce
qu'elle se rapproche du fer malléable. Il en résulte
des engorgemens, des descentes irrégulières et un en-
combrement de métal demi-fondu.

Un vent trop faible, lorsque la cuve est large, ne donne pas assez de chaleur et il blanchit la fonte qui peut devenir alors si épaisse qu'elle cesse de s'écouler du fourneau. Ce vent ne peut d'ailleurs s'élever à travers les matières et il dégrade le creuset.

Il faut donc que, dans les fourneaux à manche comme dans les hauts fourneaux, la *vitesse* du vent soit proportionnée à la qualité du combustible. Si, tout en observant ce principe, on lance dans le foyer une plus grande masse d'air, on élève la température, on accélère la descente des charges et l'on peut alors donner plus de largeur à la cuve.

Lorsque la cuve est trop large, on est forcé de donner au courant d'air une vitesse trop grande, eu égard à la qualité du combustible. Il s'ensuit que l'opération ne peut être couronnée d'un plein succès que dans les foyers étroits; mais ceux-ci sont sujets à se dégrader promptement et ils ne peuvent contenir assez de métal. Il faut donc employer deux tuyères opposées, c'est l'unique moyen de remédier à l'un et à l'autre inconvénient.

732. Dans les usines travaillant en sablerie, où l'on n'a ni fourneau à manche, ni four à réverbère, on est forcé de refondre les débris de fer cru dans les hauts fourneaux. On en ajoute alors 10 à 25 livres à chaque charge, sans diminuer la dose de minérai; mais il est essentiel que le fourneau ait une certaine hauteur et qu'il y règne une intense chaleur au moment où l'on commence l'opération.

A Wondollek (Prusse) où l'on ne traite que de mauvais minérais de prairies, dont la fonte est convertie en projectiles et en poterie, il s'était accumulé une si grande quantité de débris, qu'on se vit forcé

en 1806, de faire des dispositions particulières pour
les refondre. Le fourneau dont la hauteur est de
$10^m,35$, fut rétréci de manière qu'il n'eut plus que
125 centim. de diamètre au ventre, et 55 au gueulard; l'ouvrage fut rendu cylindrique et reçut une
hauteur de $1^m,05$ et un diamètre de 31 à 37 centim. ;
les étalages furent inclinés à 45° : pente beaucoup
trop douce que l'on employait exprès pour retarder
la descente des charges, afin de n'obtenir que la
quantité de fonte qu'on pouvait mettre en œuvre.
Mais il aurait mieux valu ralentir le mouvement des
soufflets et diminuer l'ouverture de la buse. Construit
de cette manière, le fourneau donna en vingt-une
semaines, 2217 quintaux métriques de fonte, en con-
sommant 533 mètres cubes de charbon de bois, ce qui
fait par 100^{kil},0,235 mètres cubes; le déchet était à
peu près de 8 pour 100. Cette consommation est très-
considérable, eu égard à la hauteur du fourneau; mais
il est probable qu'elle aurait été réduite à 0,197 mètres
cubes environ par 100 kilog. (3 ppp du Rhin, par
100 kil. de Berlin), si l'on eût continué le travail : on
brûlait au commencement une trop grande quantité
de charbon, parce que, faute d'expérience, on craignait d'augmenter la charge trop rapidement.

733. La quantité de charbon de bois consommé
pour refondre 100 kilog. de fer cru dans des fourneaux à manche, varie entre 214 et 231 litres, si l'on
ne compte point le combustible employé à remplir la
cuve la première fois; dans le cas contraire, la consommation s'élève à peu près à 264 litres. Elle augmente d'ailleurs ou diminue d'un quart selon la nature du charbon, sa dureté, sa pesanteur spécifique et
la méthode qu'on suit pour le préparer. En estimant

cette consommation entre 214 et 231 litres, pesant
36 à 40 kilog., pour 100 kilog. de fonte, on suppose
que le charbon est de bonne qualité et qu'il provient
de pin sylvestre ou de bois feuillus.

Dans les fourneaux à manche, chauffés avec le coke,
on brûle, terme moyen, 105^{litres},59 de ce combustible, pour refondre 100 kilog. de fer cru, en compre-
nant ce qui est nécessaire pour remplir le fourneau. Si
l'on suppose, comme on le fait souvent, que le poids
moyen d'un litre de coke est 0,48 kilog., il s'ensuit
que 100 kilog. de fonte demandent 50 kilog. de coke
pour être liquéfiés.

Ces données peuvent varier considérablement, selon la qualité des cokes; ainsi que nous l'éprouvâmes
par quelques essais faits avec une grande exactitude
en décembre 1814, à la fonderie de Gleiwitz. On se
servit de cokes agglutinés; de cokes provenant des
meules et de cokes obtenus dans des fourneaux à
goudron : leurs poids respectifs étaient de 0,56, de
0,63 et de 0,68 kilog. par décimètre cube. Pour fondre
5376 kilog. de fer cru (100 quintaux de Breslaw), on
consomma de ces cokes 75,7, 70,9 et 62,4 mesures,
composées chacune de 86^{litres},56. On employa donc un
septième de cokes agglutinés, de plus que de cokes
obtenus dans des fourneaux à goudron. Quand on
conservait au vent la même vitesse, le nombre des
charges composées chacune de 20,61 litres, était par
heure de 6,8 pour les cokes agglutinés, de 7 pour les
cokes obtenus en meules et de 5,9 pour les cokes des
fourneaux à goudron. Si la première espèce moins pure
que la deuxième, brûle aussi moins vite, on ne doit
l'attribuer qu'aux terres mêlées avec le combustible. Les cokes des fourneaux à goudron dévelop-

pent le plus de chaleur ; mais il faut les brûler au milieu
d'un air plus comprimé, ou dans une cuve plus étroite ;
ou, ce qui vaut mieux, dans un fourneau à deux
tuyères.

734. On ne confectionne la sole du fourneau (725)
qu'après que les parois de la cuve sont achevées ; on
ferme ensuite l'ouverture antérieure, avec des briques
ou de l'argile, en ne laissant ouvert que le trou de la
coulée. Cela fait, on dessèche le fourneau ; opération
qui demande plus de temps, si les parois ont été renouvelées que si elles avaient déjà servi. On introduit
pour cet effet des charbons ou des cokes incandescens
dans la cuve, et on les recouvre de charbons noirs ;
aussitôt que ceux-ci commencent à rougir, on en verse
d'autres et ainsi de suite jusqu'à ce que la cuve soit
remplie. C'est alors qu'on fait agir les machines soufflantes ; mais on ne ferme pas le trou de la coulée, afin
que la flamme puisse y passer et qu'elle vienne mieux
échauffer la sole.

A mesure que les charges descendent, on les remplace, jusqu'à ce que la température du fourneau soit
assez élevée pour qu'on puisse charger en métal, ce
que l'on reconnaît à la flamme du gueulard. Dès que
les premières gouttes de fer cru sont tombées sur la
sole, on ferme le trou de la coulée avec un tampon
d'argile, et on ne l'ouvre ensuite que pour laisser
échapper la fonte qu'on reçoit dans des poches ; il est
rare qu'on la dirige dans les moules au moyen de rigoles, à moins que les fourneaux à manche n'aient une
très-grande capacité et qu'on ne coule de gros objets :
si le poids des pièces n'excède pas 200 kil., il est plus
avantageux de porter la fonte, parce qu'il s'en fige une
grande quantité dans les conduits.

735.· Le travail des fourneaux à manche est très-simple ; il suffit d'un seul ouvrier pour introduire les charges dans la cuve, nettoyer la tuyère et déboucher la coulée; mais on ne doit pas l'embarrasser du transport des matières. Le combustible est chargé toujours à la mesure et la fonte au poids.

La quantité de métal que le charbon est susceptible de porter, ne peut se déterminer que par un tâtonnement, très facile d'ailleurs pour les petits fourneaux. On charge ordinairement en une seule fois 21 litres de coke ou 31 litres de charbon végétal. On peut au reste diminuer ces volumes à mesure que le combustible est plus pesant; mais, s'il est léger, il vaut mieux employer de fortes charges, afin que les lits de charbon ne soient pas traversés par la fonte.

Le chargement qui se répète par 8 ou 10 minutes se fait avec des *baches*, que l'ouvrier porte sur sa tête en montant un petit escalier appuyé contre le fourneau. Cependant, si les foyers ont de grandes dimensions, on doit employer d'autres moyens pour transporter les matières au gueulard.

Le chargeur ne doit pas avoir la latitude de combler la mesure plus ou moins. Il faut donc que les vases dont il fait usage aient une capacité telle que, remplis jusqu'au bord, ils puissent contenir toute la charge.

736. Le poids du fer cru introduit en une seule fois dans le fourneau, se détermine par le volume de la charge de charbon et par la qualité de ce combustible. Lorsque ce poids a été trouvé par l'expérience, on s'y conforme exactement, sans se permettre aucune variation, à moins que la qualité du coke ou du charbon ne change et n'exige d'autres pro-

portions, pour que la fonte ne devienne ni trop é-
paisse ni trop chaude.

Avant de refondre le fer cru on doit le nettoyer,
enlever la terre attachée à sa surface, le réduire en
fragmens de 107 à 143 centim. cubes (6 à 8 pouces
cubes du Rhin), dont l'épaisseur, si la chose était
possible, ne devrait pas excéder 13 millim.

Quand la sole n'est pas échauffée convenablement,
la fonte devient épaisse et blanche; quelquefois même
la cuve s'engorge.

On ne pourrait liquéfier séparément de la fonte
blanche et en obtenir de la grise, sans occasionner
une grande dépense de charbon et sans entraîner la
ruine des parois du fourneau; mais cette fonte peut
entrer dans les charges pour un quart ou pour un
tiers.

La fonte blanche matte est la moins propre à être
refondue, parce qu'elle obstrue le creuset; qu'elle
ferme le trou de la coulée et qu'elle se fige dans
les poches. Ce serait déjà une raison suffisante d'é-
viter cette espèce de fer cru, quand même il aurait les
qualités qui lui manquent.

La fonte phosphoreuse qu'on obtient des minérais
de prairie, reste assez liquide lors même qu'elle est
un peu blanche.

La fonte qui donne du fer rouverin est très-réfractaire, très-épaisse et se refroidit très-promptement.

C'est donc la gueuse grise qu'on doit refondre de
préférence, dans les fourneaux à manche, parce qu'on
peut la charger en plus forte dose que toutes les
autres sans cesser d'obtenir un produit très-liquide,
et parce qu'elle n'attaque pas le fourneau, tandis
que la gueuse blanche qui demande à être refondue

à un haut degré de chaleur pour"devenir grise ou
mêlée, détruit les parois de la cuve. La fonte grise
mise une seconde fois en fusion, prend un grain plus
fin et plus homogène, attendu que la combinaison du
fer avec le graphite devient plus uniforme.

7͂37. Tout le travail de l'ouvrier se réduit à charger
le fourneau et à nettoyer la tuyère. On coule ordinairement la fonte après un nombre de charges déterminé par la capacité du creuset. On y procède
en perçant avec un ringard le tampon d'argile; on
reçoit la fonte dans des poches ou bien on la laisse
couler dans des rigoles. Il est même inutile d'attendre
que tout le creuset soit rempli; on peut, à une heure
quelconque, faire sortir du fourneau la quantité de
fonte dont on a besoin; on l'empêche ensuite de s'é-
couler en refermant le trou avec un bouchon d'argile
fixé à l'extrémité d'un bâton.

La fonte est souvent si chaude qu'elle attaque les
moules; pour prévenir cet effet, on la laisse reposer
quelques minutes dans les poches. On peut dans ce cas,
augmenter sans danger la charge de métal.

738. Il est évident qu'on ne peut se dispenser de
mettre toute la fonte en œuvre à mesure qu'elle se
liquéfie. Il faut donc se pourvoir du nombre des châssis et des moules qui est nécessaire à cet effet.

Dans les fonderies où l'on fabrique une grande quantité de marchandises, on a pour le moins deux fourneaux à manche, dont l'un est activé le matin et l'autre
l'après-midi. Si le fourneau est à feu plus de 8 à 9 heures, les scories formées des pierres de la cuve, des
cendres, du combustible et peut-être aussi des matières étrangères contenues dans la fonte (de celles
du moins qui sont mêlées avec elle), deviennent si

épaisses qu'elles absorbent beaucoup de fer, et qu'elles
finissent par fermer le passage au vent, ce qui refroidit le bain. Les scories deviendraient plus liquides
par une addition de chaux, mais alors elles attaque-
raient les pierres de la cuve et le travail de quelques
heures ne pourrait pas compenser cet inconvénient,
d'autant plus que le fondage ne doit pas continuer
jour et nuit sans interruption.

On laisse par conséquent descendre les charges, lorsque les scories deviennent trop visqueuses. On vide le
creuset entièrement, on débouche toute l'ouverture
antérieure dans laquelle se trouve compris le trou de
la coulée, on détache les scories durcies qu'on peut
atteindre avec le ringard, on les fait sortir du foyer,
on nettoie la cuve et le creuset autant qu'il est possible. Cela fait, on laisse reposer le fourneau pendant 6 à 8 heures pour le mettre ensuite de nouveau
en activité.

739. Si les parois sont bien construites et si les
matériaux sont assez réfractaires, on peut faire 20 à 25
fondages dans une cuve : elle peut donc durer de trois
semaines à un mois.

La construction des parois est d'autant plus incommode que la cuve est plus haute et plus étroite;
c'est pour cette raison que le fourneau ne reçoit d'ordinaire que l'élévation strictement nécessaire.

740. Le déchet de la fonte dépend de la marche du
travail, de la nature du fer cru et de la qualité du
combustible. Si le coke est pur, que le vent ait le
degré de vitesse convenable, et que la fonte soit grise,
cette perte peut ne s'élever qu'à 5 1/2 pour cent, y
compris celle qui est occasionnée par les grains de
fer cru répandus dans l'usine ou mêlés aux scories;

mais, quand la fonte est blanche, que le fourneau reste froid et que le coke est impur, le déchet peut monter jusqu'à 25 pour cent.

741. Les fourneaux à manche sont placés dans l'intérieur de l'usine au-dessous d'une cheminée. Si deux de ces foyers sont établis sous une même cheminée, le manteau en doit être assez large pour ne pas gêner la dissipation de la fumée, ni le dégagement de la chaleur qui pendant l'été serait assez incommode, parce qu'elle produirait une trop prompte dessication des moules.

Un fourneau à manche qui est activé huit heures par jour, et qui reçoit par heure 6 charges composées de 3/8 quintaux métriques de fer cru, peut refondre 18 quintaux, qui en donneront 17 de fonte liquide disponible pour ainsi dire à chaque instant de la journée.

DE LA RÉFONTE DU FER CRU DANS DES FOURS A RÉVERBÈRE.

742. Un four à réverbère (pl. 4, fig. 24, 25, 26 et 27) se compose de trois parties principales : la chauffe avec la grille A, le foyer de la fusion B et la cheminée C. La sole et la grille sont couvertes par une même voûte. La cheminée se trouve placée de manière que la flamme et les gaz doivent traverser tout le foyer pour s'échapper; au lieu d'être immédiatement au-dessus de l'espace B, la cheminée est mise en communication avec ce dernier, à l'aide d'un canal incliné qu'on appelle *rampant* ou échappement. Cette disposition est indispensable lorsque deux fours sont adossés à une seule cheminée.

La sole du four à réverbère se trouve établie, ou sur un massif de maçonnerie, ou sur une voûte, ou bien sur des plaques de fonte *aa*, fig. 26, qu'on peut enlever et replacer avec facilité. Ces plaques reposent immédiatement sur les murs latéraux ou bien sur des linteaux de fer.

La voûte doit être confectionnée avec beaucoup de soin et doit recevoir une inclinaison semblable à celle de la sole, afin que la flamme puisse échauffer la fonte suffisamment, dans toute la longueur du foyer, et que le métal liquide soit entretenu à une température assez élevée pour ne pas s'épaissir. On couvre la voûte avec du poussier, sur lequel on applique ensuite une couche d'argile, de sorte qu'elle paraisse plane à l'extérieur. Le but de cette couverture est de garantir la maçonnerie des chocs accidentels et sur-tout d'empêcher la dissipation de la chaleur.

743. Il règne souvent dans le four à réverbère une haute température. On doit donc le construire avec les précautions nécessaires pour que la maçonnerie ne soit pas rompue. Le moyen de consolidation usité, consiste dans une enveloppe de plaques de fonte retenues entre elles par des tirans et des boulons; mais ils ne peuvent empêcher les crevasses, sur-tout lorsque dans un four nouvellement construit, on donne un coup de feu trop violent.

Un four à réverbère placé en plein air, et dont une des faces seulement, celle du creuset, se trouve dans l'intérieur de l'usine, doit être couvert ou mis à l'abri des eaux pluviales.

744. Le courant d'air libre qui, dans les fours à réverbère, active la combustion, est dû à la dilatation de l'air intérieur. C'est dans la cheminée que le fluide

élastique est raréfié par la flamme, par la fumée et
même par l'acide carbonique au moment où il se forme. Il s'ensuit qu'il doit exister un certain rapport
entre la grille, la sole et la cheminée, pour que dans
ces foyers on puisse produire le plus haut degré de
chaleur.

On peut admettre en général, que la température
est proportionnelle à la surface de la grille et à la
hauteur de la cheminée. Il faut donc qu'on les fasse
varier avec les dimensions du foyer; car les fours à
réverbère ont des capacités bien différentes : il en est
dans lesquels on ne peut fondre que 800 kilog. de fer
cru, et d'autres peuvent en recevoir 3000.

Si l'on connaissait la durée de la combustion qui
correspond au maximum d'effet que le charbon peut
produire, on pourrait donner par tâtonnement à la
grille et à la cheminée, des dimensions telles que dans
le temps relatif à ce maximum d'effet, il se consumât
une quantité déterminée de combustible. Quand la
combustion est lente, l'air environnant absorbe une
trop grande partie de la chaleur; d'un autre côté,
lorsqu'elle est trop rapide, il est probable que le
combustible ne produit pas tout son effet, parce que
le calorique a besoin d'un certain temps pour pénétrer
les corps. On ne connaît pas encore la durée de la
combustion qui produit le plus d'effet; on ignore
également si ce temps est le même pour tous les charbons. Quant aux combustibles qui brûlent avec flamme
et qui contiennent différentes quantités de carbone,
tels que le bois, la houille, la tourbe, il est plus que
probable qu'employés à la fusion des métaux, ils doivent être brûlés dans des temps inégaux pour développer le maximum de chaleur.

On est disposé à croire que le fer cru doit se liquéfier aussi facilement dans les fours à réverbère qui sont
grands, que dans ceux qui ont une petite capacité;
cependant il n'en est pas ainsi : probablement parce
que dans ceux-là les dimensions de la chauffe et de la
cheminée sont trop faibles par rapport à celles du foyer.
Dans les fonderies où l'on coule de très grosses pièces
qui nécessitent l'emploi de plusieurs fourneaux, il est
très-essentiel que la fonte se liquéfie dans tous les
foyers en même temps, afin qu'on ne soit pas forcé
de la tenir plus long-temps en bain dans un fourneau que dans un autre, ce qui nuirait à l'homogénéité
du métal dont la pièce serait composée. Si donc l'on
sait par expérience que la fusion est plus rapide dans
l'un des fours, on doit l'allumer plus tard.

745. On a reconnu que les fours à réverbère activés
avec de la houille et destinés à fondre du fer cru, produisent le plus d'effet avec la plus faible consommation de charbon, si la surface de la grille et celle de
la sôle sont entre elles dans le rapport de 2 à 7, si la
grille est à l'ouverture du *rampant* comme 5 : 1, et si
la cheminée a pour le moins 11^m,30 d'élévation. Comme
ces données ne sont du reste que des résultats d'expériences, il serait à désirer que ces sortes d'observations ne fussent recueillies que par des hommes ins-
truits et versés dans cette partie.

Le plan de la cheminée pourrait être égal à la section du rampant, mais il est d'ordinaire un peu plus
grand; cependant il ne devrait jamais dépasser le quart
de l'aire de la grille : en le faisant plus étendu, on
manque le but qu'on se propose.

746. Il importe que l'air extérieur puisse affluer
librement sous la grille. Si donc le fourneau est placé

dans l'usine, la chauffe doit être au dehors; il serait avantageux même qu'elle fût tournée vers le nord et qu'il n'y eût point d'autres bâtimens dans le voisinage. L'espace qui est sous la grille doit être assez vaste et assez profond pour que les cendres et les charbons embrasés, passant à travers les barreaux, ne puissent pas échauffer et dilater l'air affluant. On creuse pour cette raison le sol naturel; mais il vaudrait mieux encore que les matières enflammées pussent s'éteindre en tombant dans un réservoir d'eau; on y gagnerait doublement : l'air en serait rafraîchi et les *escarbilles*, qui, d'ordinaire, se consument en pure perte, pourraient servir ensuite pour les forges de maréchal ou pour le grillage des minérais.

Les barreaux sont ordinairement en fonte : on ne les fait en fer forgé que lorsqu'ils doivent être très-minces, parce que le fer se déjette moins facilement que la fonte, qui en se tourmentant perd d'ailleurs la couche d'oxide dont elle est couverte et s'use alors très-vîte ; mais des barreaux assez épais pour ne pas se courber, durent plus long-temps, s'ils sont en fonte que s'ils étaient en fer forgé, parce que le fer cru est moins oxidable que le fer affiné. Leur écartement dépend de la grosseur des fragmens de houille qu'on emploie. On doit craindre toutefois d'espacer les barreaux trop fortement, parce qu'ils laisseraient tomber la houille et qu'il se formerait sur la grille des espaces dégarnis, qui donneraient entrée à l'air froid et non décomposé ; ce qui serait extrêmement nuisible à l'opération. Des barreaux trop rapprochés retiennent les cendres, qui ferment alors le passage à l'air, quelque soin qu'on prenne pour nettoyer la grille. L'écartement le plus convenable est de 7 à 10 millimètres : c'est

II   25

d'après cette quantité qu'on doit calculer la grosseur des *têtes* des barres *. Ces têtes servent à régulariser la position des barreaux.

747. Tant que le fourneau est en activité, les bar-reaux sont rafraîchis suffisamment par l'air froid qui afflue sous la grille ; mais ils commencent à s'échauffer et à souffrir après la fusion, lorsque l'équilibre de l'air se rétablit. Il faut donc les enlever aussitôt que la coulée se trouve achevée.

Comme l'air ne doit entrer dans la chauffe qu'à travers la grille, il faut qu'elle joigne aux parois du mur, et qu'il ne reste entre les têtes des barreaux et la traverse x, fig. 26 et 27, qui sert de support à la voûte, que l'espace dont on a strictement besoin pour placer et pour retirer les barreaux.

748. On charge la grille par une ouverture Z, fig. 24 et 25, qui, pour plus de commodité, se trouve évasée en dehors. Elle doit être assez grande pour que le chargeur puisse répandre le combustible sur toute la grille. Cependant il devient difficile de fer-mer cette ouverture hermétiquement, quand elle est grande ; l'air froid pénètre alors dans l'intérieur du four et diminue le tirage. On la bouche avec du petit charbon ; c'est un moyen de la fermer mieux qu'avec un battant de porte. Si le four à réverbère a de grandes dimensions, on y introduit la houille par deux trous semblables pratiqués aux deux faces opposées.

749. Le *pont b*, fig. 24' 26, qui sépare la grille du foyer, a pour but d'empêcher la houille de se

* Ou bien l'épaisseur des dents de la crémaillère qui reçoit les barres.   Le T.

mêler avec la fonte et de préserver le métal du contact immédiat de l'air. Sa hauteur est de 8 à 24
centim. Trop bas, il ne protége pas le fer contre
l'oxidation ; trop élevé, il en retarde la fusion. De
petits fours, dans lesquels la chaleur n'est jamais aussi
intense que dans des fours de grandes dimensions,
doivent avoir des ponts plus bas. Confectionnée avec
les matériaux les moins fusibles, cette espèce de bar-
rière doit être entretenue en très-bon état : les ouvriers la dégradent quelquefois en plaçant la fonte
sur la sole.

750. On a souvent changé la forme et les dimensions de la sole : elle a été tantôt rectangulaire, tantôt
elliptique ou composée de plusieurs lignes droites ou
courbes. On a donné à la sole une plus grande largeur
qu'à la grille, ou bien on a fait un ventre au milieu
de sa longueur ; mais la forme la plus naturelle et la
plus commode à exécuter, serait celle d'un trapèze
dont le plus grand côté tourné vers la grille, aurait
une largeur égale à celle-ci, parce que la chaleur diminue toujours à mesure qu'on s'éloigne de la chauffe.
L'élargissement du foyer vers le milieu de sa longueur,
ne présente aucun avantage, et nuit à la solidité de
la construction. Il est d'ailleurs déraisonnable d'augmenter les dimensions du foyer en un point où le
degré de chaleur n'est pas le plus élevé.

751. La sole reçoit une inclinaison pour l'écoulement
des matières liquides ; une partie en est pourtant horizontale, celle sur laquelle on place le fer cru, qu'on
rapproche le plus possible du pont : cette partie qui
ne s'étend que jusqu'au quart de la longueur totale
de la sole, se nomme l'*autel*. Une pente trop rapide
offrirait le double désavantage de laisser descendre

dans le creuset des matières demi-fondues, qui refroidiraient la masse liquide, et de soustraire le bain à
l'action de la flamme et de la chaleur. Une pente trop
douce ralentirait l'écoulement de la fonte et favoriserait l'oxidation * : il paraît qu'un angle de 20 à 24°.
avec l'horizon, forme l'inclinaison la plus avantageuse.

752. La substance employée pour la confection de
la sole doit être très-réfractaire. Les cendres d'os ser-
viraient parfaitement à cet usage, si la grande quantité dont il faudrait se pourvoir n'en rendait l'emploi
impossible. La meilleure matière est le sable quartzeux
le plus pur, mêlé avec de l'argile réfractaire dans des
proportions telles que le mélange reçoive assez de cohérence pour être *damé*. La couche de la terre dont
on confectionne la sole doit avoir 15 à 16 centimètres
d'épaisseur; elle repose sur une maçonnerie quelconque-
que. Il est cependant avantageux que les matériaux
employés à la construction de ce mur ne soient pas
trop compactes, afin que l'humidité puisse s'échapper
par le bas sans occasionner de crevasses **.

753. Le fer cru refondu se rassemble à l'extrémité inférieure de la sole, dans une cavité formant
le creuset, où la flamme l'entretient à l'état liquide.
Au point le plus bas de ce creux, on ménage une
ouverture *m*, fig. 24 et 26, qui traverse le mur antérieur, et qui, fermée durant la fusion avec de la
terre mêlée de fraisil, n'est ouverte que pour la coulée.
Si, au lieu de couler la fonte, on veut la puiser, on
introduit les poches dans le fourneau par une ou-

---

* D'ailleurs, si la pente est trop douce, la fonte s'affine et devient trop épaisse.   Le T.

** C'est pour cette raison qu'on établit ordinairement la sole sur
un remblai de briques concassées.   Le T.

verture carrée O, fig. 26, qu'on referme chaque
fois, afin de ne pas trop refroidir le bain. On pratique dans la porte un petit trou, au moyen duquel
on observe la marche du fourneau et qu'on bouche
ensuite avec un tampon d'argile. Quand on veut puiser
la fonte, il faut que le creuset soit plus profond qu'il
ne l'est quand on la fait couler, afin qu'on puisse le
vider entièrement.

754. On introduit le fer cru dans le fourneau par
une ouverture q, fig. 24, 25 et 26, fermée durant
la fusion par une porte en fer r, qu'on enduit à
l'intérieur d'une couche d'argile, pour l'empêcher
de se fondre ou de se détériorer par l'oxidation. Cette
porte qui se meut dans une rainure en fer, est soulevée au moyen d'un balancier chargé de contre-poids,
afin que la manœuvre puisse s'exécuter avec facilité.
Lorsque le fourneau est à feu, on jette contre la porte
du sable sec pour intercepter le passage de l'air atmosphérique.

755. La voûte reçoit une hauteur telle que l'aire
de la coupe faite à l'extrémité la plus large du
foyer, soit tout au plus égale aux trois quarts de
la grille. La hauteur de la voûte dépend donc de
la largeur de la sole et de l'aire de la chauffe. Si
on l'élevait davantage, on ne pourrait concentrer la
chaleur ; si on l'abaissait, on serait gêné en chargeant
le fourneau. Construite en briques très-réfractaires,
elle doit être exécutée avec soin. Son inclinaison est
réglée par celle de la sole, ou, ce qui revient au même,
sa hauteur ne varie point ; mais on ferait mieux de l'a-
baisser vers le creuset, parce que la chaleur va toujours en diminuant, à mesure que la flamme avance
vers la partie antérieure du fourneau.

. Une voûte bien construite doit résister à plus de cent fondages; mais quelquefois on est obligé de la reconstruire après le dixième.

756. Bien que nous ayons fixé déjà (745) le rapport qui doit exister entre la surface de la sole et celle de la grille, nous devons faire observer encore que la largeur et la longueur du foyer doivent être déterminées l'une par l'autre, de manière que le combustible puisse produire son maximum d'effet. Un foyer trop court est traversé trop rapidement par la flamme; une partie de la chaleur est perdue alors : si la distance de la chauffe à la partie antérieure du feu est trop considérable, la fonte se refroidit. Il paraît qu'en refondant le fer cru avec de la houille, le rapport entre la longueur et la plus grande largeur devrait être comme 3 : 1, mais dans les fours employés en Silésie, il est ordinairement comme 11 : 4.

757. Le rampant ou le canal qui conduit la flamme dans la cheminée, se trouve ménagé dans le mur antérieur du four, à l'endroit le plus éloigné de la chauffe, afin que la flamme puisse parcourir tout le foyer. Dans les fours à réverbère qui n'ont point de rampant, la voûte est percée d'une ouverture où la cheminée aboutit immédiatement. Il serait d'autant plus inutile d'évaser le rampant, qu'il a presque toujours la même largeur que la cheminée. Les briques qui en bordent le contour doivent être très-réfractaires pour ne pas entrer en fusion. Ce conduit ne doit jamais déboucher ni sur une face latérale du four, parce que la flamme serait attirée exclusivement vers ce côté, ni immédiatement au-dessus du trou de la coulée, parce que la flamme agirait avec trop d'énergie sur le bain et que le rampant gênerait d'ail-

leurs les ouvriers dans leur travail. Il faut donc le
pratiquer dans le milieu et à l'extrémité antérieure
de la voûte.

758. La dilatation de l'air est d'autant plus imparfaite et le tirage d'autant plus faible, que la cheminée ou le rampant est plus large. C'est pour cette
raison que dans les fours à réverbère qui ont une
large cheminée, on ne pourrait produire un haut
degré de chaleur, en y brûlant même une grande
quantité de combustible. Si la cheminée et le rampant sont trop étroits, l'air raréfié ne peut s'échapper
assez promptement, ce qui nuit également au tirage.
Il est vrai que dans ce dernier cas on perd moins
de chaleur ; mais, comme la combustion est très-lente,
la température ne peut s'élever au degré nécessaire
pour liquéfier la fonte. Si l'on voulait ne chauffer
qu'au blanc ou fondre des métaux moins réfractaires,
on devrait employer un rampant moins large, eu é-
gard à la surface de la grille ; le contraire arriverait, si
l'on disposait d'un fer cru difficile à fondre. Cependant il ne faudrait pas dépasser une certaine limite
qui n'est pas encore bien connue.

Serait-il possible de produire dans les fours à réverbère, un degré de chaleur suffisant pour liquéfier
le fer ductile ? c'est ce qu'on ignore encore.

759. Dans la construction des fours à réverbère, la
cheminée est la partie la plus dispendieuse, parce
qu'elle doit avoir quelquefois 15 à 16 mètres de hauteur et au-delà, sur-tout lorsqu'il existe dans le voisinage des bâtimens élevés, qui gênent le mouvement de
l'air. Les cheminées établies sur de larges fondations
sont consolidées encore par des tirans en fer, afin
qu'elles puissent résister aux ouragans. Les murs re-

çoivent un retrait pour ne pas exercer une trop forte pression sur la base. La partie intérieure soumise quelquefois à un haut degré de chaleur ; doit être en briques réfractaires, car il n'est pas rare que la flamme paraisse au-dessus des cheminées qui ont jusqu'à 16 mètres d'élévation.

Le tirage devient plus fort à mésure qu'on augmente la hauteur des cheminées, parce que la pression de l'air atmosphérique est plus faible dans les régions supérieures, et que l'air dilaté, en débouchant de ces conduits élevés, éprouve moins de résistance. C'est pour cette raison que l'on ne pourrait employer des cheminées horizontales, quoiqu'elles fussent moins dispendieuses à construire et qu'elles pussent servir aussi comme conduits de chaleur.

Dans les cheminées qui ont une grande largeur, la dilatation est non-seulement très-imparfaite, mais il s'y établit aussi deux courans d'air ; dont l'un, composé d'air atmosphérique, descend, tandis que l'autre qui se forme de l'air dilaté, remonte ; le tirage est dans ce cas incertain et faible. Ainsi, en n'établissant qu'une cheminée pour plusieurs fours, ce qu'on fait très-souvent à cause de la cherté de leur construction, on doit diviser l'intérieur de ces conduits en autant de compartimens qu'il y a de foyers ; car si la largeur de la cheminée se trouvait être calculée pour un seul four, on ne pourrait en mettre plusieurs à feu ; et si elle l'était pour deux, il faudrait toujours les activer à la fois : dispositions vicieuses qui contrariraient les travaux de la fonderie *.

---

* Voyez aussi pour la construction des fours à réverbère, les annales des mines, tome 2, p. 129.

Il nous semble que les considérations qui déterminèrent l'auteur

760. Le fer cru qu'on veut liquéfier ne devrait être employé en pièces ni trop grosses ni trop minces ; ce qu'il y a de plus préjudiciable ; c'est de charger à la fois les gros et les petits morceaux. Les premiers fondent lentement et doivent être exposés long-temps à la flamme. Le défaut des petits fragmens est d'offrir beaucoup de surface et d'entraver, s'ils sont plats, le passage de la flamme. La forme la plus avantageuse qu'on pourrait donner au fer cru pour le refondre, serait de le couler en barres de 7 à 10 centimètres d'équarrissage.

Si l'on est forcé de refondre à la fois des morceaux de différentes grosseurs ; on doit placer ceux qui sont minces immédiatement sur l'autel ; mettre les autres

de cette note à élargir le rampant, parce qu'il se proposait de faire usage de bois au lieu de houille, auraient besoin d'être modifiées. On peut admettre en principe, que, si l'aire d'une section perpendiculaire aux arêtes du rempant est très-grande, le fourneau donne peu de chaleur ; à mesure qu'on rétrécit le rampant, la température du foyer s'élève davantage ; enfin, elle arrive à son maximum : en rétrécissant encore ce canal, on diminue l'activité de la combustion et l'on fait baisser la température. Supposons maintenant que l'aire de la section du rampant qui correspond au maximum d'effet produit, ait été déterminée rigoureusement pour une espèce de combustible donné, tel que la houille par exemple ; et supposons en outre qu'on veuille substituer le bois au combustible minéral ; ce qui serait du reste vicieux, si l'on ne changeait pas les dimensions de la grille ; mais faisons cette hypothèse, parce qu'elle est conforme à ce qui a été pratiqué. Nous disons, fondé sur ce qui précède, qu'il faudrait alors diminuer plutôt la section de l'échappement que de l'augmenter, puisque le bois brûle plus facilement que la houille et qu'il produit moins de calorique ; il serait donc nécessaire de retenir la chaleur davantage dans le foyer, et il ne serait point nécessaire, pour activer la combustion suffisamment, d'ouvrir à la flamme un aussi large passage que dans la première supposition. Le T.

pardessus et le plus près possible du pont où la chaleur est le plus intense. C'est pour la même raison que la gueuse grise doit être placée au-dessus de la blanche, si toutefois celle-ci est rayonnante ou lamelleuse, car la fonte blanche grenue est plus réfractaire encore que la grise.

761. Il faut une certaine habitude pour bien charger le four : on ne doit ni trop serrer les fragmens de fonte, afin que la flamme puisse trouver un passage, ni laisser de trop grands interstices entre les morceaux, afin de tirer tout le parti possible de la capacité du foyer. Si d'ailleurs la flamme passe trop librement entre les fragmens, elle donne peu de chaleur et produit une forte oxidation. En refondant des barres régulières coulées exprès, il suffit de les disposer en forme de grilles, et de manière que la rangée inférieure soit appuyée sur des supports de briques réfractaires, au lieu de toucher l'autel immédiatement. Il est bien plus difficile de charger des morceaux irréguliers, parce qu'on ne doit jamais s'écarter des règles que nous venons de prescrire.

762. Le fer cru éprouve aussi un changement dans sa composition, en se liquéfiant. Cet effet est d'autant plus marqué que la fusion est plus lente. Exposé long-temps à l'action de la flamme et de la chaleur blanche, la fonte se couvre à la fin d'une couche d'oxide si épaisse, qu'on ne peut liquéfier la partie intérieure que par un coup de feu des plus violens, et lorsqu'on est parvenu à la mettre en fusion, elle s'écoule en laissant sur l'autel une enveloppe creuse, qui conserve la forme du morceau chargé dans le four et qu'on appelle *carcas*. La couche extérieure de cette enveloppe est une substance semblable aux

battitures : c'est un oxide ; mais les couches intérieures se composent de fer plus ou moins ductile.

La fonte rouillée donne souvent des carcas très-épais. Il suit de là que si l'on ne parvient pas à produire une chaleur rapide, on éprouve une perte considérable, sur-tout en refondant des plaques de peu d'épaisseur.

Les deux espèces de fer cru ne se comportent pas de la même manière : la fonte grise résiste plus long-temps à la chaleur blanche sans éprouver de changement ; elle finit par perdre sa force de cohérence, sans devenir aigre ; entrée ensuite en fusion, elle devient plus épaisse qu'elle ne l'est ordinairement, paraît extrêmement rouge et se fige très-vite. Refroidie, elle présente une cassure grise et à facettes, et ne possède plus qu'une faible ténacité, quoique ses parties séparées semblent être ductiles. La fonte blanche chauffée sous une couche d'oxide, perd de son aigreur, devient plus réfractaire et prend une texture grenue. Mise après cela en fusion, par un très-haut degré de chaleur, elle est très-épaisse, se fige à l'instant et prend une cassure grise, claire et grenue.

Quand le travail suit une marche si incertaine, il reste beaucoup de fer sur l'autel sous forme de *carcas*, et la perte est très-considérable, à cause de l'oxidation qui a lieu avant et même après la fusion, attendu que le métal ne coule que très-lentement dans le creuset.

763. On nuit donc à l'une comme à l'autre espèce de fonte, en élevant la température du four avec trop de lenteur : on éprouve un grand déchet ; la gueuse grise perd sa résistance, et la fonte blanche devient si épaisse qu'elle ne remplit pas les moules.

Si l'on donne une chaleur très-vive, la fonte blanche conserve son tissu et devient pourtant un peu moins aigre; refondue à plusieurs reprises, ou tenue long-temps en bain, elle prend une texture grenue, sem-blable à celle du fer affiné; mais on n'aime pas à l'employer, parce qu'elle s'oxide avec une trop grande facilité, qu'elle est épaisse et qu'elle se fige prompt-tement. La fonte du fer tendre reste assez liquide, mais l'emploi en est très-restreint.

La fonte grise mise rapidement en fusion ne subit qu'une faible altération; mais elle se comporte comme la blanche si elle coule avec trop de lenteur dans le creuset, ou si on la conserve trop long-temps à l'état liquide. Refondue plusieurs fois, elle prend comme l'autre, une couleur claire et une texture semblable au fer affiné. L'état de la combinaison du carbone avec le fer est alors le même dans ces deux espèces de fonte, mais la blanche se trouve chargée en outre de tous les métaux terreux qui entrent dans sa com-position, lorsqu'elle provient d'un excès de minérai. A mesure que la couleur du fer cru se rapproche davantage du gris clair et que sa cassure paraît plus *crochue*, le métal devient plus tenace, et si la fonte a été d'abord blanche, elle devient aussi plus douce et plus malléable. La raison de ce phénomène, dû à l'action de l'oxigène sur le carbone combiné avec le fer cru, est facile à concevoir.

764. C'est principalement en s'écoulant avec len-teur de l'autel dans le creuset, que la fonte éprouve les changemens dont nous venons de parler, parce qu'elle présente alors beaucoup de surface à l'action de l'air. On peut donc, en refondant de la fonte grise, donner à la sole une pente légère, ou tenir le métal

long-temps en bain; mais ce dernier moyen occasionnerait une grande consommation de combustible et ne
conduirait même qu'imparfaitement au but proposé.

Les modifications que le fer cru subit dans les fours
à réverbère sont, en général, d'autant plus prononcées que la chaleur y est moins intense et que la pente
de la sole est moins rapide.

En coulant des bouches à feu, on désire principalement que le fer devienne plus tenace qu'il ne l'était auparavant; on doit donc construire les fours à
réverbère de manière que la sole ait une pente très-douce et que la température puisse s'élever vivement,
afin qu'on ne produise pas trop de carcas; mais la plupart des objets n'ont pas besoin d'une si grande solidité:
il vaut donc mieux alors que la sole fasse avec l'horizon
un angle plus grand, celui de 24°, à peu près, pour
qu'on obtienne une fonte très-liquide.

765. Il résulte des faits que nous venons d'établir,
que si dans un objet de fer coulé on demande une
parfaite homogénéité, comme dans les bouches à feu,
on ne doit pas, en chargeant le four à réverbère, mêler
la fonte de première fusion avec le fer cru qui a été
refondu déjà : du moins doit-on les employer dans des
proportions très-inégales, comme par exemple dans le
rapport de 1/4 ou de 1/3 et placer toujours la fonte de
haut fourneau immédiatement sur l'autel.

La fonte blanche rayonnante qui est la plus dure,
ne peut cependant être employée pour les cylindres
de compression ou pour les enclumes, parce qu'elle est
trop aigre : elle ne peut servir d'ailleurs pour les pièces
qui doivent être travaillées au foret ou achevées sur le
tour. La meilleure fonte dont on puisse faire usage
pour ces sortes d'objets, est celle qui a été refondue

plusieurs fois et dont la cassure est grenue ; on ne peut la liquéfier qu'à une très-haute température et l'on doit se hâter de la verser ensuite dans les moules. Si la pièce doit avoir une dureté particulière, on peut la tremper après qu'elle est entièrement achevée.

766. On doit, durant la liquéfaction du fer cru, prendre toutes les précautions possibles pour empêcher l'air extérieur de pénétrer par les différentes ouvertures dans le foyer. On doit donc charger la grille avec beaucoup de promptitude, la tenir toujours couverte de combustible, y mettre beaucoup de houille à la fois, au lieu de répéter cette opération fréquemment. La grille doit jeter un éclat très-vif : le contraire prouverait qu'elle est obstruée.

La durée de la fusion est très-variable : il faut de 2 à 4 heures pour liquéfier de 800 à 3000 kilog. de fonte, selon les proportions qui ont été observées entre les différentes parties du fourneau et selon la qualité du combustible. Si la houille donne beaucoup de fraisil ou de cendres, elle brûle avec lenteur et bouche la grille à chaque instant.

767. Des fours neufs absorbent beaucoup de chaleur, ce qui ralentit la fusion. On doit pour cette raison les chauffer jusqu'au blanc avant de charger l'autel, afin que la fonte ne soit pas exposée très long-temps à l'action de la flamme. Lors même que les fours auraient servi, on ne devrait pas négliger cette précaution, tant pour diminuer le déchet que pour obtenir une fonte plus homogène ; mais le chargement présente alors quelques difficultés, sur-tout lorsque les morceaux de métal sont irréguliers. Le fondeur préfère par conséquent de n'allumer le four qu'après l'avoir chargé ; il en résulte d'ailleurs une économie de com-

bustible. Si la fonte est grise, on peut ne pas chauffer le four préalablement; mais si elle est blanche ou si elle a été refondue à plusieurs reprises, on ne doit jamais s'en dispenser.

768. La fonte liquide est toujours couverte d'une légère couche de scories, provenant soit des matériaux du four, soit des cendres qui ont été amenées par le courant d'air, soit enfin de l'oxidation d'une partie du fer. Mais la plus grande perte résulte du carcas qui reste sur l'autel en quantité d'autant plus considérable, que la fonte est plus blanche et que la fusion s'exécute avec plus de lenteur.

Dès que l'opération est terminée, on détache le carcas avec des ringards, en ménageant l'autel le plus possible. Ce fer demi-ductile, ne peut servir dans les feux d'affinerie que dans le cas où la fonte qu'on y traite reste long-temps liquide. On le charge ordinairement avec les minérais dans les hauts fourneaux, ou bien on le fond en petite dose dans les fourneaux à manche, parce qu'il contient aussi beaucoup de cendres vitrifiées.

769. En faisant couler la fonte, on doit la rassembler d'abord dans un bassin, pour ôter les impuretés. En la puisant on en sépare le laitier dans le four même et l'on continue le feu jusqu'à ce que le creuset soit entièrement vide.

Les vases qui servent aux ouvriers à puiser où à transporter la fonte liquide, doivent être parfaitement secs : l'eau qu'ils pourraient contenir ferait bouillonner le métal, dont une grande partie serait lancée audehors sous forme de pluie; une autre partie se figerait et occasionnerait de nouveaux frais pour être refondue.

Si l'on ne veut couler qu'un nombre de pièces déterminé, on doit en calculer le poids exactement,
ainsi que celui des jets et des masselottes, afin de
ne pas liquéfier une trop grande quantité de fonte ; ce
qui occasionne toujours une perte de métal et une
grande dépense en combustible.

770. La fonte tenue en bain devient plus tenace, mais
elle finit par s'épaissir.: suite nécessaire d'une modification chimique et d'un premier refroidissement, attendu
que le creuset se trouve dans la partie du foyer où
la chaleur est le moins intense. Comme beaucoup d'objets ne pourraient être coulés avec une fonte épaisse,
bien qu'elle fût très-résistante, on ne doit pas la conserver long-temps à l'état liquide ; de là, la nécessité de
prendre les dispositions convenables, pour que la fonte
entre par-tout en même temps en liquéfaction, si
l'on fait usage de plusieurs fours à réverbère.

771. L'emploi de ces fours n'est réellement avantageux que dans le cas où la fabrication doit recevoir
une assez grande extension pour qu'on puisse faire
plusieurs refontes consécutivement, afin d'économiser
le métal et le combustible.

Le déchet varie selon la nature du fer cru qu'on
veut refondre et selon le degré de chaleur que l'on
peut produire. La fusion étant plus lente en été qu'en
hiver, l'oxidation du métal est plus forte aussi. Une
grande partie de la perte provient au reste des grains
de fonte qui se répandent dans l'usine : la sole du
four absorbe aussi, avec des scories, un peu de fer. Si
la fonte est grise et si le travail suit une bonne marche, la perte totale ne doit s'élever qu'à 10 pour cent ;
dans le cas opposé, elle s'accroît jusques à 15.

La consommation de houille, terme moyen de plu-

sieurs années s'élève dans la fonderie de Gleiwitz, à
0,12077 mètres cubes par 100 kilog. de fonte. Le
mètre cube de ce combustible pèse, terme moyen,
798 kilog.; il s'ensuit que 100 kilog. de fonte demandent pour être refondus 96 kilog. de houille; c'est-
à-dire, un poids presqu'égal à celui du métal.

772. Dans les usines où l'on fabrique de grosses
pièces qui ne peuvent pas être coulées avec la fonte
de haut fourneau, on doit pouvoir disposer à la fois
de plusieurs fours à réverbère, puisque l'emploi de
ces foyers devient toujours désavantageux quand ils
sont très-grands : les grilles sont alors très-étendues, une partie de la houille brûle à une grande distance de l'autel et ne produit que peu d'effet : la chaleur n'est pas assez concentrée dans les vastes compartimens de ces fours, qui présentent d'ailleurs beaucoup de surface. On ignore encore quelles sont les
limites qui ne peuvent être dépassées sans qu'il en
résulte une trop forte consommation de houille. Il est
évident du reste que si l'on tombe dans l'excès contraire, en donnant aux fours à réverbère de trop petites dimensions, on éprouve aussi une grande perte
de calorique absorbé par les murs.

773. La houille est le meilleur combustible qu'on
puisse brûler dans les fours à réverbère; c'est celui
qui développe le plus de chaleur. Cependant, on peut
se trouver dans le cas d'employer la tourbe et le bois ;
mais les fours à réverbère sont construits alors différemment : ils doivent recevoir des grilles très-grandes,
des voûtes surbaissées et des cheminées étroites.

Dans les fours à réverbère activés avec du bois,
l'aire de la sole doit être à celle de la grille dans le rapport de trois à deux, tout au plus, et cette dernière doit

être dix fois plus grande que la section horizontale de
la cheminée. Il faut que les voûtes soient tellement
surbaissées que l'aire de la coupe verticale du foyer,
faite dans la direction et à côté du pont, ne fasse que
la quatrième partie de celle de la grille. La grande
différence qui existe entre ces fours et ceux qui sont
chauffés avec la houille, s'explique facilement par la
nature du combustible.

On a représenté par les fig. 28, 29 et 30, pl. 4, un
four à réverbère activé avec du bois, et tel qu'on le
trouve exécuté dans la fonderie de St.-Pétersbourg;
on a fait varier seulement la construction de la grille,
qui (fig. 30) est supportée dans son milieu par une
grosse pièce de fer, et qui (fig. 29) est divisée en
deux par un mur vertical, de manière que la deuxième
moitié A soit de 39 à 47 centim. plus basse que
l'autre. On introduit le bois par deux ouvertures a
et b; fendu et coupé en morceaux de 52 à 62 centim.
de longueur et de 5 à 9 centim. d'équarrissage, il doit
être d'une parfaite siccité : on le dessèche dans des
étuves particulières, qu'on échauffe par des canaux
dont la direction est horizontale; les barreaux de la
grille sont espacés de $8^m,5$.

Si les cheminées et les rampans étaient plus larges
que nous ne venons de l'indiquer, il serait impossible
de faire entrer la fonte en liquéfaction, parce que la
flamme traverserait le foyer trop rapidement et n'y
laisserait pas assez de chaleur. Il faut consulter encore
l'expérience pour connaître le minimum de largeur
qu'on peut donner aux cheminées de ces fours, sans
cesser de produire le degré de chaleur nécessaire pour
fondre le fer cru. Il est probable que ces dimensions
ne doivent pas être les mêmes si l'on brûle du bois dur,

qu'en faisant usage de bois tendre. En Russie, on
chauffe les fours avec du bois de pin silvestre; quelle
que soit du reste l'espèce de bois employée, il faut
toujours que le rampant ou la cheminée ait le moins
de largeur possible.

Les dimensions du foyer doivent être plus faibles si
le four est activé avec du bois, qu'elles ne le seraient
s'il était chauffé avec la houille. Il serait impossible
de liquéfier le fer cru, si la voûte du foyer était trop
haute, et la fonte se figerait, si la sole avait une trop
grande longueur.

774. Le travail ne change pas, quel que soit le combustible dont on fasse usage; mais, en chauffant avec du
bois, on obtient, à cause des cendres qui sont amenées par la flamme en grande quantité, beaucoup plus
de laitier que si l'on brûlait de la houille : ce laitier
qui est très-fusible, préserve le fer de l'oxidation.

D'après les expériences qu'on a faites en Russie,
il faudrait pour refondre 100 kilog. de fer cru, brûler
0,5636 mètres cubes de bois parfaitement sec. Si le
mètre cube pèse 303 kilog., il s'ensuit que 100 kilog.
de métal exigent pour être liquéfiés 170 kilog. de bois
de pin ; cette consommation est très-forte : on ne peut
donc procéder de cette manière que dans les pays où
ce combustible est très-abondant.

775. Je ne connais point de four à réverbère chauffé
avec de la tourbe et destiné à refondre le fer cru. Cependant, il pourrait être avantageux d'en construire
dans les pays où les autres combustibles sont d'un prix
élevé. Il est probable que la grille devrait être plus
étendue en surface, la voûte plus surbaissée encore s'il
est possible, et la cheminée plus large qu'elles ne le
sont dans les fours chauffés avec le bois, parce que la

tourbe donne moins de chaleur que ce dernier, et demande un courant d'air plus fort ; mais les dimensions
précises des différentes parties du four ne peuvent se
déterminer que par l'expérience, L'analogie paraît indiquer, si l'on compare en général les feux de tourbe,
aux feux de bois, que la surface de la grille serait à
l'aire du plan de la cheminée, dans le rapport de 7 à 1.

776. Si l'on établit un parallèle entre les différentes méthodes qu'on suit pour refondre le fer cru,
il en résultera :

1°. Qu'en le liquéfiant au creuset, on consomme
beaucoup de matières premières ; mais les frais occasionnés par la construction du foyer sont peu considérables, On ne peut suivre cette méthode que pour
la fabrication de petits objets de luxe. Une fonderie,
qui fait usage de fourneaux à manche peut se dispenser d'employer des creusets.

2°. Que la construction des fours à réverbère, assez
dispendieuse du reste, à cause de la hauteur des cheminées, exige des matériaux très-réfractaires ; et qu'on
ne peut d'ailleurs couler avec la fonte de ces foyers
des objets délicats, à moins d'employer de la gueuse
très-grise.

3°. Que les fourneaux à manche peuvent être activés seulement dans les lieux où l'on dispose d'une
force motrice suffisante pour mettre les soufflets en
mouvement, et que les frais d'établissement peuvent
devenir alors plus grands qu'ils ne le seraient pour les
fours à réverbère. Mais on peut refondre aussi dans
ces foyers toute espèce de fer cru, ce qui n'a pas
lieu pour les autres. En un mot, ces fourneaux de
fusion doivent toujours être préférés aux fours à réverbère, s'ils peuvent contenir assez de fer, ou si

les objets qu'on veut couler ne doivent pas avoir un poids trop considérable ni une dureté extraordinaire jointe à une grande résistance.

Les fourneaux à manche occupent les ouvriers d'une fonderie bien plus régulièrement, que ne le font les fours à réverbère, parce que ceux-là donnent de la fonte presqu'à chaque demi - heure, tandis que dans ceux-ci on obtient à la fois une grande masse de fonte liquide, qui doit être employée en peu de temps, ce qui exige un fort approvisionnement en modèles et en châssis.

La consommation de combustible est d'ailleurs plus faible dans les fourneaux à manche que dans les fours à réverbère, et le déchet de la fonte s'y trouve de 3 à 5 pour. cent moins fort. Cent kilog. de fer cru mis en fusion dans des fourneaux à manche, occasionnent une dépense de 0,231 mètres cubes de charbon de bois; liquéfiés dans des fours à réverbère, ils font naître une dépense de 0,5636 mètres cubes de bois. Si l'on admet que quinze parties de bois, prises au volume, en donnent sept de charbon, il s'ensuit que les 0,231 mètres cubes de charbon équivalent à 0,495 mètres cubes de bois : résultat qui, comparé à la quantité de bois brûlée dans les fours à réverbère, présente une économie d'un huitième.

777. Veut-on établir une semblable comparaison entre la houille et le coke? nous rappellerons que 100 kilog. de fer cru demandant pour être fondus dans des fourneaux à manche, 105^{litres},59 de coke (735), et qu'il faut 120^{litres},77 (771) de houille, pour liquéfier la même quantité de fonte dans des fours à réverbère. Si maintenant on voulait contester qu'une mesure de houille n'en donne pas une de coke, il

n'en serait pas moins vrai que, en supposant même les 105^{litres},59 de ce combustible égaux aux 120^{litres},77 de houille, le poids du coke est à celui de la houille dans le rapport de 3 à 5, et qu'une si forte diminution des frais de transport, est un objet essentiel à considérer, pour les usines qui sont à une certaine distance des houillères.

L'effet du coke est, dans les fourneaux à manche, à celui du charbon de bois comme 231 : 105,59; ou comme 100 : 45,7. Il s'ensuit que, dans tous les lieux où cent parties de charbon végétal prises au volume, sont moins chères que 45,7 de coke, on doit préférer le premier de ces deux combustibles.

Dans les fours à réverbère, on brûle 0$^{mèt. cub.}$,5636 de bois pour produire l'effet qu'on obtient avec 0$^{mèt. cub.}$,12077 de houille : il s'ensuit qu'on doit préférer le bois, si 100 stères de bois fendu et séché sont moins chers que 21 mètres cubes de houille *.

* Voyez aussi, pour comparer l'effet de la houille à celui du bois, une note insérée dans le troisième tome des Annales des mines, page 51. Mais quelle que soit la sagacité de celui qui fait ces sortes d'observations, quelle que soit la rigueur de son raisonnement, on ne peut se dissimuler qu'il existe une foule de circonstances qu'on ne peut mettre en ligne de compte et qui jettent de l'incertitude dans les résultats. Ces causes d'erreur ont été parfaitement bien exposées par M. Berthier, dans la note que nous venons de citer. On pourrait y ajouter encore que les comparaisons faites entre les deux espèces de combustibles dans des foyers dont la température est peu élevée, ne sont pas applicables aux fours à réverbère destinés à la refonte et à l'affinage du fer cru, parce que toute espèce de combustible doit brûler dans un temps donné pour produire le maximum d'effet, et que dans les foyers activés par un faible tirage, la houille s'éloigne beaucoup plus de ce maximum que le bois; il s'ensuit que dans cette comparaison, l'effet de ce

DE L'ART DE JETER EN MOULE.

778. Un maître de forges ne doit pas être étranger
à l'art de jeter en moule, puisqu'il y trouve souvent les plus grands bénéfices. On distingue l'art du
mouleur de celui du fondeur : l'un ne comprend que
les moyens de former les moules pour chaque cas
particulier ; l'autre examine les différens procédés,
adopte les plus avantageux, s'occupe des dispositions
qui doivent précéder et suivre le moulage, enseigne à
choisir la fonte, à la liquéfier par la méthode la plus
convenable, à lui donner la qualité voulue, à la conduire, à la verser dans les moules. Il s'ensuit que le
moulage n'est réellement qu'une branche de l'art du
fondeur.

779. Nous avons déjà fait observer qu'on remplit
les moules de deux manières différentes : on peut ou
conduire le métal au moyen de rigoles dans ces creux
artificiels, ou l'y porter dans des poches ou des chaudières. La dernière de ces méthodes convient seulement quand les objets n'ont pas un poids considérable ; dans le cas opposé, on fait un petit canal dans
le sable de l'usine, si toutefois on ne se sert pas de
conduits en fonte garnis d'une épaisse couche d'argile fortement desséchée dans des étuves. Les moules
qui reçoivent le métal par des rigoles, doivent être
placés bien au-dessous du niveau qui passe par le trou
de la sole, afin que la fonte puisse s'écouler avec

---

dernier se trouve estimé trop fort. Si, par exemple, on brûle dans
les salines, pour une partie de houille, deux de bois seulement,
il me semble que dans les foyers qui servent au traitement de la
fonte, il faudrait employer nécessairement une plus grande quantité
de bois pour remplacer une partie du combustible minéral.   Le T.

une grande rapidité. Il faut donc que le fourneau s'é-
lève au-dessus du terrain naturel, ou que les moules
soient enfoncés en terre.

780. Il existe des objets qui ont 6 à 7 mètres de
longueur, et qu'on doit couler dans une position verticale. Si la sole du fourneau devait s'élever de cette
quantité au-dessus du terrain naturel, il faudrait que
les fondations fussent extrêmement hautes, ce qui gênerait le travail. On préfère donc exhausser la sole
de 15 à 18 pouces seulement, et enfoncer les moules
dans la terre. Pour faciliter cette opération, on creuse
devant le fourneau, en construisant l'usine, une fosse
destinée à cet objet et remplie ensuite avec du sable.
Dans les fonderies où l'on fabrique souvent de grosses
pièces, on se dispense de remplir les vides laissés par
les pièces, après les avoir retirées de la fosse; cette
dernière est dans ce cas bordée par un mur et recou-
verte avec des plaques de fonte, qu'au besoin on peut
charger de terre. Les moules placés dans ce trou sont
entourés de sable damé. On peut avoir une ou plusieurs de ces fosses à sa disposition.

781. On doit verser la fonte de suite, sans discontinuer; il faut donc que les vases qui la contiennent
aient une capacité égale à celle des moules. Si le cas
l'exige, on fait usage de grandes chaudières qu'on
remplit, soit en y faisant couler la fonte, soit en la
puisant avec des poches, et qu'on approche ensuite
des moules à bras d'homme ou à l'aide d'une machine.

Tous ces vases sont confectionnés en fer battu et
revêtus intérieurement d'une couche d'argile desséchée. Les chaudières ont ordinairement un bec, afin
qu'il soit plus facile de verser la fonte.

Les moules doivent être placés assez bas pour ne pas

gêner les ouvriers dans la manœuvre de la chaudière ;
celle-ci ne doit pas contenir beaucoup plus de métal
qu'il n'en faut pour couler les objets dont il s'agit,
parce qu'on est obligé de répandre le reste sur le sable
de peur qu'il ne se fige dans le vase. On doit avoir une
certaine habitude pour estimer la quantité de fonte
qui est nécessaire pour chaque pièce ; cette habitude
s'acquiert très-vite pour les objets que l'on coule fréquemment. On détache le fer cru figé contre les parois des poches ou des chaudières, pour le refondre
ensuite après en avoir ôté la terre glaise.

782. Dans une grande fonderie, on a des machines
particulières pour mettre les moules vides en place
et pour soulever ceux qui sont remplis de fonte. Ces
machines sont des grues qui peuvent décrire un cercle
entier ; elles sont construites en fer ou en bois ; les
pivots tournent dans des boîtes où leur axe s'appuie
simplement sur une plaque de fonte. On s'arrange
de manière que plusieurs grues puissent agir sur un
seul point, ce qui est souvent indispensable lorsqu'on
veut descendre certains moules dans la fosse et soulever de grosses pièces dont le poids dépasse quelquefois cinq à six mille kilogrammes.

783. Les matières que, jusqu'à présent, on a jugé
les plus convenables pour la confection des moules,
sont le sable et l'argile, ou bien un mélange de ces
deux terres. En n'employant que du sable, on ne fait
point sécher le moule, soit parce qu'il se dégraderait,
soit aussi parce que la présence de l'eau ne produit
d'autre inconvénient que de faire blanchir la fonte
à l'extérieur ; cet inconvénient est pourtant assez grave
pour qu'on ne puisse employer le sable, si les objets
doivent être travaillés au foret ou avec d'autres outils.

Le peu de cohérence du sable, fait que les vapeurs aqueuses peuvent s'échapper au travers de cette substance avec une grande facilité. Il n'en est pas de même de l'argile ; les moules confectionnés avec cette terre doivent être non-seulement séchés, mais cuits aussi à une chaleur intense. La fonte versée dans du sable humide prend souvent des soufflures très-nuisibles à la solidité de la pièce. Quant aux suites que peut entraîner une trop faible dessication des moules d'argile, elles sont d'une autre nature, et paraissent ne pas être dues uniquement à la présence de l'eau : la fonte projetée dans ces moules, bouillonne et se répand à grands flots dans l'usine, ce qui semble annoncer un dégagement d'autres fluides élastiques. Toutes les terres argileuses contiennent, à l'état de combinaison avec la chaux ou le fer, une certaine quantité d'acide carbonique qu'on ne peut chasser que par une forte cuisson ; et qui finit par s'échapper en entier lorsque le moule rempli de fonte, est pénétré d'une chaleur intense.

Nous sommes loin cependant de prétendre que la difficulté qu'éprouvent les vapeurs aqueuses pour traverser une matière aussi compacte que l'argile, ne puisse pas occasionner de fortes explosions : on a souvent remarqué que des moules bien secs et enterrés trop long-temps dans le sable de la fosse, faisaient bouillonner la fonte. Il est donc probable que cet effet est produit par l'une et par l'autre cause, quoique jusqu'à présent on n'ait pas eu égard à la première, qui cependant explique mieux plusieurs phénomènes qu'on observe dans les fonderies.

784. Quelle que soit du reste la cause de ce bouillonnement, il est certain que pour l'éviter il faut bien

sécher et souvent torréfier les moules *. Cette opération qui se fait avec du bois ou du charbon, a lieu
en plein air, dans les fonderies allemandes ; mais il
en résulte une trop forte dépense en combustible. En
Angleterre, on a commencé à construire des étuves
closes, fermées par des portes en fer ; ces étuves sont
appelées, selon le degré de chaleur employé, *chambres
de dessication* ou de *torréfaction*. Les premières sont
échauffées soit avec du bois soit avec du coke léger, répandu autour des moules, soit aussi avec des conduits de
chaleur qui passent sous le sol de l'usine et aboutissent à un poêle. Dans les chambres de torréfaction, on
brûle de la houille sur des grilles, et l'on amène l'air
nécessaire à la combustion par des conduits ; quelquefois aussi les grilles touchent au mur d'enceinte
et communiquent alors immédiatement avec l'air extérieur.

Lorsque les moules sont placés dans l'étuve, on
allume la houille et l'on ferme l'entrée de la chambre ;
quelquefois la température s'élève au point de faire
rougir les portes.

785. Plus les étuves sont basses, moins on perd
de chaleur. On peut affirmer en général que les méthodes qu'on a suivies pour dessécher et cuire les
moules, ont été jusqu'à présent très-imparfaites et
très-dispendieuses : ce sont particulièrement les chambres de dessication qui occasionnent une trop grande
dépense en combustible. Il est du devoir des commis
attachés aux fonderies, de faire remplir les étuves
chaque fois le plus possible.

---

* On fait aujourd'hui des mélanges de terre et de sable qui n'ont
pas besoin d'être cuits ; il suffit, pour prévenir les accidens, de les
sécher à une température modérée.   Le T.

786. ·Pour faciliter le transport des moules, on établit sur le sol de l'étuve, des châssis en fonte sur lesquels roulent de petits chariots en fer et à quatre roues; on place les moules très-pesans à l'aide d'une grue sur les chariots, qu'on ne décharge pas et qu'on laisse dans l'étuve jusqu'à ce que la dessication soit achevée. Cette manière de procéder n'est applicable, du reste, qu'aux moules qu'on peut manier lorsqu'ils sont encore *verts*.

787. La dessication des gros objets massifs tels que les noyaux de cylindres ou de chaudières, est dispendieuse. Ces objets, dont le poids est ordinairement très-considérable et qui n'auraient pas assez de cohérence pour être transportés, sont cuits sur place à l'aide d'un feu de charbon ou de houille; il en résulte une forte dépense en combustible, mais elle est inévitable.

On ne peut nier que jusqu'à présent, on n'ait pas encore assez utilisé la chaleur qui se dégage des fours à réverbère et des fourneaux à manche; on ne peut nier non plus que dans les étuves, on ne brûle du combustible inutilement, et que la dessication n'y soit souvent très-imparfaite. On pourrait dessécher certains moules d'une manière plus sûre et plus économique; on devrait calciner dans le foyer d'un four à réverbère, ceux qui sont petits et transportables.

788. On a essayé aussi de cuire les moules sur des plaques en fonte, qui, surmontées d'une voûte, reçoivent la chaleur de plusieurs chauffes disposées au-dessous. On a cru économiser le combustible, attendu que les chambres de dessication sont trop vastes et laissent perdre trop de chaleur; mais on a été souvent obligé d'abandonner toutes ces méthodes et d'opérer

en plein air, parce qu'on n'obtenait que des résultats
défectueux. Ce qui me paraîtrait le plus avantageux,
quant aux aires fermées, ce serait de pratiquer dans
les plaques de fonte des ouvertures au-dessus desquelles on disposerait les objets, de manière que la
flamme pourrait les chauffer jusqu'au rouge en peu
de temps ; on perdrait alors le moins de chaleur possible. Ce procédé n'offrirait d'ailleurs aucun inconvénient pour les moules confectionnés et desséchés dans
des caisses.

789. Tous les moules qui ne sont ni pratiqués dans
le sol de l'usine, ni contenus dans des caisses, des
châssis en bois ou en fonte, doivent être enterrés,
afin qu'ils puissent résister à l'effort de la fonte liquide qui tend à les briser. Placés dans la fosse, ces
moules sont entourés de sable qu'on dame avec beaucoup de soin pour ne pas les endommager ; enveloppés et couverts entièrement, ils ne laissent plus
apercevoir que les ouvertures destinées à recevoir la
fonte et à présenter des issues à la vapeur : le sable
damé les met alors hors du danger d'être rompus ;
mais la fonte pourrait néanmoins les soulever en entier ou en partie ; ce qu'on prévient en les chargeant
de poids, précaution qu'il ne faut jamais omettre.

790. Les dimensions de la fosse, lorsqu'il n'y en a
qu'une seule, sont nécessairement calculées sur le
volume des plus grosses pièces. Si l'on coulait de plus
petits objets, il resterait donc un espace considérable
qu'il faudrait remplir avec du sable. Pour éviter l'embarras et les frais de ce travail, on divise la fosse
en plusieurs compartimens, à l'aide de plaques en
fonte assujetties entre elles, de la même manière que
les plaques qui forment le revêtement des fourneaux
à manche.

· 791· **En** versant le métal, il est essentiel que l'on ne discontinue pas avant que le moule soit entièrement rempli, parce qu'il en résulterait des solutions de continuité, si la fonte était un peu froide. Au reste on est maître de régler le jet, par l'inclinaison donnée aux poches ou aux chaudières. Les impuretés qui surnagent doivent être soigneusement écartées avec un morceau de bois, afin qu'elles ne s'introduisent pas dans le moule.

Si la fonte s'écoule du fourneau, on la reçoit d'abord dans un bassin pratiqué dans le sable où l'on peut rassembler celle qui provient d'un ou de plusieurs foyers. Un des côtés du bassin est formé par une plaque percée d'un trou, qu'on peut ouvrir ou fermer à l'aide d'une pelle de fer garnie d'une couche d'argile. Il est facile alors de modérer la vîtesse du métal qui se rend dans les rigoles; on en sépare, dans le bassin, toutes les matières étrangères qui surnagent.

Il n'est pas indifférent que la fonte arrive avec plus ou moins de vîtesse : coulant avec lenteur, elle se fige avant qu'elle n'ait rempli le moule entièrement; versée à grands flots, elle le dégrade en occasionnant d'abord une trop forte pression.

792. Les moules des gros objets reçoivent la fonte par plusieurs ouvertures appelées *jets*; puisqu'on ne pourrait pas les remplir avec assez de rapidité par un seul conduit. Les endroits où l'on adapte les jets ne sont pas choisis indifféremment. Il est clair qu'ils dépendent avant tout de la position dans laquelle on veut couler l'objet. Un jet mal placé pourrait occasionner la dégradation d'une partie du moule, qui serait enlevée par la fonte. Cet accident arrive assez fréquemment; on le prévient en rompant le fil du

courant par des ringards, afin de le diviser et d'en ralentir la vîtesse.

Pour que le moule ne puisse être dégradé par la fonte, on le met souvent en communication avec le jet par un canal horizontal; c'est ce qu'on appelle un *jet à talon*. La fonte ne peut alors remplir le moule qu'à mesure qu'elle s'élève dans la branche verticale du jet. Il peut arriver dans ce cas que le métal n'acquière pas une densité convenable dans la partie supérieure de la pièce; on ne peut donc employer ce moyen pour toutes sortes d'objets, pour des vases, par exemple, qu'on veut exposer au feu et qui, d'après la nature de leur forme, doivent être coulés dans une position telle que leur fond tourné vers le haut, soit rempli le dernier.

793. Quel que soit du reste l'emplacement du jet, il faut que la hauteur en soit assez grande pour dépasser le point le plus élevé du moule, afin qu'il ne reste aucun vide et que la fonte comprimée par son propre poids puisse acquérir une assez grande densité. En se figeant, elle se retire, et la blanche éprouve alors plus de retrait que la grise *. Pour qu'il ne se forme

---

* Ceci paraît contraire au paragraphe 114. Il est certain que la fonte solide chauffée au rouge surnage dans un vase contenant de la fonte liquide; celle-ci est donc plus pesante et plus dense. Mais il n'en est pas moins vrai que le métal paraît se retirer au moment où il se fige, que la matière s'affaisse dans le jet, qu'on est toujours obligé d'en verser de nouveau pour le remplir à plusieurs reprises, et pour ne pas manquer la pièce. Ces deux faits, dont la vérité ne peut être révoquée en doute, semblent donc impliquer contradiction; cependant on peut les concilier, en songeant que la fonte liquide est mêlée de gaz, et qu'au moment où elle est versée dans le moule, elle entraîne dans sa chute, comme tous les autres liquides qui se meuvent dans l'air libre, une certaine quantité de ce fluide élastique; ces gaz se dégagent au moment où la matière se fige: la né-

pas de vides, il faut donc que le jet puisse fournir
assez de matière, qu'il ait de grandes dimensions et
que le métal ne se fige pas trop promptement; ce qui
arrive avec la fonte blanche. C'est pour cette raison
que les jets sont évasés dans leur partie supérieure, afin
que la fonte s'y maintienne plus long-temps à l'état
liquide. Les objets qui doivent être très-compactes,
tels que les canons, ont un jet extrêmement gros, appelé *masselotte ;* sa fonction est d'exercer une forte
pression sur la matière liquide.

La partie inférieure du jet qui communique avec
le moule doit avoir une grande largeur pour offrir à la
fonte un passage facile, mais elle doit être assez mince
pour se laisser détacher facilement sans endommager
la pièce. Ce n'est que le jet ou la masselotte des
bouches à feu que l'on coupe sur le tour *.

794. La position qu'on donne aux moules pour les
remplir de fonte n'est pas indifférente : c'est d'elle que
dépend souvent la densité du métal. Si plusieurs moules ont un jet commun, auquel les petits jets particuliers viennent aboutir, on leur donne une certaine
inclinaison, pour augmenter la hauteur de la colonne
liquide et la pression qui en résulte. On doit en agir
de même pour tous les objets qui sont plats : il en est
qu'on est obligé de couler dans une position verticale pour être assuré de leur compacité.

795. Un point essentiel enfin, c'est de se débar-

---

cessité de leur ménager de nombreuses issues le prouve évidemment.
Il doit donc se former des vides qu'on est obligé de remplir successivement, ce qu'on appelle *abreuver le moule.*   **Le T.**

* On coupe les jets des flasques avec le ciseau; et l'on fait bien
d'enlever de la même manière ceux des bombes et des obus.

                                              Le T.

rasser des gaz combustibles qui peuvent occasionner des explosions dangereuses. Si le moule est en sable, ces fluides possèdent peu de ressort, parce qu'ils sont faiblement comprimés ; il n'en est pas de même des moules en terre glaise ; ils produisent souvent de terribles accidens. Il faut donc, lorsqu'ils doivent former des pièces creuses, les pourvoir d'évents pour offrir un passage aux gaz inflammables qui s'échappent du noyau *. Ces issues, à moins de communiquer seulement avec le noyau, finissent aussi par se remplir de fonte liquide ; cependant, pour que cela n'arrive que le plus tard possible, on doit les mettre en communication avec le point le plus élevé du moule.

En versant la fonte, on allume avec du bois ou de la paille les gaz qui s'échappent par les évents : ces gaz détonnent d'abord et brûlent ensuite tranquillement jusqu'à la fin de l'opération.

796. La marche qu'on suit pour confectionner les moules, dépend de la forme des objets. Les matières employées sont le fer cru même, le sable, l'argile ou un mélange de ces deux terres. L'art du mouleur consiste donc à préparer ces matières et à leur faire prendre l'empreinte parfaite des pièces qu'on veut mettre en fabrication.

797. On donne au mouleur le modèle qu'il doit imprimer dans la terre, ou bien il est obligé de le former lui-même en argile. Ces modèles sont ordinairement en métal, en pierre, en cire ou en bois, et doivent être travaillés de manière (les modèles en cire ex-

---

* On est obligé de donner aussi des évents aux moules des flasques et à ceux des autres objets massifs dont le poids est considérable.   Le T.

ceptés) qu'ils aient un certain retrait appelé *dé-pouille*, afin qu'on puisse les faire sortir de la terre ou du sable sans arracher une partie du moule. ( )

Les modèles en bois ne peuvent avoir ni précision ni solidité; on ne s'en sert que pour des objets dont les contours n'ont pas besoin d'une grande netteté. Les marchandises courantes sont toujours moulées avec des modèles métalliques. Il s'ensuit que dans une grande fonderie, on doit avoir des ouvriers qui sachent tourner les métaux avec précision, et même des sculpteurs pour faire des modèles en cire, en plâtre et en étain.

798. Tout l'art du mouleur se réduit presqu'à diviser le modèle convenablement. Si cette division est mal faite, le travail devient difficile et l'objet est souvent déparé par des coutures qu'il eût été possible d'éviter. On ne peut mouler en une seule fois qu'une partie de modèle qui puisse être retirée du sable sans occasionner aucune détérioration. Il s'ensuit que le moule sera formé d'autant de pièces que le modèle lui-même *.

799. Les moules qui sont confectionnés à l'aide d'un modèle, doivent être contenus dans un châssis, à moins que ce modèle ne soit tellement simple qu'on puisse l'imprimer dans le sable du sol de l'usine. Les châssis se composent de différentes pièces analogues aux diverses parties du modèle. Il existe donc des moules contenus dans deux, trois, quatre ou un plus grand nombre de caisses jointes entre elles d'une manière dépendante de l'ordre qu'on est obligé de sui-

---

* Le moule se compose souvent de plus de parties que le modèle; celui d'une poulie, par exemple, est divisé en deux par un plan passant au milieu de la gorge, et le moule se compose de trois parties : de la gorge et des deux plans.   Le T.

vre pour *démouler* chaque partie du modèle ; ces caisses peuvent donc être superposées ou placées l'une à côté dè l'autre.

800. Les châssis sont ou de bois ou de fer coulé. Ceux qui sont confectionnés en bois ne peuvent servir que pour les moules de sable, qu'on n'a pas besoin de faire sécher ou cuire. Ces châssis, moins chers que les autres, s'usent plus vite, sont bientôt disloqués et ne comportent pas une grande précision.

Les châssis doivent avoir des dimensions calculées d'après celles de la pièce qu'on veut couler ; lorsqu'ils sont trop grands, le travail devient plus long et la dessication plus imparfaite. Trop petits, ils ne contiennent pas assez de sable ; le métal est sujet alors à se figer trop vite. La meilleure épaisseur que puisse avoir le sable ou la terre, est de 4 centimètres.

La hauteur de la caisse du milieu est rigoureusement déterminée par l'épaisseur de la pièce intermédiaire du modèle.

801. De très-gros objets dont les châssis ne seraient point maniables, ou bien toutes les pièces qu'on ne fabrique pas habituellement sont moulées en argile et sans modèle. Ce genre de moulage, le plus long et le plus dispendieux, doit être employé le moins souvent qu'il est possible.

802. Les objets d'art, tels que les bustes ou les statues dont on ne pourrait diviser le modèle, au point d'en imprimer les parties dans la terre et dont le moulage en argile demanderait plus de talent qu'on ne peut en supposer aux ouvriers des fonderies, sont coulés en plâtre sur des modèles de bois, de pierre ou de métal ; et avec ce plâtre on fait une empreinte en cire. Cette empreinte placée en entier ou par pièces

séparées sur un noyau, de manière que l'ensemble
représente parfaitement la forme du corps qu'on veut
obtenir, est enduite de plusieurs couches d'argile fine
qu'on charge de terre plus grossière, jusqu'à ce que
le moule soit entièrement achevé. Cela fait, on chauffe;
la cire fond et laisse en s'écoulant, un espace vide
que la fonte liquide doit remplir.

Ce travail, qui demande des ouvriers très-habiles,
ne peut s'exécuter dans toutes les fonderies et ne
forme jamais l'objet d'une spéculation permanente,
à cause de la cherté des produits et de l'incertitude
du débit.

803. Les moules des marchandises creuses sont quelquefois très-compliqués. Il est évident que tous les
creux de la pièce doivent être pleins dans le moule;
ces pleins s'appellent *noyaux*. Si les creux ont des
dimensions déterminées, on doit confectionner les
noyaux dans des boîtes et les cuire avec autant de
soin que les moules, souvent même à un degré de
chaleur plus élevé.

L'ouvrier a souvent besoin de beaucoup d'adresse,
pour fixer les noyaux dans le moule; lorsqu'ils sont
petits, on les attache avec des clous; ceux qui sont
grands exigent un appui solide et doivent être maintenus assez fortement pour que la fonte ne puisse les
déplacer.

804. Les noyaux de gros cylindres ou de grandes
chaudières, construits en maçonnerie, reposent sur
une plaque de fonte avec laquelle ils sont transportés
et descendus dans la fosse. Ceux qui servent à former
les creux intérieurs d'objets plus petits, sont faits en
terre glaise appliquée sur des carcasses de bois qu'on
enveloppe avec des tresses de paille. Après qu'on a

retiré ces tresses, il ne reste qu'un noyau d'une forme creuse. Ceux des tuyaux d'une certaine longueur sont modelés d'une manière analogue, à l'aide d'un arbre ou broche en fer enveloppée aussi avec des tresses de paille.

805. Comme la fonte se retire après s'être figée, on doit y avoir égard en confectionnant les moules; la quantité de ce retrait ne peut être connue que par des observations *. Si les moules sont faits avec des modèles, les dimensions de ces derniers doivent être augmentées proportionnellement au retrait; cette précaution est sur-tout très-essentielle dans la fabrication des projectiles.

Les diverses espèces de fer cru ne prennent pas un égal retrait; la fonte qui est très-chaude donne ordinairement des objets plus petits que si elle était un peu refroidie. On doit donc connaître le retrait de la fonte employée et l'on doit la verser dans les moules à des degrés de chaleur à peu près égaux.

806. On peut diviser les différens genres de moulages soit d'après la nature des terres, soit d'après la forme des moules.

La qualité que le fer coulé doit avoir, détermine souvent l'espèce de terre qui peut servir au mouleur. Si le fer doit être doux, afin qu'on puisse le travailler avec des outils tranchans, on ne peut le couler dans le sable vert, quoique ce genre de moulage soit évidemment le moins dispendieux; il faut donc faire usage de sable gras et recuire les moules. Si les noyaux ont des formes très-compliquées, de manière qu'on ne

---

* Ce retrait est compensé souvent en entier par la dilatation que la fonte éprouve en se figeant. Le T.

puisse les assujettir dans le sable maigre, on est encore
forcé d'employer le sable gras. Enfin on ne doit mouler
en terre glaise que les pièces très-grosses et celles dont
la fabrication se présente rarement.

Mais c'est d'après la forme de l'objet qu'on dé-
cide si l'on peut couler à découvert, ou s'il faut employer un certain nombre de châssis. Le moulage en
châssis diffère donc essentiellement du moulage à découvert et du moulage en terre glaise; cette division
ne peut cependant suffire, parce qu'on fait usage de
châssis pour le sable maigre et pour le sable gras.

807. Il semble donc, d'après ce qui précède, que
le moulage doit être divisé de la manière suivante :

1°. MOULAGE en sable maigre ou sablerie;
        moulage pratiqué dans le sol de l'usine,
        moules découverts,
        moules à noyaux,
        moules couverts,
        moulage en châssis,
        moules à deux châssis,
        moules à 3, 4, 5, etc., châssis,
2°. MOULAGE en sable gras;
3°. MOULAGE en argile;
4°. MOULAGE des objets d'art.

808. Il existe encore des moules qui n'ont pas été
compris dans cette énumération, ce sont les coquilles;
ils se distinguent de tous les autres, en ce qu'ils peuvent servir un grand nombre de fois; mais, malgré
cet avantage, malgré l'économie et la facilité du travail qui en résulte, les coquilles ne sont guères usitées,
attendu qu'il est difficile d'en faire joindre les deux
parties avec une certaine précision, que les coutures

deviennent très-grosses, que les deux hémisphères ne se correspondent pas très-exactement, et enfin que la fonte refroidie promptement par les parois de ces moules métalliques, blanchit à l'extérieur. Le coulage en coquilles, employé anciennement plus qu'il ne l'est aujourd'hui, est devenu très-rare, à cause de l'imperfection de ses produits et des progrès du moulage *, en terre ou en sable.

---

* Le défaut principal des boulets coulés en coquilles, c'est d'avoir une surface gravée. L'hémisphère supérieur est toujours raboteux après le rebattage, quelque bonne que puisse être la qualité de la fonte; cet effet provient probablement et du refroidissement instantané et de l'oxide qui surnage dans la poche ou qui se forme dans l'air lorsque le métal tombe dans le moule.

Le refroidissement subit fait blanchir la fonte à l'extérieur; les boulets se couvrent alors dans les fours de rebatterie d'une couche d'oxide plus épaisse que s'ils n'avaient pas éprouvé ce changement, puisque la fonte blanche chauffée au rouge est plus oxidable que la grise (119). Cet oxide se grave dans le métal et laisse en tombant sous le marteau, des marques que le rebattage ne fait pas disparaître, parce que la fonte est devenue blanche rayonnante sur une épaisseur de plusieurs lignes.

L'oxide et d'autres impuretés, qui, dans les moules en sable, sont absorbés par cette matière avec une grande avidité, surnagent d'abord dans les coquilles, et finissent par s'incruster dans le métal qui forme l'hémisphère supérieur du projectile. Le rebattage les fait tomber en partie; mais il ne peut combler les creux qui en résultent, vu le peu de malléabilité de la fonte blanche.

Quant à la difficulté de faire joindre les coquilles avec le degré de précision voulue pour faire confondre les centres des deux hémisphères, je ne pense pas qu'elles puissent mériter le reproche que leur adresse M. Karsten, parce qu'il est au moins aussi facile d'assembler exactement deux coquilles que deux châssis, fussent-ils même en fonte.

On a vanté comme un avantage des mobiles coulés en coquilles, d'être plus pesans que les autres; mais cet avantage, en tant qu'il est dû au refroidissement subit qui fait blanchir la fonte, doit être regardé comme un résultat immédiat du plus grand inconvénient

On a essayé aussi de couler des cylindres dans des moules en fonte, afin de les rendre plus durs et de s'épargner la peine de les tourner; mais on ne parvient à l'un et à l'autre but que d'une manière imparfaite : la surface des cylindres devient très-rude à cause du refroidissement subit, et le métal n'acquiert pas une très-grande dureté. Le moule noirci en dedans n'adhère pas à la pièce qu'on peut enlever ensuite; parce-qu'elle se retire assez fortement après s'être figée*.

que présente le coulage en coquilles. Pour éclaircir ce point intéressant, nous avons fait avec M. le capitaine Thouvenin, dans les forges d'Hayange, quelques expériences sur la pesanteur spécifique des projectiles. Nous avons soumis à nos observations douze boulets qui étaient tous de fonte grise : la pesanteur spécifique des six qui sortaient des coquilles était, terme moyen, 71,70; celle des boulets coulés en sable, 70,74, celle de plusieurs morceaux de fonte blanche, 74,50. La différence des pesanteurs spécifiques de ces boulets est donc un peu plus forte que le quart de celle qui existe entre la pesanteur de la fonte blanche et celle de la fonte grise : pour raisonner à *fortiori*, supposons qu'elle en soit le tiers. Si, d'après cela, un boulet de 8 en fonte grise était terminé par une enveloppe en fonte blanche, égale à peu près au tiers de son volume, au lieu de peser 70,74, il peserait 71,70. Et en faisant le calcul on voit que l'épaisseur de cette enveloppe n'est pas seulement de 3 lignes pour le 8; or, la plupart des boulets coulés en coquilles ont une enveloppe de fonte blanche d'une épaisseur de 3 lignes, et plus forte encore. Il paraît donc assez probable que la différence de pesanteur entre les projectiles coulés en coquilles et ceux qui le sont en sable, provient en grande partie du blanchiment de la fonte.

Pour prendre les pesanteurs spécifiques, nous avons fait usage d'eau de puits, mais les valeurs relatives des nombres précités n'en sont pas moins exactes.   Le T.

* Le moule rougit, mais il n'acquiert pas un degré de chaleur aussi élevé que la pièce elle-même; c'est pour cette raison qu'il subit un retrait plus faible et qu'on peut le détacher facilement.
                                                    Le T.

DE LA SABLERIE.

809. Les moules en sable maigre sont les moins dispendieux à confectionner ; il faut donc en faire usage chaque fois que la forme des pièces et la qualité que la fonte doit avoir après le refroidissement peuvent le permettre. Ils se divisent en moules avec ou sans châssis : classification qui n'est déterminée que par la forme de l'objet que l'on veut couler, mais qui établit cependant une grande différence dans la nature du sable qu'il faut employer.

Du moulage pratiqué dans le sol de l'usine.

810. La partie du sol de l'usine destinée à la moulerie est couverte d'un sable qui, mêlé de poussière de charbon, doit être assez fin pour recevoir des empreintes délicates, et avoir assez de corps étant humecté, pour conserver une forme reçue et la communiquer à la fonte. La poussière de charbon en constitue un élément essentiel, parce qu'elle en augmente la porosité, qu'elle facilite le dégagement des gaz, et qu'elle empêche la terre de se vitrifier et de s'attacher aux objets coulés ; mais elle détruit la cohérence du sable. Il est assez difficile de lui donner le degré d'humidité le plus avantageux ; chargé d'eau, il fait bouillonner la fonte ; trop sec, il s'éboule. On doit le sécher, le remuer, avant d'y imprimer les modèles, pour le rendre moins dense, et plus pénétrable aux vapeurs. Le fer est d'autant plus susceptible de bouillonner et se trouve criblé d'autant plus de soufflures, que le fond du moule est plus compacte.

II

30

811. Après avoir travaillé le sable avec une bêche, le mouleur saisit une règle qu'il promène dans tous les sens, en appuyant très-légèrement, jusqu'à ce que le plan formé par cette règle, soit parfaitement horizontal : il s'en assure au moyen d'un niveau de maçon. Unie de la sorte, cette surface est couverte d'une couche de 13 millimètres d'épaisseur (1/2 pouce, p. du Rhin) d'un sable frais, passé à travers un tamis d'autant plus fin que l'objet qu'on veut obtenir, doit être plus lisse.

Il ne faut pas que le sable soit gros pour des plaques qui doivent porter des inscriptions ou des ornemens. La netteté des contours et de la surface des objets en dépend essentiellement. Il importe pour les fonderies de s'en procurer de très-fin et doué néanmoins d'un peu de liaison, mêlé par conséquent d'une petite dose d'argile, qui ne doit point contenir de fer, afin que le mélange ne puisse pas se vitrifier ni se coller à la surface du fer cru. En général, toute la masse du sable qui couvre le sol de l'usine et qui doit servir au moulage, devrait être calcinée et tamisée préalablement.

812. Le modèle placé sur le lit de sable qui a été préparé ainsi que nous venons de le dire, y est enfoncé à petits coups de marteau, jusqu'à ce que la partie inférieure y soit parfaitement imprimée. Pour lui donner une position horizontale, on fait usage du niveau de maçon et l'on frappe sur les parties qui sont trop élevées ; on approche ensuite et l'on serre le sable contre les côtés du modèle, de manière que ce dernier s'y trouve enterré jusqu'au bord supérieur, et qu'étant retiré, il laisse un vide qui lui soit parfaitement égal. Avant de l'enlever, on pratique dans le

sable et sous le moule plusieurs ouvertures, à l'aide d'une broche en fer; ces petits canaux offrent des issues aux gaz et aux vapeurs aqueuses. On creuse ensuite les rigoles qui servent à conduire la fonte. Ces rigoles qui ont peu de longueur et qui aboutissent d'un côté au bord supérieur du modèle, sont terminées de l'autre par une petite fosse peu profonde, où le métal liquide se répand avant d'entrer dans le moule.

813. Cela fait, on se dispose à retirer le modèle qui porte une anse lorsqu'il a de grandes dimensions ; dans le cas contraire, on se borne à y enfoncer quelques clous, s'il est en bois, afin d'avoir prise. Pour ne pas dégrader le moule, on commence par en humecter les bords avec un pinceau trempé dans l'eau; le sable s'imbibe du liquide, acquiert plus de consistance et se retire du modèle, qui, en recevant quelques légers coups de marteau ou de battoir, donnés dans toutes les directions contre l'anse, finit par se détacher, de manière qu'on peut le faire sortir par un mouvement tremblottant. Le moule est nettoyé ensuite avec le *paroir*, de sorte que la surface en soit parfaitement lisse; s'il a souffert, on y place le modèle une deuxième fois.

814. Après avoir réparé le moule, on le saupoudre avec de la poussière de charbon, pour empêcher le contact immédiat de la fonte avec le sable humide, qui la refroidirait trop promptement et la durcirait à l'extérieur. Si la surface du moule est plane, on serre la poussière de charbon contre le sable avec le paroir; dans le cas opposé, on est obligé d'y replacer encore le modèle.

Après avoir terminé ces diverses opérations, on

procède à la coulée. Dès que le moule est rempli, on intercepte le passage de la fonte, soit avec une pelle en fer garnie d'une couche d'argile, soit (si l'on porte la fonte dans des poches) avec un morceau de bois qu'on enfonce sous les rigoles dans le sable, qui en s'élevant alors forme une légère digue. Si, malgré les soins qu'on doit prendre pour écarter les impuretés, il en surnage dans le moûle, on les retire avec un rable de bois ; on fait même usage de cet outil pour répandre la fonte uniformément, si la plaque a une étendue considérable : précaution indispensable lorsque la matière manque de liquidité.

Quand le fer cru commence à se figer, on le couvre entièrement de poussière de charbon, ou bien de sable fin et maigre, pour ralentir le refroidissement, pour empêcher les plaques de se *courber*, pour rendre leur surface plus lisse, pour prévenir, ou même pour écraser les soufflures, qui sont un effet de l'oxidation, enfin, pour tempérer la chaleur dans l'usine. On détache ensuite les jets et l'on charge de poids les pièces qui sont minces et dont la surface est très-étendue. Si, malgré ces précautions, les plaques se sont déjetées ou voilées, d'après l'expression des ouvriers, on les redresse à coups de marteau après qu'elles sont refroidies, opération qui ne peut s'exécuter que dans le cas où la fonte est très-grise et très-tenace.

Le sable qui a servi au moulage a été calciné par la chaleur ; il faut donc l'humecter avant d'en faire usage une seconde fois.

815. Un mouleur habile peut souvent employer des modèles très-simples, et il peut même quelquefois s'en passer entièrement. Pour mouler des plaques dont la surface est unie, il lui suffit d'une règle dont la

longueur et la largeur soient égales à la longueur et à
l'épaisseur de ces objets. Pour faire le moule d'une
roue, il n'a besoin que de la partie circulaire et d'un
seul des bras qui lui sert à mouler tous les autres.

816. Des objets dont les deux surfaces doivent être
lisses (le plan supérieur des pièces coulées à découvert
est toujours raboteux), et dont l'étendue est si considérable que l'emploi des châssis deviendrait embarrassant, se moulent aussi dans le sol de l'usine; mais
on couvre le moule avec une ou plusieurs plaques de
fonte, dont la partie inférieure pourvue de pointes est
revêtue d'une couche d'argile très-unie, desséchée
tant à l'air que dans les étuves, et noircie ensuite avec
un mélange de poussière de charbon et de farine qu'on
a fait bouillir après l'avoir délayée dans l'eau. Des-
séchées de nouveau, les plaques de *recouvrement* sont
disposées sur le moule, de manière que le plan garni
de terre soit tourné vers le bas : il faut que, dans ce
cas, le jet soit assez élevé pour que la fonte liquide se
trouve pressée contre ces plaques qui doivent unir la
surface de l'objet.

Si l'on emploie plusieurs plaques, elles doivent
joindre parfaitement, sans laisser entre elles aucun in-
tervalle.

817. Les moules des objets qui ne sont pas massifs,
ont des noyaux en terre ou en sable qui correspondent
aux creux qu'on veut produire. Les noyaux en sable
peuvent se confectionner avec le modèle percé d'une
ou de plusieurs ouvertures, qui étant remplies forment
des reliefs. Les noyaux en terre confectionnés à part
doivent être parfaitement séchés, placés dans les
moules aux endroits prescrits et chargés de poids,
afin qu'ils ne soient pas enlevés par la matière liquide.

Si une plaque doit être pourvue d'un rebord, on enfonce dans le moule, et jusqu'à une profondeur déterminée, une barre de fer noircie. On reconnaît toujours l'adresse d'un ouvrier à l'emploi des moyens les plus simples.

On moule aussi des roues dentées sans châssis : mais les noyaux qui doivent former les séparations entre les dents, ne sont point en sable maigre, parce qu'ils n'auraient pas assez de consistance; on les fait en sable gras dans des boîtes particulières, et après avoir été cuits dans les étuves, ils sont mis en place l'un après l'autre.

818. On veut quelquefois donner une grande dureté à l'une des faces de la pièce; on place alors dans le moulé un gros morceau de fer noirci avec la poussière de charbon : c'est de cette manière qu'on durcit les enclumes, les marteaux et les bocards.

819. On fait aussi usage de moules couverts pour des pièces décorées. Les ornemens sont pratiqués alors en sens inverse dans les plaques de recouvrement, ou bien, ils sont imprimés dans le sable d'un châssis qu'on renverse et qu'on place sur le moule; mais il est indispensable que ce châssis ou les plaques, ne laissent aucune issue à la fonte, dont le jet doit être plus haut que les parties du moule les plus élevées. On peut couler les balanciers par ce procédé; la partie inférieure du modèle est imprimée dans le sable du sol de l'usine et l'autre dans le châssis ou dans les plaques de recouvrement.

Du moulage en sable maigre et avec châssis.

820. Le moulage pratiqué dans le sol de l'usine ne

devrait servir à la rigueur que pour des pièces dont la surface est unie et dont les modèles peuvent être retirés en entier du sable. Au moyen des plaques ou des châssis de recouvrement, on pourrait mouler des objets ornés dont il faut décomposer les modèles. Ce genre de travail fait donc une transition au moulage en châssis, ou pour mieux dire, les moules couverts sont de véritables moules en châssis, dont la partie inférieure est immobile; mais comme les plaques de recouvrement sont pénibles à préparer, on ne les emploie que dans le cas où l'on n'a point de châssis de grandes dimensions.

Les moules en châssis les plus simples sont ceux qui se décomposent en deux parties, ou ceux qui sont contenus en entier dans une des caisses, tandis que l'autre fait seulement fonction de couvercle. Il est clair que ces châssis doivent s'ajuster parfaitement, afin que les deux parties jointes ensemble, ne forment qu'un tout égal au modèle. Ce dernier doit être divisé de manière qu'on puisse démouler chaque partie, sans dégrader l'empreinte obtenue.

821. Comme les moules sont fermés de tous côtés, il est inutile qu'ils reçoivent une position horizontale: on leur donne même une inclinaison, si les pièces sont très-longues; afin que la fonte soit soumise à une plus forte pression, qu'elle remplisse mieux toutes les cavités et qu'elle devienne plus compacte *.

* Il existe pourtant des moules qui devraient toujours être placés horizontalement, ceux des obus, par exemple. L'arbre du noyau ne se trouve pas si solidement fixé dans la *barette* qu'il ne puisse éprouver quelque variation par une inclinaison donnée au châssis; et c'est à ces variations occasionnées par l'entêtement et la négligence des mouleurs, qu'il faut attribuer en partie les grandes excentricités qu'on découvre souvent en recevant ces projectiles. Le T.

:. Les châssis ont des dimensions dépendantes de celles de l'objet qu'on veut couler; on peut les confectionner en fer ou en bois, parce qu'ils ne sont point exposés à la chaleur. Pour y retenir le sable, on munit les châssis, s'ils sont petits, d'un rebord adapté au côté ouvert; ceux qui ont plus d'étendue et qui sont de fonte, portent en outre des pointes à leurs parois intérieures. Les châssis de bois ont des rainures et sont pourvus de traverses ou liteaux. Il est facile, du reste, de faire tenir le sable dans ceux qui sont étroits, quelle que soit leur longueur. Lorsqu'ils sont très-longs et très-larges, comme ceux qui servent au moulage des grilles, la pièce inférieure est toujours immobile, et l'autre se trouve traversée intérieurement par des liteaux en fer, qui, placés de champ, descendent presqu'aux trois quarts de la hauteur de la caisse et sont espacés entr'eux de quinze centim. tout au plus. Le mouleur doit damer alors le sable avec beaucoup de soin et le pousser même avec les doigts sous les traverses.

822. Les châssis sont ajustés l'un à l'autre par des liteaux glissant dans une coulisse, ou bien à l'aide de plusieurs gougeons qui entrent dans des trous pratiqués dans l'autre caisse. Le châssis du milieu se divise quelquefois en deux parties qui peuvent être enlevées par le côté, en tiroir, et qui sont jointes l'une à l'autre, ainsi qu'aux deux caisses extrêmes, avec des crochets ou des gougeons. Les châssis de grandes dimensions sont assemblés avec des boulons et des clavettes.

La hauteur et le nombre des caisses dépendent entièrement de la division du modèle.

823. Le sable employé au moulage en châssis doit

être plus collant que ne l'est celui qui sert aux moules pratiqués dans le sol de l'usine : il faut donc qu'il contienne un peu plus de parties argileuses. On n'y ajoute point de poussière de charbon, parce que cette substance en détruit la liaison et que d'ailleurs les vapeurs peuvent s'échapper facilement des moules qui sont petits ; ceux qui ont de grandes dimensions reçoivent des évents qui offrent aux gaz un passage. On calcine le sable avant de l'employer. Il ne doit être ni trop gros ni trop fin ; en le frottant entre les doigts, on doit encore sentir les grains. Après l'avoir calciné, on le tamise, on le répand sur une grande surface, on l'humecte et l'on y ajoute du sable plus gras, calciné également et passé par un tamis très-fin ; on travaille le mélange et l'on y verse encore de l'eau, quoiqu'en très-petite quantité. Ce mélange doit être alors assez gras pour que, sans contenir beaucoup d'eau, il puisse conserver la forme qu'il reçoit étant comprimé dans la main. On le porte ensuite sur le banc des mouleurs, établi le long des murs de l'atelier ; c'est sur ce banc, qui doit être suffisamment éclairé, que s'exécute le moulage de tous les objets dont les châssis sont maniables.

824. On remplit les châssis successivement ; l'ordre suivi dépend de la forme du modèle. Lorsque ce dernier a de grandes dimensions et qu'il n'est pas divisé, on le place dans un châssis immobile. Le mouleur commence alors par remuer le sable qui est dans ce châssis pour le rendre moins compacte ; il le serre ensuite entre les parois de la caisse et ceux du modèle, au moyen des battes en fer ou en bois. Si le modèle laisse subsister des reliefs qui forment des noyaux, l'ouvrier doit les consolider avec des clous et battre le

sable si fortement qu'il puisse à peine recevoir l'impression du doigt. Quand ce travail est terminé, la surface supérieure du modèle se trouve dans le plan des bords du châssis. Après avoir enlevé avec une règle l'excédant du sable, le mouleur saupoudre tout le plan avec de la poussière, qu'il chasse ensuite du modèle seulement en y soufflant; il place le châssis supérieur en se servant pour cet effet d'une grue, si le cas l'exige; dame le sable entre les liteaux et les traverses, et dispose en même temps le jet et les évents.

Si la position de la caisse inférieure n'est pas horizontale, le jet doit aboutir au point le plus élevé du moule. Les ouvertures qui laissent entrer la fonte, et celles qui offrent un passage aux vapeurs, se ménagent dans le sable avec des morceaux de bois que l'on y enterre, et dont l'une des extrémités touche au modèle, tandis que l'autre dépasse tout le système.

Le sable ne doit pas être battu avec autant de force dans le châssis supérieur qu'il l'est dans l'autre, afin de ne pas opposer trop d'obstacle au dégagement des vapeurs; mais il doit l'être suffisamment pour ne point s'ébouler. Quand on a fini de le damer, on le perce de plusieurs ouvertures avec une broche en fer, qui doit pénétrer jusqu'au modèle. Après avoir évasé à l'extérieur les jets et les évents, on retire les morceaux de bois qui ont servi à les former, et l'on soulève le châssis supérieur. La poussière répandue sur le sable de la première caisse empêche l'adhérence : elle présente un moyen certain de séparer les surfaces formées par le sable de deux châssis qui, pendant qu'on remplit le dernier, sont posés l'un sur l'autre.

Dès qu'on a enlevé le châssis supérieur, on creuse, en partant du jet, de petites rigoles qui aboutissent au

modèle et qui servent à conduire la fonte par un plus
grand nombre de chemins dans le moule, afin que toutes
les parties en soient remplies à la fois. On ôte ensuite
le sable provenant de ces rigoles et l'on retire le modèle, on *démoule*; opération qui peut exiger la présence de plusieurs ouvriers, à cause des petits noyaux
qu'on doit ménager. Cela fait, il faut nettoyer le
moule, le noircir, replacer le châssis supérieur, le
faire joindre à l'autre avec précision, le charger de
poids pour consolider le système et procéder ensuite
à la coulée, pendant laquelle on a soin d'allumer avec
du bois ou de la paille, les gaz qui s'échappent par les
évents.

Lorsque la pièce est coulée, on retire le châssis
supérieur et l'on met à nu les endroits où le métal est
le plus épais, afin que le refroidissement soit plus uniforme. En négligeant cette précaution, on peut occasionner la rupture des pièces dont les parties ont des
grosseurs différentes.

825. Quant aux objets qui sont plus petits et dont
le modèle n'est point divisé, on les moule sur les bancs
de la manière suivante : le modèle et le châssis appuyés sur une planche garnie en-dessous de deux liteaux qui doivent en faciliter le maniement, sont disposés de façon que le premier soit au milieu de l'autre,
et qu'il puisse être retiré du sable après que tout le
système a été retourné. Après avoir disposé le modèle
de la sorte, le mouleur remplit le châssis de sable
damé, le couvre d'une deuxième planche, le renverse,
afin de retirer la première, saupoudre la surface du
sable avec de la poussière très-fine, place le châssis
supérieur, le remplit en ayant soin de former le jet,
enlève ce châssis, fait dans le sable une ou plusieurs

rigoles à partir du jet, si toutefois ce dernier ne communique pas immédiatement avec le modèle, retire celui-ci, nettoie le moule, le noircit, replace le châssis supérieur, le charge de poids et procède à la coulée.

826. On suit à peu près le même procédé pour les modèles divisés en deux segmens; mais on place le premier sur la planche de manière qu'en retournant celle-ci, le plan de jonction se trouve en haut. Quand le châssis inférieur est donc plein de sable damé, le mouleur le renverse, ajuste la deuxième partie du modèle sur la première; place le châssis supérieur, qu'il remplit aussi en ménageant les ouvertures nécessaires, telles que les jets et les évents; sépare ensuite les châssis pour démouler; et assemble de nouveau ces deux caisses qui renferment le moule prêt à recevoir la fonte.

827. La plus grande difficulté consiste dans la division du modèle, dont les différentes parties déterminent la forme et les dimensions des caisses qui servent au moulage.

Si deux châssis ne suffisent pas, on fait usage d'un troisième placé au milieu et dont la hauteur dépend entièrement de celle de la partie du modèle qui lui correspond. La forme de l'objet permet souvent de démouler ce tronçon tout en enlevant le châssis intermédiaire. Quelquefois aussi on ne pourrait retirer du sable la pièce du milieu, si le châssis ne se divisait pas dans le sens vertical, de manière que les deux parties pussent être enlevées en tiroir.

828. En faisant usage de trois châssis, l'ouvrier moule d'abord la pièce intermédiaire, la retourne, place le châssis inférieur, le remplit, renverse le système de nouveau, place le châssis supérieur, l'enlève

après cela pour démouler cette partie, retire aussi le châssis intermédiaire, en ôte le modèle et finit par le châssis inférieur, sans que pour démouler il ait besoin de le retourner. Après avoir nettoyé, paré, noirci les moules, préparé les jets et les évents, le mouleur replace les châssis sur le dernier qui est resté immobile, en commençant par celui du milieu, les fait joindre parfaitement et les charge de poids pour y verser ensuite la fonte.

Si le jet doit être à talon, on doit déjà s'en occuper en remplissant le châssis intermédiaire. On fait usage de ces jets quand on craint que la fonte ne détruise, par l'impétuosité de son cours, quelques parties délicates du moule.

1829. Les noyaux en sable doivent être établis solidement sur le châssis inférieur. On ne peut donc mouler de cette façon que les objets creux dont la cavité n'est pas trop profonde, par rapport à la base que doit avoir le noyau, qui sans cela, s'écroulerait par son propre poids. Les chaudières, les marmites, les creusets, les vases sont des objets de sablerie; mais on ne peut mouler ainsi des tuyaux; à moins qu'ils ne se composent de cônes ou de cylindres très-courts, ce qui serait désavantageux; il vaut donc mieux confectionner leurs noyaux d'une manière plus solide.

On moule les grandes chaudières souvent en argile, pour éviter la dépense qui résulterait de l'achat d'un modèle; mais on aurait tort de la craindre, lorsqu'on trouve un débit assuré de cette marchandise fabriquée d'après des dimensions constantes, attendu que le moulage en sable est à beaucoup près le moins dispendieux. Pour les grandes chaudières on n'emploie ordinairement qu'un seul châssis: le modèle, percé au fond

d'une ouverture assez large, placé le fond en l'air sur
une couche d'argile préparée convenablement, est
rempli ensuite de sable. Après avoir achevé de damer
ce sable qui doit former le noyau, on place le châssis,
on le remplit, on l'enlève, on ôte le modèle, en se
servant du trou précité, et l'on remet le châssis en
place.

La fonte se durcit toujours par le contact immédiat avec le sable humide : on ne peut donc y mouler
tous les objets ; mais dans tous les cas où ce durcissement n'est pas à craindre, on doit pour raison d'é-
conomie, préférer le moulage en sable maigre à tous
les autres.

, 830. Les moules en sable ont souvent des noyaux
en terre : comme, par exemple, ceux des projectiles
creux. Toutefois en Russie, les noyaux de ces objets
sont en sable, mais il est difficile alors de les confectionner avec autant d'exactitude qu'en les faisant sur
le tour : on les fixe dans le moule à l'aide du même
arbre qui a servi à les tourner. C'est dans une traverse
percée d'un trou, adaptée au châssis supérieur et
appelée *barette*, qu'on introduit l'arbre passant par
l'œil du projectile ; on l'arrête avec des clous ou bien
avec une clavette.

La dessication des noyaux est un point très-impor-
tant pour les usines confectionnant beaucoup de projectiles creux. Afin de ne pas exposer les noyaux à
crever, on les fait sécher avec lenteur, on les soumet
progressivement à des degrés de chaleur plus élevés et
l'on finit par les cuire à un feu de charbon assez intense. La terre glaise avec laquelle on les moule, ne
doit pas être très-grasse ; on la mêle ordinairement
avec de la paille hachée. Les arbres sont confectionnés

en fonte, et pourvus d'une rainure longitudinale assez profonde, dans laquelle on place un brin de paille ; cette rainure doit offrir un passage aux gaz sortant du noyau.

831. Il est probable que bientôt on fabriquera les moules d'une manière plus avantageuse. Si l'on humecte le sable ordinaire avec une dissolution de sel de cuisine, on le rend susceptible de pouvoir être séché, et de former, étant soumis à une chaleur qui dépasse un peu celle de l'ébullition, une masse très-dure. Ce sable est donc éminemment propre à la confection de certains moules ; il ne retient pas l'humidité avec autant de force que l'argile ou le sable gras, et il peut se durcir comme eux sans exiger un si haut degré de chaleur. Cette composition servirait avantageusement pour faire des noyaux de projectiles, qu'on moulerait avec une grande facilité dans une boîte et qu'on ferait sécher à peu de frais *.

DU MOULAGE EN SABLE GRAS.

832. On forme les empreintes dans le sable gras

* Ce n'est pas seulement pour la confection des noyaux de bombes ou d'obus que l'on pourrait employer le sable humecté avec une dissolution de sel marin. On trouverait peut-être un grand avantage à s'en servir pour le moulage des projectiles pleins, dont le perfectionnement est devenu si urgent.

En Angleterre, on moule les boulets en sable gras et l'on fait dessécher les moules dans des étuves, afin que la fonte ne puisse blanchir à la surface. On parviendrait plus facilement au même but, en faisant les moules en sable maigre humecté avec de l'eau salée. Mais, comme le sel marin augmenterait la fusibilité du sable, il est assez probable que les boulets se trouveraient couverts d'une couche de terre vitrifiée, dont il faudrait les débarrasser par le lissage dans des cylindres de fonte. Le T.

de la même manière que dans le maigre; le travail
ne diffère de l'autre que par la préparation de la matière employée et par le traitement qu'on fait subir
aux moules achevés. Le sable gras, fait ordinairement
de toutes pièces, est un mélange de terre et de sable
maigre. Ce moulage n'est donc qu'un moulage en terre
exécuté avec des modèles. On en fait usage quand la
surface de la fonte doit rester douce, que l'empreinte
obtenue en sable maigre ne pourrait se soutenir, et
qu'on veut couler de gros objets dont le moule serait
exposé à être détruit par le poids et la vitesse de la
matière liquide. Il s'ensuit que plus les objets sont
pesans, plus le sable doit être gras, afin d'offrir une
résistance suffisante; mais on tâche toujours de l'employer le plus maigre possible, afin qu'il soit facile de
le sécher.

Dans les usines où les moules sont cuits par un
contact immédiat avec la flamme, on les confectionne
simplement en terre glaise, à laquelle on n'ajoute que
la dose de sable maigre nécessaire pour prévenir le
retrait et les crevasses.

833. Il résulte de la nature de ce genre de moulage,
que les caisses qui contiennent les moules, ne peuvent
être confectionnées qu'en fer. Plus épaisses ordinairement que les châssis dont on fait usage dans la sablerie, et munies d'anses pour être plus maniables
pendant le moulage, ou lorsqu'on les transporte dans
les étuves, elles sont percées de trous, afin de se laisser
mieux pénétrer par la chaleur et de présenter moins
d'obstacles à la dessication.

834. Avant de mettre le sable gras en œuvre, on
doit le calciner, le passer par un tamis, le travailler,
le tamiser une seconde fois et l'humecter ensuite si peu,

que, serré dans la main, il puisse à peine conserver la forme reçue. On le dame dans les caisses avec de pesantes battes de fer; chaque fois qu'on en ajoute une nouvelle quantité à celui qui est déjà damé, on a soin de gratter la surface pour faciliter la liaison.

835. Ce sont principalemeut les objets qui présentent beaucoup de saillies et de creux qu'on doit mouler en sable gras, parce que les moules en sable ordinaire ne seraient pas assez solides; on les dégraderait en y plaçant les noyaux. Il faut donc aussi que l'emplacement de ces derniers soit indiqué sur les modèles par des traits, afin que ces marques puissent guider le mouleur.

836. Les bouches à feu sont coulées ordinairement en sable gras, d'après des modèles dont les dimensions doivent surpasser celles des pièces de tout le retrait de la fonte et de la quantité de fer qu'il faut enlever sur le tour, pour les polir extérieurement.

Le nombre des caisses placées l'une sur l'autre, dépend et de la forme et de la longueur de la bouche à feu. Le châssis du deuxième renfort, où se trouvent les tourillons, doit avoir deux boîtes latérales. Le modèle confectionné en bois ou en métal est divisé perpendiculairement à l'axe, tandis que les tuyaux et plusieurs autres objets que l'on coule horizontalement, le sont dans le sens de la longueur; et comme les différentes parties du modèle doivent être retirées du moule dans la direction longitudinale, il n'est pas très-nécessaire que les châssis puissent s'ouvrir et se partager en deux : si on les fait ainsi, c'est uniquement parce qu'on en trouve l'exécution plus facile.

La fig. 31, pl. 4, présente un système de caisses destinées à contenir le moule d'une pièce de 12. A est

le châssis de la culasse, de son bouton et de la tige
carrée qui sert à fixer le canon sur le banc de forerie;
B, le châssis du premier renfort; C celui du deuxième renfort; D celui de la volée; E celui de la tulipe;
F celui de la masselotte.

Le mouleur remplit d'abord la caisse B, place C
sur B, enlève le tronçon C sur lequel il place D;
ainsi de suite jusqu'à F, et il finit par A. Lorsque
tous les moules sont achevés, on les nettoie après en
avoir retiré les modèles; on les transporte dans les
étuves, on les noircit, on les sèche de nouveau, on
les porte séparément dans la fosse, on les assemble
en donnant au système la position verticale qu'il doit
avoir pour la coulée. Il faut que la fonte soit conduite, dans des rigoles revêtues d'une couche d'argile,
jusqu'au dessus de l'axe du moule, afin qu'en y tombant, elle n'en frappe les parois que le moins possible.

837. Pour empêcher l'adhérence de deux segmens
de moule placés l'un sur l'autre, on fait usage de poussière sèche, comme dans le moulage en sable maigre *.

D'ordinaire on enduit les parois intérieures des châssis d'une légère couche d'argile délayée dans l'eau,
afin que la terre s'y attache plus fortement.

Pour empêcher le bouillonnement de la fonte et
la dégradation des moules, on les dessèche avec le plus
grand soin. Ils doivent être sonores, si la dessication
est parfaite. Il ne faut pas employer des terres que
la matière liquide puisse entraîner en fusion, parce
qu'elles se trouveraient brasées sur le métal après le
refroidissement.

---

* On ramasse cette poussière dans l'usine où elle se dépose en
grande quantité sur les poutres de la toiture ou sur d'autres objets
élevés.   Le T.

Plus le mélange des terres est gras, plus il est sujet à se fendre, étant exposé à l'action de la chaleur. On ferme les crevasses avec du sable, ou bien, si elles sont petites, avec la matière liquide qui sert à noircir les moules, et que l'on compose avec de la colle forte, ou de la levure de bière délayée dans l'eau, en y ajoutant de la farine de blé et de la poussière de charbon obtenu avec du bois dur : on fait bouillir ce mélange qu'on applique avec un pinceau sur les moules en couches très-minces. Le but de cet enduit est d'empêcher le sable de fondre et de se coller au métal. Il s'ensuit que la meilleure composition est un mélange de poussière de charbon et de cendres d'os délayée dans l'eau avec une petite dose de colle forte. Noircis, les moules sont transportés une seconde fois dans les étuves; mais il suffit alors pour les sécher, de les exposer quelques instans à une faible chaleur.

838. Les moules de tuyaux ou d'autres objets semblables, reçoivent des noyaux d'argile tournés sur un arbre en fer, ou s'ils sont gros et courts, sur des cylindres creux percés de trous. Pour rendre la dessication plus facile on enveloppe souvent les broches ou les cylindres avec des tresses de paille, que l'on couvre ensuite d'argile. On les tourne à sec et l'on en détermine les dimensions à l'aide d'un compas d'épaisseur.

Tous les autres noyaux se confectionnent dans des boîtes. La plus grande difficulté qu'on éprouve, consiste souvent à leur donner une assiette solide et à les fixer dans le moule.

839. Les médaillons, les ornemens et les autres articles de luxe, qui semblent ressortir de la sablerie ordinaire, se moulent en sable gras; afin que les empreintes soient plus nettes et que la fonte ne se fige pas

trop promptement, qu'elle puisse remplir, toutes les parties du moule, qu'elle ne devienne pas trop aigre et qu'elle ne se fende pas en refroidissant.

Le mouleur commence par saupoudrer le modèle de ces objets avec la terre la plus fine, de manière à les couvrir en entier, remplit ensuite le châssis de terre ordinaire et noircit à l'instant même les empreintes obtenues, en les tenant au-dessus de la flamme d'un morceau de bois de pin dont la fumée se dépose sur le sable; quant aux jets, il les noircit avec la composition précitée. On dessèche ces moules si fortement, que, frappés avec le doigt, ils rendent un son très-clair; ajustés après cela l'un sur l'autre, ils sont prêts à recevoir la fonte. Les jets doivent être détachés lorsqu'ils sont encore rouges. Il est évident que le travail ne change point lorsque le modèle est orné sur une ou sur les deux faces.

DU MOULAGE EN ARGILE.

840. D'après les procédés que nous venons de décrire, la forme des objets qu'on veut mouler en sable s'imprime dans la terre à l'aide d'un modèle; tandis que le mouleur en argile confectionne les moules à la main et à l'aide de calibres. Lorsqu'on moule en sable, on s'occupe d'abord de la forme extérieure de l'objet, et s'il doit être creux, on y place ensuite le noyau. Le mouleur en argile procède d'une manière opposée : si la pièce doit être creuse, il commence par confectionner le noyau ; s'il s'agissait d'une pièce massive, il la ferait d'abord en terre telle qu'elle devrait être en fonte.

841. Mais les objets entièrement massifs ne se cou-

lent plus en terre. Anciennement, on suivait cette
méthode pour les bouches à feu en fer, comme pour
celles qui sont en bronze. On confectionnait d'abord en
terre toute la pièce, y compris la masselotte, et on la
chargeait d'argile; l'enveloppe qui en résultait prenait
la forme de ce noyau, et, coupée en plusieurs parties,
elle pouvait en être détachée après la dessication. Les
morceaux réunis avec soin et consolidés entre eux
avec des barres et des cercles de fer, composaient le
moule qu'on remplissait de métal liquide, le noyau
de terre devenait ensuite inutile. Cette méthode longue et dispendieuse, vu qu'on est obligé de refaire le
noyau chaque fois, n'offre aucun avantage; c'est à tort
qu'on a essayé de la défendre en se retranchant sur la
qualité des pièces: coulées en châssis dans le sable gras
parfaitement desséché, elles ne le cèdent pas aux autres
en ténacité.

On a de même abandonné l'usage de les couler creuses, les gros mortiers exceptés, parce que les parois
intérieures des bouches à feu devenaient souvent défectueuses. Du reste, la manière de procéder n'avait
rien d'extraordinaire.

842. La moulerie en terre ne s'occupe donc plus
que d'objets creux: elle sert dans le cas où l'on veut
éviter les frais de fabrication d'un modèle, ou bien
lorsque les pièces sont d'une étendue démesurée, au
point que les châssis cesseraient d'être maniables, ou
que le poids des noyaux écraserait les moules et qu'il
serait trop difficile de les soutenir dans la position
voulue.

Le mouleur commence donc à confectionner le noyau
et lui donne la forme que doit avoir le vide intérieur
du modèle. Appliquant ensuite sur ce noyau plusieurs

couches d'argile, il fait une enveloppe appelée *chemise*, dont l'épaisseur est déterminée par celle que doit avoir le métal. La surface extérieure de cette chemise, égale en tous points à celle de la pièce, doit être revêtue ensuite d'une seconde enveloppe nommée *manteau*, qui prend l'empreinte de la première, et qui avec le noyau va constituer le moule en entier ; pour l'achever on retire le manteau et on le remet en place après avoir enlevé et détruit la chemise.

843. Les objets indispensables au travail du mouleur sont : une terre argileuse bien préparée, une composition qui empêche la chemise d'adhérer au noyau et au manteau, des calibres ou échantillons, qui servent à la confection des noyaux et des chemises, un enduit à noircir les moules intérieurement, des étuves ou d'autres moyens de dessication.

844. On confectionne les noyaux de diverses manières : ceux dont la forme est ronde et qui appartiennent à de petits objets, sont tournés sur un axe et mis à leurs dimensions au moyen des échantillons ; ceux qui doivent servir au moulage des grosses pièces ou des objets qui ne sont pas ronds, se confectionnent sur des plaques en fonte, à l'aide de calibres ou simplement à la main. Les noyaux de grandes dimensions se construisent en maçonnerie, et leur surface extérieure seulement est revêtue d'une couche d'argile ; mais ils ne doivent jamais être massifs, parce que le transport en deviendrait embarrassant et la dessication presqu'impossible.

Ces noyaux maçonnés peuvent être ouverts aux deux bases ainsi qu'on les fait pour les gros cylindres, ou bien couverts avec des plaques ou des voûtes comme ceux des grandes chaudières ; on allége les petits noyaux en nattant l'*arbre* ou le *trousseau* avec de la paille ou du foin cordé, qu'on retire après que l'argile a été séchée à l'air.

845. Pendant la confection des moules, il faut s'occuper aussi de la base qui doit supporter tout le système. Cette base ne forme ordinairement qu'une seule pièce avec le noyau, afin que la fonte ne puisse soulever celui-ci, en se frayant par le bas un passage, difficile à éviter sans cette disposition.

Si les pièces étaient très-volumineuses, comme les grands cylindres, on ne pourrait enlever le manteau, le retirer de la chemise, le sécher, le replacer ensuite après avoir détruit cette dernière, et descendre dans la fosse le moule préparé pour recevoir la fonte. Dans ce cas il faut confectionner le manteau dans la fosse même, l'y sécher parfaitement, construire le noyau dans l'usine sur une plaque en fonte, le descendre et le mettre en place lorsqu'il est dans un état de siccité parfaite. Il est difficile alors d'empêcher qu'il ne pénètre un peu de matière liquide sous la plaque; mais la masse considérable du noyau chargé d'ailleurs de poids, ne peut être soulevée.

846. La terre argileuse se prépare avec beaucoup de soin : on doit la passer d'abord par un crible, pour en séparer les pierres et les substances végétales; l'humecter avec de l'eau, et la travailler, jusqu'à ce qu'elle soit devenue très-fine et visqueuse. Pour la rendre moins compacte et pour empêcher qu'elle ne se crevasse, lorsqu'elle est soumise à la chaleur, on y fait entrer des poils, de la paille hachée, ou, ce qui vaut bien mieux encore, du crottin de cheval. On pétrit ce mélange avec les pieds jusqu'à ce qu'il prenne la consistance d'une pâte de boulanger.

847. Les tresses qui servent à natter l'arbre ou le trousseau, sont faites en paille mêlée qu'on humecte d'eau. On les confectionne de la même manière que les cordes en chanvre.

848. *Les arbres* sont de fer; on leur donne ordinairement une forme conique; leur section perpendiculaire à l'axe est cruciforme. *Les trousseaux* en bois se composent en général de deux disques de diamètres différens et joints ensemble par des liteaux cloués sur tout le pourtour; ce qui leur donne une forme de cône tronqué, dont l'axe est une broche de fer, à laquelle on attache la manivelle qui doit communiquer le mouvement.

849. Les calibres ou échantillons sont découpés exactement sur les dimensions de la pièce, eu égard à la base qui doit servir à la fois au noyau et au manteau. Il faut deux échantillons différens pour chaque moule, l'un pour le noyau, l'autre pour la chemise.

850. Afin d'empêcher la terre glaise d'adhérer à elle-même ou de pouvoir détacher la chemise du noyau d'un côté et du manteau de l'autre, on les enduit de cendres de bois ou de tourbe délayées dans l'eau. Cette matière qui ne doit pas être si pâteuse qu'elle ne puisse passer par un tamis très-fin, propre à retenir les impuretés les plus grossières, ne doit point avoir une trop grande liquidité, parce qu'elle ne laisserait pas sur l'argile une couche de cendres assez épaisse. Le sable contenu dans ces débris de la combustion, produit souvent un très-mauvais effet. Il faut que l'argile soit parfaitement sèche avant qu'on y applique une couche de cendres délayées.

851. Pour noircir les moules sortis des étuves, on fait usage de poussière de charbon délayée dans l'eau, comme pour le moulage en sable gras.

852. Les jets sont formés de tuyaux d'argile qui s'emboîtent à leur extrémité, et dont le dernier placé dans une ouverture pratiquée dans le moule est intimement lié au manteau. Les évents sont confectionnés de la même manière. Les jointures doivent être lutées soigneusement.

853. Tous les moules de cette espèce, dépourvus de châssis, s'enterrent dans le sable damé, afin que le manteau puisse résister à la pression exercée par la fonte liquide. On doit avoir soin de mettre le creux intérieur du noyau en communication avec l'air extérieur; souvent on ménage dans le sable, sous le moule, une ouverture communiquant avec ce creux; il faut allumer les gaz qui s'échappent par ce canal.

854. Voici quel est à peu près le procédé qu'on suit pour confectionner les moules. On commence par le noyau; il se fait soit à la main, soit au moyen d'un échantillon. Après avoir reçu les dimensions exigées, il subit une assez forte dessication : les crevasses qui en résultent ordinairement sont refermées avec une pâte d'argile liquide. On l'acheve ensuite; on le polit sur le tour; si la pièce forme intérieurement une surface de révolution, ou bien on l'unit avec une lame de fer; on le dessèche de nouveau, en cas qu'il soit devenu trop humide; on l'enduit de cendres délayées dans l'eau; on le revet d'une couche d'argile formant la chemise, qu'on traite de la même manière pour y appliquer ensuite le manteau. Quant aux ouvertures qu'on voudrait ménager dans la pièce, comme, par exemple, des portes, s'il s'agissait de poêles, on les dessine d'abord sur le noyau principal; à ces endroits, *qui ne doivent pas être couverts d'une couche de cendres,* il se forme alors des masses d'argile, qui, égales à

II   33

la chemise en épaisseur, ne peuvent s'enlever avec celle-ci, et constituent les noyaux de ces ouvertures.

La forme extérieure du manteau est indifférente; mais les couches intérieures doivent se composer de l'argile la plus fine : il en est de même de la chemise, qui, sans cette condition, ne pourrait laisser sur le manteau une empreinte d'une assez grande netteté.

Après que le manteau a été desséché à l'air et même à une chaleur modérée, on le sépare de la chemise. Il peut en être retiré en entier, si le moulé, exempt de noyaux secondaires, a un certain retrait d'une extrémité à l'autre : dans le cas opposé, il faut le couper dans le sens de la longueur, en deux et quelquefois en un plus grand nombre de parties et l'enlever par morceaux. On détache ensuite la chemise, en la brisant et l'on ménage les reliefs qui doivent former des ouvertures. Cela fait, le noyau et le manteau nettoyés, cuits et noircis, sont assemblés de nouveau. Après avoir réuni les différentes parties du moule, on les enveloppe de fil d'archal, on lute les joints et l'on enterre tout le système dans la fosse.

Il est souvent difficile de donner au manteau une assez grande résistance : on le consolide avec des barres de fer liées entr'elles et placées en différens sens, de manière cependant qu'il puisse être coupé et détaché de la chemise. L'emploi de ces moyens de consolidation demande quelqu'adresse de la part des ouvriers.

La fig. 32, pl. 4, représente le moule d'une grande chaudière prêt à recevoir la fonte.

a est la plaque circulaire qui porte le noyau,
b le noyau construit en briques,
c le creux ou le vide intérieur du noyau,

d la plaque qui le couvre et qui remplace la voûte,

e l'enveloppe en terre glaise,

f la base ou le pied du manteau,

g la chemise,

h le manteau,

i le moule d'une anse,

k les évents et les jets.

855. Avant de connaître le moulage en sable gras, on moulait un grand nombre d'objets en argile. Les marchandises étaient classées selon les méthodes qu'on suivait pour les confectionner ; mais il vaut bien mieux adopter une classification basée sur les frais de fabrication, parce qu'on est maître alors de faire passer un objet d'une classe à une autre, lorsque la dépense de la main-d'œuvre et des matériaux, force d'en augmenter le prix, ou bien, lorsque le fabricant juge à propos de le diminuer.

La classification des marchandises, très-indifférente pour l'acheteur, n'est du reste qu'une affaire de comptabilité.

856. Aucune autre usine en fer n'exige une surveillance si active ni une comptabilité si étendue que les fonderies ; c'est une suite naturelle de la variété des produits et de la multiplicité des ouvriers, dont chacun a son compte à part, ainsi que de la nécessité de refondre le fer cru dans des creusets, des fourneaux à manche, des fours à réverbère : opérations qui doivent être surveillées avec la plus grande exactitude sous le rapport des produits obtenus, de la main-d'œuvre, de la consommation des matières premières et du déchet mis sous forme de *brocaille* (on appelle ainsi la fonte répandue, les jets et les objets brisés). Ajoutons à cela les comptes multipliés qu'en-

traîne l'achèvement des pièces qui demandent à être
polies, forées, tournées, armées, etc., etc. Il résulte de
tout ceci une si grande complication d'écritures que,
dans une semblable usine, on a souvent besoin de plusieurs personnes pour le travail du bureau.

857. Les employés ou commis des fonderies doivent
suivre sans cesse toutes les opérations manuelles dans
leurs détails les plus minutieux. Il arrive trop souvent
que les moûleurs mettent de la négligence ou de la
mal-adresse à préparer le sable et à confectionner les
moules; qu'ils donnent aux objets une apparence préjudiciable dans le commerce; qu'ils consomment des
matières premières et particulièrement du combustible en pure perte; qu'ils répandent la fonte en trop
grande quantité; qu'ils en font un mauvais choix,
ce qui produit des pièces aigres et criblées de soufflures; qu'ils cherchent à cacher les soufflures en les
remplissant de fonte; qu'ils accroissent de cette façon
le nombre des rebuts; en un mot, qu'ils augmentent
considérablement les frais de fabrication.

Pour offrir à nos lecteurs un aperçu des objets confectionnés aujourd'hui en fonte, et de la manière de
les classer, nous leur donnons ici un état de ceux
qui sont coulés dans les fonderies royales de Gleiwitz
et de Malapane (Haute-Silésie). La première colonne
contient les noms des marchandises, la deuxième les
classes qui sont désignées par des lettres et dont les
prix déterminés par les frais de fabrication, augmentent depuis A jusqu'à N, la troisième enfin, le prix
courant de ces objets achetés à l'entrepôt de Breslaw.

NOMS DES OBJETS MOULÉS.	CLASSES.	PRIX DE L'USINE PAR PIÈCE. Thalers.	Gros.	QUINTAL. Thalers.	Gros.
A.					
lambics (On paie séparément l'ajustement du chapeau).	G	»	»	5	16
Id. de pharmaciens,	I	»	»	6	16
rceaux de ponts,	G	»	»	4	12
B.					
lustrades de ponts,	G	»	»	5	16
rreaux de fenétres réunis en système,	G	»	»	5	16
— simples, mais coulés en châssis,	D	»	»	4	4
— pour grilles et autres objets,	B	»	»	3	10
cards coulés à découvert,	B	»	»	3	10
— coulés en châssis,	E	»	»	4	12
utons de roues hydrauliques,	E	»	»	4	12
ses de machines soufflantes,	H	»	»	6	4
C.					
dres de casseroles,	G	»	»	5	16
üsses d'air,	G	»	»	5	16
Id.	I	»	»	6	16
lottes qui servent à recouvrir les bornes,	E	»	»	4	12
mes coulées à découvert,	B	»	»	3	10
— — en châssis,	E	»	»	4	12
psules d'évaporation,	G	»	»	5	16
sseroles,	G	»	»	5	16
— plates n°. 1,	»	»	10	»	»
— — n°. 2,	»	»	12	»	»
— — n°. 3,	»	»	14	»	»
— — n°. 4,	»	»	16	»	»
— autres espèces, n°. 1,	»	»	8	»	»
— — n°. 2,	»	»	10	»	»
— — n°. 3,	»	»	12	»	»
abottes pour les marteaux de forge et de tôlerie,	A	»	»	3	4
aînes pour barrer des rues ou pour enclorre,	K	»	»	7	6

QUATRIEME SECTION.

NOMS DES OBJETS MOULÉS.	CLASSES.	PRIX DE L'USINE PAR			
		PIÈCE.		QUINTAL	
		Thalers.	Gros.	Thalers.	Gros
Chandeliers de bureau, ...	»	»	13	»	»
Châssis ou coulisses de faibles dimensions,	E	»	»	4	12
Chaudières et chapeaux pour affiner l'ar-senic, ...	G	»	»	5	16
— de savonniers, de chapeliers, de fabricans de petit plomb, etc., ...	G	»	»	5	16
— plus petites, pesant 5o k. et au-dessous, ...	F	»	»	5	2
— d'évaporation, ...	G	»	»	5	16
— de forme ordinaire, ...	E	»	»	4	12
— de forme non usitée, ...	G	»	»	5	16
— de raffineries de sucre, ...	G	»	»	5	16
— de brasseries, ...	G	»	»	5	16
Cheneaux, ...	E	»	»	4	12
Cheminées pourvues d'ornemens et de re-gistres, ...	»	25	»	»	»
Cloches, ...	G	»	»	5	16
Coffres-forts { n°. 1, n°. 2, n°. 3, }	G	»	»	5	16
Colonnes creuses unies ou cannelées, . .	G	»	»	5	16
Conduits de différentes façons,					
— droits pourvus de bords, ...	G	»	»	5	16
— coudés et courbés, ...	I	»	»	6	16
— d'un petit diamètre, ...	H	»	»	6	4
— de fontaines, droits, ...	E	»	»	4	12
— courbés ou difficiles à confection-ner, ...	G	»	»	5	16
— jusqu'à, ...	I	»	»	6	16
Corniches de colonnes, ...	G	»	»	5	16
Coupelles à l'usage des pharmaciens, . .	G	»	»	5	16
Crachoirs, ...	I	»	»	6	16

NOMS DES OBJETS MOULÉS.	CLASSES.	PRIX DE L'USINE PAR			
		PIÉCE.		QUINTAL	
		Tha-lers.	Gros.	Tha-lers.	Gros.
eusets pour les fabricans de colle forte,	H	»	»	6	4
Id.	H	»	»	6	4
— pour refondre l'étain, ...	G	»	»	5	16
lindres allésés, ...	L	»	»	8	20
— non allésés , ...	G	»	»	5	16
— (machines soufflantes) allésés, pesant moins de 750 k., . . .	M	»	»	10	»
— dont le poids excède 750 k., . .	L	»	»	8	20
— leurs fonds et leurs couvercles,	G	»	»	5	16
— de laminoirs tournés, ...	L	»	»	8	20
— pour les fabricans de toiles peintes, ...	N	»	»	11	12
D.					
écrottoirs (fers qu'on place à l'entrée d'une maison), ...	I	»	»	6	16
E.					
poises (grosses), ...	B	»	»	3	10
— petites coulées en châssis, . . .	E	»	»	4	12
Id. Id.	G	»	»	5	16
clumes de gros marteaux de tôlerie, . .	A	»	»	3	4
— de maréchaux, ...	C	»	»	3	20
F.					
rs à repasser polis et garnis n°. 1, . .		1	8	»	»
— n°. 2, . .		1	14	»	»
— n°. 3*, .		1	20	»	»
— ou carreaux pour les chapeliers et les tailleurs,	G	»	»	5	16
rs ou platines qu'on met dans l'intérieur des fers à repasser, ...	E	»	»	4	12
rs servant à garnir les pieux, ...	G	»	»	5	16

Ces fers à repasser sont creux.

NOMS DES OBJETS MOULÉS.	CLASSES.	PIÈCE.		
		Tha-lers.	Gros.	Tha-lers.
Fourneaux à coupeller, ...	G	»	»	5
— à marmites de forme ronde, . .	G	»	».	5
— à dessécher la drèche, avec des conduits pour la fumée, ...	D	»	»	4
— pour les habitations, composés de plaques minces coulées en châssis, ...	E	»	»	4	1
— coulés à découvert, ...	B	»	»	3
— communs, d'une autre espèce, composés de plaques coulées à découvert, ...	B	»	»	3	1
— de même forme, mais dont les plaques sont unies et coulées en châssis, ...	C	»	»	3
— avec ornemens, ...	E	»	»	4	1
— carrés ou ronds, de différentes façons, pourvus d'ornemens, pouvant être allumés en dehors ou dans l'intérieur de l'appartement, ...	G	»	»	5	1
— en forme de colonne unie, . .	E	»	»	4
— cannelés, en forme de colonne, ...	F	»	»	5
Flambeaux ornés, ...	»	1	16	»
— en forme de vase, ...	»	»	18	»

G.

Grilles pour les jardins et balustrades de balcons, d'après les modèles ordinaires, ...	G	»	»	5	1
— (portes), ...	G	»	»	5	1
(NOTA. On les paie plus cher lorsqu'on les demande d'une forme particulière.)				
— de cheminées et garde-fous, . . .	E	»	»	4	1
Grils de cuisine avec un rebord, ...	C	»	»	3	2

NOMS DES OBJETS MOULÉS.

NOMS DES OBJETS MOULÉS.	CLASSES.	PRIX DE L'USINE PAR			
		PIÈCE.		QUINTAL.	
		Thalers.	Gros.	Thalers.	Gros.
L.					
ngotières et creusets pour les usines où l'on prépare le plomb, . .	G	»	»	5	16
— pour l'or, l'argent, le zinc, etc.,	I	»	»	6	10
M. .					
chines à vapeur (parties de).					
Cylindres allésés, et pesant au-dessus de 750 k., ...	L	»	»	8	20
Petits cylindres allésés, pesant moins de 750 k., ...	M	»	»	10	»
Pistons polis sur le tour, et dont le poids dépasse 300 k.	L	»	»	8	20
Petits pistons pesant moins de 300 k., ...	M	»	»	10	»
Fonds et couvercles de cylindres, ...	H	»	»	6	4
Boîtes à vapeur, ...	K	»	»	7	6
— pour les machines à la Bulton, ...	M	»	»	10.	»
Corps de pompes, ...	L	»	»	8	20
Pistons de pompes, ...	N	»,	»	11	20
Couvercles pour les pompes et les condenseurs, ...	G	»	»	5	16
Pièce du corps de pompe contenant la soupape, ...	K	»	»	7	6
Empoises et coussinets pour les boutons de balancier,	F	»	»	5	2
Manivelles, ...	E	»	»	4	12
Conduits de vapeur, rectilignes, ...	G	»	»	5	16
— coudés,	I	»	»	6	16
Tuyaux aspirateurs rectilignes, ...	H	»	»	6	4
— courbés,	K	»	»	7	6

II

NOMS DES OBJETS MOULÉS.	CLASSES.	PRIX DE L'USINE PAR			
		PIÈCE.		QUINTAL	
		Tha-lers.	Gros.	Tha-lers.	Gros.
Machines à vapeur (parties de).					
Caisses supérieures et infé-rieures du condenseur, . .	H	»	»	6	4
Registres de cheminée, y com-pris les cadres, ...	E	»	»	4	12
Portes du fourneau de la chau-dière, avec le ferrement, .	G	»	»	5	16
Contre-poids, ...	G	»	»	5	16
Tiges de piston, ...	G	»	»	5	16
Soupapes avec les boîtes, po-lies sur le tour, ...	N	»	»	11	12
Caisses de soupape, ...	G	»	»	5	16
Portes des caisses de soupape,	E	»	»	4	12
Mangeoires de chevaux (crèches), . . .	E	»	»	4	12
Manivelles à deux branches, ...	G	»	»	5	16
— grandes à trois branches plus difficiles à exécuter, . . .	K	»	»	7	6
Marmites de 12 à 30 k., ...	F	»	»	5	2
— à placer dans des fourneaux, . .	F	»	»	5	2
— de Papin n°. 1, ...	»	2	16	»	»
— — n°. 2, ...	»	3	8	»	»
arteaux de forge et marteaux à main,	E	»	»	4	12
— de porte, ...					
atrices pour les fabricans de boutons, . .	»	»	»	5	16
édaillons et ornemens. . . .					
n°. 1, ...	»	»	$\frac{2}{3}$	»	»
2, ...	»	»	$1\frac{1}{3}$	»	»
3, ...	»	»	2	»	»
4, ...	»	»	$2\frac{1}{3}$	»	»
5, ...	»	»	3	»	»
6, ...	»	»	$3\frac{1}{3}$	»	»
7, ...	»	»	$3\frac{2}{3}$	»	»
8, ...	»	»	$4\frac{1}{3}$	»	»
9, ...	»	»	5	»	»

NOMS·DES OBJETS MOULÉS.	CLASSES.	PRIX DE L'USINE PAR			
		PIÈCE.		QUINTAL.	
		Tha-lers.	Gros.	Tha-lers.	Gros.
10, ...	»	»	$5\frac{1}{3}$	»	»
11, ...	»	»	6	»	»
12, ...	»	»	$6\frac{1}{2}$	»	»
13, ...	»	»	7	»	»
14, ...	»	»	$7\frac{1}{2}$	»	»
15, ...	»	»	8	»	»
16, ...	»	»	$8\frac{1}{2}$	»	»
17, ...	»	»	9	»	»
18, ...	»	»	$9\frac{1}{2}$	»	»
19, ...	»	»	10	»	»
20, ...	»	»	$10\frac{1}{2}$	»	»
21, ...	»	»	11	»	»
22, ...	»	»	$11\frac{1}{2}$	»	»
23, ...	»	»	12	»	»
24, ...	»	»	$12\frac{1}{2}$	»	»
25, ...	»	»	13	»	»
26, ...	»	»	$13\frac{1}{2}$	»	»
27, ...	»	»	14	»	»
28, ...	»	»	15	»	»
onumens d'après des dessins fournis, de-puis	G	»	»	5	16
jusqu'à	K	»	»	7	6
ortiers avec leurs pilons, ...	G	»	»	5	16
oufles pour soulever des fardeaux, (à deux poulies) n°. 1,					
— . . . . n°. 2, } la paire, — . . . . n°. 3,	»	12	»	»	»
— (triples) n°. 1, — — n°. 2, } la paire, — — n°. 3,	»	24	8	»	»
outons servant au pilotage, ...	D	»	»	4	4

O.

dons composés d'un court carreau, d'u-

NOMS DES OBJETS MOULÉS.	CLASSES.	PRIX DE L'USINE PAR			
		PIÈCE.		QUINTAL.	
		Thalers.	Gros.	Thalers.	Gros.
ne longue attache, des deux jambes et des grandes plaques de fondation, . . .	B	»	»	3	10
P. .					
ndules pour les horloges de ville, . . .	G	»	»	5	16
liers d'escalier, ...	H	»	»	6	4
— de garde-fous pour les ponts, ...	G	»	»	5	16
stons de pompe tournés, ...	L	»	»	8	20
— d'une autre façon, achevés sur le tour, ...	N	»	»	11	12
— non tournés, ...	I	»	»	6	16
aques de toutes espèces coulées en châssis,	E	»	»	4	12
— coulées à découvert, ...	B	»	»	3	10
— pour des presses, ...	D	»	»	4	4
— de recouvrement pour les trottoirs des ponts, ...	B	»	»	3	10
— des creusets d'affinerie, ...	A	»	»	3	4
oêles à frire (grandes), ...	G	»	»	5	16
— petites, ...	H	»	»	6	4
oêlons de liquation, ...					
oids depuis une livre jusqu'à 6, ...	G	»	»	5	16
— de 6 à 132 livres, ...	E	»	»	4	12
oêles ou fourneaux en façon de cheminées, composés de plaques coulées à découvert, ...	E	»	»	4	12
— circulaires que l'on allume à l'extérieur de l'appartement, du poids de 37 à 75 k., ...	F	»	»	5	2
ompe (corps de pompe allésé), ...	L	»	»	8	20
orte-lanternes, ...	I	»	»	6	16
orte-mouchettes, ...	»	»	6	»	»
orte-couteaux, ...			$3\frac{1}{3}$		
orte-vent droit, ...	G	»	»	5	16
— coudé, ...	I	»	»	6	16
ortes ou encadremens de portes, ...	B	»	»	3	10

NOMS DES OBJETS MOULÉS.	CLASSES.	PRIX DE L'USINE PAR			
		PIÈCE.		QUINTAL.	
		Thalers.	Gros.	Thalers.	Gros.
tes pour les étuves, ...	E	»	»	4	12
ferrées pour de petites étuves, . . .	E G	»	»	5	16
ots de 1 à 11 litres, ...	G F	»	»	5	16
ots de 11 à 30 kil., ...	F	»	»	5	2
oucets (cames), ...	E N	»	»	4	12
oulies achevées sur le tour, ...	N	»	»	11	12
— non tournées, ...	I	»	»	6	15
essoirs d'huilier, ...	G	»	»	5	16
R.					
acloirs pour nettoyer les allées de jardin, ...	E	»	»	4	12
ateliers d'écurie.					
— n°. 1, ...	»	1	16	»	»
— n°. 2, ...	»	2	»	»	»
— n°. 3, ...	»	2	4	»	»
osettes d'ornement (Ces objets sont classés comme les médaillons), ...					
oues dentées dont le poids excède 400 k.,	E	»	»	4	12
— de moyenne grandeur, dont le poids excède 75 k., . .	G	»	»	5	16
— petites, du poids de 75 k. et au-dessous, ...	I	»	»	6	16
— de marteau, avec les bras en fer, ...	B	»	»	3	10
— à rochet pour les scieries,	E	»	»	4	12
— d'horloge et de tournebroche, ...	I	»	»	6	16
oues pour les petits chariots appelés *diables*, ...	I	»	»	6	16
ouleaux pour égaliser la terre, ...	»	5	16	»	»
S.					
de tirans pour murailles et balcons, . .	B	»	»	3	10
upapes pour les pompes aspirantes et foulantes, ...	I	»	»	6	16

NOMS DES OBJETS MOULÉS.	CLASSES.	PRIX DE L'USINE PAR			
		PIÈCE.		QUINTAL.	
		Thalers.	Gros.	Thalers.	Gros.
T.					
abatières pour du tabac à fumer, ...	»	1	»	»	»
abatières pour priser, ...	»	»	12	»	»
répieds, ...	F	»	»	5	12
ombes (plaques de) avec inscription, . .	L	»	»	8	20
spagnolettes de fenêtres, ornées, ...	»	»	2	»	»
roncs d'églises, ...	G	»	»	5	16
uiles faîtières, ...	E	»	»	4	12
uyères pour le soufflet de maréchal, . .	E	»	»	4	12
V.					
ases communs qu'on met sur les piliers de portes, ...	G	»	»	5	16
— à l'antique, ...	»	10	»	»	»
— petits, ...	»	»	16	»	»
is des presses de papeteries, tournées, .	N	»	»	11	12
— non tournées et dont le pas de vis est coulé, ...	I	»	»	6	16
olans coulés à découvert, ...	B	»	»	3	10
— coulés en châssis, ...	E	»	»	4	12
olets en fonte coulés à découvert, . . .	B	»	»	3	10

Le thaler dont la valeur a été fixée par le gouvernement Prussien à 3 f. 80,
t, dans le commerce, 3 f. 60 à 3 f. 65.   Le T.

DU MOULAGE DES STATUES.

858. Les moules des statues sont confectionnés en terre glaise; ils ne se distinguent des autres moules que par la substance employée pour la chemise : on la fait en cire, afin que pour s'en débarrasser, on ne soit pas obligé de couper le manteau, ce qui pourrait le détériorer.

Si une tête ou quelque autre ornement délicat, doit figurer sur un objet fabriqué par le moulage commun, on peut laisser dans le manteau l'empreinte en cire qui représente cette décoration accessoire et qui se trouvait auparavant fixée sur la chemise d'argile. Il suffit ensuite de faire fondre la cire doucement avant de cuire le manteau, qui en conservera la forme et la communiquera au fer cru. Mais si les ornemens se présentent en grande quantité et que les surfaces aient des inclinaisons et des formes très-variées, de manière qu'on ne puisse enlever le manteau sans dégrader les empreintes obtenues, toute la chemise doit se faire en cire. On couvre dans ce cas le noyau avec des empreintes de cire, dont les diverses tablettes, réunies de sorte que tous les joints soient effacés, constituent un ensemble parfaitement égal à l'objet qu'on veut obtenir. Cela fait, on enduit la statue de cire, d'une couche de l'argile la plus tenue, délayée dans l'eau et mêlée d'un peu de graphite passé au tamis de soie. On laisse sécher, et après avoir recommencé cette opération dix à quinze fois, on applique des couches d'une argile plus épaisse et mêlée avec des poils d'animaux. C'est alors qu'il faut s'occuper aussi à consolider le manteau suivant les moyens précédemment indiqués. Les ouvertures ménagées dans la base du noyau pour l'écoulement de la cire, doivent être bouchées, après que cette matière a été fondue et recueillie entièrement. On augmente ensuite la température progressivement et l'on calcine le moule à un feu de charbon de bois dont il est enveloppé.

Le noyau doit toujours se cuire d'avance. On ne peut apporter trop de soins au traitement de ces moules, qui, sujets d'ailleurs à se fendiller, ne peuvent supporter un haut degré de chaleur, attendu que les fentes produiraient des coutures qui nuiraient à la netteté des surfaces. Comme le noyau ne peut avoir partout des dimensions rigoureusement exactes, on y supplée en plaçant sous les empreintes de cire, d'autres tablettes de cette matière, qui aient la grosseur voulue pour que toutes les parties de la statue reçoivent de justes proportions.

Il est essentiel que les couches d'argile dont se compose le manteau, soient toujours très-minces et puissent sécher long-temps; afin qu'elles ne conservent que le moins possible d'humidité.

La cire doit être à la fois tenace et très-fusible. M. Wuttig propose de prendre soixante parties de cire pure; de les fondre avec dix parties de poix blanche, dans une chaudière, sur un léger feu de charbon; de remuer le tout, en y ajoutant trois parties de graisse et deux d'huile de pavot; de passer le mélange par un tissu de laine qui soit chaud et parfaitement sec.

Les moules avec lesquels on fait les empreintes de cire, sont en plâtre. Des artistes sont chargés de la confection de ces moules et de toute la statue de cire qui enveloppe le noyau. Il est évident que cette opération exige du talent, de l'adresse et de la précision;

parce que les empreintes sont composées d'un grand nombre de petites parties qu'on doit réunir, en conservant à l'ensemble toutes les proportions du modèle.

DE L'ACHÈVEMENT DES OBJETS COULÉS.

859. Sortis de la main du mouleur, les objets sont loin d'être achevés : quelque soin que prenne cet ouvrier, il ne peut empêcher qu'il ne se forme des coutures à la jonction des châssis ; souvent aussi le sable adhère à la fonte, s'y vitrifie, et rend la surface du métal raboteuse et difforme, inconvénient que le mouleur doit craindre, mais qu'il n'est pas toujours à même d'éviter ; enfin les jets laissent souvent des marques trop visibles. Il faut donc enlever ces inégalités et tout ce qui est étranger à l'objet moulé ; c'est l'affaire de l'*ébarbeur*. Il se sert pour son travail du ciseau, du marteau et d'une rape en fonte dont la forme est celle d'une barre dentée et avec laquelle il détache le sable brasé sur la surface du métal. Mais on ne doit pas trop s'en rapporter aux soins de cet ouvrier ; il ne faut pas qu'il soit chargé de pallier la maladresse ou la négligence du mouleur, parce que la netteté des objets ne manquerait pas d'en souffrir ; c'est pour cette raison qu'il doit être à la solde de ce dernier *.

860. Il existe aussi des marchandises qu'on est obligé de soumettre à d'autres opérations avant de les verser dans le commerce. Les différentes parties de certains objets doivent être ajustées avec précision, dans l'usine même ; on ne peut s'en dispenser pour les gril-

* Ce n'est pas un moyen d'empêcher la négligence des mouleurs ; on ne peut y parvenir que par une stricte surveillance, et qu'en rebutant les objets mal coulés. Le T.

les, les ponts en fer, les tuyaux, les machines, etc. : il en est d'autres qu'on doit armer ou ferrer. Le coulage est d'autant mieux exécuté qu'il faut employer moins souvent le ciseau et la lime, pour l'ajustement des différentes parties. Si l'on est obligé de garnir les objets coulés avec des pièces de serrureie, la fonte doit être douce et grise pour se laisser bien entamer par le ciseau et la lime. Le forage qui devient alors très-facile, s'exécute au moyen d'un foret taillé en langue de carpe, pressé par un mécanisme simple contre l'objet et mis en mouvement à l'aide d'une manivelle.

861. L'aigreur de la fonte blanche, son extrême fragilité, qui est telle que souvent les objets coulés se brisent d'eux-mêmes au moindre changement de température, et l'impossibilité de la travailler au foret et à la lime, ont engagé Réaumur à chercher un moyen de l'adoucir et d'en augmenter la ténacité (122). Il a trouvé que, chauffés dans la poussière de charbon et de cendres d'os, les objets de fonte blanche devenaient moins fragiles; et c'est le procédé qu'il a proposé d'introduire dans les fonderies. Quoiqu'utile dans des cas particuliers, cette méthode d'adoucir le fer cru ne pourra jamais recevoir une application générale : on fait presque toujours mieux d'employer de la fonte très-grise et des moules séchés convenablement. Ce recuit diminue d'ailleurs la résistance des pièces coulées en fonte grise. Celles qui le sont en fonte blanche deviennent plus douces à la surface, lorsqu'on les grille enveloppées de substances légères et poreuses (des cendres, du fumier de vache mêlé d'argile, du sable pur, etc., etc.). Mais si l'adoucissement devait pénétrer jusqu'au centre du métal,

ce dernier ne pourrait avoir qu'une faible épaisseur ; dans le cas contraire, il se couvrirait d'une trop forte couche d'oxide. Ce n'est donc que pour la fonte devenue blanche par le refroidissement subit, ou pour des objets très-minces, que le procédé de Réaumur est recommandable. Quant aux objets qu'on veut férrer, on ne doit les couler qu'en fonte grise, ou bien en fonte blanchie dans les fours à réverbère *.

862. Il est en outre un grand nombre d'objets qui doivent être émoulus, polis, forés, allésés sur le tour. La première de ces opérations se fait à l'aide d'une meule ordinaire mise en mouvement par l'eau. C'est ainsi qu'on unit les surfaces des enclumes, des fers à repasser, etc., etc. La meule peut servir aussi à enlever les coutures et les jets ; ce qui donne aux objets une plus belle apparence. On pourrait même polir de cette façon toutes les surfaces planes, mais elles se rouilleraient trop facilement. Il est d'ailleurs essentiel que les mouleurs s'habituent à donner aux marchandises des surfaces très lisses : si les pièces sont raboteuses ou inégales, on est toujours en droit d'accuser les ouvriers de mal-adresse et les commis de négligence.

863. On polit les balles de fer battu et les boulets de petit calibre, en les faisant rouler dans un cylindre qui reçoit un mouvement circulaire. Il est évident que

---

* Il existe une foule d'objets difficiles à fabriquer en fer forgé, parce que la forme en est très-compliquée, et qui pourraient être coulés avantageusement en fonte blanche qu'on adoucirait au point convenable. C'est en conséquence de ce principe, que la société d'encouragement a décerné un prix de 3000 fr. à MM. Baradelle et Théodore, pour la fabrication en fonte adoucie de divers objets de cette nature. Le T.

ce mouvement ne doit pas être trop rapide et qu'il ne faut pas lisser trop de balles à la fois.

864. Pour forer les objets coulés, on emploie des lames d'acier de différentes formes fixées à un manchon qui est assujetti à une tige en fer. Il est essentiel que ces taillans soient confectionnés avec le meilleur acier et par des ouvriers qui sachent le travailler à la température convenable. Il faut que le diamètre de ce manchon ou de la tête du foret, y compris la saillie des taillans, soit égal au diamètre que doit avoir l'objet qu'on veut forer ou alléser. Souvent aussi on passe successivement plusieurs forets dans la pièce, pour la mettre à son juste calibre. Ce procédé est suivi dans le forage des bouches à feu.

865. Les machines employées pour forer ou alléser sont très-variées. Il est clair que ces opérations exigent deux mouvemens dont l'un est rectiligne et l'autre circulaire. Si la pièce reçoit le premier de ces mouvemens, le foret doit être animé du deuxième : c'est ainsi qu'on procède pour alléser les tuyaux qui ont peu d'épaisseur. La tige du foret fixée alors au centre d'une roue, reçoit une position horizontale. Le tuyau disposé de manière que son axe coïncide parfaitement avec celui du foret, doit être assujetti d'une manière invariable sur un chariot, qui, mu par des poids, s'avance dans une coulisse sans pouvoir dévier de sa direction. L'avantage de ce genre de mécanisme est d'exercer sur le foret une pression constante, et de faire avancer la pièce d'autant plus vite que la résistance est moins grande.

866. Pour des objets pesans, comme des bouches à feu, on procède d'une manière inverse; on les fixe au centre de la roue au moyen de la tige carrée

qui est, à l'extrémité du bouton de culasse et qui
n'a point d'autre fin. C'est donc aux pièces qu'on
donne le mouvement de rotation; mais il est nécessaire de les soutenir par des collets, afin qu'elles ne
puissent varier dans leur direction. La tige se trouve
alors établie d'une manière invariable sur le chariot,
et les deux axes ne doivent former qu'une même
ligne horizontale; c'est encore en faisant mouvoir le
chariot à l'aide d'un poids, qu'on presse le foret contre
la pièce et qu'on le force de s'ouvrir un passage dans
le métal; il faut que sa tige ait une longueur plus
grande que l'ame de la bouche à feu.

867. Les taillans sont arrondis légèrement à leur
partie antérieure, afin qu'ils ne puissent s'ébrécher, en
attaquant le métal trop vivement. Il est souvent très-
difficile de fixer les forets ou les objets à la roue ;
il est plus difficile encore de les centrer et de les
maintenir dans la même direction. Exécuter le chariot
avec la plus grande précision, donner aux coulisses
adaptées au banc de forerie une position parfaitement
horizontale et assurer la stabilité de la machine au
point d'éviter toute espèce de tremblement; ce sont
des précautions indispensables, qu'il est presque inutile
de rappeler.

La vitesse du mouvement de rotation dépend souvent de la qualité des taillans et de la nature du fer
cru dont les pièces sont composées. Les lames se ramol-
lissent d'autant moins, en s'échauffant, que l'acier
est plus dur, et la fonte exerce d'autant moins de
résistance contre l'action du foret qu'elle est plus grise.
La fonte blanchie dans les fours à réverbère, se laisse
forer aussi avec facilité; cependant, il faut dans tous
les cas, avoir soin que les taillans ne s'échauffent pas
trop fortement.

L'épaisseur des lames est un point qui mérite quelque attention : il est certain qu'elles doivent offrir assez de résistance pour ne pas se briser ; mais, trop épaisses, elles ne pourraient recevoir par la trempe une assez grande dureté. Il est donc essentiel de les rendre le plus minces possible, et de ne leur donner sur la tige que la saillie qui leur est strictement nécessaire pour mordre dans le métal. Les taillans, si les objets ont un faible diamètre, sont fixés dans des mortaises pratiquées dans la tige même, au lieu d'être assujettis à un manchon.

868. Pour alléser de gros cylindres on emploie d'autres appareils. On ne peut leur imprimer aucun mouvement, de peur que la plus légère déviation ne produise, à cause de la longueur du diamètre, une grande excentricité. Ces cylindres sont établis sur un emplacement solide et retenus d'une manière invariable au moyen de chaînes ou de cordages.

La tige de l'allésoir qui est polie sur le tour, et dont l'axe ne forme avec celui du cylindre, qu'une même ligne horizontale, porte une rainure pratiquée dans le sens d'une arête ; elle se trouve fixée d'un côté à la roue dont elle reçoit le mouvement de rotation et s'appuie de l'autre sur un collet.

Une moufle également polie sur le tour, pourvue d'une rainure circulaire et percée d'un trou, s'ajuste avec beaucoup de précision sur la tige. Le trou pratiqué dans la moufle reçoit un coulisseau qui entre dans la rainure de la tige, force la moufle de suivre le mouvement circulaire, et lui permet cependant de glisser dans le sens longitudinal. Pour lui imprimer le mouvement de translation, on se sert d'un collier chargé de poids placé dans la rainure circulaire de la mouhe, de façon que cette dernière puisse tourner sans entraîner le collier qui lui communique le mouvement rectiligne. Enfin on fixe invariablement sur la moufle, un manchon armé de 4 à 6 couteaux.

C'est donc à l'aide du coulisseau et du collier que le système reçoit les deux mouvemens. Il est évident qu'une seule moufle peut servir pour tous les calibres; c'est en raison de cet avantage qu'on emploie cette pièce intermédiaire, qui, du reste, ne fait pas une partie essentielle de la machine. Un point important, c'est de centrer le cylindre parfaitement et de l'établir de la manière la plus invariable *.

869. Il existe en outre des foreries verticales usitées pour les bouches à feu. On préfère celles qui sont horizontales, parce qu'il est plus facile d'y monter les canons, et de les centrer. Dans les foreries verticales les pièces sont suspendues dans un châssis mobile, et viennent appuyer par leur propre poids, contre le foret animé du mouvement de rotation.

---

* Dans la machine qu'on vient de faire connaître, la tige de l'allésoir est animée seulement d'un mouvement de rotation, et le mouvement rectiligne est donné immédiatement à la moufle, montée à coulisse sur la tige. Mais on parvient à une plus grande précision, en fixant la moufle invariablement à la tige, qui doit recevoir alors les deux mouvemens; et qu'on termine à cet effet par une vis qui tourne dans un écrou. Pour empêcher ensuite que cette vis n'avance trop rapidement, on imprime à l'écrou un mouvement de rotation. Si, par exemple, on voulait faire avancer la vis pendant chaque révolution, d'une quantité égale à la trente-sixième partie du pas de la vis, la tige devrait faire une révolution entière pendant que l'écrou ferait sa révolution moins un trente-sixième. Il est évident qu'on atteint ce but en adaptant à la tige une roue A à trente-six dents, qui engrène sur une roue B à trente-sept dents, fixée sur un arbre secondaire, parallèle au premier, et en faisant communiquer ensuite le mouvement à l'écrou à l'aide de

870. Lorsqu'on tourne un objet extérieurement, on lui imprime toujours le mouvement circulaire ; l'autre est communiqué aux ciseaux. L'objet se trouve fixé au centre de la roue, ce qui demande quelquefois des dispositions particulières pour empêcher qu'il ne sorte de sa direction. Les lames d'acier sont assujetties à un support établi sur un châssis qui, mû par des poids, s'avance dans une coulisse.

C'est donc la grandeur de ces poids qui détermine la pression exercée par les ciseaux dans le sens longitudinal. Pour les appuyer ensuite contre l'objet et les faire mordre constamment de la même quantité dans le métal, on les arrête avec des calles, ou, ce qui est plus exact encore, au moyen d'une vis.

Ce qui a été dit au §. 867, relativement aux taillans des forets, s'applique aussi aux ciseaux de tourneur.

871. Il est clair que, dans le cas où l'on veut tourner un cylindre, le châssis du banc de forerie doit conserver une direction parallèle à l'axe de la pièce, et que si l'on tourne une surface conique ou toute autre surface, le châssis devra suivre toujours la direction de la génératrice.

Pour couper la masselotte, on presse un couteau avec la main ou à l'aide d'un poids contre le métal.

deux roues qui ont un même nombre de dents ; l'une est assujettie invariablement à l'arbre secondaire, et l'autre à l'écrou. Ces deux dernières roues se meuvent toujours dans le même plan vertical. Comme la roue A reçoit un mouvement de translation, elle doit le communiquer à la roue B, afin qu'elles ne cessent pas d'engrener : il faut donc que cette dernière soit montée à coulisse et qu'elle se trouve terminée par une joue ou plate-bande contre laquelle les dents de la première viennent appuyer pour l'entraîner avec elle. Bulletin de la Société d'encouragement pour 1823, page 11.

Le T.

872. Après avoir achevé extérieurement les objets coulés, on les couvre quelquefois d'un vernis pour les préserver de la rouille. Cette mesure de précaution peut devenir nécessaire pour ceux de ces objets qu'on manie souvent, ou qui sont exposés à l'air atmosphérique; on s'en dispense pour les vaisseaux culinaires, les plaques, les fourneaux, etc., attendu que ces vernis n'auraient pas assez de solidité ou parce qu'ils occasionneraient d'autres inconvéniens.

Les objets délicats tels que les médaillons, reçoivent un vernis d'huile de lin et de noir de fumée, qui est très-bon et très-solide. On chauffe d'abord ces objets d'ornement jusqu'au degré de chaleur correspondant aux couleurs du recuit, on les enduit après cela d'une légère couche de peinture, et on les entretient à la même température, jusqu'à ce que le dégagement des vapeurs ait cessé.

Les grosses pièces sont peintes avec du goudron chaud et soumises ensuite à un léger degré de chaleur pour l'évaporation de l'eau : le goudron de houille mérite la préférence.

On frotte avec du sain-doux mêlé de graphite, les pièces émoulues, allésées et tournées. Anderson conseille l'emploi d'une substance que l'on compose de la manière suivante : on chauffe de la litarge saupoudrée de soufre pulvérisé dans une marmite de fer; il en résulte une masse noire, qui, broyée avec de l'huile, forme une couleur sombre, séchant promptement, ayant beaucoup de solidité et s'opposant parfaitement à l'action de l'air atmosphérique sur le métal.

873. Pour garantir les poêles de la rouille, on les brunit quelquefois (136); ou bien on les bronze en

les couvrant d'une dissolution de vitriol de cuivre; mais cet enduit manque de solidité.

874. Nous avons déjà fait mention aux paragraphes 201, 203 et 206 des différens procédés qu'on suit pour couvrir la surface du fer d'une légère couche d'or, d'argent ou de cuivre; mais la fonte ne se prête pas aussi bien que le fer ductile ou l'acier à ces sortes d'opérations. L'étamage même ne peut convenir au fer cru. On le dore et on l'argente avec le vernis de copal et avec des feuilles d'or ou d'argent.

875. On n'est pas non plus dans l'usage de bleuir la fonte, parce que la couleur réussirait mal et ne présenterait pas une assez forte garantie contre la rouille.

876. La poterie de fer a le défaut de noircir certains alimens. On tâche de lui ôter ce défaut en y faisant bouillir de l'eau-de-vie, ou mieux encore, des résidus de la distillation; ensuite on frotte les vaisseaux avec un linge et l'on y fait cuire d'abord des substances grasses. En les nettoyant, on ne doit jamais les écurer avec du sable, on doit seulement employer du son, les frotter avec un linge, les rincer avec de l'eau chaude et les renverser.

877. Mais ce moyen ne suffit pas pour les défendre contre l'action de certains alimens, sur-tout lorsque ces vaisseaux ne servent que rarement. On a donc essayé de les étamer; mais il est difficile de soumettre la fonte à cette opération, on obtient de mauvais résultats; aussi l'étamage est-il rarement employé.

878. Depuis une trentaine d'années, on a tâché de couvrir les parois intérieures des pots de fer, d'un émail; on parvient de cette manière à les protéger contre les acides faibles. Ce procédé doit d'autant

plus exciter l'attention des maîtres de forges, que la confection des vaisseaux culinaires est une des branches les plus importantes de leur industrie.

Il existe plusieurs recettes pour l'émail; mais la bonne réussite dépend plutôt de la manière d'exécuter le travail; le point essentiel, c'est de rendre la composition très-fusible : elle reçoit cette qualité par la litharge qui, à l'état vitreux, ne porte aucune atteinte à l'économie animale. On peut consulter sur les émaux, l'histoire du fer de Rinman.

879. Pour émailler, on commence par nettoyer la surface des objets, par enlever la couche d'oxide qui les couvre. Il deviendrait trop dispendieux de les polir sur le tour, et l'on ne pourrait les décaper, parce qu'il serait impossible de les empêcher ensuite de se rouiller: c'est donc le moyen le plus simple qu'on met en usage; on les écure avec du grès, opération qui peut s'effectuer à l'aide d'une machine.

La composition qui doit former l'émail, obtenue par la fusion des matières, pulvérisée et délayée dans l'eau, se verse dans les vases qu'on agite circulairement, pour la répandre d'une manière égale. On enduit ces vases de la substance liquide, on les renverse ensuite, afin que le superflu de la matière puisse s'écouler. Après les avoir retournés de nouveau, saupoudrés uniformément de la même composition réduite en poudre sèche, on les place dans un four chauffé au rouge rose.

CINQUIÈME SECTION.

DU FER DUCTILE.

880. Les minérais contiennent ordinairement le fer à l'état d'oxide. La décomposition de l'oxide ne peut avoir lieu qu'à une haute température et par l'action du carbone. Il se forme alors un autre composé dont l'existence est due à l'affinité du métal pour le réactif, et ce nouveau corps ne peut céder son carbone qu'à l'oxigène aidé de la chaleur rouge (244). Il s'ensuit que le travail se divise en deux opérations bien distinctes. La première a pour but de chasser l'oxigène, et la deuxième de se débarrasser du carbone. Si par conséquent le traitement des minérais avait lieu sans la présence de l'oxigène, le résultat serait toujours du fer cru.

881. La fonte n'est connue que depuis quelques siècles, tandis que le fer forgé était en usage dans l'antiquité la plus reculée. Ces faits divers sembleraient contradictoires, si l'on ne savait que dans toutes les opérations usitées chez les anciens, le fer cru passait à l'état de fer ductile au moment même où il était formé. Plusieurs métallurgistes qui n'ont pas assez approfondi ces phénomènes, sont encore d'avis aujourd'hui que, par la réduction des minérais, on obtient d'abord du fer ductile qui se charge ensuite de carbone et se convertit en fonte.

882. Il existe deux moyens de préparer le fer ductile : on peut ou lier ensemble les deux opérations, chasser l'oxigène des minérais et brûler le carbone de la fonte ; ou bien les séparer, se borner d'abord à réduire les minérais et traiter plus tard le produit obtenu. Dans le premier cas, le résultat immédiat du travail est le fer forgé ; dans le deuxième, c'est la fonte qu'on soumet ensuite à l'affinage pour en retirer le fer ductile.

883. Si l'on veut extraire le fer pur immédiatement des minérais, il ne suffit donc pas de les réduire ; on doit en outre brûler le carbone du fer cru. Pour y réussir, on doit fondre les minérais au milieu de charbons embrasés, dans de larges foyers, présenter le métal réduit au courant d'air et entretenir la température au-dessous du point de fusion de la fonte, afin qu'elle ne puisse, en passant à l'état liquide, se dérober trop promptement à l'action du courant d'air.

Les conditions essentiellement nécessaires au succès de cette opération, sont des foyers bas et larges : bas, afin que la matière réduite ne devienne pas trop liquide ; larges, afin que la fonte puisse offrir une grande surface à l'influence de l'air. Ces foyers prennent le nom de *stuckofen*, si la fusion a lieu au-dessus de la tuyère ; dans le cas contraire, ce sont des feux dits *à la catalane*. Nous avons déjà parlé du travail des stuckofen (566 et 567).

Ce qui distingue les feux d'une manière caractéristique des fourneaux, c'est que dans les premiers, la fusion ne peut avoir lieu qu'à l'aide d'un courant d'air dirigé du haut en bas sur la matière qu'il s'agit de fondre. Il s'ensuit qu'outre la réduction, on y produit aussi une décarburation du métal, et que les feux ne pourraient être activés, comme des fourneaux, par un simple tirage. Si par conséquent on trouve quelque part des traces de feux de forge, on est autorisé à conclure qu'à l'époque où ces foyers furent activés, on connaissait l'usage des machines soufflantes.

884. Les feux dans lesquels on traite les minérais pour en obtenir immédiatement du fer ductile, seront désignés dorénavant sous le nom de *feux à la catalane*; ceux dans lesquels on traite la fonte pour en retirer du fer ductile ou de l'acier, s'appelleront *feux d'affinerie*. Placés les uns et les autres au-dessous d'une cheminée, dans l'intérieur d'une usine, et composés d'un creuset qui reçoit l'air d'une machine soufflante par une tuyère, ils ont entre eux quelque ressemblance quant à leurs dispositions principales.

885. Lorsque les minérais sont réduits dans des fourneaux, on affine la fonte dans des feux d'affinerie ou bien dans des fours à réverbère, qui ne diffèrent pas essentiellement de ceux qui servent à liquéfier le fer cru. L'oxigène qui doit décarburer la fonte arrive dans ces fours par un tirage naturel; tandis qu'il est lancé au moyen d'une machine dans les *feux*, où il doit opérer à la fois l'embrasement du combustible, la fusion et la décarburation du métal.

886. Le fer ductile ne fond pas à la température ordinaire des foyers d'affinerie. Quant à la fusibilité du fer carburé, elle est proportionnelle à la quantité de carbone contenue dans le métal. Privé de cette substance peu à peu, le fer cru, liquide d'abord, s'épaissit et finit par se figer; c'est à cette propriété qu'on doit l'affinage de la fonte. Il serait très-difficile de la changer en fer ductile, si, en perdant son carbone, elle conservait sa fusibilité; on ne pourrait y parvenir qu'en la répandant sur une très-large surface.

Si le fer ductile ne peut se couler, il est possible néanmoins de lui donner à une haute température toutes sortes de formes en soudant plusieurs pièces ensemble. Il résulte du grand nombre des méthodes qu'on suit pour extraire le fer de ses minérais, que les produits bruts de ces diverses opérations doivent avoir des dimensions très-variées. Ces masses portent le nom de *loupes*, de *lopins* et de *massets*.

Le poids des loupes peut s'élever quelquefois de 100 à 150 kilog., tandis que les lopins n'en pèsent souvent que 10. On ne pourrait travailler le fer dans les forges de maréchal, sous une forme si incommode; il deviendrait trop dispendieux de chauffer ces grosses masses et de les amincir. Il faut donc y procéder dans les usines mêmes.

La compression qu'on fait éprouver au fer pour le dégrossir, en dégage d'ailleurs les dernières parties de scories qui peuvent s'y trouver encore à l'état de mélange*. On le forge pour cet effet sous de gros marteaux, ou bien on le passe entre deux cylindres

---

* Le fer imparfaitement affiné, subit aussi pendant le forgeage, et par les chaudes successives, une opération chimique : le carbone, que dans ce cas il contient encore, se porte de l'intérieur à la surface du métal où il est brûlé. L'ébranlement occasionné par les coups de marteau favorise ce mouvement. Les forgerons qui connaissent leur métier, replacent dans le feu des *maquettes* mal affinées, après qu'elles ont reçu 5 à 6 coups seulement, les retirent un instant après et répètent cette manœuvre plusieurs fois: le choc du marteau, la dilatation produite par la chaleur, et le contact de l'air, déterminent le mouvement et la combustion du carbone. Il est probable aussi que les dernières parties de cet agent combinées avec la masse du fer, en sont séparées par les diverses chaudes, et forment alors un polycarbure qui reste mêlé avec le métal. Voyez le mémoire ajouté au premier volume, paragraphes 11, 13. Le T.

qui lui donnent la forme voulue. Bien forgé, le fer plaît à l'œil; on sait d'ailleurs que mal affiné, il a souvent des pailles et se crique sur les arêtes. .

887. Aussitôt que les grosses loupes ont été retirées du feu, on les coupe en plusieurs lopins qu'on étire ensuite. Quand on se sert de cylindres au lieu de marteaux, on ne fait que des pièces qui puissent passer par les cannelures.

On voit d'après cela, que l'art de comprimer le fer et de lui donner une forme voulue, fait une partie essentielle de la sydérurgie. Les dimensions des barres dépendent de l'usage auquel on les destine; souvent elles sont déterminées par la routine suivie dans chaque pays. On classe tout le fer forgé en *fer carré* et en *fer plat*. Si les barres sont d'un faible échantillon, il faut plus de temps pour les étirer, et dans ce cas on sépare ce travail de celui de l'affinage d'autant plus qu'on est forcé alors d'employer d'autres cylindres ou des marteaux plus légers. On regarde donc l'étirage comme une opération à part.

La désignation des fers est basée sur les dimensions des barres qui varient d'un pays à l'autre, d'après les coutumes suivies, plutôt que d'après un but positif : le fabricant doit consulter les usages reçus.

888. La compression ou l'*étirage* du fer, pratiqué presque toujours sur le continent au moyen de marteaux, se fait en Angleterre avec des cylindres, dont l'emploi devient de plus en plus général : le travail en est plus facile et bien moins dispendieux.

On désigne les marteaux d'après la manière de les mettre en mouvement. Il en existe trois espèces : le marteau à *soulèvement*, le marteau à *bascule* et le marteau *frontal*. L'enclume est ordinairement en fonte, le marteau se trouve souvent confectionné en fer forgé; sa *panne* est alors aciérée.

889. L'ordon, c'est ainsi qu'on appelle toute la charpente qui soutient le marteau, varie avec ce dernier et se désigne de la même manière.

On peut assimiler les marteaux à soulèvement à un levier dont le point d'application de la force se trouve entre le point fixe et la résistance. Si l'on divise le manche en trois parties, à compter de l'axe de rotation, les cames doivent le saisir au dernier tiers. La résistance est d'autant plus petite, que l'emplacement des cames au *poucet* est plus près du marteau; mais ce dernier s'élève alors d'autant moins et l'effet en est diminué. La *volée* du marteau ou son plus grand écartement de l'enclume, est à peu près de 78 centim. (30 pouces du Rhin); c'est à cette hauteur que les cames doivent l'élever.

On pourrait diminuer la longueur des cames en les rapprochant de l'axe fixe, ce qui semblerait diminuer la résistance qui doit être vaincue par la roue; mais le poids du marteau éloigné alors d'une plus grande distance du point d'application, augmenterait dans le même rapport.

On appelle *bogue*, *hülse* ou *hurasse*, un anneau de fonte large, fort, et pourvu de deux tourillons ou *cornes* d'une longueur inégale; c'est cet anneau qui embrasse le manche du marteau et dont les deux cornes, formant l'axe de rotation, reposent dans des crapaudines fixées dans des colonnes verticales. Il est évident que le manche doit être le plus près possible de l'arbre de la roue hydraulique, afin qu'on ne soit pas obligé d'agrandir inutilement les cames à l'extrémité desquelles pèse toute la résistance. C'est pour cette raison que l'une des cornes de la bogue, celle qui est tournée vers la roue hydraulique, se trouve plus courte que l'autre.

Le marteau lancé en l'air frappe contre une pièce de bois appelée *rabat*, afin qu'il ne puisse pas s'élever trop fortement et qu'il ne vienne retomber sur une des cames sans toucher l'enclume. Ce rabat, dont l'élasticité augmente la force du coup due à la hauteur de la chute, éprouve beaucoup de fatigue et doit être confectionné, ainsi que le manche, avec le meilleur bois; on les fait d'ordinaire en charme ou en hêtre; le manche se trouve protégé à l'endroit où les cames le saisissent, par un collier de *fer*, la *braye*, qui diminue le frottement.

L'ordon ordinaire d'un marteau à soulèvement, doit se composer de quatre colonnes dont deux appelées *jambes*, soutiennent la bogue et, dont les deux autres portent le rabat. Celles-ci sont placées de file; on désigne l'une sous le nom de *court-carreau* et l'autre, celle qui est le plus près de la roue hydraulique, sous celui de *longue attache*. Les coups réitérés du marteau feraient bientôt sortir ces pièces de leurs assemblages, si elles n'étaient pas chargées d'un poids considérable; on emploie pour cet effet un gros arbre appelé *drome*; qui pèse par un des bouts sur le *court-carreau* et la *longue attache*, et dont l'autre extrémité s'appuie sur un mur ou sur un poteau placé dans l'usine. Le rabat, qui traverse ordinairement le court-carreau, vient s'emmancher dans la longue attache, à tenon et mortaise, et s'y trouve retenu par des calles d'une manière invariable. La drome doit peser aussi sur les deux jambes assemblées par une semelle. Confectionnées en bois, celles-ci doivent avoir un encastrement pour les crapaudines.

·"A. l'état de repos „ le manche doit être horizontal ;
il s'ensuit que la position des crapaudines est déterminée par la hauteur de l'enclume et par celle du
marteau.

La table ou panne de l'enclume, au lieu d'être parallèle à l'arbre hydraulique, est tournée en dehors, afin
que les cames ne puissent pas saisir les barres * : il est
bien entendu que les deux pannes, celle de l'enclume et
celle du marteau, doivent se confondre parfaitement
dans toute leur longueur **.

Pour donner à l'enclume une position très - solide,
on la place ordinairement sur un billot de $1^m,88$ à
$2^m,50$ de longueur, de 1^m, à $1^m,25$ de diamètre, appuyé lui-même sur un grillage, lorsque le terrain n'est
pas 'très-ferme. Dans le billot appelé *stock*, on place
une *chabotte* en fonte, et c'est dans cette chabotte
que l'on consolide l'enclume au moyen de coins en fer ;
on peut lui donner de cette manière une position convenable jointe à une grande immobilité. Les billots
élastiques usités anciennement sont aujourd'hui abandonnés, parce qu'ils étaient trop dispendieux et qu'ils
manquaient de stabilité.

Comme la construction des ordons exige beaucoup
de bois, on a commencé d'abord à faire les jambes
et le court - carreau en fonte. Bientôt après on a construit en fer l'ordon tout entier.

L'emploi des jambes et des courts-carreaux métalliques a simplifié la machine, mais les ordons qui sont

---

* Et afin que les longues barres ne soient point arrêtées par le
court-carreau.   **Le T.**

** Il s'ensuit que le manche doit être entaillé, à moins que le
marteau ne soit gauche.   **Le T.**

entièrement en fonte n'ont pas à beaucoup près la
même solidité que les autres.

890. Les ordons des marteaux à bascule sont plus
simples que ceux dont nous venons de parler. Ces
marteaux peuvent être comparés à un levier dont le
point d'appui est entre la force et la résistance. Le
rapport de la longueur des deux branches comptées
depuis l'axe de rotation, détermine à la fois, et la
hauteur de la chute et le poids dont les cames sont
chargées, en mettant le marteau en activité. Pour
accélérer le mouvement, on raccourcit autant qu'il
est possible, la branche pressée par les cames, afin
qu'elles restent peu de temps engagées; mais la charge
de la machine se trouve alors considérablement augmentée, si les marteaux sont pesans. En augmentant
la longueur de la branche pressée par les cames, on
ne parviendrait pourtant pas à produire le même effet
qu'avec les marteaux à soulèvement, dont l'action est
considérablement augmentée par l'élasticité du rabat.
Il est vrai qu'on tâche d'y suppléer en plaçant sous
l'extrémité du manche, une espèce de ressort : c'est
une pièce de bois couverte d'une plaque de fonte.
On empêche de cette façon que la branche pressée
par les cames, ne vienne à trop s'abaisser et l'on
augmente la force du coup; mais l'effet de ce ressort
est d'autant plus faible que l'une des branches, celle
qui le frappe, est plus petite par rapport à l'autre.

On voit, d'après ce qui précède, que les gros marteaux doivent être à soulèvement et les petits, à
bascule; parce que le point essentiel, quant à ceux-
ci, est d'avoir un mouvement très-rapide. Cependant,
pour éviter que le marteau ne soit saisi avant d'avoir
frappé, on ne peut donner à la petite branche guères

moins du tiers de la longueur que doit avoir la grande : la première se mesure depuis le point où elle est touchée par les cames jusqu'à l'axe de rotation, et l'autre depuis cet axe jusqu'au marteau.

Le nombre des coups fourni par minute, et celui des cames dont il faut armer l'anneau, sont déterminés par la volée du marteau, par le rapport qui existe entre les longueurs des deux parties du manche, par le rapport du diamètre de l'anneau à celui de la roue hydraulique, enfin par la vîtesse moyenne que cette dernière peut recevoir de la force motrice.

Si l'on voulait augmenter la volée et diminuer le rapport qui existe entre la distance du marteau à la *bogue* ou *hurasse* et celle de la hurasse aux cames, il faudrait espacer ces dernières davantage, parce qu'on obtiendrait un plus petit nombre de coups.

Les marteaux à soulèvement doivent être mus au moins par cinq cames, afin que la charge soit répartie plus également sur la roue.

Les ordons à bascule ne se composent, pour ainsi dire, que de deux montans ou jambes assemblées dans des semelles. On doit pouvoir y fixer solidement les crapaudines et les changer avec facilité. Si l'ordon est en fer, on satisfait à cette condition en remplaçant une des jambes par une espèce de lévier mobile. Les manches de ces martinets sont souvent confectionnés en fer forgé.

Dans le comté de la Marche, on fait usage encore de certains ordons qui tiennent le milieu entre ceux que nous venons de décrire. La longue attache leur manque, et la drome est supportée par les deux jambes et la petite attache; mais ils ont deux courts-carreaux placés devant les jambes. Le rabat reposant entre les deux courts-carréaux sur une barre de fer forgé, est maintenu d'une manière invariable à l'aide de coins enfoncés du haut en bas. La bogue ne diffère pas de celle des marteaux à bascule. Ces ordons nécessitent de fréquentes réparations.

891. Le *marteau frontal*, que les cames saisissent par la tête, est aussi un marteau à soulèvement ; il se distingue par son extrême pesanteur. Tout le marteau, le manche compris, est souvent en fer coulé. Sa volée dépasse rarement 16 centim. Il n'est pourvu d'aucune espèce de ressort, ne devant agir que par son poids. On fait usage de ces marteaux pour étirer le fer, mais les cylindres les ont remplacés en grande partie.

892. Les cylindres qui, dans leur origine, ne servaient qu'à laminer la tôle, ont depuis été employés avec succès, pour étirer en barres les pièces ou les maquettes. Ces cylindres étireurs sont entaillés. On passe la pièce par une série de cannelures d'un calibre décroissant et dont la dernière a les dimensions exactes de la barre qu'on veut obtenir.

Le poids de ces cylindres est très-considérable ; il faut donc soutenir celui qui est au-dessus, dans une empoise qui doit s'élever avec lui et l'empêcher de retomber sur l'autre. Chaque cylindre peut recevoir le mouvement par une force particulière, ou bien ils peuvent se le communiquer l'un à l'autre au moyen d'engrenages. C'est pour un petit laminoir seulement qu'on supprime quelquefois les empoises qui doivent empêcher le cylindre supérieur de retomber sur l'autre, et qu'on ne le fait mouvoir que par frottement ; mais ces machines sont toujours très-défectueuses. Il en serait de même si, mu par un engrenage, le cylindre supérieur n'était point suspendu, ou *vice versâ*.

L'écartement que les cylindres peuvent prendre lorsqu'on lamine le fer, se détermine par des vis contre lesquelles les empoises viennent appuyer : ces vis sont en fer et se meuvent dans des écrous en cuivre. Lorsque le cylindre supérieur n'est point soutenu, on n'a qu'à tourner la vis pour donner plus ou moins de jeu; mais dans le cas contraire, il faut soulever tout le poids de ce cylindre, parce que l'empoise inférieure fixée à une bride, qui elle-même est suspendue à la vis, doit s'élever avec tout le système. Si par conséquent les cylindres étaient très-pesans, on ne pourrait tourner la vis à l'aide d'une simple clef; il faudrait donc recourir alors à d'autres moyens, employer des rouages, des vis sans fin, etc. On est dans l'usage aussi de diminuer la pesanteur du fardeau au moyen des contrepoids qui remplacent quelquefois les brides de champ, quoiqu'il vaudrait mieux les employer conjointement.

893. On peut ranger tous les systèmes de laminoirs ou de cylindres en deux classes : en *équipages à cage massive* et en *équipages à colonnes* : dans les uns les écrous sont fixes, dans les autres ils sont mobiles. Plus faciles à construire et plus commodes en tant que l'on veuille suspendre le cylindre supérieur, les premiers méritent la préférence, si toutefois les rainures dans lesquelles les empoises ou chapeaux doivent se mouvoir, sont confectionnées avec précision. Les colonnes de la deuxième classe de laminoirs sont en vis et les écrous auxquels on assujettit les brides qui retiennent les empoises inférieures, sont mobiles. Il faut donc, pour soulever le cylindre supérieur, qu'on soulève aussi tous les coussinets qui servent de remplage,

tandis qu'aux laminoirs de la première espèce, on n'a que le cylindre et les empoises à soutenir. Ceux_ci n'ont de chaque côté qu'une seule vis qui 'appuie sur l'empoise supérieure , tandis que les laminoirs à *colonnes* en ont quatre. Mais si les cages massives sont construites avec soin, il n'y a aucun dérangement à craindre; une vis de chaque côté suffit pour maintenir les empoises d'une manière solide. Lorsqu'il y en a deux, il peut arriver souvent que l'une soit descendue plus bas que l'autre. Les laminoirs à colonnes exigent donc plus de soin et leur construction est d'ailleurs plus dipendieuse.

Les laminoirs usités dans les Pays-Bas sont presque toujours à colonnes; mais les vis se trouvent remplacées par des coins que l'on enfonce dans une fente pratiquée dans l'extrémité supérieure des piliers. Ces coins que l'on fait plus ou moins avancer diminuent ou augmentent l'écartement que prennent les deux cylindres. Il peut arriver que le cylindre supérieur ne repose pas sur une empoise, ou que son empoise inférieure soit mise en communication avec le contre-poids destiné à le soulever, ou bien que cette empoise soit assujettie à l'écrou par une bride. Ces laminoirs ne sont pas les meilleurs, parce qu'ils ne comportent pas une grande précision.

894. Pour donner aux barres étirées entre les cylindres une plus belle apparence, on les chauffe au rouge et on les martelle afin de faire tomber la couche d'oxide et de rendre leurs arêtes plus vives.

Battu à froid, le fer prend en général une belle couleur ardoisée, mais il en devient plus aigre et cesse de pouvoir supporter les épreuves. Il ne faut donc pas continuer le battage trop long-temps. Si les barres

étirées sous le marteau sont longues, on les pare souvent au rouge brun, sur-tout à la *reprise;* elles ne
peuvent manquer alors de devenir très-cassantes, quelque bonne que puisse être la qualité du fer. Il est
vrai que le recuit lui rend sa ténacité, tandis que le
mauvais fer ne gagne rien à cette opération. On a
construit en Russie des fours à réverbère d'une forme
particulière (obschigalnie petschi) pour y recuire à la
fois de 5oo à 15oo quintaux de fer en barres ; on les
chauffe avec du bois. Il serait bon d'imiter ce procédé
par-tout où le fer, aigri presque toujours par le battage,
doit subir de fortes épreuves.

895. Les corps étrangers, dont la combinaison avec
le fer n'est pas encore suffisamment connue, ainsi que
la petite quantité de carbone que ce métal retient
toujours après l'affinage, en modifient les propriétés à
l'infini. C'est ce qui a fait désigner les diverses espèces
de fer par les qualifications de *tenace, dur, mou, cassant, fort, aigre,* etc. Mais on peut les considérer
toutes sous deux points de vue : celui de la dureté,
qui est modifiée par le carbone, et celui de l'aigreur
ou de la fragilité, que l'on doit attribuer à la présence
des matières étrangères (43–71). On peut donc classer tous les fers de la manière suivante :

I. Fer dur. Il ne cède pas facilement à l'action du
marteau et conserve long-temps sa texture grenue pendant le battage.

1°. *Fer dur et fort* ou tenace. Ce fer peut se plier
à froid et à chaud dans toutes les directions.

2°. *Fer dur et aigre.* Il se forge mal, casse à froid
par le choc, se comporte comme le fer mal affiné,
bien qu'on ne puisse assurer que le carbone seul lui
donne ces défauts ; il est probable même qu'il les

reçoit en partie des corps étrangers dont on ne peut le débarasser complètement *.

3°. *Fer dur et cassant* (fer tendre). On peut le plier à chaud dans toutes les directions, mais il casse à froid. On l'appelle aussi pour cette raison, *fer cassant à froid*.

4°. *Fer dur et rouverin*. On le ploie à froid, mais il casse à la chaleur rouge. Le soufre, et probablement aussi d'autres corps lui donnent ce défaut : lorsqu'il le possède à un haut degré, il devient même cassant à froid.

II. FER MOU. Il cède facilement à la compression à froid ; sa texture grenue se perd très-vite par le forgeage ; elle est remplacée par un tissu nerveux.

1°. *Fer mou et tenace*. On peut le plier à froid et à chaud dans toutes les directions.

2°. *Fer mou et aigre*. On le plie à chaud ; mais il casse à froid : c'est le caractère du fer dit *surchauffé* ou *brûlé*.

3°. *Fer mou et cassant*. On peut le forger à chaud et le ployer jusqu'à un certain point à froid, mais il ne résiste ni à un choc fort, ni à un poids considérable. Le fer légèrement tendre appartient à cette espèce **.

Le fer fort et mou est plus pur que le fer fort et dur ; cependant on lui préfère ordinairement celui-ci dont la qualité s'améliore par les chaudes, tandis que le

---

* Voyez pour la différence qui existe entre l'aigreur et la fragilité, ou entre le fer aigre et le fer cassant, le §. 60, et surtout la note ajoutée au §. 68. On a défini le fer aigre, un fer brisant à chaud et cassant à froid ; remarquons toutefois que cette propriété d'être brisant n'est point caractéristique, mais qu'elle est seulement accidentelle. Le T.

** C'est ce que nous appelons en France le *fer métis*. Le T.

premier se détériore plus facilement au feu. Ajoutons
que le fer fort et dur, est plus dense, qu'il s'étire
mieux en barres minces et qu'il résiste plus au frottement que le fer mou; mais, souillé accidentellement par un corps étranger, il devient plus cassant
que l'autre, parce que l'aigreur est déjà une suite
naturelle de sa dureté.

Si le fer mou, qui n'est guères disposé à devenir
aigre, est pourtant cassant, on doit le juger comme
étant d'une qualité extrêmement mauvaise; il se distingue par un nerf court d'une couleur sombre.

896. L'épreuve qu'on fait subir au fer est un mal
nécessaire dont le but est de contrôler le travail des
ouvriers; en la poussant trop loin, on défigure les
barres et l'on nuit à leur qualité. On éprouve le fer
de la manière suivante :

1°. Un homme saisit les barres des deux mains,
les élève au-dessus de sa tête et les jette avec force
contre une enclume dont la table est très-étroite.
Les extrémités des barres sont ployées et reployées
ensuite à l'endroit des reprises.

2°. Quant aux barres lourdes, on les place à faux,
on les frappe avec une masse dont la panne est étroite,
on les courbe et on les redresse.

3°. En affinant par attachement, on doit essayer,
comme nous venons de le dire, les barres provenant
de la loupe. Si elles résistent, il devient inutile d'é-
prouver les autres; dans le cas contraire, il suffira
de frapper celles-ci de champ contre l'enclume, parce
qu'elles sont ordinairement très-minces.

Le fer qui résiste à ces épreuves ne doit laisser
aucun doute sur sa ténacité. Si un certain nombre
de barres cassent en plus de deux morceaux, le fer

est mauvais. Mais il pourrait être de 'la meilleure
qualité; lors même que plusieurs barres se seraient
rompues en deux, puisque cet accident peut ne provenir que du martelage à froid. Il faut alors, examiner
les morceaux avec plus de soin, et les soumettre à
de nouveaux essais.

897. La métallurgie du fer ne consiste à la rigueur
que dans la réduction des minérais et dans la conversion de la fonte en gros fer. Néanmoins, son dégrossissement, sa conversion en tôle et en fil d'archal,
sont regardés comme faisant partie de l'art des forges.
Ces opérations se font dans des usines particulières.
Nous traiterons par conséquent dans la première partie
de cette section, de l'art d'obtenir le métal, et dans
la deuxième, de son dégrossissement.

PREMIÈRE DIVISION.

DE LA PRÉPARATION DU FER DUCTILE.

898. On a déjà vu qu'on peut retirer le fer immédiatement de ses minérais ou fondre ces derniers
dans les hauts fourneaux, et traiter ensuite la fonte
pour en obtenir du fer ductile; nous appellerons la
première de ces méthodes *affinage immédiat des minérais de fer*, et la deuxième *affinage de la fonte :*
nous nous occuperons d'abord de celle-ci.

DE L'AFFINAGE DE LA FONTE.

899. Les nombreux procédés d'affinage se réduisent
à deux méthodes bien distinctes : l'affinage opéré dans
les feux de forge où le fer est en contact avec le char—

bon, et celui qu'on pratique dans les fours à réverbère
où le métal n'est exposé qu'à l'action de l'air et de la
chaleur. L'objet essentiel de l'affinage est d'enlever le
carbone à la fonte ; on devrait donc y parvenir d'une
manière plus complète dans les fours à réverbère ; puisque, dans les foyers d'affinerie, le fer restant en contact avec le charbon, peut en absorber continuellement
de nouvelles quantités. Le combustible, qui ne devrait
servir qu'à élever la température et à désoxider les
scories, s'oppose donc par son affinité pour le métal au
but qu'on veut atteindre. Il s'ensuit que cette méthode sera toujours défectueuse, parce qu'on ne pourra
jamais se débarrasser de tout le carbone contenu dans
le fer, ou plutôt parce qu'on ne pourra empêcher que,
tenu trop long-temps au milieu de ce combustible,
le métal né se carbure une seconde fois ; c'est pour
cette raison qu'une adresse manuelle et un coup d'œil
exercé, contribueront plus au succès de l'opération,
que ne pourraient le faire tous les conseils dictés par
la théorie.

   L'affinage dans les fours à réverbère serait parfait,
si la fonte pouvait perdre par l'action de l'oxigène
tout le carbone et toutes les matières étrangères dont
elle est souillée ; mais il n'en est pas tout à fait ainsi :
le fer obtenu dans les fours à réverbère, loin d'être
meilleur, est presque toujours plus mauvais que l'autre.
Il paraît que les matières étrangères, telles que le soufre, les bases terreuses, le phosphore ou d'autres métaux, sont oxidés plus facilement par le courant d'air
des machines soufflantes, et qu'on parvient alors à les
séparer du métal d'une manière plus complète. On
s'est convaincu par expérience, que le fer rouverin
et le fer cassant à froid peuvent se changer dans les

feux d'affinerie en un fer d'une très-bonne qualité,
au moyen des oxidations et des réductions successives
opérées par la présence simultanée de l'oxigène et du
carbone. On peut donc obtenir dans ces foyers un bon
fer avec de la mauvaise fonte, en supportant une perte
considérable de métal, de temps et de combustible;
mais on ne pourrait y parvenir dans les fours à réverbère, puisque le fer oxidé n'est point en contact avec
le charbon et que les réductions successives deviennent
alors impossibles *.

---

* On n'a pu obtenir jusqu'ici de très-bon fer par l'affinage à
l'anglaise, ni avec la mauvaise ni même avec la bonne fonte. Il
n'en est pas moins vrai que cette méthode économique et expéditive
produit les plus heureux effets sur l'industrie française, parce que
les nombreux besoins de la société réclament des fers de toute
espèce. Mais on aurait tort de vouloir affiner de cette manière
de très-bonnes fontes dans l'espoir d'obtenir du fer fort de première qualité. C'est aussi l'opinion de M. le directeur Af Uhr,
qui vient de terminer les expériences faites en Suède, à Skebo,
sur l'affinage dans les fours à réverbère. « Ce genre de travail,
» dit-il, produirait une économie de combustible, mais il ôterait
» aux fers de Suède, une grande partie de leur bonne qualité.
» Le fer préparé à l'anglaise et soumis à l'étirage entre les cy-
» lindres, semble très-dense, exempt de criques et de pailles. Mais
» cette bonté n'est qu'apparente; la compression uniforme que su-
» bissent les barres sur tous les points en masque les défauts. Si
» l'on prend un semblable morceau de fer qui, dans sa cassure, paraît
» dense et homogène et qu'on le chauffe pour l'étirer sous un mar-
» teau de forge ordinaire, il se dilate et montre ensuite de nom-
» breuses solutions de continuité qui peuvent augmenter à tel point
» que la barre tombe en pièces sous le marteau. Il est probable que
» la cause de ce phénomène est due aux scories qui, dans ce tra-
» vail, ne pouvant être séparées entièrement du métal, restent
» à l'état de mélange dans la masse. C'est à ces impuretés que
» le fer doit sa couleur foncée, son peu d'éclat, son manque de
» compacité et par suite son nerf court et sombre. Si l'on est
» par conséquent obligé de le remettre au feu pour le forger ou

' 9oo.'Plus la fonte est pure, plus l'affinage en est prompt', parce qu'il faut la présenter alors moins souvent au courant d'air pour oxider les substances étrangères : il en résulte une économie de temps et de matières premières. Nous avons vu que la fonte blanche et la grise peuvent contenir une égale quantité de carbone; que la première entre plus tôt en fusion et ne devient pas aussi liquide; qu'à la température de la fusion, elle passe bien plus vîte à l'état de fer malléable; qu'elle éprouve par la présence des oxides de fer, des changemens moins frappans que ceux de la fonte grise, qui exige pour se fondre un degré de chaleur bien plus élevé que ne le demande la fonte blanche, et qui devenant alors parfaitement liquide, échappe pour ainsi dire à l'action du courant d'air; mais, en contact avec l'oxide non vitrifié, elle se rapproche de plus en plus de la fonte blanche *.

_____

» le souder, on éprouve une perte de temps et de combustible, » jointe à un déchet considérable. »

« Des fontes d'Angleterre, obtenues dans des fourneaux à coke, » ont été affinées à Skebo, dans des feux d'affinerie, avec le charbon. » de bois. Elles se sont laissé traiter aussi facilement de cette » manière que la fonte de Suède, et elles ont produit un fer bien » meilleur que celui qu'on en retire dans les fours d'affinerie, d'a- » près la méthode anglaise. *Archiv. für Bergbau und Hüttenwesen*, » tome VII, cahier 2, page 321, 382 et 384. »

On se tromperait pourtant, si l'on croyait, d'après cet aperçu, que l'affinage à l'anglaise nuit à la qualité de tous les fers, l'expérience a prouvé le contraire: il paraît que les *fers tendres* perdent leur aigreur par cette opération, et qu'ils deviennent alors meilleurs pour une foule d'usages, sur-tout si on ne les forge pas de nouveau pour les mettre en œuvre. Le T.

* La fonte blanche ne tombe point par gouttes dans le creuset d'affinerie; elle se détache par écailles et ne devient jamais parfaitement liquide. C'est probablement pour cette raison que les

On ne peut donc nier que la fonte grise ne doive passer d'abord à l'état de fonte blanche avant de se convertir en fer malléable. Ce changement n'est dû qu'à l'action de l'oxigène libre ou de celui qui est contenu dans l'oxide non vitrifié. Remarquons toutefois que les additions de ces scories sont de peu d'utilité, si l'on affine de la fonte blanche; elles présentent, à la vérité, un moyen d'accélérer la combustion du carbone combiné avec le fer, mais on doit empêcher qu'elle ne se fasse trop rapidement et que le métal ne se fige avant qu'on n'ait pu en dégager les substances étrangères. L'ouvrier qui travaille sur fonte grise, fait donc un usage plus fréquent des scories que celui qui affine de la fonte blanche non exempte de matières nuisibles. C'est aussi pour cette raison que la première donne toujours une plus grande quantité de fer ductile.

901. La gueuse blanche est plus facile à travailler dans les feux d'affinerie, parce qu'au moyen du grillage, on peut diminuer la dose de carbone qu'elle contient, et que cette opération ne peut s'appliquer à la fonte grise. Mais on serait dans l'erreur, si l'on croyait avec plusieurs métallurgistes, que dans le traitement des minérais de fer, il faut éviter d'obtenir cette dernière pour fonte d'affinage. Ce principe ne peut convenir que dans le cas où l'on dispose des minérais les plus purs, encore doit-on en restreindre l'application pour ne pas mettre le fourneau en danger. Si on l'alimente avec des cokes et des minérais vicieux, susceptibles de donner du fer rouverin ou cassant à

---

scories riches ne peuvent agir sur cette espèce de fer avec autant d'efficacité que sur la fonte grise, et qu'elle subit une si forte modification par l'influence du courant d'air.   Le T.

froid, on doit en·élever la·température·et·le·faire aller
en gueuse grise. On ne· gagne rien à··cette disposition
de la fonte blanche de·se convertir si vîte·en·fer ductile, puisqu'on est·forcé de retarder·ce changement;
pour donner le·temps aux matières'étrangères·de·se
séparer du métal·, ce qui occasionne des dépenses plus
considérables qu'il·n'en aurait·fallu faire pour obtenir
de la fonte grise.

Les fautes commises'au·haut fourneau·ne se répa-
rent qu'avec beaucoup·de· peines et de·dépenses.··Les
métallurgistes qui recommandent si fortement·l'emploi de la fonte blanche·, reviendraient·bientôt de·leur
erreur, en voyant affiner celle qui provient des·hauts
fourneaux à·coke ou des minérais de·fer dits'terreux
limoneux. Pour opérer la séparation des matières é-
trangères, le fondeur a des moyens·plus·puissans·à· sa
disposition que ne peut·avoir l'affineur.

·902. ·Nous· établirons par conséquent·en·principe,
que·la·fonte destinée à·l'affinage doit être grise·en· sor-
tant·du·fourneau et qu'elle ne peut être·blanche ·que
dans des cas·d'exception; ·mais nous conviendrons·aussi
qu'on abrége le travail en employant·cette dernière,
sur-tout lorsqu'on peut la griller, ce qui produit une
grande économie en·temps et·en combustible. Il faû-
drait donc que la fonte liquide, chaude et grise fût
blanchie toujours au sortir du foyer, soit par un·
prompt refroidissement, par sa conversion·en blettes'
ou feuilles minces, soit par une seconde fusion. Le
dernier de ces procédés est coûteux; on ne pourrait
en· faire ¹usage·¹que' dans·les contrées··où' la houille
est à bas prix. ·Dans' ces pays il' pourrait servir aussi·
pour la fonte que l'on veut traiter dans les *feux* d'affinerie.

Quoique dans les fours à réverbère, on ne puisse affiner que la fonte blanche, on ne pourrait cependant y faire usage de celle qui provient d'une surcharge de minérai, parce qu'elle ne produirait que du très-mauvais fer*. On est donc obligé de soumettre la fonte grise à une seconde fusion pour la blanchir, attendu que dans ces foyers, elle resterait trop longtemps liquide et qu'elle finirait par se changer en scories sans donner de fer ductile (243-251).

Nous nous occuperons d'abord de l'affinage opéré dans les feux de forge, et ensuite de celui que l'on pratique dans les fours à réverbère.

DE L'AFFINAGE OPÉRÉ DANS DES FEUX DE FORGE.

903. L'usage, la routine, les circonstances locales et la nature du fer cru, ont fait naître une foule de procédés d'affinage, qui tous cependant ont un même but, celui de chasser par l'oxigène, le carbone contenu dans le fer cru ; mais ils diffèrent par les moyens employés. Toutes ces méthodes peuvent se classer de la manière suivante :

PREMIÈRE CLASSE : *affinage à une seule fusion.*

I. Affinage à une seule fusion sans aucune préparation du fer cru.

a Méthode wallonne. Pour étirer le fer, on le chauffe dans des feux particuliers.

---

* Il convient, pour raison d'économie, d'employer la fonte blanche obtenue par une surcharge de minérai, dans les forges qui ne travaillent qu'en fer tendre ; on peut d'ailleurs y ajouter de la fonte grise blanchie, pour améliorer la qualité du fer, si le cas l'exige.

Le T.

b Affinage de schmalkalden, exécuté dans des fosses brasquées *Lœschfeuerschmiede.*

c Affinage styrien à une seule fusion.

d . *Idem* de Siégen . *idem*

e Méthode d'Osemund. D'après cette méthode on fait des loupes très-petites, et l'on travaille de manière que la fonte se convertisse en fer ductile au moment où elle tombe dans le creuset.

2. Affinage à une seule fusion avec une préparation du fer cru.

    a Affinage de la fonte grillée (mazéage).

    b Affinage bergamasque pratiqué en Carinthie.

3. Affinage à une seule fusion et à soulèvement de la masse fondue : c'est la méthode allemande avec toutes ses variétés.

    α Affinage où la masse fondue se sépare en petits fragmens qu'il faut réunir ensuite (*Butschmiede*).

    ϐ Affinage où la masse forme toujours un seul gâteau (c'est l'affinage allemand dit à deux fusions).

    γ Affinage successif ou par lopins (*Suluschmiede*).

    δ Méthode demi-wallonne.

    ε Affinage par attachement.

Dᴇᴜxɪ̀ᴇᴍᴇ ᴄʟᴀssᴇ : *affinage à deux fusions.*

1. Affinage à deux fusions opérées dans le même feu..

    a Affinage de Bohème et de Moravie (*Brechschmiede*).

2. Affinage à double fusion dans deux feux séparés.

    a Affinage de Styrie à deux fusions.

904. Il y a si peu de différence entre la plupart de ces procédés, qu'on peut en avoir une idée assez exacte, si l'on se pénètre bien de celui qui est le

plus difficile, de l'affinage à l'allemande. Il ne faut cependant attribuer les difficultés qu'aux grandes variations du fer cru qu'on traite ordinairement par cette méthode. Tous les autres procédés d'affinage, sans en excepter un seul, ne peuvent convenir qu'à une bonne fonte blanche ou blanchie. On peut donc considérer la méthode allemande comme le prototype de toutes les autres, qui ne paraissent en être que des variétés; ce sont des moyens d'abréger le travail lorsque la nature du fer cru le permet. Un ouvrier qui la connaît apprendra les autres facilement; mais un affineur travaillant d'ordinaire sur une fonte pure, pourrait rarement obtenir de bon fer avec une fonte de médiocre qualité. Nous exposerons pour cette raison la méthode allemande dans tous ses détails.

DE L'AFFINAGE A L'ALLEMANDE.

9o5. On appelle *forge*, une usine dans laquelle se trouve un ou plusieurs feux d'affinerie *, y compris les machines soufflantes, les marteaux ou les cylindres. L'aire du foyer élevée de 3i à 39 centimètres au-dessus du sol, a 1ᵐ,88 de longueur et 94 centimètres de largeur; il se trouve placé sous une cheminée qui est soutenue par des piliers. Le massif dont la surface supérieure couverte par des plaques de fonte forme l'aire, est pourvu d'une ouverture ménagée dans un des coins et dans laquelle on construit le creuset; le reste ne sert que pour la manœuvre, pour l'emplacement de la fonte et du charbon. Une partie de la face antérieure du massif n'est fermée que par une

---

* On appelle ordinairement *renardière* un feu d'affinerie à l'allemande, et le mot de feu d'affinerie dans son acception vulgaire, ne se dit que des feux à la wallonne. (9o3, 1). Le T.

des taques qui composent le creuset. Les fondations
doivent être assez solides pour qu'elles puissent supporter la cheminée. Celle-ci ne s'élève pas directement au-dessus du creuset; elle est placée dans le coin
formé par le grand côté du derrière de l'aire et par
celui de la tuyère, afin que les éteincelles soient arrêtées sous le manteau.

La machine soufflante peut servir à plusieurs feux
lorsqu'elle est assez puissante : chacun doit avoir alors
ses porte-vent et sa caisse d'air.

906. Il est essentiel que l'ouvrier connaisse parfaitement la fonte qu'il veut affiner, parce que toutes
ses dispositions et tout son travail changent avec la
nature du fer cru. La forme extérieure même n'en
est point indifférente. En trop grosses pièces, il fondrait difficilement et occasionnerait une perte de temps
et de charbon; en morceaux minces, il fondrait trop
vite et deviendrait trop liquide. On coule la fonte
destinée à l'affinage le plus souvent en pièces alon-
gées appelées *gueuses* : elles ne doivent jamais avoir
une largeur excédant neuf pouces, pour qu'elles soient
exposées suffisamment à l'action du vent; ni une é-
paisseur plus forte qu'un pouce et demi, afin que l'ouvrier puisse en réunir deux de différentes qualités et
les affiner ensemble, ce qui est souvent fort avantageux. Leur longueur varie selon les usages des pays.

Pour utiliser convenablement les *brocailles*, les jets,
la fonte répandue, que dans les fonderies on n'obtient
qu'en trop grande quantité, il faut que l'ouvrier sache
les traiter en les plaçant soit sur la gueuse, soit sur
les charbons, d'après la marche que suit le travail.

907. La gueuse blanche, qui fond plus tôt que la
grise, ne tombe dans le creuset d'affinerie que par

morceaux ou écailles, au lieu de se détacher par
gouttes, et il n'est plus guères possible ensuite de
la rendre liquide; elle s'épaissit plus vîte que l'autre;
passe plus facilement à l'état de malléabilité. Mais il
faut éviter qu'elle ne se coagule trop promptement et
que la fonte grise ne reste trop long-temps sans prendre
de la cohérence, parce qu'on nuirait à la qualité des
produits. On est maître de hâter ou de retarder l'affinage, c'est-à-dire la réunion de tout le métal en une
masse de fer ductile, par la manière dont on monte
le feu *. L'art de l'affineur consiste donc particulièrement à modifier la construction du creuset, la position et l'inclinaison de la tuyère, d'après les propriétés
du fer cru.

Si la fonte est grise et si l'on a négligé de prendre
les moyens convenables pour en accélérer l'affinage,
on perdra beaucoup de temps et de combustible; mais
on peut obtenir de bon fer avec un faible déchet.
Si la fonte est blanche, non exempte de défauts et
qu'elle se coagule promptement, elle subira un déchet
considérable; le fer sera de mauvaise qualité, mais
on en obtiendra une assez grande quantité dans un
temps déterminé.

On traite souvent de la fonte qui est peu disposée à
se convertir en fer malléable, sans que l'affineur doive
accélérer cette opération par le *montage* du feu;
comme, par exemple, la fonte d'un haut fourneau
alimenté avec du coke, lorsqu'elle donne beaucoup
de scories qui ne pourraient en être séparées, si l'affinage se faisait trop rapidement. Ce n'est en général
que par tâtonnement qu'on parvient à connaître, pour

---

* Construire le creuset, placer la tuyère et les buses, s'appelle
monter le feu.   Le T.

chaque cas particulier, la meilleure manière de monter.
le feu.

La quantité de fer cru qu'on fond en une seule fois,
pour faire une loupe, ne peut se déterminer d'une
manière positive, parce que l'affineur occupé à forger,
le fer qui est dans le feu, se voit forcé souvent de
prolonger le temps de la fusion. On laisse fondre ordinairement 117 à 140 kilog. de gueuse, qui donnent
une loupe de 80 à 100 kil.

908. Pour travailler avec succès, il faut de bons
charbons; ceux que donne le bois dur exigent plus
de vent et développent plus de chaleur que ceux qui
proviennent de bois blanc. Ces derniers brûlent très-
rapidement, ne donnent pas une chaleur continue, et
doivent être embrasés par un vent faible. Or, plus
la température est élevée, plus la fonte devient liquide et moins elle est disposée à se coaguler, à se
convertir en fer ductile; il faut donc, dans ce cas,
favoriser l'affinage par la construction du feu.

Parmi les charbons légers, on préfère le charbon
de pin sylvestre au charbon de sapin ou d'épicia,
bien que ce dernier soit aussi d'un bon usage pour
les feux d'affinerie; mais il est souvent brûlé dans
les meules, et les eaux pluviales le détériorent promptement *.

Un objet futile au premier abord, mais digne d'exciter toute l'attention des affineurs, c'est le sable at-

---

* On a reconnu que les charbons de bois blanc employés dans
les feux d'affinerie, rendent le fer plus doux et plus tenace. Ce fait,
difficile à expliquer, ne provient peut-être que de leur grande combustibilité qui les empêche de se combiner avec le fer aussi facilement que les charbons durs, parce qu'ils sont entraînés avec
plus de force par leur affinité pour l'oxigène.   Le T.

taché à la surface ou logé dans les fentes du charbon
éteint avec de la terre. Les charbons chargés de sable
produisent des scories rouges et s'opposent à la coagulation de la fonte qui, dans le même feu et avec
d'autres charbons, s'affinerait très-facilement. On ne
peut remédier à ce mal, en favorisant l'affinage par
la construction du feu, puisque la qualité du fer en
souffrirait. La quantité de sable entraînée de cette
manière dans les creusets d'affinerie, est souvent très-
considérable *.

Si l'on rentre les charbons par un temps sec, les
cahots et les secousses font tomber la terre, dont la
présence est si nuisible dans le foyer d'affinerie: mais
chargés et transportés pendant la pluie, éteints sur
un sol gras, les charbons se couvrent entièrement de
ces impuretés qui reçoivent une couleur noire et peuvent à peine être distinguées. Il ne reste alors aux
affineurs qu'à faire un triage à la main.

Les charbons qu'on brûle dans des feux d'affinerie ne
doivent pas être très-gros, parce qu'ils formeraient
de trop larges interstices, et que le vent refroidirait
alors la matière; trop petits, ils fermeraient le passage à l'air qui ne pourrait plus agir sur la fonte.
La meilleure grosseur est celle du poing ou d'un œuf;
ceux dont le volume est plus grand doivent être cassés
par l'affineur au moment où il les jette dans le feu.
Les charbons de sapin n'ont besoin d'être brisés que
dans le cas où ils sont très-gros, puisqu'ils éclatent facilement au feu, mais les charbons de bois dur et
même ceux de pin sylvestre, exigent à ce sujet beaucoup d'attention.

---

* Le sable attaché aux *taques* du creuset lorsqu'elles sont neuves
et mal dépouillées, retarde aussi l'affinage et peut rendre le travail des ouvriers très-pénible pendant plusieurs Jours.   Le T.

909. On n'emploie point de flux ou fondans dans le travail de l'affinage ; on a toutefois essayé de corriger le fer cassant à froid par une addition de 2 à 5 pour cent de chaux, et l'expérience a prouvé que c'est un excellent moyen de correction pour les fers contenant du soufre ou du phosphore. Il est possible même que la chaux favorise la séparation des autres substances d'avec le métal. Elle améliore le fer dans beaucoup de circonstances et elle ne l'a jamais détérioré qu'on sache. On doit avoir la précaution de ne pas l'ajouter à la loupe vers la fin de l'opération, mais immédiatement après la fusion.

910. Pour hâter la coagulation, le changement de nature *, on emploie avec avantage les battitures, les sornes ou les scories qui n'ont pas éprouvé une vitrification complète ; ces matières, en corrigeant l'allure du feu, augmentent le produit. Si au contraire le métal se fige trop promptement, on est forcé quelquefois de le dissoudre avec du sable ; mais ce procédé qui annonce toujours une mauvaise manière d'affiner la fonte, augmente le déchet considérablement.

Parmi ces additions, on peut compter aussi l'eau qu'on projette sur le feu ; le but réel de cet arrosage est d'empêcher que le charbon ne se consume trop rapidement. Mais, lorsque la masse fondue reste longtemps à l'état de fer cru, l'eau jetée dans le feu rafraîchit le fer, l'empêche de refondre aussi promptement, le maintient par conséquent davantage dans le courant d'air, le décompose, oxide une partie du métal qui, se trouvant réduite plus tard par le charbon, favorise l'affinage.

* C'est l'expression des ouvriers. Le T.

911. La quantité d'air que doit recevoir le foyer, bien qu'elle soit modifiée selon les différentes périodes de l'affinage, dépend aussi de la nature du fer cru; à égale ouverture de tuyère, la fonte blanche exige un vent plus fort que celui qui est demandé par la fonte grise.

La qualité du charbon influe aussi sur le volume d'air qu'on doit lancer dans le foyer; il faut employer plus de vent, si le charbon est dur que s'il est léger. L'uniformité du jet d'air, exigée pour les hauts fourneaux, ne peut convenir pour les feux d'affinerie; l'ouvrier doit être à même de le modifier selon les circonstances et selon les différens procédés de l'affinage. Chacun d'ailleurs a sa manière de procéder; tel affineur fond le fer cru sans le changer de nature, et commence alors par donner un vent fort; un autre ayant l'habitude de lui faire subir pendant la fusion un premier degré d'affinage, emploie d'abord un vent plus faible.

Si pendant le premier soulèvement, la fonte est rebelle à l'affinage, on doit forcer de vent, sans compter qu'en général il faut plus d'air vers la fin qu'au commencement de l'opération. Le travail dit par attachement ne peut s'exécuter qu'à l'aide d'un courant d'air très-rapide, afin que le fer presqu'entièrement purifié soit remis encore une fois en liquéfaction.

Une bonne fonte grise exige pendant la fusion 4637 à 4946 décimètres cubes (150 à 160 ppp. du Rhin) d'air atmosphérique par minute; la fonte blanche en demande 4946 à 5364 (160 à 180 ppp. du Rhin). Quand on fait la pièce, il en faut, suivant la nature de la fonte, 6200 à 6500; et quand on *avale*, 7400 à 7700 : c'est la dernière opération que l'on fasse subir à la loupe. En affinant par attachement, on emploie quelquefois 12366 litres d'air par minute (400 ppp. du Rhin).

912. Le feu ou creuset dans lequel on opère, est construit avec des plaques de fonte d'une forme rectangulaire; il en faut ordinairement cinq : une pour le fond et quatre pour les côtés; celle du devant est remplacée quelquefois par le prolongement de la plaque dont la face antérieure du massif est revêtue. Chaque plaque du pourtour a un nom particulier; celle de la tuyère s'appelle *varme ;* celle qui lui est opposée, *contrevent;* celle du devant, *chio* ou *laiterol;* celle du derrière, *haire* ou *rustine ;* la cinquième est le *fond.*

On rehausse ordinairement la haire avec une vieille plaque, pour retenir les cendres et les empêcher de retomber dans le feu.

Le *laiterol* est percé d'un ou de plusieurs trous appelés aussi *chios ;* lorsqu'il manque, les ouvertures dont il s'agit, sont pratiquées dans la plaque antérieure du massif qui, dans ce cas, le remplace.

Sur le devant de l'aire, on met encore une plaque de 26 centimètres de largeur, qui sert de point d'appui aux ringards et qui empêche les charbons embrasés, et quelquefois même des morceaux de fer, de tomber dans l'usine.

913. Les plaques du creuset, principalement le fond, s'échauffent quelquefois si fortement que le fer s'y attache. Pour prévenir cet accident, on les rafraîchit avec de l'eau; on pratique à cet effet sous le fond, un petit canal mis en communication avec un tuyau, dans lequel on fait tomber un filet de ce liquide, si le cas l'exige.

Il ne faut rafraîchir le fond qu'après avoir retiré la loupe du creuset; on ne doit jamais le faire quand on travaille dans le feu : l'ouvrier en reconnaît la nécessité lorsque la pièce qu'on chauffe pour l'étirer, est pâteuse à l'extrémité inférieure, ou mieux encore, lorsque les autres plaques deviennent rouges. Si l'on faisait couler l'eau sans précaution dans le canal de refroidissement, on briserait le fond; il ne serait plus possible alors de continuer le travail, parce que la fonte ne changerait plus de nature. Ce phénomène singulier ne peut s'expliquer que par le jeu successif de l'oxidation et de la désoxidation du fer, dues à la présence des vapeurs d'eau et du charbon *.

Il faut éviter en général que le foyer ne soit construit sur un sol humide, parce que la température ne s'éleverait pas au degré convenable.

914. La distance du laiterol à la haire est plus grande que celle de la varme au contrevent; c'est pour cette raison que la première s'appelle longueur et la deuxième largeur.

Il est essentiel que les plaques soient assujetties entre elles par des cales de la manière la plus solide, afin qu'il ne se fasse aucun dérangement pendant le travail.

Pour construire le creuset, on fixe d'abord les plaques de tour dans leur position; ensuite on place le fond sur une couche d'argile. S'il était trop petit, on y remédierait en mettant une barre de fer forgée ou fondue le long du contrevent ou du thio, et en bouchant les fentes avec de la terre glaise. Mais il importe dans tous les cas que le fond joigne exactement

---

* Cet effet ne provient peut-être que du refroidissement occasionné par les vapeurs d'eau.   Le T.

contre la varme et la rustine, tandis que le vide qu'il
laisserait du côté du chio, pourrait n'être fermé qu'avec
de la terre. Pour hausser ou baisser la sole, on ajoute
ou l'on ôte un peu d'argile.

La varme et le contrevent dépassent la longueur du
creuset, de sorte que la haire se trouve enchâssée
entre eux. A l'aide de cette disposition, on calle les
plaques si bien qu'elles ne peuvent éprouver aucune
déviation pendant le travail. L'affineur enfonce pour
cet effet du côté de la rustine, un coin entre le mur
et la partie de la varme qui dépasse la longueur du
creuset; ce coin fait joindre la haire au contrevent
et appuyer la partie antérieure de la varme contre
le mur; mais afin que celle-ci ne prenne pas une direction oblique, il enfonce près du laiterol un deuxième coin entre le mur et la partie antérieure de la
varme.

Pour fixer la haire entièrement et pour donner au
contrevent la position voulue, on enfonce un troisième
coin entre le mur et l'extrémité postérieure du contrevent, coin qui poussant cette plaque contre la haire
et celle-ci contre la varme, achève de les consolider
entre elles. Le contrevent ne peut d'ailleurs sortir de
sa direction du côté du chio, parce qu'il s'appuie
contre le mur qui le retient. Lorsqu'on veut changer
une seule plaque, on desserre les coins et on les ren-
fonce ensuite après avoir opéré le changement.

Le feu a 84 centimètres de longueur et 63 à 68
de largeur. Ces dimensions peuvent varier sans inconvénient; mais il faut que la distance du laiterol à
la haire soit toujours plus grande que l'autre, afin
qu'on ait plus de facilité pour travailler le fer ou pour
soulever la masse avec les ringards.

915. Quant à la *position* des plaques, sur-tout de celle du fond, elle est beaucoup plus importante que la largeur et la longueur du feu. Le contrevent et la rustine sont rarement d'aplomb; ils penchent en dehors, afin qu'on ait plus de facilité pour faire sortir la loupe du creuset. Cette déviation du plan vertical ne peut avoir aucune influence sur le travail de l'affinage. Plusieurs métallurgistes sont néanmoins d'une opinion contraire; ils pensent qu'elle favorise la conversion de la fonte en fer ductile et qu'une inclinaison inverse la retarderait. On ne pourrait incliner les plaques dans le foyer, parce qu'il deviendrait trop difficile et quelquefois même impossible d'en retirer la loupe. La varme seule (elle est rarement verticale) peut avoir une semblable position; on en retire plusieurs avantages : on empêche cette plaque de s'échauffer trop promptement; on porte la chaleur plus près du contrevent, ce qui est très-avantageux, puisque la fonte s'affine plus vîte du côté de la varme; enfin on peut donner une plus grande stabilité à la tuyère, si elle doit plonger.

916. Le fond reçoit ordinairement une position horizontale; mais si la fonte est très-grise, si elle passe difficilement à l'état de fer ductile, le fond peut recevoir une légère pente du contrevent vers la tuyère. Cette pente n'est que d'un pouce pour toute la largeur du creuset; quelquefois elle est encore plus faible, et dans ce cas, on la détermine en jetant sur la sole un peu d'eau qui doit s'écouler lentement vers la varme. Si, au contraire, la fonte tend à se coaguler avant d'être entièrement épurée, on baisse le fond près du contrevent; mais cette disposition est défectueuse, parce que le fer s'affine ordinairement moins

bien dans la partie de la loupe tournée vers le contrevent, et alors il y devient encore plus mauvais *.

917. La direction et la force du vent influent particulièrement sur le succès de l'affinage : elles influent à la fois et sur la qualité et sur la quantité du produit. L'inclinaison, l'ouverture, la direction de la tuyère et des buses sont par conséquent de la plus haute importance.

Dans beaucoup d'usines on fait déjà usage d'une seule buse ; mais il existe encore un grand nombre de métallurgistes praticiens qui prétendent qu'on doit affiner avec deux buses, afin d'obtenir un vent croisant ; ils pensent que c'est la seule manière de bien opérer, quoique le contraire leur soit prouvé tous les jours. Le croisement est plutôt nuisible qu'utile, parce qu'il réduit à un seul point, l'endroit du foyer où le fer entre en fusion, et que le vent y est toujours intermittent. On doit perdre même une grande quantité d'air qui, sans produire beaucoup d'effet, va brûler le charbon dans les coins du creuset. Qu'on ne prétende pas qu'avec deux buses il soit plus facile de donner au vent une direction particulière, de le conduire, par exemple, dans un angle du foyer, attendu qu'il ne doit jamais recevoir ces sortes de directions : c'est à l'ouvrier de présenter au courant d'air traversant le milieu du creuset, les parties du métal qui ne sont pas encore épurées. L'emploi d'une seule buse peut être appuyé par les raisons suivantes qui doivent lui mériter la préférence :

1°. Le point où s'effectue la fusion se trouve soumis à un vent constant et reste toujours le même.

---

* Les feux montés en France à la champenoise, se construisent de cette manière.   Le T.

2°. L'ouvrier a plus d'espace auprès de la tuyère; il est moins gêné dans son travail.

3°. Il est plus facile de diriger une seule buse, et de la rendre plus ou moins plongeante pendant l'opération de l'affinage.

La seule objection qu'on puisse faire, c'est qu'il devient plus difficile d'assujettir la tuyère d'une manière invariable, lorsque son plat n'est pas pressé par le poids des deux buses; mais on peut remédier à ce léger inconvénient; il suffit d'appuyer la buse contre la tuyère au moyen d'un étançon, et de la fixer dans sa position avec des coins.

Il est évident que la buse doit recevoir une position telle que son axe passe par le centre de la tuyère; elle est placée de 65 à 94 millim. en arrière de celle-ci, afin que l'air rafraîchisse la partie du cuivre qui est dans le feu et l'empêche de se fondre.

918. On place la tuyère ou dans une boîte de fonte appelée *chapelle* et dont la forme est carrée, ou immédiatement sur la *varme;* elle plonge ordinairement dans le foyer. Après avoir reçu l'inclinaison déterminée par la nature du fer cru, elle est consolidée dans la chapelle avec des coins. Il faut qu'elle y soit établie de la manière la plus invariable, puisqu'elle est exposée à beaucoup de secousses et que le plus léger dérangement changerait toute la construction du feu. Dans beaucoup d'usines, on la fixe pour cette raison avec deux crampons en fer qui, d'un côté, pressent contre son plat, et de l'autre, trouvent une résistance contre les parois de la chapelle.

919. On fait les tuyères en cuivre, pour pouvoir en agrandir ou diminuer la bouche à l'aide d'un mandrin confectionné en fonte ou en fer ductile. Si

l'on veut changer l'ouverture de la tuyère, on la chauffe au rouge, on y passe le mandrin et on la frappe avec un marteau. Il faut non-seulement que ce mandrin ait la forme qu'on veut produire, mais aussi que sa surface soit polie sur la meule, afin que celle de la tuyère devienne très-lisse, et qu'on n'ait pas besoin de la limer pour faire disparaître toutes les inégalités. Le cuivre ne doit pas avoir une trop forte épaisseur, afin de bien obéir à l'action du marteau.

920. La bouche de la tuyère est demi-circulaire ; ses dimensions dépendent des propriétés du fer cru. Une fonte blanche disposée à se coaguler, exige l'emploi d'une tuyère étroite, dont l'orifice ait tout au plus 46 millimètres de largeur sur 29 de hauteur. Si l'on affinait de la fonte grise, cet orifice pourrait avoir 52 millimètres d'un côté et 33 de l'autre.

Serait-il possible d'obtenir une plus grande quantité de fer dans un feu de forge, en employant des soufflets plus forts et des buses plus larges, de manière que la quantité d'air lancée dans le foyer soit augmentée et que le charbon brûle néanmoins avec la vîtesse convenable ? c'est ce qui n'a pas encore été bien prouvé par l'expérience. Les essais avec deux tuyères n'ont point réussi ; la raison en est facile à deviner ; mais on peut s'attendre à plus de succès en élargissant les buses et la tuyère, et en augmentant la force de la machine soufflante.

921. Le rapport qui existe entre l'œil de la buse et la bouche de la tuyère n'est point indifférent. L'air cherche à s'étendre de tous côtés en sortant de la buse, bien que la majeure partie poussée avec beaucoup de force par les tranches successives du fluide, conserve sa première direction ; mais quelque puis-

sante que soit cette pression, elle ne peut empêcher
entièrement l'effet produit par l'élasticité. Il s'ensuit
que le jet doit augmenter de diamètre à mesure qu'il
s'éloigne de la buse et que le fluide se dilate davantage.
On doit donc, pour ne pas perdre de vent, ne reculer
la buse que le moins possible; on l'éloigne tout au plus
de 65 millimètres de la bouche de la tuyère On ne
peut guère l'avancer davantage, parce que la tuyère ne
serait pas assez raffraîchie. C'est encore pour empêcher les pertes de vent, qu'il faudrait donner à l'œil de
la buse et à la bouche de la tuyère, la même forme, et
que le premier ne devrait jamais être plus grand que
l'autre.

922. On fait quelquefois à la tuyère une *lèvre;* c'est
un côté des parois qui dépasse les autres. On forme la
lèvre supérieure en coupant une partie du plat de la
tuyère, la lèvre inférieure en coupant un morceau de
la partie conique; enfin on laisse dépasser aussi dans
certaines circonstances le côté de la tuyère tourné vers
la rustine.

Les deux premières formes sont essentiellement vicieuses : il faut éviter d'en faire usage. On fait dépasser
le bord supérieur lorsque le charbon est de mauvaise
qualité, qu'il brûle très-vite sans produire assez d'effet.
La lèvre réfléchit alors l'air sur le bain et diminue la
trop rapide combustion; mais on perd en temps ce
qu'on gagne en combustible.

Lorsque la gueuse fond trop lentement, on fait dépasser le bord inférieur ou le plat de la tuyère, afin
de conduire le vent d'une manière plus directe sur
la fonte, mais on consume alors plus de charbon et
le fer devient plus mauvais. Quelquefois aussi on emploie ce moyen pour hâter la combustion, si le charbon est très-dur.

On fait dépasser le bord tourné vers la haire quand le vent se dirige trop de ce côté, et que la fonte s'affine trop promptement; l'air se porte alors vers la partie antérieure, la masse fondue se fige plus lentement et l'affinage en est retardé; mais on parviendrait au même but en augmentant la distance de la tuyère à la rustine.

923. Toutes choses égales d'ailleurs, on retarde le passage de la fonte à l'état de fer ductile, en rapprochant la tuyère du chio, et on l'accélère de la manière inverse. Mais on ne doit pas abuser de ces moyens, principalement du dernier, parce qu'on porterait le point de fusion trop près de la rustine, ce qui rendrait la manœuvre plus difficile, et parce qu'on peut favoriser la coagulation du fer cru d'une autre manière. La distance la plus avantageuse de la tuyère à la haire, est de 23 centim.

On ne doit pas non plus diriger la tuyère vers la haire pour hâter la coagulation des matières, parce qu'on peut atteindre ce but d'une autre façon. Il n'en est pas de même de la direction donnée vers le laiterol, lorsqu'on veut retarder l'affinage; car, en s'y prenant différemment, on perd quelquefois beaucoup de temps et l'on obtient de mauvais fer. C'est aussi un moyen de favoriser l'écoulement des scories et la circulation du vent, parce que le fraisil arrosé d'eau fréquemment dans cette partie du foyer, obstrue toujours le passage de l'air.

924. La longueur dont la tuyère avance dans le feu, ne dépend nullement de la nature du fer cru; il est évident qu'on peut rapprocher la gueuse à volonté. Il paraît même que cette longueur est assez indifférente pendant l'affinage et qu'elle exerce peu

d'influence sur la qualité du fer. Mais, comme la chaleur est plus intense du côté de la varme, qu'elle ne l'est près des autres taques, et que le fer s'y affine plus tôt, il est bon d'en éloigner un peu le point où s'effectue la fusion, afin de la ménager et d'en prévenir la trop prompte destruction. Si la tuyère entrait trop dans le feu, elle gênerait l'ouvrier pendant le travail, sur-tout lorsqu'il soulève la masse. Elle dépasse ordinairement la varme de 78 à 92 millim.; c'est à tort qu'on a prétendu que le fer devenait moins bon, si l'on raccourcissait le museau de la tuyère.

925. La profondeur du creuset est la distance du fond au bord supérieur de la varme ou bien à la tuyère. On l'augmente ou on la diminue, en haussant ou en baissant le fond. La position de cette plaque, de la plus grande importance durant l'affinage, influe et sur la qualité et sur la quantité des produits : elle dépend entièrement de la nature du fer cru qu'on veut affiner. La règle générale, c'est que la coagulation de la fonte devient d'autant plus prompte que le creuset a moins de profondeur. Il s'ensuit que la fonte blanche exige des feux plus profonds que ceux dans lesquels on traite la fonte grise.

Cette règle est toutefois soumise à des exceptions : on ne peut nier qu'un feu profond ne produise une économie de fonte et qu'il ne retarde la coagulation de la masse ou le changement de nature du fer cru, ce qui est fort avantageux dans le traitement de la fonte blanche; mais l'affineur obtient dans un temps donné moins de fer et d'une qualité moins bonne, et il consomme plus de charbon La petite économie de fonte ne pourrait donc entrer en comparaison avec les inconvéniens et les pertes qui résulteraient d'une semblable construction du feu. Il ne faut donc pas en augmenter la profondeur outre mesure, d'autant plus que l'on connaît d'autres moyens de retarder le passage du fer cru à l'état de fer ductile.

Quelque blanche que soit la fonte, on ne doit pas donner au feu plus de 23 centim. de profondeur. On aurait tort d'affiner dans un semblable foyer, la fonte grise pour en diminuer le déchet *, à moins qu'elle ne fût d'une pureté parfaite. En général il faudrait toujours avoir égard à la qualité du fer cru : s'il était très-pur, on pourrait employer un feu d'une faible profondeur, un *feu plat ;* on gagnerait du temps et du charbon, bien que le déchet serait un peu plus grand ; mais la fonte qui donne du fer rouverin ou cassant à froid, ne pourrait être traitée dans un foyer de cette forme, parce que le produit serait d'une mauvaise qualité. Il faut alors baisser un peu la plaque de fond pour retarder la coagulation du métal ; il en résultera une perte de temps et une plus grande dépense en charbon, mais on obtiendra de meilleur fer et avec un plus faible déchet.

La gueuse grise et pure pourrait se traiter avantageusement dans un feu de 18 centimètres de profondeur ; mais il devrait en avoir 21 à peu près, si la fonte, quoique grise, était souillée de matières étrangères et nuisibles à la qualité du fer. En dépassant cette limite on retombe dans le défaut qu'on veut

---

* En Allemagne, les ouvriers sont obligés de fournir une certaine quantité de fer par mille de fonte : le surplus leur est payé. Il arrive alors qu'au détriment de la qualité, ils cherchent à augmenter le poids du produit. On ne leur passe aussi qu'un certain nombre de pieds cubes de charbon par mille de fer, afin qu'ils ne brûlent pas le combustible en pure perte. Le T.

éviter, on brûle trop de charbon, on perd du temps et l'on obtient un mauvais produit.

La fonte grise qui, traitée dans un feu d'une faible profondeur (18 centimètres à peu près), donne de mauvais fer, produit ordinairemeut pendant l'affinage une grande quantité de scories rouges et pauvres. Pour les loger, on est alors obligé de rendre le feu plus profond qu'il ne serait nécessaire sous d'autres rapports; mais il faut avoir soin qu'en augmentant la distance de la tuyère à la sole, on ne le fasse pas aux dépens de la qualité du métal.

En général tous les fers disposés à devenir rouverins ou cassans à froid, ne pourraient s'épurer dans des creusets peu profonds, et bien moins encore dans ceux qui pécheraient par un excès opposé. La limite pour l'affinage de la fonte blanche est 23,5 centimètres : si le métal était encore disposé à *louper* (se figer promptement), on y remédierait en rendant la tuyère, plus plongeante. La fonte grise qui donne des fers vicieux, ne doit pas être traitée dans un feu qui ait moins de 19,6 centimètres de profondeur: souvent même on porte cette quantité à 21 centimètres, si la grande abondance des scories l'exige.

La fonte mêlée s'affinerait avec le plus d'avantage dans un feu dont la distance de la tuyère au fond serait de 22,2 centim.

926. Enfin, ce qui nous reste encore à examiner, c'est la position de la tuyère. Le vent au lieu de suivre une seule ligne, tend à se répandre dans tous les sens; mais, en mettant la main dans un creuset, on s'aperçoit que le jet principal suit toujours la direction de la tuyère.

On dit que le courant d'air plonge de tant de degrés,

lorsque la tuyère fait avec l'horizon un angle, qu'on détermine au moyen d'un fil à plomb, d'un petit quart de cercle ou d'un simple pied de roi. Pour faire usage de ce dernier, l'affineur donne à la tuyère une inclinaison telle, que la partie antérieure soit élevée au-dessus du fond de quelques lignes de moins que le bord supérieur de la varme; mais cette manière d'opérer est très-vague, parce qu'il faudrait avoir égard aussi à la longueur de la partie de la tuyère qui avance dans le foyer.

Avant de placer la tuyère, il faut l'examiner d'abord, et voir si son plat n'est pas confectionné de manière à donner au vent une inclinaison, lors même qu'on la disposerait horizontalement : ce qui peut avoir lieu lorsque cette surface légèrement évidée en dehors, ne forme pas un plan parfait. Dans ce cas, le jet d'air peut plonger souvent jusqu'à 5 degrés, lors même qu'on a donné à la tuyère une position horizontale : il faut donc en tenir compte.

Le vent devrait toujours avoir une certaine inclinaison; dans le cas contraire, on consomme trop de charbon, la fonte devient loupante, et l'on perd une partie du vent qui se répand vers le haut. Le plongement de la tuyère est d'ailleurs le meilleur moyen de retarder la coagulation et l'affinage, si l'on tâche d'obtenir un produit de bonne qualité.

Plus la tuyère est plongeante, plus le métal reste long-temps liquide; plus elle approche de l'horizontale, plus la fonte passe promptement à l'état de fer ductile. Il s'ensuit que la gueuse blanche exige un vent plus plongeant que ne le demande la grise.

Les métallurgistes qui soutiennent au contraire qu'il faut un vent plus plongeant pour l'affinage de la fonte

grise que pour celui de la fonte blanche, n'ont besoin
que de visiter les forges pour revenir de leur erreur.

927. La profondeur du feu et le plongement de la
tuyère doivent être proportionnés l'un à l'autre.

Une fonte blanche non exempte de défauts, ne pourrait s'épurer convenablement dans un feu très-profond; et, comme il est pourtant essentiel d'empêcher
la trop prompte coagulation, il faut rendre la tuyère
très-plongeante. Si cette disposition ne produit aucune économie en matières premières et en main-
d'œuvre, du moins elle n'occasionne sous ce rapport
aucune perte, et le fer obtenu est d'une qualité bien
meilleure, que si l'on avait employé d'autres moyens
pour retarder le changement de nature du métal.
L'affineur pourra même faire quelques bénéfices sur le
fer, moins considérables pourtant que si le feu était
plus profond, mais il gagnera du charbon et ne perdra
point de temps *. La raison décisive, c'est la qualité
des produits ; et l'inclinaison de la tuyère les améliore
bien plus que la profondeur du feu. La fonte blanche
dont il s'agit pourrait être affinée convenablement
dans un feu qui aurait 22 à 23 centim. de profondeur et une pente de tuyère de 10 millim. qui correspondent à 10 degrés. Si le fer cru passait moins
facilement à l'état de fer ductile, il vaudrait mieux
rehausser un peu le fond que de rendre le vent moins
plongeant.

Une bonne fonte grise s'affine très-avantageuse-
ment dans un feu qui n'a qu'une faible profondeur ;
mais, si la position de la tuyère favorisait aussi le passage du fer cru à l'état de fer ductile, la fonte chan-

---

* Voyez la note du paragraphe 925.   Le T.

gerait déjà de nature en tombant dans le creuset : il en résulterait une économie de main-d'œuvre et de charbon ; mais le déchet serait considérable et le fer de mauvaise qualité, à moins que la gueuse ne fût très-pure. Il est donc nécessaire d'entretenir le métal quelque temps dans un certain état de liquidité. Lorsque la fonte est bonne, il suffit d'employer un vent très-peu plongeant : le feu peut avoir alors une profondeur de 18 centim. et la tuyère une pente de 6 millim.

Comme on dispose rarement d'une si bonne fonte, on est souvent forcé de baisser le fond, soit pour retarder davantage la coagulation du métal, soit aussi pour loger les scories. Cependant, pour ne pas tomber dans l'excès, puisque le creuset ne peut avoir tout au plus que 21 centimètres de profondeur, on conserve au métal le degré de crudité convenable par le plongement de la tuyère, qui dans ce cas, penche quelquefois de 10 degrés dans le foyer ; comme si la gueuse était blanche.

Si l'on affine une fonte grise qui donne une grande quantité de scories pauvres, parce qu'elle contient beaucoup de matières étrangères, comme, par exemple, le fer cru sorti des hauts fourneaux à coke, on est obligé quelquefois de faire plonger la tuyère de 13 millimètres pour retarder l'affinage et pour opérer la séparation de toutes les substances nuisibles ; en un mot, on donne à la tuyère une forte pente pour ne pas rendre le feu trop profond. On doit conclure de tout ceci que les affineurs qui travaillent sur un fer cru non exempt de défauts, ne peuvent jamais obtenir de bons résultats, si leur vent est rasant, quoiqu'ils puissent économiser le charbon et le métal et fournir beaucoup de fer dans un temps donné.

928. En résumé, voici les règles principales de la construction des feux :

L'emploi d'un vent rasant et d'un foyer de 18 centimètres de profondeur seulement, ne peuvent convenir que pour une fonte grise de la meilleure qualité. Si elle était un peu moins bonne, on ne changerait pas la position du fond, mais on donnerait à la tuyère une inclinaison de 6 millimètres à peu près; disposition recommandable d'ailleurs dans tous les cas, parce qu'elle diminue le déchet.

Une fonte grise de mauvaise qualité devrait être traitée dans un feu de 20 à 21 centimètres de profondeur et dont la tuyère serait très-plongeante.

Un feu très-profond de 23 à 24 centimètres et un vent rasant, ne doivent être employés que pour une bonne fonte blanche; mais il vaut mieux diminuer la profondeur du creuset et augmenter le plongement de la tuyère, réduire l'un à 22 centimètres et donner à l'autre une pente de 10 millimètres, si toutefois on a pour but principal d'obtenir un très-bon fer; lorsqu'on veut plutôt économiser la fonte, il faut préférer l'emploi d'un creuset profond.

Un feu dont la tuyère élevée près de la varme de 23 centimètres au-dessus du fond, plonge de 10 millimètres, convient à l'affinage d'une fonte blanche impure et peut servir aussi au traitement de la plupart des fontes mêlées, lorsqu'on veut en obtenir un bon fer.

Si, malgré le plongement de la tuyère, on était obligé de baisser davantage le fond et de donner au feu 25 à 26 centimètres de profondeur, ce ne pourrait être qu'en affinant une fonte extrêmement blanche et très-disposée à louper; mais il est rare que les dimensions ci-dessus indiquées ne puissent convenir.

929. Les outils de l'affineur sont :

a Des ringards.

1°. Un grand ringard qui pèse 15 à 18 kilog.; il sert à soulever la loupe.

2°. Un ringard de moyenne grosseur, dont l'affineur fait usage pour détacher la sorne et soulever les petits morceaux de fer.

3°. Un hache-laitier; c'est un ringard à pointe arrondie, avec lequel il débouche le *chio*.

b Quelques barres de fer pourvues de poignées en bois et avec lesquelles il forme les lopins lorsqu'il affine par attachement.

c Une pelle qui lui sert près du foyer.

d Une autre pelle dont il fait usage pour enlever les scories, pour déblayer, etc.

e Un crochet avec lequel il nettoie la tuyère.

f Un crochet qu'il emploie pour faire sortir la loupe du foyer : c'est une simple barre de fer coudée et pourvue d'un manche de bois.

930. Toutes les opérations de l'affineur se divisent en deux parties bien distinctes : la première comprend la fusion de la gueuse, pendant laquelle on chauffe et l'on étire le fer de la loupe précédente; la deuxième, le travail de la loupe, proprement dit l'*affinage*.

931. Les différentes substances qui se forment pendant l'affinage, substances dont une partie peut servir et dont les autres deviennent inutiles, sont * :

---

* Nous avons exposé au premier volume, §. 213, les raisons qui nous ont engagé à appeler les laitiers pauvres, d'après la traduction littérale du mot allemand, et par analogie avec le mot de fer cru, *scories crues*. Nous nous réservons toutefois d'employer les expressions de laitier riche et de laitier pauvre, lorsqu'elles pourront convenir. Le T.

1°. Les *scories crues* ou laitiers pauvres. Ils se produisent pendant la fusion du fer cru et même après le premier soulèvement, si toutefois le métal conserve sa crudité. Très-liquides dans le creuset, ces scories se figent promptement par le contact de l'air et se détachent du ringard avec beaucoup de facilité. Rouges foncées en sortant du chio, grises noirâtres après le refroidissement, douées de l'éclat métallique, elles sont poreuses et médiocrement pesantes. Accumulées en grande quantité dans le creuset, elles empêchent l'affinage ; mais on ne les emploie jamais pour retarder la coagulation, quelque disposée que puisse être la fonte à se prendre en masse, parce qu'elles portent un préjudice notable à la qualité du fer : plus légères que le métal, elles surnagent toujours. Il faut donc qu'on les fasse écouler par une haute percée, d'autant plus que la fonte s'échapperait aussi, étant encore liquide pendant la fusion. Après le premier soulèvement, le courant d'air les chasse quelquefois hors du foyer sous forme d'étoiles rouges ou bleuâtres, qui se refroidissent avant d'avoir touché terre. Les scories très-crues ne peuvent être d'aucun usage ; lorsqu'elles le sont moins, on en retire beaucoup de fer par leur traitement dans les hauts fourneaux ou par l'affinage immédiat.

2°. Les *scories douces* ou laitiers riches. Ils se forment immédiatement avant qu'on *avale* *, lorsque le métal commence à passer à l'état de fer ductile, et ensuite pendant tout le temps que la loupe reste encore dans le foyer. Ces scories ne sont point déplacées par le fer ; elles occupent la partie inférieure du creu-

---

* C'est le dernier travail que l'on fasse subir à la coupe. Le T.

set. Si donc on veut les faire écouler, il faut que la percée soit très-basse ; mais on ne le fait que lorsque, amoncelées en grande abondance, elles gênent le travail dit *par attachement :* il vaut bien mieux les conserver dans le feu et les loger vers le contrevent, en y soulevant la masse, parce qu'elles entraîneraient avec elles un peu de métal. Elles s'écoulent avec lenteur, se figent moins vîte que les laitiers pauvres, ne présentent pas comme ceux-ci un aspect coulé, prennent toutes sortes de formes, sont chassées par le vent sous forme d'étoiles blanches argentines, ont une couleur gris de fer après le refroidissement, sont lourdes et brillantes, possèdent un éclat demi-métallique, contiennent 80 pour cent de fer, favorisent l'affinage de la fonte étant jetées dans le feu au moment de la fusion, et offrent à l'affineur le meilleur moyen qu'il puisse employer pour accélérer la coagulation du métal, puisqu'elles augmentent aussi le produit.

On doit les mettre à part, ne jamais les mêler avec les laitiers pauvres, qui ne peuvent hâter la conversion de la fonte en fer ductile, parce qu'ils constituent un oxide passé à l'état vitreux.

3°. La sorne *. Elle n'est autre chose qu'une scorie douce durcie, restée dans le feu, et dont une partie adhère à la loupe. L'affineur la retire aussi du foyer pour l'ajouter au métal pendant la fusion, parce qu'elle offre un moyen plus puissant même que le laitier riche, pour accélérer l'affinage, étant encore moins avancée en vitrification.

---

* On ne doit point la confondre avec celle que l'on détache des plaques avant de commencer le travail de la loupe ; cette dernière espèce de sorne composée presqu'entièrement de fraisil durci, n'est d'aucun usage.   Le T.

4°. La battiture. On la ramasse autour de l'enclume en assez grande quantité, sur-tout parce qu'il
se détache de la loupe souvent de gros morceaux pendant le cinglage. Ressemblant sous le rapport de sa
composition à la battiture des petites forges, elle contient 70 pour cent de fer. L'affineur ne doit pas se
servir de celle qui est sous forme de petites feuilles
minces, pendant la fusion; il ne doit en faire usage
que pendant le travail de la loupe, lorsqu'il veut
accélérer l'affinage *.

---

* On a conclu d'une suite d'expériences qui ont été faites en
Suède, au laboratoire de l'institut des élèves;

1°. Que les battitures qui tombent sous le martinet, ou les écailles
qui se détachent du fer pendant le laminage, constituent un protoxide
pur au lieu d'être un composé de protoxide et de peroxide. On l'obtient sous forme cristalline, en laissant de grosses barres placées
près du pont d'un four à réverbère, pendant trois ou quatre jours,
dans ce foyer (voyez plus bas les expériences de M. Berthier).

2°. Que le laitier provenant des fours d'affinage à l'anglaise, est
un protosilicate de fer, parce que le protoxide et la silice contiennent des parties égales d'oxigène; mais que ce composé est
souillé le plus ordinairement de bisilicates d'alumine, de chaux, de
magnésie et de manganèse. Ces scories ont presque toujours une
forme cristalline.

3°. Que les scories des feux d'affinerie constituent un protosilicate avec excès de base, et que ces scories sont d'autant plus
douces que le protoxide augmente: la proportion de ce dernier
peut varier d'un tiers. Les affineurs regardent le laitier du four à
l'anglaise, comme une véritable scorie crue.

4°. Que le laitier provenant de certains feux d'affinerie où l'on
travaille pour acier, est un sous-silicate tel, que le protoxide contient trois fois l'oxigène de la silice.

Si l'on réduit les scories crues en poudre fine, elles prennent
une couleur grise d'autant plus foncée qu'elles sont plus douces;
la sorne ou les scories douces donnent une poudre tout-à-fait noire.
Archiv für Bergbau und Hüttenwesen. Tome VII, cahier 2, p. 384.

Nous devons rappeler ici que la théorie de la formation des

932. Il ne suffit pas que le feu soit construit comme la nature de la fonte semble l'exiger; car, malgré tous les soins de l'ouvrier., le métal est tantôt plus, tantôt moins disposé à se changer en fer ductile:

---

scories, fondée entièrement sur le système minéralogique de M. Berzelius, est due principalement aux travaux de M. Mitscherlich. Ce chimiste a prouvé que les bases qui contiennent une égale quantité atomistique d'oxigène, affectent dans leurs combinaisons avec un acide, la même forme cristalline; que ces bases se remplacent, sans qu'il en résulte aucun changement dans la cristallisation; et, comme ces composés, qu'il appelle isomorphes, se combinent entre eux, il en a conclu que les scories où silicates cristallisés de la même manière, peuvent renfermer des doses variables d'oxides terreux et métalliques. Voyez le mémoire de cet auteur sur la formation artificielle des minéraux cristallisés; Annales de Chimie et de Physique, tome 24, page 355.

En portant la quantité de fer contenu dans les scories douces à 80 pour cent, M. Karsten y comprend les grains de métal qui sont mélangés dans la masse, et dont le poids s'élève quelquefois à 33 pour cent.

Il résulte du travail intéressant qui vient d'être publié par M. Berthier, sur les battitures de fer, qu'elles constituent un oxide qui, sous le rapport de la quantité d'oxigène qu'il contient, se place entre le protoxide et l'oxide obtenu par la décomposition de l'eau ou l'oxide magnétique de la nature.

Les battitures se décomposent par l'action des acides: dissoutes par l'acide muriatique et traitées par le carbonate d'ammoniaque, elles laissent précipiter 0,34 à 0,36 de peroxide; fondues avec addition d'un cinquième de leur poids de verres terreux, elles ont donné des culots métalliques de 0,75 à 0,78. Leur composition se rapproche donc de celle d'un oxide qui, composé de deux atomes de protoxide et d'un atome de peroxide, contiendrait:

Protoxide, 0,642 }   { fer,   0,745 ou 100.
Peroxide, 0,358 } ou { oxigène, 0,255 ou 0,344.

L'oxide des battitures se forme toutes les fois que le fer exposé à la chaleur blanche, se trouve en contact avec un oxide plus avancé, ou quand on le chauffe au contact de l'air, de manière

On remarque à ce sujet des variations étonnantes dans la même gueuse et en faisant usage des mêmes charbons. Il est donc nécessaire que l'affineur connaisse à chaque instant l'allure de son feu ; c'est pour cette raison qu'il le sonde toujours.

Lorsque le métal est si liquide qu'avec le ringard

à ne pas l'oxider entièrement. Annales de Chimie, tome 27, page 19.

Si l'on admettait que l'oxide des battitures et le premier des deux oxides magnétiques désignés au paragraphe 263, fussent différemment composés, il existerait cinq oxides de fer dont la composition serait :

NOMS DES OXIDES.	FORMULES.	FER.	OXIGÈNE.
Le protoxide, ...	$\overset{..}{Fe}$.	100	29,43
L'oxide des battitures, ...	$2\overset{..}{Fe}+\overset{...}{Fe}$.	100	34,39
Un 1er. oxide magnétique, ...	$3\overset{..}{Fe}+2\overset{...}{Fe}$.	100	35,38
Un 2me. oxide magnétique, . . .	$\overset{..}{Fe}+2\overset{...}{F}$.	100	39,31
Le peroxide, ...	$\overset{...}{Fe}$.	100	44,22

Ces quantités d'oxigène évaluées pour une même quantité de fer, sont entre elles comme 6 : 7 : 7 1/5 : 8 : 9.

Nous devons faire observer que la composition du premier oxide magnétique $3\overset{..}{Fe}+2\overset{...}{Fe}$, donnée par M. Karsten (263), n'est pas entièrement d'accord avec la formule : si l'on effectue les calculs d'après les tables de M. Berzelius, on trouve 73,87 de fer et 26,13 d'oxigène. Au reste cet oxide se rapproche tellement de celui des battitures, qu'on peut regarder l'un comme l'analogue de l'autre, et dans ce cas on doit accorder la préférence à la formule de M. Berthier, parce qu'elle est plus simple, et parce que les expériences de ce chimiste, répétées de différentes manières, ne laissent aucune incertitude. **Le T.**

dont le bout est arrondi, on puisse le traverser facilement et pénétrer jusqu'au fond, le fer a conservé presque toute sa crudité.

L'allure est très-bonne au contraire, si la masse a une consistance pâteuse, de manière qu'on puisse à peine sentir la plaque de fond. Bien qu'elle doive résister sous le ringard jusqu'à un certain point, il ne faut cependant pas qu'elle soit dure comme un corps solide : si elle ne se laisse pas traverser par le ringard, l'affinage est trop avancé ; mais il ne faut point se tromper à cet égard ; il arrive souvent que la surface de la loupe devient très-dure et que l'intérieur reste à l'état de fer cru.

933. Avant d'approcher la gueuse de la tuyère, on voit d'abord s'il est nécessaire de rafraîchir la plaque de fond ; ensuite on garnit la partie antérieure de l'aire et tout le pourtour du creuset avec du fraisil ou de petits charbons ; on retire du foyer la sorne et les scories, à moins que, d'après la nature du fer cru, il ne faille les y conserver, et l'on couvre aussi le fond de menus charbons provenant de l'affinage précédent. Le but de cette disposition préliminaire est de rétrécir le foyer, de concentrer la chaleur et d'économiser le combustible.

On arrose le fraisil continuellement afin que le vent ne puisse l'enlever.

Cela fait, on avance la gueuse dans la direction de la tuyère. Placée sur des rouleaux, elle devient plus facile à manœuvrer ; elle est rehaussée, afin que le vent puisse la caresser en dessous au lieu de la frapper directement. La gueuse grise doit être rapprochée à 6 pouces de la tuyère ; la fonte blanche en est tenue à une plus grande distance. Si l'on sait par expérience que la fonte reste long-temps liquide, on jette dans le feu de la sorne, des battitures, etc. Si elle loupe et si l'on a des raisons pour ne pas changer la construction du feu, on y jette 20 à 30 liv. de brocaille, ou fonte répandue, qui, entrant en fusion, entretient la masse fondue à l'état pâteux. Dans d'autres circonstances, on affine la brocaille en la plaçant sur la gueuse.

Pressé par le temps, on met quelquefois un morceau de fonte dans le feu, lors même que le métal n'est pas disposé à louper, ce qui peut arriver lors qu'on travaille en très-gros fer et que le forgeage s'expédie trop promptement; il faut alors prendre ses mesures pour donner au métal fondu, une certaine consistance et pour favoriser son passage à l'état de fer ductile.

Si, après la fusion, le métal est tellement disposé à se durcir, qu'on ne puisse l'entretenir à l'état pâteux en faisant usage de brocailles, on est forcé d'en venir aux moyens extrêmes, et de jeter du sable dans le foyer; mais ce cas se présente très-rarement, lorsque le feu est monté d'une manière convenable.

934. Après avoir avancé la gueuse et mis dans le creuset, selon la nature du fer cru, de là sorne ou de la brocaille, on y verse une *rasse* de charbon et l'on fait agir les machines soufflantes. Si la fonte est blanche, le vent doit être plus fort qu'il ne le serait si elle était grise. L'attention de l'ouvrier doit se porter alors sur le fraisil qu'il arrose souvent, pour l'empêcher d'être chassé par le vent; sur les scories, qui ne doivent point s'accumuler dans le feu en trop grande quantité, il les sonde pour cet effet avec le ringard, ou bien il consulte l'aspect de la tuyère et les fait écouler, s'il

est nécessaire; sur les charbons qu'il arrose et qu'il comprime souvent avec la pelle, afin que le vent ne puisse les déplacer; enfin sur la gueuse qu'il fait avancer à mesure que la partie antérieure est mise en liquéfaction. La percée par laquelle il lâche les scories, ne doit pas être trop basse, parce qu'une partie de ces matières doit rester dans le feu, pour empêcher l'oxidation de la fonte et pour diminuer le déchet. L'affineur examine la consistance de la masse fondue : si elle est un peu dure, il augmente le vent; dans le cas contraire, il tâche de la soulever près du contrevent avec le grand ringard, qu'il enfonce et qu'il abat ensuite, en prenant pour point d'appui la plaque de l'avant foyer; si, au bout de quelques minutes, il n'en résulte point de changement marqué, il jette dans le foyer du laitier riche, de la sorne ou bien des battitures, et recommence la même opération.

Le but de toutes ces manipulations est d'amener la masse fondue vers la fin de la fusion à l'état de pâte épaisse, afin de faciliter le travail ultérieur, de diminuer le déchet et d'obtenir de bon fer.

935. Après avoir fondu de cette manière la quantité de fer cru nécessaire pour une pièce, on commence le travail de la loupe. Cette opération présente deux périodes bien distinctes : pendant la première on soulève une ou plusieurs fois la masse avant qu'elle soit disposée à entrer en effervescence ; pendant la deuxième, on soulève le métal qui, déjà épuré, fond ensuite en bouillonnant; c'est ce qu'on appelle *avaler* la loupe *. Aussitôt que la fusion est terminée, l'affineur enlève

* Nous nous servirons, pour désigner la première de ces opérations, de l'expression *soulever la masse* ou le *gâteau*; pour la deuxième, nous conserverons le terme d'ouvrier *avaler*.　　Le T.

les petits charbons qui couvrent la partie antérieure de
l'aire, la débarrasse entièrement, met le fer à nu, détache la sorne du côté du chio d'abord et ensuite près
du contrevent. Cela fait, il commence le travail de la
loupe, saisit le grand ringard, l'enfonce près du contrevent jusqu'au fond, appuie sur l'autre extrémité de
tout le poids de son corps pour soulever la masse, et,
pour la dégager complètement, il enfonce son ringard
dans le coin formé par la varme et le laiterol, embarre ensuite dans une direction diagonale et parvient
de cette manière à la séparer de la varme, à la rapprocher davantage du contrevent et à l'élever à une
certaine hauteur, afin de pouvoir alors la tourner à
volonté.

936. Le travail subséquent ne dépend que de la
nature du métal contenu dans le creuset. Il peut se
présenter trois cas différens : ou l'affinage se trouve
trop avancé, ou il est trop retardé, ou bien il est au
point voulu.

Si la fonte a été trop décarburée pendant la fusion,
elle ne forme, étant soulevée, qu'un seul gâteau. Il peut
toutefois arriver que l'affineur laisse refroidir le feu,
afin de faire coaguler la masse qui alors ne forme
qu'une seule pièce, quoique le fer ait conservé toute
sa crudité ; mais c'est une pratique des plus vicieuses
qui jamais ne devrait être tolérée, parce qu'on a
d'autres moyens de faciliter le soulèvement. Lors donc
que le premier cas a lieu, l'affineur embarre avec son
ringard d'abord au contrevent et ensuite au coin
formé par la varme et le laiterol, soulève toute la
masse, la fait avancer de la varme vers le contrevent,
la dresse de manière que la surface supérieure soit
placée vis-à-vis de la tuyère, fait jeter une rasse de

charbon dans le feu et renverse ensuite le gâteau sur ce charbon, de manière que le côté qui touchait au contrevent, soit tourné vers la *tuyère* et *vice versâ*. Dans cet état de choses, le travail est assez facile ; l'affineur ne fait qu'alimenter le feu et maintenir le fer au-dessus des charbons incandescens, jusqu'au moment où le métal suffisamment épuré, puisse être fondu ; mais il perd beaucoup de temps, de combustible, de fonte et il obtient plus tard très-peu de fer par attachement. Il doit dans ces circonstances laisser agir les machines soufflantes lentement, couvrir le gâteau avec des charbons, empêcher le contact de l'air extérieur, qui hâterait l'affinage, rendrait la séparation des matières imparfaite et refroidirait le fer.

A mesure que les charbons se consument en dessous, l'ouvrier les remplace par ceux qui, couvrant le gâteau, sont déjà embrasés, afin de ne pas occasionner de refroidissement *. Si l'on ne retardait pas l'affinage, on obtiendrait un mauvais fer qui manquerait d'homogénéité et ne pourrait pas se forger. On ne peut empêcher le trop prompt affinage qu'en employant un vent faible et qu'en laissant le fer toujours couvert de charbon.

Les scories qui se forment pendant cette opération doivent être lâchées, mais il faut en conserver dans le foyer, pour que le fer ne puisse toucher le fond immédiatement.

---

* Il est évident que le but de toutes ces précautions est d'é-lever la *température* le plus qu'il est possible, sans qu'on fasse usage d'un vent fort. C'est l'unique moyen qu'on puisse employer pour favoriser l'oxidation des matières étrangères, en retardant la combustion du carbone contenu dans le métal. Le T.

937. Lorsque la masse fondue est encore chargée de carbone, ou lorsque l'affinage est retardé, ce qui a lieu ordinairement pour la première pièce de chaque semaine, le creuset étant alors refroidi, les scories crues s'accumulent en si grande quantité, qu'on est obligé de les faire écouler en entier avant le premier soulèvement et après avoir ôté les charbons. Dans ce cas, la masse qu'on veut soulever se partage en une foule de petits morceaux, qui souvent n'ont que le volume du poing ou d'un œuf. L'affineur détache d'abord ceux qui se trouvent près du contrevent et les retire du feu ; il fait de même au centre du creuset et finit par enlever ceux qui touchent la varme et qui sont un peu plus affinés que les autres. Après avoir vidé le creuset entièrement, il y verse une rasse de charbon, il dispose ensuite sur le combustible les différens morceaux de fer, selon leur degré d'affinage, à une distance plus ou moins grande de la tuyère ; ceux qui étaient près de la varme trouvent leur place du côté du contrevent et réciproquement. Les fragmens dont la décarburation est très-avancée sont mis à l'abri du vent en dessus de la tuyère ; quelquefois même ils sont conservés jusqu'au deuxième soulèvement, ou, lorsqu'il n'a pas lieu, jusqu'à ce qu'on avale la loupe. Au fer disposé de la sorte, on ajoute une pelletée de battitures, que l'on jette près du contrevent ; mais on doit ménager ce moyen d'accélérer l'opération, pour laisser aux matières étrangères le temps de se séparer du métal.

On fait agir ensuite les soufflets avec lenteur, afin que les différens morceaux puissent s'agglutiner peu à peu : on facilite cette opération en les rapprochant ensemble avec le ringard ou la pelle ; on évite sur-tout que le vent ne se fasse un passage entre les fragmens, ou que des charbons ne viennent se loger entre eux, ce qui retarderait la décarburation bien plus encore. Quand l'ouvrier s'aperçoit que les morceaux présentés toujours au foyer de la chaleur, commencent à ne plus former qu'une seule masse, il précipite le mouvement des machines soufflantes pour élever la température et accélérer l'affinage. Une issue ménagée alors au vent du côté opposé à la tuyère, laisse échapper des torrens de scories crues lancées en l'air sous forme d'étoiles rouges ou bleuâtres. Ce moyen suffit pour s'en débarrasser lorsqu'elles ne sont pas trop abondantes : si on les faisait écouler, on augmenterait le déchet. En usant de ces précautions, on laisse fondre tout le gâteau, et si le cas l'exige, on jette encore une pelletée de battitures dans le creuset.

. Il est clair qu'en faisant agglutiner de cette façon les morceaux séparés, on perd beaucoup de temps et de charbon, mais on obtient de bon fer, sans que le déchet soit trop considérable.

938. Examinons à présent le cas où la masse a reçu pendant la fusion le degré d'affinage le plus convenable. Lorsqu'on la soulève, elle se divise alors en trois ou quatre parties, qui, soumises à l'action du vent, présentent assez de surface pour être épurées en peu de temps et de la manière la plus avantageuse. L'affineur commence son travail près du contrevent, passe au milieu du creuset et finit près de la varme ; il retire du feu les fragmens de métal, y verse une rasse de charbon, dispose ces fragmens sur le combustible, en les dérobant ou bien en les soumettant plus ou moins à l'influence du courant d'air, selon leur degré d'affinage, ainsi que nous l'avons dit précé-

demment (937). Cela fait, il donne un vent fort, et jette, si le cas l'exige, une pelletée de battitures dans le feu.

Il n'est pas nécessaire de faire écouler les scories, il suffit de leur ouvrir un passage du côté du contre-vent, afin qu'elles soient chassées hors du feu sous forme d'étoiles. Les interstices laissés entre les morceaux de métal, doivent être remplis de charbon, principalement lorsque ces morceaux paraissent disposés à s'agglutiner promptement. Dans le cas contraire, il faut bien se garder de les mêler en quelque façon avec le combustible, parce qu'on retarderait encore l'affinage et qu'on augmenterait la consommation de charbon. Traité de cette façon, le fer entre en fusion et descend dans le creuset. Lorsque le travail suit une marche si favorable, l'affineur gagne du temps, du charbon, et il obtient un fer d'une bonne qualité. Pour économiser le combustible, on garnit le pourtour du foyer avec du fraisil et de la charbonnaille qu'on arrose fréquemment, ainsi qu'on le pratique pendant la fusion de la gueuse.

939. Si l'ouvrier s'aperçoit que le fer conserve trop de crudité, il le soulève de nouveau ; mais le travail est alors plus facile que la première fois, parce que le métal ne se partage ordinairement qu'en deux ou trois morceaux ; on s'y prend du reste de la façon que nous venons d'indiquer.

940. Quelquefois la fonte se refuse tellement à changer de nature, qu'on est obligé de procéder même à un troisième soulèvement avant d'avaler la loupe ; ce qui occasionne une perte considérable de temps et de charbon, bien que le déchet se trouve compensé par la grande quantité de battitures qu'on jette dans le

creuset. Si l'on était obligé de soulever la masse une quatrième fois, il faudrait à l'instant changer la construction du feu, à moins que, pendant le travail, on n'eût commis quelque faute essentielle.

941. Il existe des affineurs qui ont l'habitude de conserver à la fonte presque toute sa crudité pendant la fusion *; elle reste alors entièrement liquide et l'on ne pourrait la soulever sans la refroidir d'abord. On arrête pour cet effet le vent aussitôt que la gueuse a été retirée et qu'on a enlevé le charbon qui couvre la masse fondue; on arrose cette dernière et l'on attend dix minutes, souvent même une demi-heure; pendant ce temps, l'affineur détache à plusieurs reprises les scories qui se figent plus tôt que le fer. Le métal ne forme ensuite qu'une seule masse qu'on est obligé de traiter comme si la fonte était *loupante*, comme dans le cas où la décarburation est trop avancée.

Ce procédé, qu'on peut appeler *l'affinage par refroidissement*, est on ne peut plus vicieux : il en résulte des pertes de temps, de chaleur et de fonte même, puisqu'avec les laitiers on enlève toujours quelques parcelles de métal. De plus, le fer étant coagulé en un seul gâteau, ne présente plus assez de surface à l'action du courant d'air, ce qui prolonge l'opération et multiplie les dépenses de tous genres. Cette mauvaise méthode est du reste fort commode pour les ouvriers paresseux qui craignent de s'exposer à la chaleur. Elle devient plus défectueuse encore lorsqu'ils jettent après le soulèvement une certaine quantité de quartz dans le creuset, usage que l'on voit

---

* Il suffit, pour cet effet, de l'exposer directement au courant d'air. Le T.

subsister encore aujourd'hui dans quelques provinces rhénanes *.

Il existe. à la vérité des fontes qui donnent pendant l'affinage tant de scories crues qu'on est obligé pour les enlever, de refroidir la surface du bain, en y jetant de l'eau ; mais cette opération qui doit s'exécuter avec promptitude, n'a pas pour but de rafraîchir. le fer; on aurait tort de la confondre avec l'affinage par re-froidissement.

942. Il est rare que les bons ouvriers soulèvent la masse plus d'une ou de deux fois avant d'*avaler* la loupe : ils observent l'allure du feu, et emploient en fondant le fer cru les moyens précités pour la régler de la manière la plus avantageuse.

On reconnaît la nécessité de soulever la masse à la couleur de la flamme, si toutefois le charbon est d'une bonne qualité. Une flamme blanche indique une bonne

---

* L'usage du quartz jeté dans les creusets d'affinerie, se pratique dans la plupart de nos forges; quelque défectueux que puisse être ce procédé, il est probable qu'on le suivra long-temps encore : rien de plus commode pour l'ouvrier; peu lui importe que la fonte soit très-disposée à louper, il saura toujours par ce puissant agent, et sans donner un coup de ringard de plus, rendre à la matière le degré de consistance voulu; c'est de cette manière que, dans le même foyer, et sans changer la profondeur du creuset ni l'inclinaison de la tuyère, on affine indistinctement la fonte blanche et la gueuse la plus grise. Quelle que soit la nature du fer cru, on emploie toujours des battitures pendant la fusion, sauf à détruire leur effet avec des cailloux. Qu'en résulte-t-il? on ne peut obtenir de bon fer qu'autant que les fontes sont excellentes, les produits manquent d'homogénéité, une certaine quantité en est toujours vicieuse, puisqu'une partie de la silice se réduit, et que le métal terreux se combine avec une portion de fer rendu par cet alliage plus dur et plus aigre; le reste ou la majeure partie de la silice entre avec l'oxide en vitrification et augmente le déchet.

Le T.

allure et un affinage suffisamment avancé. Une flamme
bleuâtre annonce un état de crudité et le besoin de
soulever encore une fois le gâteau avant d'avaler la
loupe. Il en est de même, si le fer a une couleur rouge
ou seulement blanche rougeâtre, et si au lieu de former une seule masse, il est divisé en plusieurs morceaux. Mais une couleur claire, jointe à l'apparition
des étincelles blanches argentines chassées par le vent,
ne laissent plus de douté sur l'inutilité d'un soulèvement ultérieur.

943. Quel que soit l'état du métal fondu et son
degré d'affinage, il faut toujours le soumettre encore à
la dernière opération que nous allons décrire, à moins
que la fonte ne soit d'une pureté parfaite. Pour économiser le temps et le combustible, on a quelquefois
essayé de s'en dispenser, mais l'expérience s'est prononcée presque toujours contre cette manière d'abréger le travail : le fer devenait médiocre, se laissait
cingler, mais il ne pouvait être étiré en barres.

944. Pour avaler la loupe on soulève toute la
masse au-dessus de la tuyère, sans jeter d'abord de
combustible frais dans le creuset, pour ne pas le refroidir : les charbons incandescens qui s'y trouvent
se logent naturellement sous le métal et produisent
le haut degré de chaleur qui est nécessaire pour le
faire entrer en fusion. Le vent passe tout à fait sous le
gâteau et creuse, pour ainsi dire, le lit que la loupe
doit occuper après avoir été fondue. L'affineur de son
côté, le prépare en retirant la sorne attachée à la
plaque de fond ; il sonde avec son ringard dans toutes
les directions, l'enfonce près de la tuyère, le promène
le long du laiterol et ensuite dans la diagonale qui
joint le sommet de l'angle formé par la varme et le

laiterol à celui qui lui est opposé, et finit par l'autre
diagonale en allant du contrevent vers la varme. Lorsqu'il trouve quelque matière solide, il la détache et
cherche à la faire sortir du feu.

Après avoir renversé la masse sur les charbons embrasés, l'ouvrier la couvre de combustible frais et l'arrose, afin de la maintenir un peu plus long-temps au-
dessus de la tuyère, ce qui est avantageux sur-tout
pour un fer qui a changé difficilement de nature. Lorsqu'on veut opérer par attachement, le métal ne doit
pas être parfaitement purifié, afin qu'il puisse devenir
assez liquide. Mais il faut dans tous les cas produire un
haut degré de chaleur, qui fasse bouillonner le fer, le
rende demi-liquide et opère un départ complet des
scories. L'activité des machines soufflantes, le bouillonnement de la masse qui présente au vent des points
de contact nombreux, la haute température, tout con-
court à l'épuration du métal. Il s'ensuit qu'il ne doit
point descendre dans le creuset avec trop de lenteur,
ce qui aurait lieu s'il avait atteint le dernier degré
d'affinage*; il faudrait alors le couvrir de charbons
soigneusement : mais on doit craindre de tomber dans
le défaut opposé, de le faire disparaître trop prompte-
tement de devant la tuyère, ce qui aurait lieu s'il
avait conservé beaucoup de carbone. Dans l'une et
dans l'autre hypothèse, le fer ne serait pas assez exposé
à l'action du courant d'air.

Quelle que soit la force du vent, il est difficile qu'il
produise assez d'effet, lorsque l'affinage est très-avancé;
l'oxidation occasionne d'ailleurs un déchet considérable; c'est pour cette raison que dans ce cas il ne

---

* Parce que le bouillonnement ne serait pas assez actif.   Le T.

faudrait pas prendre de fer par attachement. Si au contraire la masse n'est pas assez affinée, le bouillonnement devient faible et l'attachement ne peut avoir lieu que d'une manière forcée.

En général, quand on avale la loupe, la température doit être extrêmement élevée, afin qu'on puisse mettre le fer dans un état presque liquide, pour chasser complètement le carbone et les matières étrangères. Il faut donc employer un vent très-fort, et si l'on ne pouvait accélérer le mouvement des soufflets, ou si l'affineur avait des raisons pour ne pas le faire, comme dans le cas précité *, il ne pourrait obtenir un bon produit. Les scories douces qui se produisent pendant cette période, entourent la loupe. Si elles s'accumulaient en trop grande quantité, il faudrait les faire écouler, parce qu'elles gêneraient le travail de l'attachement; du reste elles forment la sorne et l'on tâche de les conserver dans le creuset autant qu'il est possible.

945. L'affinage par attachement n'est pas généralement adopté dans les usines où l'on suit la méthode allemande. Des maîtres de forge prétendent que cette pratique est préjudiciable à la bonté de la loupe; ce qu'il y a de certain, c'est que le fer obtenu par attachement vaut bien mieux que l'autre; mais il ne s'ensuit pas que la loupe en soit devenue plus mauvaise. La méthode par attachement présente les avantages suivans:

1°. L'ouvrier gagne du temps; la production en est donc augmentée;

2°. Il gagne du charbon, parce que le forgeage subséquent ne dure pas aussi long-temps;

---

* Lorsque le fer est encore un peu cru.   Le T.

3°. Il obtient une portion de fer d'une qualité
excellente, et celui de la loupe, loin d'en être détérioré, devient souvent meilleur.

946. On prend du fer par attachement, après avoir
soulevé la loupe, pour l'avaler et au moment où la
masse commence à bouillonner. Pour cet effet, l'affineur promène son ringard en différentes directions,
depuis le laiterol jusqu'à la haire, en restant toujours
dans le plan horizontal passant par la tuyère; quand
il voit qu'il s'y attache et qu'il y adhère fortement du
fer d'une couleur blanche, il tâche de former un
creux, sans toucher cependant à la masse qui est en
train de fondre. Cette espèce de voûte établie sous
le gâteau devant la tuyère où la chaleur est le plus
intense, lui facilite le moyen de bien tourner la barre
d'attachement qu'il y enfonce.

Aussitôt que l'ouvrier sent par le poids de cette
barre qu'elle est chargée d'une certaine quantité de
fer, il la retire, la plonge dans l'eau pour en détacher les scories, lui donne quelques coups de marteau et la refroidit ensuite dans ce liquide, pour accélérer l'attachement du fer qui s'y fige mieux lorsqu'elle est froide. Il répète cette opération jusqu'à
ce que son lopin ait acquis un poids de 8 à 10 kil.;
le second ouvrier l'étire ensuite, d'après les dimensions exigées. Pendant ce temps, le premier place
dans le canal une seconde barre, qu'il soigne de la
même manière que l'autre, tout en réparant le creux
à mesure que les matières qui s'éboulent de tous côtés,
viennent à l'obstruer. Après avoir achevé le deuxième
lopin, il remet la première barre dans le feu, et ainsi
de suite jusqu'à ce que toute la masse soit descendue
et que le bouillonnement ait cessé.

947. Il est nécessaire de se débarrasser des scories qui se forment pendant l'effervescence de la masse, parce qu'elles gêneraient le travail par attachement : on tâche de les diriger vers le contrevent. Lorsqu'elles remplissent le creuset et que par la tuyère l'affineur les voit bouillonner, il est forcé de les faire écouler ; mais il doit en conserver une partie dans le feu, pour ne pas brûler le fer en le mettant à nu. Une flamme vive, d'une blancheur éclatante, l'avertirait de cette combustion ; il y remédierait en jetant des battitures dans le foyer.

La production d'une grande quantité de scories est la preuve de quelque mal-adresse et d'un affinage qui est trop avancé, ou qui ne l'est pas suffisamment.

948. La masse de fer qu'on obtient par attachement est très-variable : elle dépend et du poids de la loupe et principalement de la nature du gâteau qu'on avale, ainsi que de l'adresse des affineurs. Quelquefois ils ne peuvent obtenir qu'un, deux ou trois lopins, quelquefois ils en obtiennent neuf à dix. On ne peut trop recommander d'accélérer le mouvement des soufflets; en oubliant cette condition indispensable, on perd tout l'avantage qu'offre cette manière d'opérer.

Tous les ouvriers s'efforcent d'obtenir beaucoup de fer par attachement; mais dans les moyens qu'ils emploient ils sont souvent de mauvaise foi. Ils baissent l'extrémité de leurs barres jusqu'à la plonger dans la masse qui est déjà fondue; ce n'est pas alors un véritable fer par attachement qu'ils obtiennent, comme il est facile d'ailleurs de s'en convaincre par l'inspection des lopins. Quelquefois aussi ils soulèvent une seconde fois la masse fondue, ce qui est contraire aux intérêts du propriétaire, parce qu'il en résulte non-

seulement beaucoup de déchet, mais aussi un fer dur
et aciéreux. Si l'on force de cette manière l'attachement, il se forme des scories crues dont il faut se
débarrasser aussitôt, ce qui est la preuve d'un procédé
des plus défectueux.

949. Lorsque le travail de l'attachement est terminé, on ralentit le mouvement des soufflets et l'on
achève de faire la loupe.

Il existe toujours de petits morceaux de fer qui,
séparés de la masse par la force du vent, se trouvent
répandus sur l'aire ou disséminés dans les charbons.
L'ouvrier les cherche, les réunit à la loupe mise à
nu sur une petite surface, les frappe à coups de pelle
ou de crochet, jette même des battitures dans le creuset et débarrasse la tuyère, afin de favoriser cette
agglutination.

950. Cela fait, l'affineur tâche d'égaliser la surface
de la loupe, de lui donner une forme plus régulière,
lui applique des coups de crochet, la rafraîchit avec
un peu d'eau, arrête le vent et la fait sortir du feu
de la manière suivante :

Il commence par jeter d'abord une pelletée de battitures devant la tuyère, afin que les scories liquides
ne puissent l'obstruer; il détache la loupe avec le ringard du côté de la varme; embarre dans le coin formé
par le laiterol et le contrevent pour la soulever complètement, tandis que l'autre affineur et le *goujat* la
saisissent avec le crochet et l'entraînent sur la plaque
antérieure de l'aire. Après en avoir détaché d'abord
la sorne qu'on rejette dans le feu, on la fait tomber
sur le sol de l'usine qui est couvert de plaques en
fonte; on la frappe à grands coups de masse pour en
unir la surface, et on la traîne près de l'enclume

sur un petit chemin de fer cru. Aussitôt que le creuset
est débarrassé, on le dispose pour la fusion suivante.

951. Il faut que la loupe ait une forme ronde,
légèrement allongée; c'est une preuve que le point
où la chaleur est le plus intense, se trouve vers le
milieu du feu, et que le vent n'est pas trop dirigé ni
vers la rustine ni vers le chio : sa longueur doit être
dans le sens de la largeur du creuset. Il faut qu'elle
ait une couleur très-blanche au sortir du feu, que son
éclat soit gras, qu'elle perde la sorne par écailles pendant le cinglage, qu'elle reçoive facilement l'impression du marteau et qu'elle ne donne pas une trop
grande quantité de laitier.

952. Lorsque le fer est hors du creuset, l'opération
chimique est finie; il ne s'agit plus que de l'étirer
au moyen d'opérations purement mécaniques *.

On profite de la chaleur de la loupe pour lui donner
une forme régulière et pour la couper en plusieurs
parties qui puissent être maniées et forgées en barres
avec facilité.

Les loupes obtenues par l'affinage à l'allemande ne
pourraient être étirées par des cylindres, puisqu'elles
sont trop grosses et que cette méthode ne permet-
trait pas de les diminuer; il faudrait les couper en
lopins. Au reste, les travaux ultérieurs qu'on peut
leur faire subir ne font pas essentiellement partie de
l'affinage et peuvent s'exécuter de différentes manières.

953. Le marteau, qui pèse 200 kilog., doit fournir
au moins 90 à 100 coups par minute, et frapper
avec beaucoup de force contre le rabat dont l'élas-

* Voyez à ce sujet la note du traducteur ajoutée au paragraphe 886.   Le T.

ticité augmente considérablement l'effet qu'il peut
produire. Il faut qu'à l'état de repos son manche
soit horizontal et que sa panne se confonde avec la
table de l'enclume; elles doivent être l'une et l'autre
le plus étroites possible, pour abréger le forgeage.

La table de l'enclume reçoit une légère pente du
devant à l'arrière. Si les barres qu'on veut étirer sont
larges, cette pente doit être plus forte, afin qu'on
puisse les parer lorsqu'elles sont placées de champ;
sans cela le marteau frapperait par son talon et produirait des entailles.

Il est essentiel en outre, que la table de l'enclume soit parfaitement plane; creuse, elle ferait naître dans les barres des fentes longitudinales.

On doit visiter fréquemment les coins de l'ordon,
et veiller à la solidité de la machine.

Au commencement de chaque semaine, on chauffe
le marteau avec des charbons rouges, pour éviter qu'il
ne se brise pendant le forgeage.

954. Les outils du forgeron sont :

1.º Un gros levier qui est tantôt en bois et couvert de tôle au milieu, tantôt en fer et garni à ses
deux extrémités de deux manches de bois : on s'en
sert pour placer la loupe sur l'enclume.

2.º Une barre de fer ou un levier plus petit, servant
à retenir la loupe pendant le cinglage.

3.º Deux hacherons, un grand et un petit. Ils sont
en fer forgé et ressemblent à une hache à main, dont
le taillant serait obtus et le manche en fer. On s'en
sert pour couper la pièce en lopins; il suffit de placer
le hacheron et de laisser agir le marteau.

4º Une grande tenaille (*écrevisse*). On en fait
usage pour saisir la loupe et pour la tenir sur l'enclume au commencement du cinglage.

5°. Une petite tenaille à cingler. On s'en sert pour achever le cinglage.

6°. Deux tenailles à chauffer la pièce et les lopins.

7°. Deux tenailles à retenir les lopins, pendant qu'on les dégrossit.

8°. Deux tenailles à coquilles. Elles servent à tenir les lopins ébauchés, pendant qu'on les étire en maquettes.

On a en outre de petites tenailles pour la réparation des outils.

955. Quand la loupe est près de l'enclume, le forgeron la saisit avec l'écrevisse, la soulève un peu, afin que ses deux aides puissent engager le gros levier et la mettre sous le marteau. Elle est tenue de manière que la partie qui était tournée vers la varme soit couchée sur l'enclume, et que le côté opposé dont le fer est moins bon et moins bien soudé, éprouve d'abord l'action du marteau. Ses coups se succèdent lentement et pour aplatir la loupe et pour en faire sortir le laitier; bientôt le mouvement est accéléré. Le forgeron avance alors, retire ou tourne la pièce de telle sorte que la surface en devienne uniforme. Il est aidé dans ce travail par un ouvrier qui soutient la masse avec le levier de fer et l'empêche de tomber.

Cela fait, il la retourne sur sa largeur de manière que le côté qui avoisinait le laiterol soit placé sur l'enclume, et que le marteau frappe sur celui de la haire. L'ouvrier maniant la pièce comme précédemment, fait agir le marteau avec toute sa vîtesse : voilà ce qu'on appelle *cingler la loupe*.

956. Il saisit ensuite la pièce avec la petite tenaille à cingler, la tourne de manière que le côté qui était en dessus dans le foyer, touche l'enclume et que la

surface opposée reçoive les coups du marteau, qui
doit agir avec son maximum de force et de vitesse :
la pièce reçoit alors la forme d'un parallélipipède.
Après cela, le forgeron la saisit à l'endroit de la tuyère,
l'étire un peu et ordonne à son aide de placer le
hacheron du côté où était le contrevent, pour la
couper en 4, 5 ou 6 morceaux. A mesure qu'on détache ces lopins, on les place dans le feu, mais on
dégrossit un peu le dernier et l'on reporte les autres
sur l'enclume, pour les ébaucher de la même façon,
afin qu'ils occupent moins de place dans le foyer et
qu'ils subissent le plus faible déchet possible.

957. Pour étirer ces lopins, on les chauffe au blanc
soudant; on a soin de les placer dans un certain ordre, eu égard à la température à laquelle ils sont
exposés, au temps qu'ils restent dans le foyer et à
leur degré de pureté.

Comme toutefois le lopin de la varme est le plus
refroidi, on ne pourrait le chauffer et l'étirer le premier sans une perte de temps, quoique le fer en soit
réellement le mieux affiné; on le place pour cette
raison au-dessus de la tuyère, afin de ne point l'exposer au courant d'air. Le lopin du contrevent ainsi
que son voisin, les moins épurés de tous, sont au contraire soumis un peu à l'action directe du vent.

Les deux lopins intermédiaires tenus entre les té-
nailles les plus près de la tuyère, reçoivent les premiers le degré de chaleur voulu; mais on doit donner
les chaudes avec précaution : si la loupe était complètement affinée, il faudrait plonger ces deux lopins dans
le laitier; si elle l'était moins, on pourrait les exposer légèrement à l'influence de l'air.

L'ouvrier les retourne de temps à autre, pour les
chauffer également sur toutes les faces.

Les bonnes chaudes suantes peuvent corriger un fer vicieux et lui donner le degré d'affinage convenable ; elles ne le détériorent jamais.

Lorsque le lopin placé le plus près de la tuyère, est parvenu à la chaleur blanche, on le saisit avec les tenailles à coquilles, pour le porter sous le marteau et on le remplace par le lopin de la varme, qui était mis en dépôt au-dessus de la tuyère ; mais en le chauffant on doit avoir égard aussi à son degré d'affinage.

958. On étire les lopins à moitié pour les changer en *maquettes*, on les refroidit dans l'eau et on les met de côté, jusqu'à ce qu'ils aient tous subi la même opération. Comme celui du contrevent est le moins affiné, on le conserve plus long-temps dans le feu et on ne le forge que le dernier.

Dans certaines usines on ne procède à l'étirage de ces différentes maquettes que pendant la fusion subséquente. Ailleurs on les étire tout de suite, ce qui est plus avantageux, parce qu'on profite de la chaleur qu'elles retiennent encore ; mais alors on ne peut se dispenser de plonger l'extrémité des barres dans l'eau, opération scabreuse, si les fers sont de médiocre qualité ; quoi qu'il en soit, il faut dans tous les cas les chauffer suivant l'ordre précédemment indiqué.

Pendant l'étirage des lopins en maquettes et de celles-ci en barres, le marteau doit marcher sans discontinuation, à moins d'accidens particuliers, et parmi ces accidens, il faut compter l'humidité du charbon, qui occasionne toujours une perte de temps et une augmentation de déchet.

Si l'ouvrier est adroit, il abrége la durée du martelage, parce que son coup d'œil le dispense de contre-forger le fer ; il peut épargner nombre de coups de marteau qu'un homme moins habile, placé dans les mêmes circonstances, serait obligé de prodiguer. Il faut qu'en parant la barre, il la place exactement dans la direction de l'enclume, pour ne point former de rebords. La manière dont le marteau est emmanché contribue beaucoup à la netteté de l'ouvrage.

Des ouvriers paresseux laissent frapper le marteau sur les mêmes faces et négligent de retourner la barre, de manière que ses quatre plans puissent toucher suc‑ cessivement l'enclume, dont la table est toujours bien plus lisse que la panne du marteau.

La promptitude de l'étirage dépend non-seulement de la force du coup, mais aussi de la forme du mar‑ teau : plus la panne est étroite, plus le travail se trouve accéléré.

Si le forgeron s'aperçoit qu'il ne peut étirer une barre en une seule chaude, il laisse subsister à l'ex‑ trémité une petite masse appelée *corrond*, qu'il fait chauffer plus tard.

Le temps employé pour le forgeage prolonge quel‑ quefois la durée de la fusion, parce que l'affineur ne peut commencer le travail de la loupe avant que le feu soit débarrassé entièrement.

Lorsque tout le fer doit être forgé d'après des di‑ mensions exactes, l'opération devient naturellement plus lente; les ouvriers doivent alors redoubler d'at‑ tention pour l'abréger autant qu'il est possible.

959. Un feu bien desservi doit occuper cinq ou‑ vriers : un maître affineur, un marteleur, deux chauf‑ feurs et un aide. Le maître et le premier chauffeur travaillent ensemble, ainsi que le marteleur et le deu‑ xième chauffeur; l'aide est à leurs ordres. Le travail commence dans la nuit du dimanche au lundi, et se

prolonge sans discontinuer jusqu'au soir du samedi. Le marteleur et le deuxième chauffeur font toujours la première tournée de chaque semaine. Pendant la fusion de la fonte, on étire les lopins de la dernière pièce; le deuxième chauffeur reste au feu pour soigner les chaudes et la fusion de la fonte; le marteleur est chargé du forgeage. L'aide apporte les charbons, tire la pale et tient les *échantillons;* il a fini sa tournée aussitôt que le fer est forgé. Si la masse fondue est alors assez grande pour une loupe, le marteleur procède au premier soulèvement. Il est secondé de toutes les manières par le chauffeur qui apporte les charbons, enlève les scories, etc., etc.

Lorsqu'on prend du fer par attachement, le deuxième chauffeur tient une barre dans le feu, pendant que le marteleur en étire une autre; il la tourne, la rafraîchit et la porte sous l'enclume, si toutefois il sait déjà forger. Dans le cas contraire, il est remplacé par le premier chauffeur, dont la présence et d'ailleurs nécessaire, puisqu'il faut toujours trois ouvriers pour bien exécuter cette opération : un d'eux est constamment au marteau, un autre tient la barre et le troisième soigne le feu, tire la pale, etc. C'est pour cette raison que le deuxième chauffeur commence aussi la tournée suivante à la même période du travail.

Quand on est près de faire sortir la loupe du feu, on appelle aussi le maître. Le marteleur tient le ringard et soulève la masse, tandis que les deux chauffeurs la saisissent avec le crochet et l'emmènent sur la plaque du devant. Après l'avoir traînée près de l'enclume, le marteleur la saisit avec l'écrevisse, la soutient, afin que les deux autres ouvriers puissent engager le gros levier et la porter sous le marteau. Le premier cingle la loupe et ceux-ci la retiennent avec des barres de fer. Pendant ce temps, le maître prépare le feu et fait agir les machines soufflantes.

Lorsque la loupe est cinglée, le premier chauffeur achève de lui donner une forme parallélipipedique ; la cédant ensuite au marteleur qui la tient par le bout de la varme, il pose le hacheron et la coupe en lopins. Le deuxième chauffeur continue de la soutenir avec une barre de fer. Le maître porte et place les lopins dans le feu; c'est ainsi que se termine la tournée ; celle du maître avec le premier chauffeur va commencer.

Ces deux ouvriers exécutent le forgeage alternativement. L'aide revient pour tirer la pale et tenir les échantillons; il s'en retourne quand tout le fer est forgé.

Durant l'affinage, le premier chauffeur rend au maître les services que le marteleur recevait du deuxième chauffeur ; l'un et l'autre de ces ouvriers secondaires doivent, du reste, chercher à s'instruire dans le travail de l'affinage, pour avancer et devenir marteleurs à leur tour.

Quand on fait sortir la loupe, on rappelle tous les ouvriers, l'aide excepté; le marteleur la cingle; le maître arrange le feu, y porte les lopins, etc.

C'est ainsi que le travail est réparti entre les différens ouvriers. Chacun est à même de pouvoir s'instruire; l'aide pour devenir deuxième chauffeur, le deuxième chauffeur pour devenir mateleur et le marteleur pour remplacer le maître au besoin. Il en résulte une émulation avantageuse dans leur intérêt et dans celui du propriétaire. Le maître est chargé du reste de monter le feu et d'entretenir les soufflets. Le marteleur a l'ordon sous sa surveillance; il doit le visiter fréquemment, serrer les coins, placer l'enclume, emmancher le marteau et lui donner une direction convenable. C'est en raison de cette disposition que le maître et le premier chauffeur sont dans l'obligation de dégeler la roue des soufflets (briser les glaçons qui empêchent le mouvement), tout comme le marteleur et son chauffeur doivent le faire pour la roue du marteau.

On voit donc qu'il y a un chef dans chaque tournée, mais tous les ouvriers qui appartiennent à un feu, se trouvent néanmoins sous les ordres du maître. Cet arrangement est indispensable, sur-tout dans les usines où le maître répond des matières premières, où il est payé des économies qu'il peut faire et chargé du remboursement d'un excès de consommation.

Il vaut mieux du reste distribuer le travail comme nous venons de le dire, que de suivre l'usage adopté dans plusieurs usines, où toutes les loupes sont affinées par le maître aidé du premier chauffeur, tandis que le marteleur et le deuxième chauffeur ne sont chargés que du forgeage. C'est une disposition vicieuse; elle empêche les ouvriers d'apprendre leur métier et elle détruit l'émulation entre le maître et le marteleur. De mauvais ouvriers surveillant la fusion du fer cru, pourraient d'ailleurs augmenter les difficultés de l'affinage à dessein, pour se reposer plus long-temps; ils pourraient même jeter du sable dans le creuset. En un mot, celui qui affine doit avoir assisté à la fusion, pour savoir traiter le métal d'une manière convenable.

960. Dans les forges allemandes le maître affineur est responsable de la fonte et du charbon accordés par

mille de fer ; les quantités en sont déterminées par le marché ; s'il en use davantage, il est obligé de payer le surplus à un prix fixé d'avance ; s'il en use moins, il reçoit des primes proportionnées aux économies faites sur les matières premières. C'est un moyen non-seulement d'alléger le fardeau de la comptabilité et de la surveillance, mais aussi de rendre les ouvriers plus soigneux et plus économes.

Le déchet, qui est très-variable, dépend de la nature de la fonte et de l'adresse de l'ouvrier. Il augmente, lorsque le régule contient beaucoup de matières étrangères et qu'il est disposé à donner du fer ou rouverin ou cassant à froid, parce qu'on est obligé de soulever la masse un plus grand nombre de fois : il peut s'élever jusqu'à 40 pour cent. Le déchet du fer cru ordinaire est à peu près de 28 pour cent. Dans les usines royales, on doit fournir pour 7 quintaux de fer cru, 5 quintaux de fer ductile ; le déchet est donc de 28,56. Ces conditions sont assez avantageuses pour les ouvriers ; ils peuvent faire des bénéfices, lorsqu'ils ont du zèle et de l'intelligence : si le fer cru est de bonne qualité, le déchet n'est souvent que de 26 pour cent.

La consommation de charbon dépend également de l'habileté des ouvriers et de la nature du fer cru. Dans les usines royales de la Silésie, on passe ordinairement $1^{\text{mèt. cub.}},847$ de charbon, par 100 kil. de fer ductile.

La quantité de fer fabriquée par semaine, dépend non-seulement des ouvriers, mais aussi de la force des machines soufflantes, du poids et de la vîtesse du marteau, de la qualité du fer cru, de celle du combustible et des dimensions exigées pour les barres. À mesure que les eaux diminuent, on obtient moins de fer dans un temps donné et l'on consomme par mille, plus de fonte et plus de combustible. Si les diverses circonstances réunies ne sont pas trop défavorables, on en obtient par semaine dans un feu, 2342 à 2810 kilog. (50 à 60 quintaux de Berlin)*.

961. Quelque simples que paraissent les principes de l'affinage, l'application en est pourtant assez difficile. Si l'on avait pour but unique la séparation du carbone d'avec le fer, il faudrait affiner de préférence la fonte blanche, parce qu'elle l'abandonne plus vîte et passe plus facilement à l'état de fer ductile, quoiqu'elle puisse en contenir une aussi grande quantité que la fonte grise. Mais l'affinage a pour but aussi de chasser les matières étrangères, et la gueuse blanche présente à ce sujet de plus grandes difficultés que n'en offre la grise, puisqu'elle est moins pure et qu'elle se change en un mauvais fer ductile avant d'être épurée. On est donc forcé de la maintenir plus long-temps à l'état de fer cru, et l'on y parvient principalement par la manière dont on opère la fusion dans les foyers d'affinerie. Plus elle est rapide, plus le métal conserve de carbone, étant exposé moins long-temps au courant d'air.

A mesure que le feu devient plus profond, la matière liquide est mieux garantie du vent, ce qui en retarde l'affinage ; mais, comme elle est dérobée aussi à l'influence de la chaleur, l'opération devient incomplète.

Un vent plongeant exerce pendant la fusion moins d'action sur la gueuse que sur les charbons contenus dans le creuset. La masse fondue devient donc plus liquide, étant moins privée de son carbone, mais en-

---

* Cette quantité serait très-petite, si les barres n'étaient pas d'un faible échantillon.   Le T.

suite elle est plus exposée au courant d'air qu'elle ne le serait par un vent horizontal qui, pendant la fusion, agirait sur la fonte avec plus d'énergie*.

A mesure qu'on augmente la rapidité du courant d'air, la chaleur devient plus intense, les gouttes se succèdent avec plus de rapidité, la fonte est moins long-temps exposée au vent avant d'être liquide; elle

---

* L'explication de ce fait telle qu'elle est donnée par M. Karsten, nous semble un peu vague : il est d'ailleurs essentiel d'éclaircir un point qui, dans d'autres ouvrages, a donné lieu à de graves erreurs. On peut établir en principe que, dans les feux d'affinerie, la fonte conserve d'autant mieux son carbone en se liquéfiant, qu'elle est exposée plus directement à un fort courant d'air, parce que la fusion en est alors plus rapide. Il semblerait en résulter au premier abord, qu'un vent plongeant devrait la décarburer pendant la fusion plus que ne le ferait un vent horizontal, et pourtant il n'en est pas ainsi, parce qu'on peut hausser ou baisser à volonté le devant de la gueuse, en sorte qu'on est toujours maître de lui donner la même position par rapport au jet d'air. Si le vent plonge, la gueuse pénètre plus profondément dans le creuset, se trouve soumise alors à une chaleur plus concentrée, fond pour cette raison plus vite et perd moins de carbone que dans le cas où le vent est horizontal. Mais ce n'en est encore qu'une raison secondaire: la fonte se décarbure principalement dans le trajet que font les gouttes ou les écailles métalliques, qui se détachent de la gueuse et tombent dans le creuset; or, ce trajet est d'autant plus petit que le vent est plus plongeant, parce que la gueuse se trouve alors d'autant plus rapprochée de la sole; et que les gouttes, à mesure qu'elles se réunissent à la masse, sont dérobées à l'action du vent, soit par les charbons, soit par la couche de laitier qui couvre le bain.

Quand on travaille la loupe, un vent plongeant agit avec beaucoup d'énergie sur le fer et en hâte la décarburation; mais, comme ce vent produit aussi beaucoup de chaleur au fond du creuset, le fer conserve long-temps l'état liquide ou pâteux. Il s'ensuit donc que le plongement du jet d'air doit être employé sur-tout pour l'affinage de la fonte blanche, parce qu'il l'empêche de louper ou de se coaguler trop vite, et qu'il prolonge le travail tout en contribuant essentiellement à l'épuration du métal. Le T.

conserve son carbone et pourrait même, si la température était très-forte, en absorber une nouvelle quantité; c'est pour cette raison que le charbon dur retarde toujours l'affinage, parce que, pour le brûler avantageusement, on est obligé d'employer un vent rapide. En général les effets combinés du charbon et de l'oxigène sont très-variables, selon les différentes périodes de l'opération : un vent fort et plongeant retarde l'affinage pendant la fusion et peut le favoriser lorsqu'on travaille la masse : tout dépend du degré de liquidité du fer et de la manière dont il est entouré par le charbon. Pendant le travail du métal, on évite le plus possible de le mettre en contact avec du combustible frais, et on l'expose au courant d'air; le contraire a lieu pendant la fusion.

La méthode allemande a pour but de rendre la masse fondue très liquide. Si l'on voulait hâter l'opération par l'emploi d'un feu moins profond et d'un vent moins fort et moins plongeant, on obtiendrait plus de fer dans un temps donné et avec une moindre consommation de matières premières; mais on ne parviendrait pas à éloigner les substances nuisibles : le fer serait cassant à froid ou rouverin. L'ouvrier qui traite une fonte impure doit donc retarder l'affinage, quelle que soit la tendance de la masse à se figer et à se convertir promptement en fer ductile; si au contraire le métal se coagule difficilement, il ne doit pas combattre cette disposition par des moyens trop énergiques. Ces difficultés sont inconnues aux affineurs habitués à travailler sur des fontes pures; ils préfèrent même celles qui se changent rapidement en fer ductile, et loin de s'y opposer, ils montent leur feu de manière à hâter ce changement. Quelquefois ils rendent leur

fer déjà malléable après le premier soulèvement. L'affineur allemand pourrait y parvenir aussi; mais, opérant sur des fontes moins bonnes, il n'obtiendrait
qu'un mauvais produit.

Concluons de tout ceci, qu'il faut se procurer avant
tout, la fonte la plus pure possible. Quelles que soient
les pertes qu'on voudrait supporter en fer, en combustible et en main-d'œuvre, il serait difficile à l'affineur de remédier entièrement aux vices du fer cru.
Il en résulte aussi qu'une amélioration essentielle dans
le procédé allemand, serait d'abréger le travail par
l'affinage des fontes à la fois pures et faciles à convertir
en fer ductile. Ce problème ne serait pas difficile à
résoudre, il suffirait d'obtenir des fontes très-grises
dans les hauts fourneaux, de les faire blanchir et de
les griller ensuite au contact de l'air avant de les porter
aux feux d'affinerie, afin que le métal fût disposé
à se coaguler en tombant dans le creuset. Ce procédé devient plus avantageux encore et plus facile à
mettre en pratique, lorsque les minerais sont d'une si
bonne qualité, qu'ils ne produisent jamais de mauvaise fonte, quelle que soit l'imperfection de leur traitement *.

962. D'après la méthode allemande, on étire le fer
pendant que la fonte est mise en liquéfaction. Des
barres de faible dimension retardent le travail, ce qui
prolonge la fusion et empêche de donner au métal
le degré d'affinage voulu. On a par conséquent essayé de séparer les deux opérations : on a voulu chauffer
les lopins dans des feux de chaufferie particuliers ;

_____

* On verra dans les notes que nous avons ajoutées au paragraphe
983, que le blanchiment de la fonte par le refroidissement subit,
ne peut convenir que pour les usines de moyenne grandeur. Le T.

mais l'expérience a prouvé que la consommation des
matières premières qui en résultait, ne pouvait être
compensée par l'économie de temps, et que souvent
on nuisait à la qualité du fer, parce qu'on ne pouvait
lui donner de bonnes chaudes suantes, moyen de correction très-puissant lorsque le fer n'a pas été parfaitement affiné. Quoi qu'il en soit, il ne faut point rejeter le principe d'où l'on était parti; si l'on a mal
réussi, en ne doit en accuser que les dispositions qu'on
a prises pour le mettre en pratique.

Pour accélérer le travail, on doit aussi hâter ou la
fusion ou la conversion de la masse fondue en fer ductile; mais, si l'on est obligé de conserver au fer sa
crudité durant la liquéfaction, on ne pourra rega-
gner le temps perdu par un étirage séparé, et la consommation de charbon restera la même, que si la
fusion avait été moins rapide. Il s'ensuit que, pour
employer les feux de chaufferie avantageusement, on
doit accélérer l'affinage, afin d'économiser d'abord le
charbon qui doit alimenter ces foyers, et l'on n'y
parviendra qu'en affinant de la fonte blanche qui ait
subi un grillage préalable. Les lopins se chauffent mal
dans les feux séparés; souvent on les grille, ne pouvant les protéger suffisamment contre le courant d'air.
D'un autre côté, l'étirage est trop long sous les marteaux, quel que soit leur poids. Il faudrait par conséquent chauffer le fer dans des fours à réverbère construits pour cet effet, et l'étirer au moyen des cylindres
cannelés.

La méthode allemande perfectionnée, exigerait par
conséquent l'emploi d'un certain nombre de feux
d'affinerie, où l'on ne traiterait que de la fonte blanche et grillée; des fours pour chauffer les lopins, et

des cylindres pour les étirer : il suffirait d'une seule machine pour une assez grande quantité de feux, et il ne faudrait qu'un seul marteau pour servir à quatre de ces foyers.

Dans plusieurs endroits, on n'a qu'un marteau pour deux feux; il s'ensuit qu'il faut chauffer à l'un pendant qu'on affine à l'autre. Mais cette disposition est très-vicieuse, car il peut se présenter mille accidens qui retardent ou qui accélèrent le travail. L'inconvénient deviendrait encore bien plus grave, si les barres devaient recevoir de petites dimensions, parce que le temps du forgeage durerait plus long-temps que celui de l'affinage.

DES PROCÉDÉS D'AFFINAGE DÉRIVÉS DE LA MÉTHODE ALLEMANDE.

963. La plupart des procédés d'affinage sont des variétés de la méthode allemande; ils doivent leur origine, soit à la nature de la fonte, soit aussi au caprice ou à l'ignorance des ouvriers.

L'affinage par masse, dit *Butschmiede*, ou l'affinage allemand à deux fusions, exige l'emploi d'une bonne fonte blanche rayonnante. Les dimensions du feu indiquées par Rinmann sont inexactes. Ce métallurgiste a oublié la condition essentielle que le vent doit être horizontal. La profondeur du feu est de 28 à 31 cent. (11 à 12 pouces du Rhin). Pendant l'étirage des lopins, on fond le fer cru très-lentement et l'on obtient de cette façon un gâteau demi-affiné, une masse appelée *But* en Suédois. Cette méthode est caractérisée, en ce qu'on ne soulève la masse que pour avaler la loupe. On retire d'abord les charbons, on arrête

les machines soufflantes,, on arrose le métal pour le
rafraîchir, on le soulève et on le renverse sur du charbon frais pour le remettre en fusion et le faire bouillonner. Le produit est ordinairement de bonne, qualité et le déchet est assez faible; mais il ne faut traiter
ainsi qu'une fonte très-pure. Si l'ouvrier commettait
quelque négligence pendant la fusion, s'il attendait
la coagulation et l'affinage de la fonte, du temps et du
hasard, plutôt que de son travail, il n'obtiendrait que
de mauvais fer et consommerait une grande quantité
de matières premières. Ce procédé pourrait être amélioré par une diminution de la profondeur du feu, et
par un plongement donné à la tuyère, sur-tout si la
fonte, n'était pas exempte de défauts.

En Suède, on affine par cette méthode une fonte
blanche excellente. La quantité de fer cru mise en
fusion pour chaque loupe est de 100 à 150 kilog.
Dans quelques usines allemandes les pièces ne pèsent
que 50 kilog., comme dans les forges de Rasselstein,
près Neuwied, sur le bord du Rhin; mais on y consomme beaucoup de charbon, on perd du temps, le
déchet est très-fort, il s'élève à 30 pour cent, quoique la fonte soit d'une très-bonne qualité.

964. Rinmann cite encore une autre espèce d'affinage où la masse fondue se divise en petits fragmens
qu'il faut réunir ensuite; mais c'est le cas ordinaire
de l'affinage allemand, lorsque le métal reste très-
carboné après la première fusion.

965. L'affinage *successif* opéré par lopins (*Suluschmiede*) est une méthode allemande défectueuse. L'affineur, en travaillant dans le feu, prend les morceaux
de fer qui paraissent les plus affinés et qu'il distingue
à leur couleur blanche éclatante, les fait sortir du

foyer successivement et les porte sous le marteau pour
les étirer. Rinman observe, avec raison, que ce fer
est toujours aciéreux. C'est d'ailleurs une preuve de
négligence ou de mal-adresse de la part des ouvriers,
que d'affiner le fer trop inégalement, attendu qu'ils
doivent réunir tous leurs soins pour obtenir une loupe
homogène.

966. La méthode *demi-wallonne* usitée en Suède
seulement, différerait, selon Rinman, de la méthode
allemande ordinaire en ce qu'on étire les lopins dans
des feux de chaufferie particuliers, qu'on ne rafraîchit pas le fer demi-affiné et qu'on le travaille toujours
sans arrêter les machines soufflantes; mais il en est de
même dans l'affinage allemand, on ne doit pas arrêter le vent, à moins que la fonte ne donne beaucoup
de scories dont on ne peut se débarrasser autrement. Il
est évident d'ailleurs qu'on obtient une plus grande
quantité de fer, si l'on est dispensé du forgeage.

La profondeur du feu serait de 26 centim. d'après
Rinman, qui prétend que la tuyère est plus plongeante quand on affine la fonte grise, qu'elle ne l'est
pour le traitement de la fonte blanche. La distance
de la haire à la tuyère serait de 31 centim.; ce qui
paraîtrait fort blâmable.

Les affineurs qui travaillent à la demi-wallonne,
n'emploient qu'une fonte pure et truitée, qu'on pourrait
traiter avec plus d'avantage par la méthode allemande
à deux fusions, en y apportant les corrections voulues.
D'après la méthode demi-wallonne, on soulève la
masse une fois de plus que si l'on travaillait d'après
la méthode wallonne; mais l'affineur à la wallonne
peut se trouver aussi dans la nécessité de soulever la
masse avant de l'avaler. Ces deux procédés se ressem-

bleraient donc parfaitement, si dans les feux à la demi-wallonne on n'affinait pas de grosses loupes dont chacune donne plusieurs lopins.

967. L'affinage par attachement est présenté par Rinman, comme une méthode particulière ; mais il n'est ni plus ni moins que l'affinage allemand, pendant lequel on prend du fer par attachement. Il est certain que ce fer surpasse en bonté celui de la pièce, qui devient quelquefois plus mauvais, parce que l'affineur occupé d'un travail secondaire, ne donne pas autant de soin au métal qui tombe dans le creuset et qui peut ou brûler ou devenir aciéreux. L'ouvrier cherche à éviter l'un et l'autre effet, en empêchant que le fer ne soit ni trop en contact avec le charbon ni trop exposé à l'influence du vent ; mais, lorsqu'il travaille par attachement, son attention se trouve partagée, d'autant plus qu'il s'efforce d'obtenir de cette façon beaucoup de lopins, et voilà comment la loupe devient quelquefois moins bonne.

DE LA MÉTHODE WALLONNE.

968. On traite par la méthode wallonne, de la fonte blanche d'une bonne qualité ; on tâche de la décarburer le plus possible pendant la fusion et d'avaler la loupe aussitôt. Cette méthode diffère de l'affinage allemand principalement par le volume de la pièce, dont le poids ne s'élève que de 20 à 30 kil. Après avoir été cinglés, ces lopins sont étirés dans des feux de chaufferie particuliers ; ce qui rend le travail de l'affinage très-rapide. Chaque foyer est desservi par quatre ouvriers, deux maîtres et deux aides, qui se relèvent toutes les trois heures. La fusion du

fer cru est abandonnée aux soins de l'aide; le maître est chargé d'avaler la loupe et de la cingler. On en fait six dans trois heures. Les soufflets vont lentement pendant la fusion, mais on accélère leur mouvement lorsqu'on travaille la masse, pour en achever la dé-carburation. Plus les gueuses paraissent blanches, plus on les rapproche de la tuyère ; au lieu d'être placées sur le contrevent, elles le sont sur la haire.

Les creusets reçoivent des dimensions assez varia-bles. C'est en obéissant à une aveugle routine, qu'on dispose les plaques dans des directions obliques, de manière que la varme et la haire forment un angle obtus, tandis que l'angle compris entre celle-ci et le contrevent est aigu. La longueur de la varme sur-passe d'ailleurs celle du contrevent de 26 millim. Le creuset a communément 81 à 83 centim. de lon-gueur et 78 de largeur ; la distance de la tuyère à la rustine est de 27 centim. ; la profondeur du feu de 18 à 19,5. La tuyère a une lèvre postérieure, c'est-à-dire que la partie tournée vers la haire dépasse le reste du bord. Comme la capacité du creuset est beau-coup trop grande, on la diminue avec du fraisil ; mais il en résulte néanmoins une trop grande consomma-tion de charbon et la chaleur n'est pas assez con-centrée, ce qui prolonge l'affinage. Le faible poids des lopins et la manière d'exécuter le travail, produisent des résultats assez avantageux sous le rapport de la qualité du fer. Quant à l'économie des matières pre-mières, ce procédé n'offre point d'avantage.

Le feu de chaufferie alimenté avec du charbon de bois, a deux plaques seulement, le fond et la varme. Il est desservi par quatre ouvriers qui se relèvent toutes les six heures.

969. Un foyer à la wallonne, y compris son feu de chaufferie, peut fournir par semaine 5150 à 5620 kilog. de fer en barres. On en obtiendrait autant avec deux feux montés à l'allemande, sur-tout si la fonte était bonne ; condition sans laquelle on ne peut d'ailleurs travailler à la wallonne. Dans les usines de la Lahn, on a deux feux d'affinerie pour un feu de chaufferie, qui tous les trois n'occupent qu'un seul marteau et produisent par semaine 7495 kilog. de fer en barres. Cette disposition est préférable à celle qu'on suit dans l'Eiffel, où chaque foyer d'affinerie a son feu de chaufferie. Dans cette contrée on voit ordinairement le haut fourneau, les deux feux et leur marteau, placés l'un derrière l'autre dans un bâtiment étroit et d'une grande longueur.

Quelquefois on se dispense d'avaler la loupe lorsque la fonte est très-blanche ; la masse acquiert alors son degré d'affinage pendant la fusion, mais il faut que le vent soit horizontal.

Dans les usines wallonnes situées sur les bords de la Lahn, on consomme pour un mille de fer (poids de Berlin) 15 à 16 mesures de charbons durs contenant chacune 10 1/3 pieds cubes du Rhin, ce qui serait 1,023 à 1$^{\text{met. cub.}}$,090 par 100 kilog. Le déchet est de 28 pour cent, quoique la fonte produite par les plus beaux oxides rouges, soit d'une excellente qualité. Dans l'Eiffel, il est bien plus grand encore : lorsqu'on traite de la gueuse grise, il s'élève, par l'ignorance des ouvriers, jusqu'à 33 pour cent.

DE L'AFFINAGE DE SCHMALKALDEN
ou *Loeschfeuerschmiede.*

970. On traite par la méthode de Schmalkalden
une fonte plus ou moins blanche, en jetant dans le
creuset une certaine quantité de fer ductile, beaucoup de battitures, de sorne ou de laitier riche, pour
décarburer le métal et en opérer l'affinage sans soulever la loupe. Les lopins se chauffent dans le même
feu, mais ce n'est point pendant la fusion de la fonte :
on s'occupe d'abord à forger la pièce précédente,
ensuite on fait seulement fondre le fer ductile et après
celui-ci le fer cru. Ce genre d'affinage qui est très-
rare ne se pratique plus que dans la principauté de
Schmalkalden.

Le creuset dépourvu de plaques ne consiste qu'en
un trou de 23 à 26 centimètres de profondeur, garni
de tout côté de fraisil. La couche de brasque formant
la sole, est épaisse de 10 à 13 centimètres, et dure
2 à 3 mois avant d'être renouvelée. La tuyère avance
de 15,7 centimètres dans le foyer et plonge de 4 à 5
degrés. La longueur et la largeur du feu sont indéter-
minées; sa forme est oblongue et ses angles sont arrondis.

On commence l'opération par remplir de charbon
le creuset, après en avoir réparé le pourtour, sur-tout
du côté du travail et du contrevent. Comme, en chauffant les lopins, on fait usage d'une grande quantité de
battitures, il se forme un bain de laitier riche, qui,
conjointement avec le fer ductile fondu plus tard, accélère l'affinage. La fonte est sous forme de blettes; elle
deviendrait par conséquent si liquide qu'elle perce-

rait la couche de brasque, si la coagulation n'était pas favorisée par un moyen quelconque.

Quand on emploie de la ferraille, on en divise le poids nécessaire pour former une loupe, en deux ou trois parties, qu'on jette dans le feu successivement. Lorsque cette ferraille est parvenue à la chaleur blanche, on la comprime avec une pelle et on la couvre de charbon pour la mettre en fusion. Quand on fait usage du fer de stuckofen, on le retient dans des tenailles pour le liquéfier immédiatement devant la tuyère. Ces tenailles avec les lopins, ainsi que les trousses de fonte, placées ensemble sur la haire, s'échauffent déjà pendant le forgeage.

Lorsque la fusion du fer ductile est terminée, on apporte successivement plusieurs trousses de blettes devant la tuyère. La quantité de fer qu'on liquéfie pour une loupe, se détermine d'après la nature et la quantité des matières qui sont dans le creuset. Du resté l'ouvrier est à même de hâter la conversion du fer cru en fer ductile par des additions de laitier riche; il peut aussi favoriser ou retarder la coagulation en éloignant ou en approchant les trousses de la tuyère. L'aspect de la flamme et des matières attachées au ringard qu'il plonge dans le bain, le guide dans ces opérations. L'affinage est d'autant plus retardé, ou selon l'expression des ouvriers, il y a d'*autant plus de chaleur dans le feu*, que ces matières sont plus rouges : plus elles sont blanches ou plus elles adhèrent au ringard, plus l'affinage est avancé. C'est en général par les additions de laitier que l'affineur règle l'allure de son feu. La sorne se fige souvent en grande quantité autour de la tuyère : il faut la détacher et la ramener dans le foyer. On fait rarement écouler les scories; leur présence dans le feu est indispensable.

Les affineurs préfèrent la fonte très-blanche, parce que, payés seulement d'après le poids des produits, ils, ne sont pas responsables du déchet, qui s'accroît à mesure que la fonte est plus crue, puisqu'il s'oxide alors plus de fer et qu'on y ajoute moins de battitures. Il est évident qu'on doit toujours employer le moins possible de ferraille ou de lopins ; on fond ordinairement 12 à 18 kilog. de fer ductile et 75 à 100 kilog. de fonte en plaques pour une loupe.

Après que la dernière trousse est liquéfiée, on continue, pendant quelques minutes, de laisser agir les machines soufflantes avec la même vîtesse, pour affiner la fonte qui vient seulement de tomber dans le creuset. Les scories qui commencent alors à s'élever en bouillonnant, sont chassées par le vent sous forme d'étoiles. On ralentit ensuite l'action des soufflets, on enlève les charbons, et si la loupe est suffisamment durcie, on s'apprête à la faire sortir du feu. Si au contraire elle était un peu molle, il faudrait la recouvrir de charbons incandescens, y jeter même quelques charbons frais et faire agir les soufflets lentement. Une loupe donnant beaucoup de scories exprimées sous le marteau, annonce un fer doux, attendu que les oxides qui pénètrent la masse en absorbent le carbone. Après avoir reporté les lopins dans le feu, on recommence le travail. Si le creuset contient beaucoup de laitier, on emploie moins de battitures pendant le chauffage.

Le déchet de la fonte et du fer ductile est de 25 pour cent; la consommation de charbon est estimée, d'après M. Quanz, à 3,3 mètres cubes par 100 kilog., parce que l'étirage des barres, qui dure une heure et demie à deux heures, exige presqu'autant de combustible que l'affinage. On obtient dans une semaine.

2500 à 3000 kil. de fer forgé. Cette manière de travailler est donc très-dispendieuse, il vaudrait mieux
employer un procédé analogue à la méthode allemande et appropriée à la nature du fer cru ; on ne perdrait rien sous le rapport de la qualité des produits et
l'on augmenterait les bénéfices.

DE L'AFFINAGE DE STYRIE A UNE SEULE FUSION.

971. On affine ordinairement par la méthode styrienne
une excellente fonte blanche, que l'on fait fondre très-
doucement et passer à l'état de fer ductile, au moyen
de la sorne et des battitures, sans qu'on ait besoin de
soulever le gâteau. Cette méthode a reçu quelquefois
le nom de *styrio-wallonne ;* elle ne diffère effectivement de la méthode wallonne que par la grosseur des
loupes. Le creuset est construit avec des plaques de
fonte ; sa longueur est de 78 centim., sa largeur de 62
et sa profondeur de 52 ; mais on le garnit de fraisil de
manière qu'il ne reste qu'un creux de 31 à 37 centim.
de diamètre et de 21 à 23 de profondeur. La tuyère
a une pente des plus fortes : elle plonge de 25 à 30
degrés. Toutefois cette règle n'est pas générale ; il
existe des ouvriers qui ne donnent que 5 degrés
de plongement à la tuyère.

Le fer cru est en forme de blettes ou de plaques ;
on en fait des trousses de 75 à 100 kilog., qui, retenues dans des tenailles, sont disposées de manière que
la partie qui doit entrer en fusion se trouve à 13 cent.
au-dessus et à 10 centim. en avant de la tuyère. Pendant la fusion de la fonte, on chauffe et l'on forge le fer
de la pièce précédente. On jette une assez grande
quantité de battitures sur les lopins, d'autant plus

qu'elles doivent déterminer la coagulation de la masse fondue. C'est aussi pour favoriser la décarburation du métal, que la fusion est lente et que les blettes se trouvent placées à une si grande hauteur au-dessus de la tuyère; mais ce sont principalement les additions de scories douces qui, dans ce travail, comme dans la méthode précédente, opérent l'affinage. Lorsqu'un morceau de fonte se détache de la trousse, l'ouvrier doit le ramener au vent, ou le mettre en contact avec les battitures. Aussitôt que la liquéfaction de la fonte est terminée, la loupe doit l'être. Si elle paraissait encore trop molle, on l'arroserait avec de l'eau, pour la faire sortir ensuite et la porter sous le marteau. A mesure qu'on en détache les lopins, on les place dans le feu préparé déjà pour une fusion subséquente.

En chauffant les lopins dans les laitiers riches, on achève d'en chasser le carbone qu'ils contenaient encore; il faut donc apporter beaucoup de soin à cette opération. On les étire d'abord en gros bidons, qui sont convertis ensuite en petit fer, sous des marteaux plus légers.

Le déchet d'après M. Schindler n'est que de 8 pour cent; le maître forgeron est obligé de fournir 304 quintaux de fer en barres pour 336 quintaux de fonte qu'on lui délivre; et souvent il fait encore des bénéfices considérables; mais il emploie ordinairement près de $2^{mèt. cub.}$, de charbon de bois par 100 kilog. de fonte, parce qu'il est forcé de ralentir la fusion à un point extrême.

Il est évident que ce procédé exige une fonte très-pure. Au reste il est peu recommandable, puisqu'il entraîne une si grande consommation de charbon.

DE L'AFFINAGE DE SIEGEN.

972. La méthode de Siegen diffère de celle que nous venons de rapporter, par la forme de la fonte et l'extrême grosseur des loupes, dont le poids s'élève quelquefois à 200 kilogrammes : on n'affine que des gueuses qu'on place sur le contrevent. La fusion se fait au-dessus de la tuyère, et l'affinage de la fonte ou la combustion de son carbone, est opérée en grande partie par les additions de battitúres. Du reste la fonte est tellement bien disposée à se convertir en fer ductile, qu'on obtient toutes les trois heures une loupe de la pesanteur précitée; il faut pour cette raison, que la machine soufflante, composée seulement de deux soufflets en cuir, soit activée autant qu'il est possible. Pour accélérer la fusion et augmenter la masse liquéfiée, on jette quelquefois des morceaux de fonte dans le foyer. M. Eversmann prétend qu'on est obligé d'ajouter de la brocaille, lorsque le métal est trop disposé à louper et que, pour le cas contraire, on emploie des laitiers riches ou des rognures de fer. Les renseignemens que j'ai pris à ce sujet, n'ont pas confirmé cette assertion.

Le creuset a 63 centim. de longueur, la haire et la varme ont une inclinaison de 8 cent. dans le foyer, et l'angle qu'elles forment entre elles est aigu. Le fond reçoit une pente de 6^{millim},5 vers le sommet de l'angle formé par le contrevent et le laiterol. L'abondance du fraisil dont on garnit le foyer de toutes parts, rend la plaque du contrevent inutile. La partie antérieure de l'aire est extrêmement large; le trou du chio se trouve donc à une grande distance de l'ou-

vrier, ce qui rend le travail assez pénible. La tuyère a
33 millim. de largeur et 20 de hauteur ; pourvue d'un
crampon en fer, qui sert à la fixer invariablement,
elle est placée de manière à former un angle droit
avec la plaque de tuyère qui penche dans le feu. On
tient la gueuse un peu au-dessus du courant d'air,
qui vient aboutir au milieu de la plaque de fond. Les
buses, qui ont 20 millim. de diamètre sont placées à
8 centim. en arrière de la bouche de la tuyère : celle-ci
n'avance dans le feu que de 2,5 à 4 centim.

Le forgeage du fer dure presqu'aussi long-temps
que la liquéfaction de la fonte, quoiqu'on ne l'étire
qu'en bidons carrés de 7,8 centim. d'épaisseur, parce
qu'il ne chauffe pas assez vîte et qu'on est forcé d'attendre et de faire des pauses très-longues. Il suffit
pour cette raison, d'avoir pour deux feux un seul
marteau ; celui dont on fait usage pèse ordinairement
350 kilogrammes ; sa panne n'a que 5 centim. de
largeur sur 37 de longueur. La table de l'enclume
est arrondie.

Les ouvriers préfèrent la gueuse truitée aux autres ;
la fonte blanche donne un fer trop dur, à ce qu'ils
prétendent, et la grise prolonge trop le travail. Quelquefois on fait chauffer, près du contrevent, des plaques minces dont la fonte est devenue blanche, soit par
l'arrosage, soit par une forte addition de minérai spa-
thique. Ces plaques rougies d'abord sont fondues
ensuite avec une grande rapidité devant la tuyère. Au
bout de trois heures la loupe est achevée. On la porte
sur l'enclume, on la cingle et on la coupe en deux
sans hacheron, par l'action seule du marteau. Une
des parties se place devant la tuyère, un peu au-
dessus du jet d'air ; l'autre, plus rapprochée du con-

trevent, succède à la première, lorsque celle-ci a pris
le degré de chaleur voulu pour le forgeage. Chacun
des deux morceaux donne deux barres; on les étire
d'abord par moitié ou en maquettes, on refroidit dans
l'eau la partie forgée, pour chauffer l'autre extrémité,
qu'on place derrière la pièce qui est dans le feu. On
continue de cette façon, jusqu'à ce que les barres
soient entièrement étirées.

Pendant le forgeage on emploie les laitiers riches
ou les battitures avec profusion : on a pour but non-
seulement de garantir les pièces et les maquettes de
l'oxidation, mais aussi de fournir à la fonte un bain de
laitier qui puisse absorber le carbone. D'un autre
côté on fait souvent écouler, pendant la fusion, des
scories qui semblent assez douces, et cette opération
se répète à plusieurs reprises. La partie antérieure
de l'aire est couverte de fraisil. L'ouvrier a quelque
peine pour faire écouler les scories, pour soigner le
feu et pour en approcher la gueuse; mais ne travaillant point dans le creuset, il est peu exposé à la chaleur; il ne fait que détacher et pousser dans le milieu
du foyer, le métal qui, déplacé par le vent, se fige
contre les bords des plaques, attendu que le courant
d'air se fait jour au milieu de la masse et la soulève
continuellement.

Après avoir liquéfié une quantité de fonte convenable, l'affineur recule la gueuse, réunit à la masse
et fait fondre les parties de fer éparses. Il en est
qu'il retire du feu, pour les employer à la première
opération et pour accélérer l'affinage. Le creuset se
trouve ordinairement rempli de fer jusqu'au-dessus
de la tuyère. Les scories cessent alors de pouvoir
s'écouler et finissent par se durcir à tel point entre

la loupe et le laiterol, que pour les enlever du foyer, on est obligé de les détacher à coups de masse et de ringard.

La prompte épuration de la fonte ou son rapide passage à l'état de fer ductile, n'est dû ni à la cons- truction du feu ni au travail ; on ne peut l'attribuer qu'aux additions de battitures, aux fréquens écoule- mens des scories et à la nature même du fer cru. Le foyer d'affinerie est desservi par 4 hommes dont 2 maîtres et 2 aides. Bien que leur tournée soit de 24 heures, ils peuvent se reposer toutes les trois heures ou après avoir achevé une loupe : la présence des quatre ouvriers est nécessaire pour la faire sortir du feu et la cingler. On obtient par semaine 90 à 100 quintaux métriques de fer, mais on ne le forge qu'en barres carrées de gros échantillons.

D'après Eversmann, 1610 kilog. de fonte donne- raient 1350 kilog. de fer forgé obtenu en 24 heures ; le déchet serait de 12 à 13 pour cent. La consomma- tion de charbon ne s'éleverait qu'à 0,593 mètres cubes par 100 kilog. de fer en barres.

Selon les renseignemens que j'ai pris moi-même, le déchet est ordinairement de 25 pour cent. La con- sommation de charbon ne s'élève pas au-dessus de 0,593 mètres cubes par 100 kilog. de fer ; souvent même elle n'est que de 0,33 à 0,39. Du reste ce char- bon provenant de bois durs est d'une excellente qualité.

DE LA MÉTHODE OSEMUNDE.

973. La méthode *osemunde* a beaucoup de ressem- blance avec la wallonne : par l'une et l'autre on traite une fonte blanche qui, sous forme de gueuse, est

placée sur la haire et dont on liquéfie la quantité jugée nécessaire pour former une petite loupe. Le métal reçoit son degré d'affinage par une seule fusion; mais les lopins obtenus ne se chauffent pas dans des feux de chaufferie particuliers. Pour les retirer du creuset, on y plonge une barre de fer garnie à une de ses extrémités d'un manche en bois : on présente les petits fragmens devant la tuyère; ils finissent par adhérer à cette barre, et lorsqu'on en a ramassé une masse de 10 kilog., on la porte sous le marteau. C'est donc un véritable affinage par attachement; mais il ne peut s'exécuter qu'avec une excellente fonte blanche. Il fatigue les ouvriers, parce que le travail se continue sans interruption.

L'affineur à l'osemunde ne peut se dispenser d'employer des battitures; il ne peut même commencer le travail avant que le creuset ne soit rempli de laitiers riches; c'est pour cette raison qu'il les fait rarement écouler.

Le creuset a 31 centimètres de largeur et 70 de longueur; mais, comme sa partie antérieure est remplie de fraisil, on donne au fond seulement 41 à 44 centimètres de longueur. La profondeur du foyer, égale à la distance de la rustine à la tuyère, est de 18 centimètres. Celle-ci avance de 5 centimètres dans le feu; son plongement est très-considérable. Le vent reçoit une force extrême. Le fer cru élevé de 13 à 15 centimètres au-dessus de la tuyère, doit déjà être liquide en traversant le courant d'air. La gueuse n'est éloignée de la tuyère que de 16 centimètres. Les gouttes tombantes perdent leur carbone et s'affinent, soit par l'action du vent, soit par celle des scories qu'elles rencontrent dans le creuset; elles s'agglutinent assez

promptement et forment de petits morceaux de fer
séparés, que l'ouvrier présente devant la tuyère : lorsqu'il juge que leur degré d'affinage est assez avancé,
il tâche de les souder à la barre de fer qu'il introduit
alors dans le feu; pour cet effet, il les retourne sans
cesse dans le courant d'air. Après avoir obtenu de cette
manière une petite masse de 10 kilog., il la cingle,
la coupe et replace la barre dans le feu pour former
un deuxième lopin, achevé ordinairement dans un
quart d'heure. Le métal qui, par ce procédé, dèvient
très-pur, gagne en qualité lorsque le bain de scories
est très-liquide, que la chaleur s'élève à un haut
degré et que les morceaux de métal sont travaillés à
force dans le laitier et dans le courant d'air.

Le fer obtenu par la méthode dite osemunde mar-
choise, jouit d'une réputation toute particulière, étant
à la fois très-doux et très-tenace. Bien qu'il doive sa
ténacité en grande partie à la fonte, le mode de travail
suivi l'augmente encore. Nous ne croyons pas toutefois
qu'il surpasse en bonté les produits de la méthode
wallonne; mais nous sommes éloignés de vouloir recommander celle-ci : exigeant des foyers de chaufferie
particuliers, elle est moins avantageuse que la méthode osemunde.

D'après M. Eversmann, le déchet de la fonte est
de 25 pour cent; et la consommation de charbon est
de $1^{\text{mèt. cub.}},5376$ par 100 kilog. de fer ductile. Cette
consommation mise à côté de celle que nous présente
la méthode de Siegen, paraît très-grande.

L'étirage s'effectue sous des marteaux à bascule; les
barres destinées pour les trefileries reçoivent $3^{\text{m}},43$
à $3^{\text{mèt}},76$ de longueur; elles ne seraient pas recevables,
si elles avaient moins de $2^{\text{m}},13$: on se dispense de

les parer. Le fer *osemunde*, qui ne doit pas être étiré en fils est versé dans le commerce sous forme de *bidons* : ces grosses barres ont 78 à 94 centim. de longueur et pèsent une dizaine de kilog.

974. Rinmann, dans son histoire du fer, cite une méthode d'affinage appelée *osemunde-suédoise*, qui, dans le fait, ne diffère pas de la méthode wallonne. Le fer cru employé est en grenaille ; on le retire du laitier des hauts fourneaux (fonte de bocard). Le métal doit s'épurer complètement pendant la fusion. On divise la loupe en plusieurs lopins qu'on transporte dans des feux de chaufferie pour en faire de la casserie et autres objets semblables. Le déchet est, d'après Rinmann, de 37 pour cent. Le creuset n'a que deux plaques, un fond et une varme ; les trois autres faces sont construites avec de la brasque. Le soin de l'ouvrier consiste particulièrement à faire fondre les grains avant qu'ils ne traversent les charbons ; ils achèvent de s'affiner dans le bain de scories ; on favorise la coagulation, en travaillant la matière. Le fer de bocard est remplacé quelquefois par des *saumons*.

DU MAZÉAGE.

975. Le *mazéage* n'est autre chose qu'un affinage styrien à une seule fusion, par lequel on traite des blettes que l'on grille préalablement, pour raison d'économie, afin de les priver d'une partie de leur carbone. Ce genre d'affinage ne pourrait donc être cité comme une méthode particulière, si l'affineur n'était pas souvent obligé de fondre les gueuses ou les saumons pour les convertir en plaques minces ; la fonte traitée de la sorte est grillée ensuite de la même manière que

les blettes obtenues immédiatement du haut fourneau.

Les foyers de mazerie dans lesquels s'exécute la fusion préalable, garnis intérieurement de fraisil, ne diffèrent pas des feux d'affinerie ordinaires. Les saumons couchés sur leur plat sont rapprochés très-près de la tuyère, qui est masquée au commencement par une plaque de fer : ils doivent être rouges avant que le courant d'air vienne les frapper, afin qu'ils ne puissent s'affiner pendant la fusion. En les faisant avancer à mesure qu'ils fondent, on les tient toujours couverts de charbon. Lorsque le creuset est rempli de fer, on retire et l'on éteint le combustible, on enlève les scories avec la pelle, on arrose la surface du métal et l'on en détache des blettes par la méthode ordinaire. Le travail se continue jusqu'à ce que toute la masse soit changée en plaques minces. On apporte ensuite du charbon frais, on en remplit le feu, on approche de nouveaux saumons et l'on recommence la même opération.

La fonte qui est blanche ou celle qui a subi un premier degré d'affinage, ne peut se convertir en blettes; il faut donc avoir soin de ne pas changer la nature du fer cru pendant la fusion, et l'on n'y parvient qu'en employant un foyer très-étroit, un vent rapide et de bon charbon, dont la fonte doit toujours être couverte.

On grille les blettes sur l'aire du foyer de mazerie qui reçoit, pour cette raison, une longueur de $3^m,75$ à peu près, afin qu'on puisse y disposer à la fois une assez grande quantité de plaques. Pour procéder au grillage, on remplit d'abord le creuset de fraisil, on le couvre ensuite avec une plaque pour ne former qu'une seule surface plane de toute la partie supérieure du massif.

Si les blettes étaient trop épaisses, la ffonte ne pourrait pas être assez blanche. Trop minces, elles entreraient si facilement en fusion que, dans le feu d'affinerie, elles n'auraient pas le temps de perdre leur carbone. L'épaisseur la plus convenable est de 13 à 19 millim.

On emploie également des fourneaux de grillage particuliers; ils ressemblent assez aux fours de liquation, avec la différence cependant qu'ils ne sont fermés que de trois côtés. La sole se compose de deux surfaces inclinées qui, se coupant dans leur longueur, forment une rigole pour la circulation du vent. Lorsque l'on grille les plaques sur l'aire d'un feu de mazerie, on fait avec du laitier ou des morceaux de fonte, un canal de 6 à 8 centimètres de largeur, que l'on couvre de manière à laisser de petits interstices pour le passage du vent. Après avoir mis sur cette aire une couche de charbonaille d'un pied d'épaisseur, on y place les blettes de champ, on les serre l'une contre l'autre et on les couvre de menu charbon : la première s'appuie contre le mur de la tuyère. On ferme le devant de cette espèce de foyer, avec une planche qu'on enduit de brasque, pour la préserver de l'ignition. On jette par le haut et en différens endroits quelques pelletées de charbons incandescens, et l'on fait agir les soufflets. Le vent pénétrant à travers les blettes, arrive aux charbons, opère un embrasement général qui s'étend au lit inférieur et qui force bientôt de renouveler à plusieurs reprises la couche de combustible dont les plaques sont couvertes *.

---

* Le grillage de la fonte blanche au contact de l'air produit deux effets bien distincts : il occasionne la combustion d'une partie de carbone contenue dans la fonte, et il fait dégager de sa combinaison avec la masse du métal, une autre partie de carbone qui,

Le fer cru reçoit un degré de température tel, que les blettes finissent par se coller l'une à l'autre; on est obligé pour cette raison de les faire sortir du four lorsqu'elles sont encore rouges, afin de pouvoir les séparer. On grille à la fois de 25 à 60 quintaux métriques de fonte. La durée de cette opération varie entre 15 et 36 heures. La consommation de charbon s'estime à $0^{\text{mèt. cub.}}$,1188 par 100 kilog. de fonte; le déchet est de 3 pour cent. La fonte blanche acquiert par ce grillage une couleur grise, un certain degré de ténacité, une texture grenue et *hamiforme*.[1]

976. Dans les contrées où la houille est à bas prix, on devrait s'en servir pour griller les blettes dans des fours à réverbère. Comme le contact de l'air est essentiel à cette opération, on ferait le rampant et la cheminée très-large, en construisant néanmoins le four de manière que les blettes fussent soumises à une haute température approchant du point de fusion.

977. La fonte grillée a déjà perdu une certaine quantité de carbone et s'affine alors plus promptement; mais il faudrait savoir si le grillage produit une économie de combustible et de fer cru; les expériences faites à ce sujet ne sont pas assez concluantes. Du reste, il est hors de doute que l'affinage de la fonte grillée devient plus avantageux, lorsque le fer cru est converti en blettes immédiatement en sortant du haut fourneau; et qu'on n'est pas obligé de le refondre pour le mettre sous cette forme. Le travail dans le feu d'affinerie est le même que pour l'affinage styrien exécuté

---

mise à nu, se combine ensuite avec une petite quantité de fer et forme un polycarbure. C'est à ce dernier composé que la fonte grillée doit sa couleur grise. Voyez le mémoire annexé au premier volume, §. 11, 13, 19, 26, 31, etc.   Le T.

avec des blettes 'non grillées. Les plaques sont assemblées aussi en trousses qu'on met en fusion , sans y ajouter cependant autant de battitures que dans l'autre procédé *.

DE L'AFFINAGE DIT BERGAMASQUE USITÉ EN CARINTHIE.

978. La fonte traitée par le mode d'affinage dit *Bergamasque*, est sous forme de saumons, de plaques ou même de grenailles. On la fond de manière que la masse ait dans le creuset une liquidité moyenne; on y mêle ensuite des battitures ou de la sorne, afin de la durcir et de la partager en plusieurs morceaux ** qu'on enlève du feu pour les affiner plus tard par une seule fusion. Il est évident que le grillage est remplacé dans cette opération par les additions de laitiers riches.

Le creuset composé de cinq plaques, a 62 centim. de longueur et 26 à 28 de profondeur ; la tuyère éloignée de la rustine de 21 à 23 centim., plonge de 10 degrés. Ces dimensions sont du reste assez arbitraires, parce que la surface intérieure est garnie d'une couche de fraisil, qui, sur le fond, a 5 cent. d'épaisseur. Après

---

* Il faut espérer que le procédé de blanchir la fonte, de la convertir en blettes au moment où elle sort du fourneau, se répandra davantage dans les établissemens de moyenne grandeur où l'on obtient de la fonte grise, parce qu'il est extrêmement simple, qu'il n'entraîne aucune dépense et qu'il produit une grande économie de combustible dans les foyers d'affinerie : on parviendra peut-être un jour, dit M. Karsten dans son voyage métallurgique en Styrie, à cémenter les blettes dans des substances oxidées, et à les décarburer bien mieux qu'on ne le fait à présent par le simple grillage. Le T.

** Ces morceaux sont appelés *mazelles*.

avoir nettoyé le feu au commencement de l'opération, en n'y laissant qu'une petite quantité de laitier riche, on le remplit de combustible. On rapproche le saumon jusqu'à 13 centim. de la tuyère, on le couvre de charbons et l'on fait agir les soufflets, on chauffe et l'on étire pendant la fusion, le fer obtenu précédemment. Si les scories pauvres s'accumulent en trop grande quantité dans le feu, on est obligé de les faire écouler. Lorsque la liquéfaction du fer cru est terminée, on enlève avec une pelle les charbons et les scories crues, et l'on jette une certaine quantité de laitier riche dans le foyer; on brasse le mélange avec un morceau de bois, jusqu'à ce qu'il soit devenu solide. Les poids des morceaux varient depuis 1 décigramme jusqu'à 12 kilog. L'ouvrier les retire du feu ainsi que le fraisil et le reste du laitier, remplit le creuset de charbon frais et partage toute la masse du fer en deux parties qu'il traite séparément, en commençant par les gros morceaux; il en place les plus volumineux du côté de la rustine, rapproche les autres du contrevent, les couvre de charbon et fait agir les soufflets avec lenteur.

L'affineur doit avoir soin que ces morceaux de fonte demi-affinée se convertissent en fer ductile par une simple fusion : guidé par l'aspect de la matière qui s'attache au ringard, il les empêche de fondre trop rapidement. A mesure qu'ils se liquéfient, il les remplace par les autres qui sont disposés sur l'aire, et les couvre chaque fois de nouveau charbon.

Dans certaines contrées on ne forme de toute la masse qu'une seule loupe qui, après avoir été cinglée, est coupée en plusieurs lopins qu'on étire à la fusion suivante. Ailleurs on prend tout le fer par attachement : lorsque l'ouvrier s'aperçoit que le premier morceau se liquéfie en bouillonnant, il place une barre de fer garnie d'un manche en bois, à 5 centim. au-dessous du plat de la tuyère, lui fait toucher la rustine, la tourne d'abord et se borne ensuite à la remuer légèrement. Lorsque le lopin qu'il veut former est devenu assez gros, il ordonne à son aide de soutenir la masse des matières qui pèse sur ce lopin, le retire du feu et le porte sous le marteau pour l'ébaucher : on l'étire ensuite à la fusion suivante. Ce travail continue jusqu'à ce que tout le fer soit ramassé de la sorte. L'adresse de l'ouvrier consiste à s'emparer avec sa barre de tout le métal qui s'affaisse, sans en laisser tomber sur le fond du creuset. Le déchet devient plus grand, si l'on affine par attachement, qu'en formant une loupe; quelquefois il s'élève jusqu'à 33 1/3 pour cent; mais le fer n'en est que meilleur. La consommation de charbon est aussi très-grande; elle surpasse quelquefois 2$^{\text{mèt. cub.}}$,375 par 100 kilog. de fer ductile. Lorsqu'au lieu de procéder par attachement on forme des loupes, le déchet ne monte qu'à 9 pour cent *.

---

* La méthode bergamasque ordinaire est plus compliquée que celle qu'on vient de détailler. On emploie des laitiers riches pendant la fusion, et l'on projette la fonte liquide sur des laitiers semblables pour obtenir le premier produit intermédiaire appelé mazelle. La quantité de fonte employée pour une seule opération est ordinairement de 8 quintaux. On partage les mazelles en six parties égales que l'on fond séparément pour en former des mazeaux, en y ajoutant des battitures; on soumet ensuite ces mazeaux séparément à une troisième et dernière fusion pour en faire une loupe. C'est le procédé d'affinage le plus désavantageux sous le rapport de la consommation de charbon.   Le T.

DE L'AFFINAGE DE BOHÊME ET DE MORAVIE.

Brechsmiede.

979. Cette méthode diffère de la précédente, en ce qu'on ne traite pas la fonte avec du laitier riche pour la solidifier; mais on lui enlève pendant la première fusion et par l'action seule du courant d'air, assez de carbone pour qu'elle puisse devenir solide d'elle-même et se partager, étant soulevée, en un grand nombre de morceaux. Il est vrai qu'on laisse pour cet effet une certaine quantité de laitier riche dans le foyer.

Les procédés suivis pour ce genre d'affinage varient du reste suivant les pays où ils sont usités.

En Bohême et en Moravie, la fonte est affinée à demi pendant la première fusion, de manière qu'en la soulevant, elle se partage en plusieurs morceaux qu'on dispose sur le massif de la forge, du côté du contrevent. On remplit le feu de charbons, on y remet ces fragmens, pour les fondre un à un devant la tuyère, et l'on retire ensuite le fer par attachement. On peut liquéfier de cette manière une grande quantité de fonte à la fois, parce que les morceaux demi-affinés sont traités successivement. On ne fait que cingler les lopins, mais pendant la fusion on étire en barres ceux qui ont été obtenus précédemment. Cette méthode produit un très-bon fer, le déchet n'est pas trop grand, mais la consommation de charbon dépasse celle qui résulte de l'affinage à l'allemande.

On pratique une méthode semblable en Hongrie, sans néanmoins y procéder par attachement, parce qu'on

y brûle du charbon très-dur qui ne paraît pas convenir à ce genre de travail ; mais on fait souder ensemble une assez grande quantité de fragmens pour
former une barre, et l'on retire les lopins à mesure
qu'ils sont parvenus à leur degré d'affinage. Au reste
on obtient peu de fer dans un temps donné.

Jars fait mention d'un procédé pareil usité en Norwége : on y forme des morceaux demi-affinés à mesure
que la fonte tombe par gouttes dans le creuset ; lorsque
l'ouvrier s'en est procuré une quantité suffisante, il
arrête les soufflets et débarrasse le feu., pour y traiter
ensuite ces morceaux à moitié décarburés et pour les
réunir en une seule loupe. Le forgeage se fait pendant
la fusion.

Rinmann cite une méthode de cette espèce suivie
dans le Smaland : elle ne diffère de l'autre, qu'en ce
que la masse fondue doit être soulevée une fois, et
qu'après le soulèvement, l'ouvrier cherche à obtenir
de petits morceaux demi-affinés, qu'il fait sortir séparément du foyer et dont il forme une loupe par une
seconde fusion.

L'avantage de l'une et de l'autre de ces deux méthodes ne me paraît pas démontré.

DE LA MÉTHODE STYRIENNE A DOUBLE FUSION DANS DES FOYERS SÉPARÉS.

980. Dans plusieurs usines de la Styrie et de la
Carinthie, on enlève à la fonte la plus grande partie
de son carbone pendant la première fusion, et l'on
finit par l'épurer complètement dans un autre foyer.
On n'a conservé dans ces deux provinces, cette méthode dispendieuse, que pour fournir aux besoins de

l'artillerie autrichienne : on est persuadé que le fer affiné de la sorte acquiert une qualité supérieure.

On remplit de scories et de battitures le foyer de mazerie ou le feu dans lequel on liquéfie la fonte, en proportionnant la quantité de ces matières à la nature du fer cru. Si l'on fond des blettes grillées, ces additions se trouvent presqu'entièrement supprimées. Un foyer de mazerie correspond à deux feux d'affinerie.

Le premier a la forme d'un carré dont le côté est de 62 centim. La tuyère s'élève de 23 à 26 cent. au-dessus du fond, avance de 13 à 16 cent. et plonge de 10 degrés.

Le creuset d'affinerie a les mêmes dimensions que le creuset de mazerie; mais la tuyère n'est élevée du fond que de 20 à 23 centim., elle avance de 15 à 18 cent. et plonge de 14 à 16 degrés.

On fond ordinairement 100 à 125 kilog. de fer cru, et l'on obtient une masse demi-affinée toutes les deux heures. L'opération est plus lente dans les foyers d'affinerie, parce qu'on est occupé non seulement à fondre, mais aussi à travailler le fer; on y donne moins de vent. La masse demi-affinée qu'on traite dans le feu d'affinerie, pèse à peine 100 kilog.; cependant il faut quatre heures à peu près pour en former une loupe. On la partage en plusieurs lopins ébauchés d'abord et forgés ensuite en barres minces, sous des marteaux particuliers. On obtient par semaine 3000 à 3500 kil. de fer. Un feu est desservi par quatre ouvriers.

DES MOYENS QU'ON EMPLOIE POUR ACCÉLÉRER L'AFFINAGE DE LA FONTE.

981. Dans quelques usines de la Suède, on est

dans l'usage d'arroser la fonte, au sortir du haut fourneau ou de la jeter dans l'eau, lorsqu'elle est encore
rouge de feu, pour la blanchir, afin que l'acheteur et
les affineurs puissent juger par l'inspection de sa cassure, de la manière dont elle se comporte pendant l'affinage. Mais ce procédé n'est pratiquable que dans
les pays où l'on ne traite que de bons minérais :
on ne pourrait l'imiter dans d'autres usines, parce que
l'acheteur serait exposé alors à prendre de la fonte
devenue blanche par une surcharge du fourneau, pour
de la fonte blanchie.

982. Dans l'Eiffel on suit un procédé tout particulier pour blanchir la fonte : on fait sortir du fourneau les scories immédiatement avant la coulée; on
place sur la tuyère un nez artificiel, pour empêcher le
vent de se répandre vers la partie supérieure du fourneau et pour le diriger sur la fonte contenue dans le
creuset; on fait agir les machines soufflantes durant
quatre à cinq heures, jusqu'à ce que le fer cru lance
des étincelles; ce n'est qu'alors qu'on le fait écouler,
en l'arrosant fortement avec de l'eau. Pour empêcher
que les scories ne se durcissent pendant cette opération,
on jette de temps à autre du bois sec dans l'ouvrage.

Les charges descendent lentement pendant cette
épuration de la fonte, ce qui diminue la quantité des
produits obtenus dans un temps donné. Il est évident
du reste que le fourneau ne peut avoir une grande
élévation, et que les minérais qu'on y traite doivent
être très-fusibles.

983. Toutes les méthodes qu'on emploie pour obtenir de la fonte blanche dans le haut fourneau même,
sont vicieuses; on n'y parvient qu'en le dérangeant.
Il est permis de le faire aller en fonte mêlée, si les

minérais sont très-purs et très-fusibles; mais la fonte blanche rayonnante ne peut jamais être obtenue avec avantage, bien que dans plusieurs endroits on cherche à se la procurer toujours, pour fournir aux affineurs un fer cru qu'ils puissent traiter avec plus de facilité. Le vice de ce procédé deviendrait bien sensible et serait suivi de graves inconvéniens, dans les usines où l'on est obligé de fondre des minérais non exempts de défauts ou d'alimenter les hauts fourneaux avec du coke.

On ne peut contester que la fonte blanche, lors-qu'elle est pure, ne se traite dans le feu d'affinerie avec plus d'avantage que la fonte grise, puisqu'elle se change plus facilement en fer ductile; mais il ne faut pas qu'elle contienne des matières étrangères et nui-sibles, parce qu'on serait obligé alors de combattre sa tendance à se figer promptement; on ne pourrait du moins favoriser son passage à l'état de fer ductile, en y ajoutant des laitiers riches.

Les additions de battitures et d'autres matières de cette espèce, sont les moyens les plus efficaces de hâter l'affinage du fer cru. Toutefois, il est nécessaire que la masse soit très-liquide, pour que ces additions puissent produire leur effet. Il s'ensuit que la fonte grise mêlée dans le feu d'affinerie, avec ces subs-tances, devrait passer plus promptement à l'état de fer ductile que ne le ferait la fonte blanche, attendu que la première est plus liquide que l'autre, mais cette conjecture n'est pas entièrement d'accord avec l'expérience. Il paraît que le graphite ne se détruit pas facilement par l'oxigène contenu dans les oxides; on le décompose mieux et d'une manière instantanée par un refroidissement subit ou bien par la fusion du fer cru exposé au contact de l'air et à une *température médiocrement élevée* *. La fonte blanche obtenue de cette façon se conduit en tous points comme la fonte blanche naturelle et comme celle qui provient d'une surcharge de minérai, mais elle joint à cet avantage la pureté de la fonte grise. Lorsque le minérai se trouve souillé de matières nuisibles à la qualité du fer, il faut donc le traiter pour fonte grise et faire blanchir ensuite ce fer cru **.

---

* Ce raisonnement doit être changé, puisque M. Karsten a prouvé, par ses nouvelles expériences, que le graphite contenu à l'état de mélange dans la fonte grise ne renferme point de fer. (Voyez le mémoire joint au premier volume, s. 28). Le graphite ne peut donc pas se décomposer, mais il peut s'unir à toute la masse du métal ou se changer en polycarbure, et il paraît que dans l'un et dans l'autre cas, le carbone est alors plus susceptible d'entrer en combinaison avec l'oxigène, qu'il ne l'était à l'état de graphite.   Le T.

** Le blanchiment de la fonte, par un refroidissement subit, au sortir du haut fourneau, serait le moyen le plus économique de la préparer pour l'affinage, si l'efficacité de cette préparation était bien constatée, si toutes les fontes pouvaient devenir entièrement blanches par cette opération, enfin si ce procédé pouvait s'exécuter en grand sans occasionner trop d'embarras. Mais la fonte des fourneaux à coke blanchit si difficilement par le refroidissement subit, que même, après la granulation, elle peut encore conserver du graphite. Il en est de même de la fonte grise obtenue au charbon de bois, lorsqu'elle n'est pas extrêmement chaude et liquide.

Pour épargner les tâtonnemens à nos propriétaires de forges, nous allons leur faire connaître les résultats des essais qui ont été faits sur le blanchiment de la fonte grise dans les usines royales de Rybnik (Prusse); nous extrairons cette relation du Journal allemand, *Archiv für Bergbau und Hüttenwesen*, tome 3, cahier 2, pages 122 et suivantes.

Essais pour convertir la fonte grise en fonte blanche et facile à traiter dans les feux d'affinerie.

« Après qu'on a été convaincu que la fonte blanche ne pou-

984. Si la fonte grise était chargée de métaux terreux, de phosphore et de soufre, que dans le feu d'affinerie, elle donnât par conséquent une grande quan-

---

vait être obtenue dans les hauts fourneaux ordinaires, qu'en occasionnant de grands inconvéniens, et qu'elle contenait alors autant
de carbone que la fonte grise et beaucoup plus de métaux terreux,
on a essayé de blanchir le fer cru au sortir du haut fourneau, ou
de le convertir en blettes, d'après la méthode suivie dans l'Allemagne méridionale. On a traité de cette manière 200 quintaux
de fonte : les plaques ou feuilles avaient tout au plus 3 lignes d'é-
paisseur et 16 à 20 pouces de diamètre. On les a grillées d'abord
dans un fourneau de grillage ordinaire, et ensuite dans un four à
réverbère, chauffés l'un et l'autre avec de la houille.

» L'affinage de ces blettes s'exécutait plus promptement que celui
de la fonte ordinaire ; on ne brûlait que 17 à 18 pieds cubes de
charbon de sapin par 100 liv. de fer, et l'on gagnait un quart de
temps ; mais le déchet dépassait beaucoup les $2/7^{es}$., parce que la
matière ne s'affaissait pas dans le creuset, à cause de la décarburation préparatoire que le métal avait éprouvée, et l'on ne pouvait empêcher le gonflement en fondant le fer cru de manière à
retarder l'affinage, puisqu'on aurait occasionné une trop grande consommation de charbon : c'est pour cette raison que la loupe man-
quait de compacité ; on perdait d'ailleurs 0,04 de fonte par le grillage. Ces inconvéniens, quoique très-graves, n'auraient cependant
pas fait rejeter cette méthode, car on espérait l'améliorer sous
tous les rapports, en la pratiquant. Mais il paraissait presqu'impossible de préparer et de griller la quantité de blettes nécessaire
pour activer dix feux d'affinerie. C'est principalement d'après cette
considération qu'on a écarté ce procédé qui, dans une fabrication
moins étendue, pourrait présenter des avantages marqués.

» On a essayé ensuite d'affiner la fonte non grillée transformée
en plaques minces : pour obtenir ces plaques, on a fait passer le
fer cru à l'état liquide, entre deux cylindres, mis en mouvement
autour de leur axe. On a fabriqué, par ce procédé, des feuilles
très-longues qui n'avaient qu'une ligne d'épaisseur, et qui étaient
douées d'une ténacité surprenante, bien qu'elles fussent parfaitement blanches dans leur cassure. Quarante quintaux de fer ont été
préparés de cette manière. Mais la fonte mise sous cette forme,
entrait si rapidement en fusion dans le feu d'affinerie, qu'elle n'é-

tité de scories pauvres, on perdrait presque tout l'a-
vantage qu'il y aurait à la changer en fonte blanche,
parce qu'on ne pourrait en hâter la coagulation, sans

---

prouvait aucun changement par l'action du courant d'air ; étant en
contact avec le charbon sur une grande surface, elle devenait même
plus crue qu'elle ne l'était avant la liquéfaction.

» Grillées dans les fours à réverbère, ces plaques subissaient un
déchet de 10 pour cent, quoiqu'on tâchât de les garantir du courant d'air le plus possible ; et même dans les feux d'affinerie la
perte dépassait les 2/7es. La grandeur du déchet et l'embarras du
transport de ces feuilles minces, courbées en tout sens et d'une forme
très-irrégulière, fit rejeter l'emploi de la fonte laminée, quoiqu'elle
soit du reste très-facile à confectionner.

» Des gueuses entières jetées dans l'eau, lorsqu'elles étaient so-
lidifiées extérieurement, devenaient blanches au centre, et con-
servaient une enveloppe grise. Mais ce demi-blanchiment ne pouvait
abréger l'affinage d'une manière sensible. Le maniement de ces grosses
masses de fonte à demi-figées, présentait d'ailleurs de grandes difficultés.

» On a fait usage encore, dans ces expériences, d'autres moyens
de blanchir la fonte grise, afin d'épuiser ce sujet. En la répandant
sur des plaques métalliques, on ne parvenait au but proposé que
dans le cas où ces plaques étaient très-froides.

» La fonte grise qui a séjourné quelques instans dans les poches,
ne peut plus se blanchir par le refroidissement subit.

» Le coulage de la fonte dans des moules de fer, et l'arrosage
avec de l'eau, ont toujours donné des résultats imparfaits.

» La granulation paraît offrir le moyen de blanchiment le plus
certain et le moins embarrassant : mais il est essentiel, pour le succès
de l'opération, que le bassin ou l'auge qui doit recevoir la fonte,
soit profond et qu'on y dirige un courant d'eau froide, afin que
le liquide conserve toujours une basse température ; il faut d'ailleurs laisser tomber le métal par petites gouttes, et étendre la fonte
granulée sur une large surface. Le fer cru versé en grande quantité dans l'eau chaude ou bouillante n'éprouve aucun changement ;
dans ce cas, il reste souvent liquide au fond du bassin pendant
quelques instans.

» L'emploi de l'eau de chaux qui absorberait l'acide carbonique,
ne pourrait avoir aucune influence sur la décarburation du métal.

obtenir de mauvais fer. Mais si la fonte grise était très-pure, le blanchiment en serait extrêmement avantageux et l'on pourrait alors favoriser l'affinage par l'emploi des laitiers riches.

_____

» L'affinage de la fonte granulée ne paraissait très-avantageux, que dans le cas où elle provenait d'une seconde fusion opérée dans un four à réverbère. On a fait à Rybnik un essai d'affinage avec 28 quintaux de fonte obtenue dans un fourneau à coke, refondue dans un four à réverbère et soumise ensuite à la granulation. Le feu avait 10 pouces de profondeur et 27 pouces de largeur; la plaque de fond était horizontale : la tuyère, dont la bouche était haute d'un pouce et large d'un pouce 5/8 es., avançait dans le feu de 3 pouces et demi, plongeait de 8 degrés, et se trouvait éloignée de la haire de 9 pouces 3/4; on versait et l'on entassait la fonte granulée près du contrevent; le fond était couvert de scories placées sur une couche de fraisil. Le pourtour du creuset était garni de fraisil comme de coutume; on brûlait du charbon de pin et de sapin; le vent était faible durant la fusion (on étirait pendant cette période le fer obtenu précédemment); la buse qui avait un pouce et 1/4 de diamètre était éloignée de la bouche de la tuyère de 4 pouces. On fondait à la fois trois quintaux et demi de fer cru, qu'on approchait de la tuyère peu à peu au moyen de ringards; il présentait alors la forme d'un croissant : il était entièrement fondn et pris en masse au bout de trois heures et un quart. On faisait écouler trois fois les scories; elles étaient d'abord assez douces, et ensuite un peu plus crues. On était obligé de soulever une fois le gâteau pour le refondre en accélérant le mouvement des soufflets. Dès que le métal soulevé commençait à entrer en fusion, on présentait au vent la petite quantité de fer qui était tombée au fond du creuset, afin de mieux épurer la partie inférieure de la loupe. Après que la fusion était terminée à moitié, il s'était formé un creux, où l'on pouvait placer une barre de fer, pour obtenir par attachement quelques lopins, qui étaient d'une qualité excellente : on ne faisait point de percée pendant le travail. L'opération entière durait trois heures et un quart, et l'on obtenait 290 livres de très-bon fer. La consommation de charbon était très-faible; elle ne s'élevait qu'à 9 pieds cubes par quintal de fer en barres.

» Il s'agissait encore d'examiner les résultats qu'on pouvait ob-

· La fonte blanche impure subit un plus fort déchet dans les feux d'affinerie que la fonte grise, lors même qu'elles renferment toutes les deux une même·quantité·de·matières étrangères et nuisibles, si toutefois on suppose qu'on·veut obtenir de bon·fer.

985. Pour achever la décarburation du métal, l'oxigène de l'air atmosphérique agit avec plus d'énergie sur le carbone, que l'oxigène·qui dans les laitiers est·à l'état de combinaison *. C'est pour cette

---

tenir avec le fer cru de première fusion. On a granulé pour cet effet 50 quintaux de fonte grise provenant d'un haut fourneau à coke: les·grains étaient petits et blancs dans leur cassure. Cette fonte s'affinait bien·moins vîte que la précédente, elle donnait beaucoup de scories crues et restait long-temps à l'état liquide dans le creuset d'affinerie. On ne pouvait faire la loupe qu'après avoir soulevé la masse trois fois. D'autres essais faits ensuite avec des additions de laitiers riches n'ont guère été plus satisfaisans.

» Malgré le peu de succès obtenu, nous sommes loin de vouloir nier que la fonte granulée de première fusion, provenant des hauts fourneaux à *charbon de bois*, ne s'affine très-facilement et avec beaucoup d'avantage.

» On avait donc essayé tous les moyens de blanchir la fonte et de la préparer pour l'affinage. Les expériences ont été répétées plusieurs fois et exécutées sur de grandes masses ; on a employé les meilleurs affineurs pour éviter les causes d'erreurs le plus possible. Il est résulté de ces essais que le blanchiment par lui-même produit peu d'effet, s'il n'est pas accompagné d'une *décarburation* du métal, et que le grillage entraîne un déchet considérable joint à beaucoup·d'embarras, dans les grandes fabrications. »

Nous faisons observer que tous les essais que nous venons de rapporter ne sont concluans que pour la fonte. grise obtenue dans les hauts fourneaux à coke ; il est probable qu'on parviendrait à d'autres résultats, si l'on opérait sur une fonte provenant d'un fourneau à charbon de bois. Le T.

* Non-seulement parce que l'oxigène, pour brûler le carbone, doit vaincre la force d'affinité qui le fixe dans les scories, mais sur-tout parce que le métal à mesure qu'il s'affine, s'épaissit, se coagule et se dérobe ainsi à l'action des oxides. Le T.

raison que le fer obtenu par attachement, exposé au plus violent coup d'air, est toujours très-pur et très-doux ; c'est encore pour cette raison que l'on obtient toujours d'excellens produits par toutes les méthodes qui ne donnent que de petits lopins. Pour épurer le fer complètement, on doit employer une très-haute température et empêcher aussi qu'il ne se combine une deuxième fois avec le carbone, ce qui arrive souvent lorsque l'attachement est forcé *.

Si l'on fond le fer cru très-rapidement, en employant un vent fort et un foyer rétréci, en un mot, si on le soustrait trop tôt à l'action de l'air, il reste long-temps liquide ; mais lorsqu'il est parvenu à un certain degré d'affinage, il peut supporter un vent plus fort, parce que, devenu alors moins fusible, il reste exposé plus long-temps à l'influence de l'oxigène.

Lorsqu'on veut blanchir la fonte grise par une fusion, il ne faut ni trop resserrer le foyer ni employer un vent trop rapide, pour ne pas concentrer la chaleur sur un seul point ; bien que ce fût le moyen de hâter l'affinage et d'épurer le métal, si la fonte se trouvait près de se convertir en fer ductile.

986. Le courant d'air fait bouillonner la fonte qui fait entendre un bruit semblable à celui du lard qu'on grille, comme si elle était en fermentation. Cet effet, qui augmente avec la force du vent, n'est pas aussi sensible, si l'on enlève le carbone à la fonte par l'oxigène contenu dans le laitier ; de là le nom d'affinage par bouillonnement donné à la méthode allemande, parce qu'elle fait un usage moins fréquent

---

* Lorsqu'on soulève encore une fois le fer épuré qui est tombé au fond du creuset.

des laitiers riches. Mais c'est une désignation assez impropre ; car le bouillonnement a lieu quelle que soit la
manière d'opérer, quoiqu'il devienne plus fort, lorsqu'on soulève la masse demi-affinée : il l'est moins,
lorsqu'on donne à la fonte son degré d'affinage par
la première fusion.

Les scories pauvres produisent l'effet opposé à celui
des scories riches : elles n'agissent pas sur le carbone
de la fonte ; elles ne peuvent céder leur oxigène aussi
facilemeut, parce qu'elles se trouvent déjà dans un état
vitreux avancé. Comme elles sont très-fluides, elles
entourent le fer de tout côté, le garantissent du contact
de l'air et lui conservent par conséquent toute sa liquidité ; c'est pour cette raison qu'on s'en débarrasse
toujours et que la fonte qui produit beaucoup de
scories de cette espèce, devient difficile à traiter dans
les feux d'affinerie.

Une grande partie des matières hétérogènes contenues dans le fer cru, s'oxident par une simple fusion, qui, tout en blanchissant la fonte, fournit donc
un moyen de l'épurer. Ce blanchiment, s'il était
adopté, hâterait le travail de manière, que, pour ne
pas subir une perte de temps et de matières, on
serait obligé de chauffer les pièces dans des foyers particuliers *.

987. Les essais nombreux qu'on a faits pour se
servir du coke dans les feux d'affinerie ont toujours
donné un fer rouverin. On a été réduit à employer
le coke conjointement avec le charbon de bois, en
suivant un procédé semblable à la méthode décrite
au paragraphe 979. On faisait fondre le fer cru avec

---

* Et de les étirer au moyen de cylindres.   Le T.

le coke, on soulevait la masse une seule fois, ou
bien, on lui enlevait son carbone par une addition
d'oxide; on retirait ensuite des morceaux demi-affinés
du foyer, pour les traiter au charbon de bois, dans un
autre feu d'affinerie, ainsi qu'on le pratique par la
méthode suédoise ou norwégienne relatée au même
paragraphe. Le fer devenait assez bon, mais le travail était long et dispendieux. Il faut d'ailleurs beaucoup d'adresse et d'expérience, pour traiter la fonte
avec le coke, parce qu'elle reste trop liquide, qu'elle
change difficilement de nature et qu'elle finit même par
s'oxider ou se convertir entièrement en scories. Un
vent fort ne fait que hâter la fusion : on doit donner
beaucoup de vent sous une faible pression.

988. On peut blanchir la fonte par une fusion de
quatre manières différentes :

1°. Dans des fours à réverbère dont la *sole est peu
inclinée ;*

2°. Dans des creusets placés dans des fours à réverbère ;

3°. Dans des feux de forge pour la convertir en
mazelles ou en blettes;

4°. Dans des bas fourneaux avec ou sans addition
de battitures.

Par la première de ces méthodes, dispendieuse sous
le rapport du déchet et de la consommation du charbon, les produits ne deviennent pas assez homogènes.
Si le coup de feu est un peu trop fort, le graphite
ne se détruit pas entièrement et l'on retrouve dans
la masse des parties de fonte grise.

Lorsqu'on suivait la deuxième méthode, qui est
encore plus dispendieuse, on avait soin de granuler
d'abord la fonte, et de la mêler avec du laitier riche

en la mettant dans le creuset. Non-seulement elle changeait de couleur, mais elle acquérait aussi un certain
degré d'affinage qu'on pouvait pousser assez loin, pour
donner à la masse la malléabilité nécessaire à l'étirage sous le marteau. Ce procédé est entièrement
abandonné.

Nous avons fait mention, au paragraphe 975, de
la fusion du fer dans des foyers de forge et de sa
conversion en mazelles ou blettes; ce procédé exige
l'emploi d'un vent très-fort sous une pression considérable : coûteux, quant à la main-d'œuvre, il l'est
plus encore, quant à la consommation de charbon, sur-
tout parce qu'il n'admet pas un travail continu. On
ferait bien mieux de convertir la fonte en blettes, immédiatement après la coulée du haut fourneau. On
pourrait, dans les feux de mazerie, se servir de coke
aussi bien que de charbon de bois, quoiqu'on ne l'ait
pas encore essayé.

La méthode qu'on pratique le plus généralement
pour blanchir le fer cru, consiste à le liquéfier dans
de moyens fourneaux et à le faire couler en plaques.
On doit la préférer au mazéage, parce que le travail
marche sans interruption; ce qui produit une économie de main-d'œuvre et de combustible. Les charbons de bois n'ont pas encore été employés à ce genre
de fusion : ils exigeraient des feux larges, profonds
et beaucoup de vent sous une faible pression. Les a-
vantages de cette méthode sont incontestables : il faut
espérer qu'elle remplacera le mazéage entièrement.

989. La fonte blanchie dans des bas fourneaux s'appelle en Angleterre, *fine métal*, parce qu'elle a subi
réellement une première épuration; mais l'objet essentiel, c'est qu'elle a éprouvé un changement dans

le mode de combinaison du carbone avec le fer. Les feux employés pour produire ce changement, sont larges et profonds, le vent est fort sous une pression peu considérable; afin que la chaleur, au lieu de se concentrer sur un seul point, puisse s'élever et se répandre uniformément dans tout le foyer. Il est avantageux aussi de donner le vent par deux tuyères. Leur inclinaison sur l'horizon est seulement de cinq degrés, car le succès ne dépend que de la grande quantité d'air lancée et répandue dans tout le bas fourneau. On doit, pour cette raison, ne l'alimenter qu'avec des cokés légers, qui ne puissent s'opposer au passage du fluide élastique.

Chaque tuyère est ordinairement en fonte et à double enveloppe, afin qu'en dirigeant un filet d'eau dans la partie vide laissée entre les deux tuyaux, on puisse les empêcher d'entrer en fusion.

Les bas fourneaux où l'on refond le fer cru, appelés *fineries*, sont plus grands et plus profonds que les feux d'affinerie. On les construit depuis peu de temps en argile réfractaire; la cuve se rétrécit au-dessus de la tuyère. Cette forme augmente l'effet du combustible, tandis que la grande quantité de vent, jointe à la largeur du foyer mesurée à la hauteur de la tuyère, opère le changement voulu dans la constitution de la fonte.

Pour charger les fineries, on les remplit d'abord de coké et l'on place sur le combustible des morceaux de saumons du poids de 20 à 25 kilog. On peut fondre par semaine 125 à 150 quintaux métriques de fer cru; le déchet est de 5 à 10 pour cent, et la consommation de charbon varie entre $0,264$ et $0^{mèt.\ cub.},330$ par quintal métrique. On coule la matière liquide

dans des espèces de lingotières en fer, dont la longueur est indifférente, mais qui doivent avoir 10 à
13 centim. de largeur et seulement 5 à 7 de profondeur.
Le refroidissement subit occasionné par ces moules
en fer et par l'arrosage avec l'eau, achève de blanchir
la fonte. On opère cet arrosage en ouvrant des ro-
binets adaptés à des conduits placés au-dessus des
moules.

La cassure du fine métal doit être blanche rayonnante. On ne peut trop recommander d'employer beaucoup de vent sous une pression médiocre; sans cela
on n'atteindrait qu'imparfaitement le but proposé.

On ne jette point de laitier riche dans les fineries;
ces additions rendraient la fonte trop épaisse et l'empêcheraient peut-être de couler. Les scories pauvres
qui se forment pendant le travail, sont chassées en
partie par le vent, ou bien elles s'écoulent avec la
fonte dont on les détache ensuite, soit par l'arrosage,
soit à coups de masse.

DE L'AFFINAGE DANS LES FOURS A RÉVERBÈRE.

990. La mauvaise qualité du fer obtenu dans les
feux d'affinerie alimentés avec du coke, la grandeur
du déchet et les besoins de bois, qui vont en augmentant tous les jours, ont excité les anglais à chercher un mode d'affinage pratiquable avec le charbon
de terre. On vit déjà dans le 17e. siècle, des propriétaires d'usines obtenir une patente pour affiner le
fer avec la houille; mais ce n'est qu'au milieu du 18e.
qu'on parvint à se passer entièrement de charbon végétal. Voici le procédé suivi à cette époque :

On fondait le fer cru avec le coke dans des feux

d'affinerie ordinaires, en y jetant des laitiers riches ; on soulevait la masse fondue, on la présentait au courant d'air et l'on retirait ensuite du feu les morceaux séparés pour les bocarder et en faire le *stamp-iron**. Ce produit intermédiaire se traitait dans des creusets qui pouvaient en contenir 30 à 38 kilog., et qu'on plaçait dans un four à réverbère pourvu d'une sole horizontale et chauffé avec la houille. Le fer élevé jusqu'à la température de la fusion et entretenu quelque temps à ce degré de chaleur, était porté sous le marteau, cinglé, et chauffé de nouveau dans un autre four pour être étiré en barres. Il se forgeait assez bien, quoiqu'il fût d'une qualité médiocre. Le creuset était d'ailleurs perdu chaque fois ; l'opération devenait donc dispendieuse et l'affinage restait imparfait, parce que le courant d'air agissait seulement sur la surface du creuset, et que le carbone ne pouvait se brûler que par la présence de l'oxigène contenu dans le stamp-iron, qui était un mélange de fer oxidé et de fer demi-affiné. Il paraît que les premiers essais de cette méthode ont été faits avec de la fonte granulée à laquelle on ajoutait une certaine quantité de laitiers riches, mais le métal ne s'affinait de cette manière que très-inégalement.

991. Les procédés d'affinage à la houille, inventés par Cort et Parnell en 1787, eurent un succès plus décisif ; ils sont encore suivis aujourd'hui, sauf quelques légères modifications. C'est à ces procédés que l'Angleterre doit la possibilité de verser une prodigieuse quantité de fer dans le commerce. La sépa-

---

* Il paraît que l'on exposait ce fer bocardé à l'action de l'air et de l'eau pour en oxider la surface.

ration du carbone d'avec le fer a lieu par le contact de l'air atmosphérique et à la chaleur de la fusion. On serait tenté de croire pour cette raison, que le dégagement en devrait être plus complet dans les fours à réverbère que dans les feux d'affinerie, où le métal, entouré du combustible, peut toujours en absorber de nouvelles quantités. Mais le fer obtenu jusqu'ici dans les fours à réverbère est loin de confirmer cette idée. Il est probable qu'il reste toujours dans la masse quelques parties non frappées par le courant d'air, et que la séparation des matières étrangères d'avec le métal, s'exécute avec plus de facilité par des oxidations et des réductions successives, possibles seulement dans les feux de forge. Il semble même que si le fer est disposé à devenir rouverin ou cassant à froid, on ne peut l'épurer convenablement dans les fours à réverbère.

992. La fonte grise serait difficile à traiter dans les fours d'affinerie; elle exigerait trop de temps et subirait un trop grand déchet. On peut lui enlever une partie de son carbone par un grillage prolongé, en entretenant la chaleur au-dessous du point de fusion, mais on n'obtient alors qu'un mélange pulvérulent de fonte, de fer ductile et d'oxide. Si au contraire on élève la température, le métal se fond, se dérobe par sa liquidité à l'action du courant d'air, et le graphite, qui, de sa nature est assez indestructible, ne peut alors brûler qu'à la surface du bain : on serait obligé d'ailleurs, pour en opérer la combustion, d'employer un courant d'air très-violent, qui oxiderait la majeure partie du fer. Telles sont les raisons qui s'opposent à l'affinage de la fonte grise dans les fours à réverbère; il faut donc la blanchir dans les *fineries*,

et l'on ne pourrait s'en dispenser lors même qu'elle aurait été obtenue dans des fourneaux alimentés avec du charbon de bois.

993. Les anglais n'ont pas encore employé la méthode styrienne de blanchir la fonte et de la griller ensuite. Nous ignorons s'ils ont fait des essais et s'il en est résulté que le grillage n'a d'effet sensible que sur des plaques très-minces, et que les blettes, qui ne peuvent avoir qu'une faible épaisseur, présentent dans les fours trop de surface au courant d'air; il serait possible que le fer cru mis sous cette forme, subît un trop grand déchet et qu'il se convertît plutôt en laitier qu'en fer ductile *.

994. Les fours d'affinerie ne diffèrent des fours à réverbère ordinaires, que par la forme de la sole et par un plus faible tirage; leur cheminée n'a que 7^m,53 d'élévation. La sole, qui est presque horizontale, n'offre du côté opposé à la grille, qu'une très-légère pente pour l'écoulement des scories. Le pont qui a 10^{centim},46 de hauteur, protége le fer contre l'influence de l'air froid pendant la fusion; mais il ne doit pas être tellement élevé qu'il puisse trop le défendre contre l'action de la flamme.

Le rapport entre la grandeur de la grille et celle de la sole est un peu plus faible que pour les fours à réverbère qui servent à refondre le fer cru, parce que dans les fours d'affinerie on ne liquéfie que peu de quintaux à la fois. Cependant les dimensions de ces foyers doivent être telles qu'on puisse produire un

---

* On ne pourrait d'ailleurs blanchir par un refroidissement subit la fonte grise obtenue dans les fourneaux à coke. Voyez le paragraphe 17 du mémoire joint au premier volume.   Le T.

violent coup de feu au moment où le fer entre en
effervescence, attendu que l'épuration devient alors
plus complète. La sole est plus petite que celle des
fours ordinaires.

On adapte à l'extrémité supérieure de la cheminée
un registre, pour modifier ou intercepter le passage de
la flamme pendant le travail. Autrefois on lui ouvrait
une issue au-dessus de la chauffe, mais on perdait
beaucoup de chaleur, et l'affinage devenait plus long
et plus coûteux sous le rapport de la consommation
du combustible.

On doit, comme dans les fours à réverbère ordinaires, empêcher que l'air ne pénètre dans la chauffe
au-dessus de la grille (747, 748), etc.

La porte du travail doit pouvoir se lever et s'a-
baisser facilement, et joindre très-bien pour intercepter
le passage de l'air; elle est percée à son milieu d'une
ouverture carrée de 16 centimètres de côté, par laquelle on introduit les ringards dans le foyer et que
l'on peut aussi fermer.

995. La sole est confectionnée en sable gras, assez
réfractaire pour ne pas se liquéfier, sans être totale-
ment infusible, afin qu'il ne puisse se réduire en
poudre ni se mêler avec le fer. Il est d'une bonne
qualité, quand, à la plus haute température, il s'ag-
glutine et forme une pâte très-épaisse sans devenir
liquide.

La sole repose ordinairement sur une voûte ou sur
des plaques de fonte qu'on peut enlever sans difficulté lorsqu'il est nécessaire de la renouveler. On est
obligé de le faire presque toutes les semaines, parce
qu'elle s'imbibe de laitier. L'épaisseur du massif dont
elle se compose dépasse rarement 39 centimètres.

La confection de la sole est très-facile : le sable ne doit pas être fortement damé ; on ménage un creux dans le milieu pour contenir les matières, en cas qu'elles deviennent entièrement liquides ; mais il ne faut pas que la flèche de cette cavité soit trop grande *.

Pour observer la marche du four et l'état des matières qu'il contient, on pratique encore dans la porte du travail, un petit trou qu'on peut fermer avec un bouchon d'argile ou de fonte.

996. Si, par une raison quelconque, le four était en non activité, il faudrait l'échauffer avant de le charger ; une fois en train, le travail se continue sans interruption.

Les morceaux de fonte doivent être placés très-près du pont et avoir une grosseur moyenne. Il ne faut pas qu'ils laissent entre eux de trop grands interstices, parce que la flamme y passerait trop rapidement et produirait une trop forte oxidation. Le chargement se fait par la grande porte que l'on rabaisse le plus vite possible. Dès qu'il est terminé, on ferme toutes les issues, on tire les registres et l'on donne un violent coup de feu pour accélérer la fusion du fer cru. On en traite communément 100 kilog. à la fois.

Un four est desservi par deux ouvriers, le chauffeur et l'affineur. Ils s'aident pour le charger et pour en retirer les loupes. L'adresse du premier consiste à tenir la grille bien couverte de houille et à ouvrir la chauffe le moins possible.

997. Le travail de l'affinage, proprement dit, commence au bout de trois quarts d'heure à peu près, quand on s'aperçoit que la fonte est entrée en fusion.

---

* On lui donne 6 à 8 centimètres.

Elle ne doit jamais devenir entièrement liquide; si elle l'est trop, ce qui arrive lorsque le graphite n'a pas été entièrement détruit dans le feu de finerie, on arrose la masse avec de l'eau; il en résulte une oxidation du fer, qui semble céder ensuite son oxigène au carbone *. Quelle que soit du reste la manière d'agir de l'eau, il est certain qu'elle détermine l'affinage de la masse métallique.

Pour travailler le fer, on commence par fermer les registres, on ouvre plus ou moins la chauffe, on introduit des ringards dans le foyer par la petite ouverture ménagée dans la grande porte, on coupe la masse, on soulève, on retourne le métal pour en exposer toutes les parties à l'action de la flamme, et on l'étend sur une plus grande surface sans trop l'éloigner de la chauffe, crainte de le refroidir. L'ouvrier commence près du pont et continue de répandre le fer jusque vers le milieu de la sole seulement; au delà de cette limite, la température du fourneau ne serait plus assez élevée. Après cela, il soulève le fer par morceaux, en le rapprochant de plus en plus du pont, afin que toute la masse se trouve soumise à la plus haute température. Il faut que l'opération s'exécute avec promptitude, pour que le four n'en soit pas trop refroidi.

Au commencement de ce procédé, on ouvrait la grande porte du travail pour donner entrée à l'air atmosphérique, qui devait achever la combustion du carbone contenu dans le fer, mais on occasionnait un trop grand refroidissement : on s'est aperçu d'ailleurs

---

* Il est probable aussi que l'hydrogène de l'eau s'empare d'une partie du carbone, à cause de l'affinité si prononcée qui règne entre ces deux substances. Le T.

qu'il pénétrait assez d'air, soit à travers les barreaux de la grille, soit par les différentes ouvertures, et que l'arrosage avec l'eau fournissait un moyen plus certain et plus rapide de hâter l'affinage.

Plus l'affineur est adroit et robuste, plus il peut retourner la masse avant qu'elle se refroidisse; mais ensuite il doit fermer toutes les ouvertures, tirer les registres et donner un coup de feu violent pour rendre aux matières leur premier degré de chaleur. Il y parvient au bout de six ou huit minutes, et peut alors recommencer son travail. Bientôt il voit le fer changer de couleur, devenir blanc et bouillonner avec d'autant plus de bruit, que les composés de carbone et d'oxigène se dégagent avec plus d'abondance; il s'ensuit une forte oxidation et une perte inévitable. Les laitiers s'écoulent pendant cette fermentation, vers l'extrémité du foyer; la masse devient plus épaisse, l'ouvrier la divise et la remue avec plus de peine, mais il doit redoubler d'activité. Cette opération a fait donner aux fours d'affinerie le nom de *Puddling furnacer.*

998. Le travail de la masse peut durer dix à douze minutes avant qu'on soit obligé de la réchauffer. Il ne faut que trois reprises successives à un ouvrier adroit pour achever l'affinage du fine métal, ce qui fait à peu près une heure, y compris le temps employé pour les chaudes. Si le fer présente une couleur blanche éclatante et s'il offre beaucoup de résistance, l'ouvrier le partage en plusieurs loupes, qu'il rapproche le plus possible du pont; il donne alors le plus haut degré de chaleur pendant six à huit minutes. Cela fait, on sort les loupes successivement du feu pour les cingler sous les marteaux ou entre les cylindres.

Ces, masses pâteuses portées sous les machines de compression, lancent les scories avec une telle abondance,
que les marteleurs sont forcés de se .vêtir en cuir et
de se couvrir le visage.

Aussitôt qu'on a fait sortir la dernière loupe du
four, on le charge de nouveau, après avoir enlevé les
scories et jeté un peu de sable sur la sole; l'ensemble
de toutes les opérations exige à peu près deux heures
de temps.

La quantité de loupes formées chaque fois dépend
du poids de la charge, ainsi que de la volonté de l'ouvrier ; on divise ordinairement la masse en quatre à
sept parties.

Une seule machine, même un seul marteau, suffit
pour six, huit et même douze fours. Les affineurs doivent s'entendre entr'eux, de manière que le chargé-
ment du premier de ces foyers ait lieu, quand on retire les loupes du dernier.

Chaque four desservi par deux affineurs et deux
chauffeurs qui se relèvent mutuellement toutes les
six ou toutes les douze heures, donne 7500 à 8900 kil
de fer par semaine*.

999. Les pièces cinglées sont portées toutes, rouges
dans des fours de chaufferie pour être étirées entre les
cylindres cannelés. On a généralement abandonné l'u-
sage du marteau frontal; son effet n'était pas en har-
monie avec la rapidité de ce genre d'affinage.

La sole du four de chaufferie (*blowing furnacer*)
est bien plus longue que celle du four d'affinerie; le
rampant et la cheminée sont plus resserrés, parce
qu'il n'est pas nécessaire que ces fourneaux produi-

---

* Ils donnent le double dans la plupart dés forges qui travaillent
en fer tendre.   **Le T.**

sent un degré de chaleur très-élevé, et qu'il faut d'ail_
leurs empêcher l'oxidation du fer autant qu'il est pos_
sible. La voûte est surbaissée et la porte du foyer n'a
qu'une très-faible hauteur.

L'étirage se fait avec une extrême rapidité; les
pièces prennent la chaleur très-vîte, étant déjà rouges
au moment où on les place dans le four; elles ne
reçoivent qu'une seule chaude pour se convertir en
barres de telles dimensions voulues. Il serait même
possible de les étirer tout de suite, si l'on ne craignait
pas de rendre les deux opérations dépendantes l'une
de l'autre. Une machine de compression occupe trois
ouvriers, un chauffeur et deux étireurs, dont l'un
place les barres entre les cylindres, tandis que l'autre
les reçoit du côté opposé *.

Le fer passe successivement par des cannelures de
différentes grandeurs jusqu'à ce qu'il ait acquis les
dimensions exigées. Les cannelures pour les barres
carrées sont tranchées par moitié et de forme trian-
gulaire dans chacun des deux cylindres, de sorte que
leur diagonale est dans un plan vertical. Celles qui
servent à la fabrication du fer plat, sont entaillées
seulement dans le cylindre inférieur.

Les barres ont une largeur et une épaisseur uni_
formes d'un bout à l'autre; mais elles se trouvent
souvent faussées et leur surface est couverte d'une
épaisse couche d'oxide, qui nuit à leur apparence.
Pour les en débarrasser et aussi pour les redresser, on
les place par 10 ou 12 à la fois dans un four très-long,

---

* Il faut avoir au moins 4 ouvriers près de la machine, car si
les barres sont longues, un homme doit les soutenir avec un crochet; tandis qu'un autre les tient par leur extrémité avec des tenailles.   Le T.

pourvu de deux grilles disposées sur le côté de manière que la flamme traverse la largeur du foyer, et lorsqu'elles sont rouges brunes, on les pare sous un marteau. Le travail nécessite deux ouvriers, un chauffeur et un forgeron, chargés aussi de présenter les barres à la cisaille pour en rogner les extrémités. Ce léger martelage leur donne une belle couleur ardoisée et rend leur surface très-lisse ; mais le fer s'aigrit étant battu à froid ; il serait nécessaire par conséquent de lui donner encore un léger recuit.

Le déchet et la consommation de charbon occasionnés par l'étirage sont très-faibles, parce qu'on profite de la chaleur que les pièces conservent après le cinglage *.

---

* Des circonstances locales, l'économie d'une certaine espèce de combustible, et sur-tout la qualité que le fer doit avoir, peuvent nécessiter l'emploi de la houille conjointement avec celui du charbon végétal pour l'affinage de la fonte. Nous en verrons plus tard un exemple dans la fabrication du fer blanc, d'après la méthode anglaise. On suit aussi depuis quelques années dans les forges de Rybnick (Prusse), construites à neuf, un procédé basé sur des considérations de cette nature. On chauffe la fonte dans des fours à réverbère activés avec la houille, et on la transporte toute rouge encore aux feux d'affinerie à charbon de bois. Elle se fond et s'affine alors plus vite que si elle n'avait pas subi une opération préparatoire. On forge le fer en gros lopins et on achève l'étirage au moyen de cylindres cannelés ; une seule machine sert à 8 feux d'affinerie. La consommation du charbon de sapin est de $0^{mèt.\ cub.},613$, et celle de la houille de $0^{mèt.\ cub.},057$ par 100 kilog. de fer converti en lopins. On brûle ensuite $0^{mèt.\ cub.},103$ de houille pour étirer 100 kilog. de lopins en barres. Le déchet de la fonte est de 25 pour 100 dans la première opération, et de 10 pour 100 dans la deuxième, ce qui fait en somme, 32,5 pour 100 ; tandis qu'il n'est ordinairement que de 28,58 pour 100. *Archiv. für Bergbau und Hüttenwesen*, tome 3, cahier 2, page 107 et suivantes.

Il est fâcheux que l'auteur d'un mémoire étendu dont nous avons

1000. Lorsque le travail n'éprouve point d'accident particulier et que le *fine métal* est d'une bonne
qualité, il subit un déchet de 25 pour cent, ce qui
fait en tout pour la fonte grise 30 à 35 pour cent.
On brûle pour un quintal métrique de fer forgé 0,920
à 1 mètre cube de houille dans le four d'affinerie, et
0$^{\text{mèt. cub.}}$,066 dans le four de chaufferie. Il faut encore
ajouter à ces quantités 0$^{\text{mèt. cub.}}$,396 de coke brûlés
dans le feu de finerie. Ce mode d'affinage est donc
très-dispendieux dans les pays où la houille n'est pas
à bas prix. On est obligé en outre de le pratiquer en
grand, pour couvrir les frais de construction des machines *.

DE L'AFFINAGE IMMÉDIAT DES MINÉRAIS DE FER.

1001. L'affinage des minérais de fer comprend les
différens procédés qu'on suit pour en obtenir du fer
ductile immédiatement. Ce genre de travail peut
s'exécuter dans des feux de forge et dans des moyens
fourneaux. Son origine remonte aux temps les plus
anciens; il est pratiqué encore dans plusieurs contrées, où peut-être on ne pourrait le remplacer avec
avantage par l'emploi des hauts fourneaux et des feux
d'affinerie. Le fer obtenu par l'affinage immédiat des
minérais est d'une excellente qualité, soit parce qu'on

---

extrait cette relation, ne soit entré dans aucun détail de fabrication:
les procédés de cette nature sont les seuls qui, dans l'état actuel de
l'art des forges, réunissent les précieux avantages d'économiser le
combustible végétal, d'accélérer le travail et de conserver au fer fort
toute sa qualité.   Le T.

* On ne compte ordinairement que sur une partie pondérée de
houille pour une de fer, lorsqu'on travaille en fer tendre et qu'on n'est
point forcé de blanchir la fonte dans des feux de finerie.   Le T.

l'expose au vent à plusieurs reprises, soit parce que
la séparation des matières s'effectue par une espèce
de liquation, plutôt que par une fusion complète,
ce qui favorise la vitrification des substances étrangères, puisqu'elles n'ont plus la même facilité de se
combiner avec le métal *. Mais on n'est pas toujours
maître d'obtenir ou de l'acier ou du fer : l'un et
l'autre se trouvent ordinairement dans la même loupe;
on est alors forcé d'enlever au fer sa dureté par des
chaudes si fortes, que souvent elles sont équivalentes
à une seconde fusion.

1002. Il existe des feux dans lesquels les minérais
sont stratifiés avec le charbon, de la même manière
que dans les fourneaux : il faudrait pour cette raison
les appeler *bas fourneaux*, comme on le fait en Suède.
On donne communément le nom de fourneaux aux
foyers dans lesquels les minérais sont chargés par lits
alternatifs avec le combustible, et dans lesquels la
distance de la tuyère au fond, est égale au moins au
tiers de la hauteur totale.

Tous les foyers servant à l'affinage immédiat des
minérais, ont une grande largeur et reçoivent un vent
doué d'une faible vîtesse, qu'on doit renforcer dans
le cas seulement où le jet d'air est très-plongeant.

Ces foyers sont ou les stuckofen, ou les bas fourneaux suédois, ou les feux dits *à la catalane*.

---

* Parce que les substances étrangères sont la plupart à l'état d'o-
xide et que l'intense chaleur des hauts fourneaux en favorise la
réduction et par conséquent aussi leur combinaison avec le fer. Dans
les feux employés à l'affinage immédiat, la chaleur est au contraire
si faible qu'elle suffit seulement pour faire entrer ces substances en
vitrification; elles ne se combinent donc pas avec la fonte qui ne
peut les contenir qu'à l'état métallique.   Le T.

DE LA RÉDUCTION DES MINÉRAIS DANS LES STUCKOFEN.

1003. On a déjà fait mention des stuckofen (566).
Nous dirons ici quelques mots sur le travail qu'on
fait subir à leurs produits. Les masses obtenues, loin
d'être un fer pur, constituent un produit intermédiaire entre la fonte et l'acier, bien qu'une partie
puisse avoir le caractère du fer parfaitement malléable.
Il faut donc les soumettre encore à l'action de l'oxigène
et de la chaleur, comme on le pratiquait dans l'affinage dit de *Schmalkalden*, dont nous avons parlé
(970). Mais cette manière d'utiliser les stuck ou masses,
n'était pas générale, lorsqu'on faisait un usage plus
fréquent des stuckofen. On traitait ces masses en
Styrie et en Carinthie, dans des feux particuliers, garnis de brasque et dont le vent était presqu'horizontal.
Quand on les chauffait devant la tuyère, une partie
du métal coulait au fond du creuset, perdait son carbone dans un bain de laitiers riches et formait ensuite une loupe dont le fer était entièrement affiné.
L'autre partie qui restait entre les tenailles donnait
de l'acier qu'on étirait en barres d'après les dimensions prescrites.

Les stuckofen, remplacés dans beaucoup de pays
par les flussofen, ont trouvé, depuis peu de temps,
des défenseurs qui pensent que l'on ferait une économie de fer et de combustible, en les activant conjointement à des feux d'affinerie analogues à ceux de
Schmalkalden. Mais quelles que soient les améliorations que ces métallurgistes puissent proposer à ce
sujet, nous ne pouvons nous ranger à leur avis, convaincu que, sous le rapport de l'économie, les flussofen

joints aux feux d'affinerie ordinaire, présentent bien plus d'avantage. On ne peut d'ailleurs établir de comparaison entre ces méthodes, qu'en prenant des minérais qui produisent peu de laitiers. Ce sont les seuls qui peuvent être traités dans les stuckofen : si les scories étaient très-liquides et très-abondantes, elles envelopperaient le fer entièrement et l'empêcheraient de se coaguler; on serait donc forcé de les faire écouler à chaque instant; il en résulterait alors un déchet si considérable, que les stuckofen ne pourraient nullement soutenir le parallèle.

DE L'AFFINAGE PRATIQUÉ DANS LES BAS FOURNEAUX SUÉDOIS.

1004. Les fourneaux suédois sont de petits stuckofen; souvent on en retire la loupe par le gueulard, comme si c'étaient des feux de forge. La nature des produits dépend du dosage des charges et de la manière dont le vent est donné. Le fer obtenu varie extrêmement sous le rapport de ses propriétés : quelquefois il est bien affiné, ductile et malléable; quelquefois dur et aciéreux; quelquefois aigre et semblable encore à la fonte. Toutes ces qualités se trouvent presque toujours réunies dans une seule loupe, en sorte qu'on est obligé de la refondre dans un feu brasqué, ce qui occasionne un fort déchet accompagné d'une grande consommation de charbon; et lors même qu'on se dispenserait de liquéfier ce fer une seconde fois, il faudrait néanmoins le maintenir long-temps à une haute température, parce qu'une simple chaude ne suffirait pas pour l'épurer.

Dans quelques endroits de la Suède et de la Nor-

wége, on traite avec du bois carbonisé dans le fourneau même, des minérais de prairie grillés d'abord
en gros tas, à l'air libre, bocardés ensuite et conservés sous des hangars. La cuve des fourneaux, construite en grès ou grauwacke, circulaire et évasée par
le haut, a $2^m,20$ d'élévation et $1^m,56$ d'ouverture au
gueulard. Le creuset, ou l'espace compris entre la
sole et la tuyère, d'une forme ovale, et construit aussi
en grauwacke, a 63 centim. de profondeur, 78 de
longueur et 47 de largeur. Mais ces dimensions ne
sont pas constantes; on trouve des fourneaux qui ont
seulement $1^m,10$ à $1^m,25$ d'élévation. Dans ce cas,
on enlève la loupe par le gueulard, en la saisissant
avec des tenailles. Lorsqu'ils sont plus grands, on la
fait sortir par le bas comme on la retire des stuckofen.
Les cuves les plus élevées sont souvent enveloppées
avéc de la terre battue en forme de *pisé* et retenue
dans un cadre de bois. C'est à l'aide d'une rampe,
que l'on communique avec le gueulard; quelquefois
on trouve deux de ces foyers accolés l'un à l'autre.

Pour mettre un semblable fourneau en activité,
on commence par le remplir avec du bois fendu, en
serrant les bûches, pour éviter les interstices autant
que cela est possible. On entasse ce combustible de
manière qu'il dépasse le gueulard, et on l'allume en
jetant quelques charbons embrasés dans un vide laissé
par une perche verticale. Au bout d'une demi-heure,
quand la carbonisation est achevée, on commence à
charger avec du minérai grillé. Mais on ne donne le
vent qu'après la troisième ou quatrième charge. Elles
sont composées chacune d'une à deux pelletées de minérai. On n'introduit une charge dans le fourneau
que lorsque celle qui précède est descendue. Les souf-

flets vont d'abord très-lentement. Il faut que la tuyère
soit toujours propre et qu'on fasse souvent écouler les
laitiers. Lorsque le creuset est plein de métal, on
cesse de charger, on laisse descendre les matières qui
sont dans le fourneau et l'on fait sortir la loupe. Souvent elle est composée de fonte blanche plutôt que
de fer affiné; on la refond pour la purifier. Le seul
exposé de cette méthode en prouve l'imperfection.

DE L'AFFINAGE IMMÉDIAT DES MINÉRAIS PRATIQUÉ EN ALLEMAGNE.

1005. L'affinage immédiat des minérais pratiqué
dans les feux allemands se fait, comme dans les stuckofen par une véritable fusion. L'opération considé-
dérée en elle-même n'offre de part ni d'autre aucune
différence essentielle : il n'y en a que dans la forme
des foyers, puisque les feux allemands n'ont point de
cuve.

Le *creuset* est composé de plaques en fonte ou formé
d'une chaudière garnie intérieurement de briques réfractaires couvertes de brasque. Sa profondeur varie
entre 31 et 52 centim.; il en est de même de son
diamètre : l'une et l'autre dimension dépendent de
la fusibilité des minérais, de la force du vent et de
la qualité du combustible. Le produit obtenu serait
de la fonte si, en disposant de minérais fusibles, de
charbons durs et d'un vent fort, on n'employait pas
de larges foyers. La tuyère est parfaitement horizontale.

Après avoir desséché le creuset, qui souvent est garni
intérieurement de terre glaise revêtue de brasque, on
le remplit de charbon frais et l'on tâche d'en couvrir
les parois d'une couche de laitiers, que l'on produit en

fondant d'abord des minérais très-fusibles ou devenus
tels par une addition de chaux : on appelle cette opération *brûler le creuset*, parce que la brasque se trouve
effectivement consumée et remplacée par une couche
de scories et de parties métalliques. Pour charger, on
jette le minérai par pelletées sur le tas de charbon
qui remplit le creuset et qui s'élève au-dessus de ses
bords; à mesure que ce minérai entre en fusion, il
traverse la masse du combustible. Ce n'est qu'après
qu'une charge est descendue qu'on la remplace par
une autre. Le tas de charbon est renouvelé de temps
en temps; on continue de cette façon jusqu'à ce que la
loupe ait reçu une grandeur déterminée.

Les propriétés du fer obtenu dans ces foyers dépendent de la vîtesse avec laquelle disparaissent lés
chárges : plus la descente en est rapide, plus le métal
se rapproche de la fonte; plus elles sont lentes, plus
on consomme de minérais; mais la qualité du produit
en est bien meilleure. Si la descente était trop accé-
lérée, on y remédierait en augmentant les charges de
minérai et en y ajoutant une certaine quantité de
scories douces. Lorsque les matières descendent trop
lentement, il y a manque de chaleur et le fer se fige
contre les parois du creuset. Dans ce cas, il faut rétrécir le foyer, augmenter la force du vent, diminuer
aussi la charge et y ajouter, s'il est nécessaire, un peu
de laitier pauvre. Il peut arriver que le feu soit tellement refroidi, qu'on n'obtienne point de fer et que
toute la masse des matières se convertisse en laitier
riche. Si les charges descendent très-rapidement, le
résultat du travail ne consiste quelquefois qu'en laitiers
pauvres joints à une petite quantité de fer cru. L'ouvrier doit donc savoir estimer le dosage avec précision.

Il doit faire écouler le laitier fréquemmént et en conserver néanmoins une petite quantité dans le foyer,
pour ne pas mettre le fer à nu. Après avoir placé la
dernière charge sur le charbon, il enlève les matières
figées et attachées aux parois du creuset et les pousse
dans le feu pour les mettre en fusion.

La loupe obtenue, si elle est impure, se traite dans
des feux·analogues à ceux dits de *Schmalkalden ;* elle
subit alors un déchet de 3o pour cent. Si l'affinage
en est plus avancé, on la coupe en lopins et l'on étire
le fer pendant la fusion suivante. Il résulte de tout ceci,
que le degré d'affinage du métal dépend uniquement
du rapport des minérais au charbon. Un ouvrier exercé
peut donc fournir, en suivant ce procédé, du fer parfaitement affiné, mais en moindre quantité que s'il tâ-
chait d'obtenir un fer destiné à subir une deuxième
fusion dans des feux brasqués. Au reste, c'est la roü-
tine qui fait la loi; cependant, il nous paraît plus
avantageux d'opérer l'affinage complètement, ainsi
qu'on le faisait en Silésie, au lieu de fondre les lopins
une deuxième fois dans des feux de forge, comme on
le pratiquait dans le Palatinat.

1oo6. Il existe une autre méthode allemande d'affiner les minérais de fer : on les stratifie avec le combustible. La profondeur du creuset est de 31 à 38 centimètres ; on donne à la tuyère un plongemènt considérable et l'on emploie de petit charbon, ainsi que
dans le travail précédent, afin que les matières non
fondues ne puissent le traverser. Pour prévenir cet accident, on est souvent obligé d'humecter les minérais.
Dans certains endroits on les arrose même d'une si
grande quantité d'eau, qu'ils forment une pâte qu'on
jette sur le charbon. La dose de minérai composant une

charge, dépend de l'allure du feu, tandis que la quantité de charbon chargée en une fois ne varie point. On la fixe à $0^{\text{mèt. cub.}},092$; ailleurs, à $0^{\text{mèt. cub.}},123$. On ne charge en minérais que lorsque le foyer chauffé d'abord, est rempli une seconde fois de charbon frais. La fonte qui tombe dans le creuset reçoit son degré d'affinage par le plongement du jet d'air; moins elle est disposée à devenir solide, plus on fait écouler le laitier fréquemment et plus on expose le métal à l'action du courant d'air. Cette manière de traiter les minérais, est encore en usage dans la Gallicie orientale, mais elle a été entièrement abandonnée en Silésie. Les foyers dans lesquels on y pratiquait l'affinage immédiat ont été remplacés tous depuis 1798, par les hauts fourneaux joints aux feux d'affinerie. Le creuset de forme circulaire était construit en briques réfractaires. On faisait une loupe de 62 à 75 kilog. par 6 heures, de sorte que la quantité de fer obtenue par semaine, variait entre 1800 et 2000 kilog.

1007. Lorsque l'on compare ces méthodes anciennes aux procédés nouveaux, on ne peut avoir en vue que d'examiner la consommation de charbon et le produit des minérais en métal; mais il est difficile de mettre, dans ces sortes de comparaisons, le degré d'exactitude voulue, parce qu'il faudrait que la qualité des matières premières employées, fût parfaitement égale de part et d'autre.

Dans l'éloge qu'on fait souvent de l'affinage immédiat, on vante toujours l'économie des frais de construction. Il est certain que l'établissement des hauts fourneaux joints aux feux d'affinerie, est bien plus dispendieux que celui des bas fourneaux anciens; mais la quantité de fer que les premiers fournissent dans un temps donné est aussi bien plus considérable. On ne peut donc comparer les deux méthodes entr'elles, que sous le rapport de la consommation des matières premières.

Dans la Silésie supérieure, on traitait autrefois par l'affinage immédiat, les minérais de Tarnowitz : ce sont des fers bruns argileux qu'on fond encore aujourd'hui dans les hauts fourneaux de ces contrées. On consommait pour 100 kilog. de fer forgé $3^{\text{mèt. cub.}}$,95975 de charbon et 800 kilog. de minérais, qui ne rapportaient donc que 12 1/2 pour cent de fer ductile.

Il résulte des termes moyens de plusieurs années, pris dans les usines actuelles, que par 100 kilog. de fonte, on brûle $1^{\text{mèt. cub.}}$,10484 de charbon. Si l'on augmente cette quantité de deux cinquièmes, ou de 40 pour cent, à cause du déchet passé aux affineurs, qu'on fixe au deux septièmes de la masse totale, le charbon brûlé dans le haut fourneau pour la fonte d'un cent de fer ductile, sera $1^{\text{mèt. cub.}}$,54676. Dans le feu d'affinerie, on en consomme tout au plus $1^{\text{mèt. cub.}}$, 51129 par 100 kilog. de fer; ce qui fait en somme $3^{\text{mèt. cub.}}$,05806.

Les mêmes minérais réduits dans les hauts fourneaux produisent aujourd'hui, terme moyen, 24 pour cent de fonte, et le déchet pendant l'affinage étant de deux septièmes, il s'ensuit qu'ils rapportent en fer ductile 17 pour cent.

En comparant ces résultats, on voit que l'affinage immédiat des minérais était dans ce pays beaucoup plus désavantageux, que ne l'est aujourd'hui la fusion exécutée dans des hauts fourneaux et suivie du travail des feux d'affinerie. On ne peut nier cependant que si les minérais étaient plus riches, la comparaison ne

devint plus favorable pour la première de ces méthodes *.

DE L'AFFINAGE IMMÉDIAT DES MINÉRAIS, D'APRÈS LES MÉTHODES SUIVIES EN FRANCE.

1008. La méthode française diffère essentiellement
du procédé allemand : ce qui la caractérise c'est que
les minérais sont fortement torréfiés avant d'entrer
en fusion; mais ces deux opérations se suivent sans
interruption **. Cette méthode est pratiquée principalement dans les Pyrénées. Les dimensions des foyers
varient dans les différens cantons. Les creusets se construisent ordinairement en schiste micacé, quelquefois
aussi en plaques de fonte.

Les fourneaux les plus petits appelés *Catalans*, qu'on
trouve au centre des Pyrénées et dans la partie orientale, ont 5o centim. de longueur, 47 de largeur au
fond du creuset et 43 de profondeur; la tuyère est
élevée de 24 centim. au-dessus de la sole.

---

* Il y a dans ce passage de l'original plusieurs erreurs que nous
avons dû éviter dans la traduction. L'auteur, après avoir posé que
la consommation de charbon pour un quintal de fonte (poids de
Berlin), est égale à 16$^{pieds\ cubes}$,7412 (mesure du Rhin), dit qu'en
ajoutant à cette quantité les 2/7 comptés pour le déchet que subit
la fonte dans les feux d'affinerie, on obtient 19,1 pieds cubes. Mais,
si l'on suppose que le métal subit par l'affinage un déchet des 2/7,
on doit augmenter le nombre 16,7412 de 2/5 ou de 40 pour cent.
On voit d'ailleurs par la seule inspection qu'en ajoutant même les 2/7
à la quantité 16,7412, on n'obtiendrait pas 19,1.   Le T.

** Le grillage est une opération à part; il s'effectue comme de
coutume dans des fourneaux particuliers, et précède de loin le traitement des minérais. M. Karsten ne veut parler ici que de la torréfaction ou, pour mieux dire, de l'espèce de liquation qu'ils subissent immédiatement avant d'entrer en fusion.   Le T.

Les foyers sont un peu plus grands dans la Navarre et la Biscaye. Les fourneaux navarrais ont 64 centim. de longueur et 53 de largeur, au fond du creuset. La tuyère est élevée de 32 centim. au-dessus du fond.

Les fourneaux biscayens employés aussi dans la majeure partie de la Navarre ont des dimensions plus grandes encore : leur longueur au fond du creuset est de 90 centim., leur largeur de 81,5, leur profondeur de 72. La tuyère est éloignée de 38 centim. du fond.

Le travail de ces fourneaux est le même par-tout; ils ne diffèrent que par leurs dimensions.

On traite à la fois dans les premiers 150 à 200 kil. de minérais parfaitement grillés; 250 à 300 dans les navarrais, et 350 à 400 dans les biscayens. Souvent on expose le minérai grillé à l'action de l'air et de l'eau pendant quelques mois, on le répand sur une grande surface, on l'arrose et on le retourne plusieurs fois, afin d'en séparer l'acide formé par la calcination des pyrites.

La tuyère est tellement plongeante qu'elle rencontre le fond à plusieurs pouces du contrevent.

Le travail de ces feux a été décrit par La Péirouse et Muthuon avec beaucoup de détails, et leurs relations sont assez concordantes. On garnit le foyer d'une couche de brasque de quelques pouces d'épaisseur. On fait cribler une partie de minérai grillé précédemment. La poussière appelée *greillade* entre pour un tiers dans la masse de celui qu'on veut réduire; mais on ne la jette dans le feu que pendant la fusion.

On commence par apporter le minérai qui est en morceaux; on le verse près du contrevent; on l'entasse; on en fait une espèce de mur terminé en dos d'âne, de manière que la plus grande hauteur soit

du côté de la rustine et la plus petite du côté du laiterol. Cette masse de matière occupe un tiers du
creuset. Il reste par conséquent entre le minérai et
la varme, un espace égal aux deux tiers de la capacité
du foyer; on y jette le charbon qui doit servir à la
combustion; c'est dans cet espace aussi qu'on chauffe
les *massoques* et les *massoquettes* de la fusion précédente, pour les étirer en barres. Afin de rendre le
mur de minérai plus solide, on le couvre de tous
côtés avec une couche de fraisil humecté d'eau et mêlé
d'argile. Pendant les deux premières heures les soufflets agissent avec lenteur; l'affineur est occupé continuellement à faire descendre les charbons à mesure
qu'ils se consument, pour remplir les vides et empêcher l'éboulement du minérai. Il emploie d'abord un
vent faible pour ne pas trop accélérer la fusion, et
pour bien calciner le minérai entretenu long-temps
à une chaleur modérée, en contact seulement avec
les charbons et dérobé à l'influence de l'air atmosphérique.

Au bout de deux heures l'affineur donne le vent en
entier, détache les morceaux inférieurs de minérai
qui commencent à devenir caverneux, les présente
devant la tuyère, ayant soin que le mur s'affaisse peu
à peu, sans s'ébouler. Il continue cette opération jusqu'à ce que tout le minérai ait passé au foyer de la
chaleur.

Il jette la greillade sur le charbon après qu'elle est
arrosée d'eau, afin que le vent ne puisse l'enlever;
elle augmente le produit et donne au laitier la consistance voulue. On en diminue la quantité lorsque
les scories sont visqueuses; le contraire a lieu lorsqu'elles sont très-liquides. On commence à la répan-

dre sur le combustible, un quart d'heure après que
le feu a été allumé, de sorte qu'on l'a consommée
bien avant que tout le gros minérai soit fondu. Il
faut employer une plus grande quantité de greillade,
lorsqu'on dispose d'un charbon dur et d'un vent fort.

Il est essentiel que la partie antérieure du foyer
soit toujours remplie de charbon, afin que le mur
ne puisse pas s'ébouler. L'aspect de la flamme joint à
celui des minérais qui deviennent caverneux, indique à l'ouvrier le moment où il doit présenter ces derniers au courant d'air, pour en commencer la fusion.
Lorsque cette opération est terminée, il cherche les
morceaux dispersés et les ramène devant la tuyère pour
les fondre à leur tour. Cela fait, il arrête le vent
et fait sortir la loupe appelée *massé*, pour la cingler
et la partager en plusieurs lopins qui portent le nom
de *massoques*, et qu'on chauffe pendant la fusion suivante pour les couper en *massoquettes* et les étirer
en barres.

Un feu semblable est desservi par huit hommes,
un maître ouvrier appelé *foyer*, un *maillé* ou marteleur, deux affineurs nommés *escolas*, deux *pique-
mines* et deux *valets d'escolas* qui portent le nom
de *miaillous*. Le travail des fourneaux qui sont plus
petits se fait par six hommes seulement.

On retire du minérai à peu près 33 pour cent de
fer ductile. On obtient par six heures et selon les
dimensions du fourneau, un massé de 5o à 15o kil.
de fer; de sorte que le produit des plus grands foyers
est de 35oo à 4000 kil. par semaine.

On dit le fer d'une qualité excellente; il est le
plus ordinairement très-doux au centre de la loupe,
mais dur et aciéreux à sa surface. Si l'ouvrier veut

obtenir de l'acier, il diminue, d'après La Peirouse, la quantité de greillade, matière qu'on peut assimiler aux laitiers riches qui servent à décarburer le fer; il pousse le minérai plus fréquemment vers la tuyère et avec moins de force. C'est-à-dire qu'il hâte la fusion, sans exposer le minérai aussi fortement au courant d'air. Il conserve plus de charbon dans le foyer, fait écouler le laitier plus souvent, pour prévenir son action sur le métal et prolonge le travail du massé en ralentissant le vent, parce qu'il est reconnu que le fer devient d'autant plus dur qu'on procède avec plus de lenteur vers la fin de l'opération. Il faut du reste que la tuyère soit parfaitement horizontale.

La Peirouse, du Coudray et Muthuon, préfèrent le travail des fourneaux dits à la catalane à celui des hauts fourneaux et des feux d'affinerie, non-seulement sous le rapport de la qualité des produits, mais sur-tout pour l'économie du combustible. Nous ferons observer à ce sujet que les minérais traités par les méthodes dites catalanes, sont tous très-purs, et que, réduits dans les hauts fourneaux, ils ne pourraient manquer de produire un très-bon fer; mais nous convenons aussi que l'affinage immédiat facilite la vitrification des matières étrangères et le dégagement du soufre qui est chassé par la calcination. Dans les hauts fourneaux, au contraire, le soufre entre en fusion avec le fer.

Quant à l'économie du combustible, il serait difficile de prononcer entre les deux méthodes: on ne connaît pas exactement la quantité de charbon brûlé par mille de fer dans les forges dites catalanes, et même la richesse des minérais n'est pas assez bien déterminée. On ne peut nier du reste que le déchet ne soit très-considérable; la couleur seule des scories en est une preuve certaine. La consommation de charbon est au plus, d'après Ducoudray, de 3 un tiers parties pour une de fer ; nous ne pouvons en évaluer le volume, leur essence nous étant inconnue. Mais si l'on réduit en kilogrammes les $3^{mèt. cub.}$,058 de charbon brûlé par 100 kilog. de fer obtenu dans les usines de la Silésie (1007), et si l'on suppose que ce charbon, moitié de pin et moitié de sapin, pèse 136 kilog. le mètre cube, on aura pour les $3^{mèt. cub.}$,058, 416 kilog. ; c'est-à-dire que pour une partie de fonte, il en faut 4 un sixième de charbon, et cette consommation serait diminuée de beaucoup, si l'on fondait dans les hauts fourneaux des minérais aussi riches que ceux qui sont traités par les méthodes dites *catalanes* ; en sorte qu'il est encore très-douteux que l'avantage soit de leur côté *.

---

* Le résultat précité n'est point d'accord avec celui de M. Karsten; il ne pouvait l'être à cause des fautes de calcul que nous avons rectifiées au paragraphe 1007. (Voyez la note de ce paragraphe.)

D'après la comparaison qui vient d'être faite entre les deux méthodes, le travail des feux dits à la *catalane*, semble présenter un avantage marqué sous le rapport de l'économie de combustible, mais cet avantage doit être attribué en grande partie à la pauvreté du minérai de Tarnowitz. Les résultats de la comparaison eussent été bien différens, si les premières données avaient été moins inégales, si, au lieu d'un minérai qui ne rend que 17 pour cent de fer ductile, on en avait pris un autre donnant à peu près 33 pour cent, comme ceux qu'on traite par l'affinage immédiat. Il nous serait facile de nommer plusieurs hauts fourneaux qui, avec leurs feux d'affinerie, ne consomment que 3 à 3 1/2 parties de charbon pour une de fer ductile. Nous citerons les belles forges de Couvin, dont la partie technologique est dirigée avec autant d'intelligence qu'on a mis d'ordre dans la comptabilité des matières. Or le fourneau de Couvin consommait, terme moyen, depuis le 15 décem-

On a fait plusieurs essais pour substituer le coke au charbon de bois dans les foyers où l'on affine les minérais immédiatement, mais la température qui régnait dans ces foyers était toujours ou trop élevée ou trop basse. Nous sommes presque certains que l'on réussirait en employant beaucoup d'air soumis à une pression médiocre ; trop faible, le vent ne produirait pas assez de chaleur ; trop rapide, il ferait naître une grande quantité de scories pauvres qui s'opposeraient à l'affinage.

---

bre 1818 jusqu'au 31 août 1819, par mille de fonte, 52$^{\text{resp.es}}$,32 de charbon ou 1283 kilog. Dans la forge dite du Prince, on employait, terme moyen, depuis le premier mai 1819 jusqu'au 31 décembre même année, par mille de fer, 1480^{k},64 de fonte, et 13,06 queues de charbon, pesant 1650 kilogrammes ; en sorte qu'on brûle 1898 kilog. de charbon dans le haut fourneau, pour obtenir la quantité de fonte qui produit un mille de fer ; ajoutant à ce nombre les 1650 kilog. brûlés dans le feu d'affinerie, on trouve que la consommation de charbon pour un mille de fer ductile, est 3548 ; ce qui fait à peu près 3 1/2 parties de charbon pour une de fer obtenue, et ce fer est étiré et paré avec soin, tandis que les forges catalanes ne fournissent que des espèces de *bidons* ou *bâtards*. Faisons observer en outre que M. Hannonet, propriétaire des usines de Couvin, ne néglige aucun soin et ne craint aucune dépense pour améliorer la qualité de ses fers qui jouissent aujourd'hui d'une réputation toute particulière. Mais chacun sait qu'on ne parvient à de semblables résultats qu'en se relâchant sur les principes d'économie, qu'en sacrifiant une plus grande quantité de combustible et de fonte. La consommation de 3 1/2 de charbon pour une de fer, paraît donc être dans ces usines une espèce de maximum.

Les minérais de St. Pancré, ceux qui proviennent des cantons dits la *Butto*, la *Vieille-Taverne*, *Cosnes* et la *Hogne*, lorsqu'ils ne sont pas mêlés avec une trop grande quantité de minérai en blocs, ne demandent, étant soumis au travail des hauts fourneaux suivi de celui des feux d'affinerie, que 3 à 3 1/3 kilog. de charbon par kilog. de gros fer, et le produit est généralement d'une très-bonne qualité.   Le T.

DE L'AFFINAGE IMMÉDIAT DES MINÉRAIS, SELON LA MÉTHODE CATALANE ITALIENNE.

1009. La méthode suivie en Corse, à l'île d'Elbe et dans d'autres parties de l'Italie, ressemble beaucoup à celle qu'on pratique en France. On commence aussi par griller le minérai et par l'exposer encore une fois à une chaleur très-intense ; ensuite on enlève du foyer les morceaux agglutinés, pour les refondre plus tard. Le premier grillage et le deuxième que nous appellerons liquation, se font ensemble. On traite à la fois autant de minérai qu'il en faut pour quatre fusions successives qui, conjointement avec les opérations préparatoires, constituent le travail d'une journée. La liquation et la fusion qui, d'après la méthode française, se suivaient immédiatement, sont divisées dans le travail à l'italienne : il en résulte une perte de temps et une plus grande consommation de charbon ; aussi ne peut-on fondre que 350 à 400 kilog. de minérai par 24 heures. Le premier grillage se fait en même temps que la liquation, mais on ne soumet à cette dernière que le minérai qui a été grillé et bocardé la veille.

Le foyer est un bassin demi-circulaire qui a tout au plus 18 centim. de profondeur et 39 de rayon. La tuyère est placée au centre.

En commençant le travail, on garnit le bassin avec du fraisil passé à l'eau ; de manière que la distance de la tuyère au fond soit réduite à 11 centim. On élève ensuite, à 13 centim. de la tuyère, un mur demi-circulaire avec de gros charbons de 13 centim. de longueur à peu près, placés dans le sens des rayons du bassin ; derrière ce mur on dispose des lits alternatifs

de minérai grillé et de fraisil séparés du minérai brut
par un mur de fraisil qui a 10,5 centim. d'épaisseur :
les interstices laissés entre les morceaux de minérai
bruts sont remplis avec de la poussière de charbon,
afin que la masse qui a trois pieds de hauteur et qui
présente l'aspect d'un petit fourneau, reçoive une
plus grande solidité.

Les gros charbons qui forment une cuve sont de
châtaignier ; on préfère ceux qui ont déjà servi une
fois, parce qu'on les éteint dans l'eau et qu'ils deviennent alors moins combustibles. On garnit aussi
avec du fraisil les interstices laissés entr'eux, afin qu'il
ne puisse pas pénétrer d'oxigène jusqu'aux couches de
minérai. Après avoir jeté dans la cuve quelques charbons incandescens, on la remplit de combustible et
l'on donne le vent. L'ouvrier fait ensuite descendre
les petits charbons avec précaution, à mesure qu'ils
se consument, pour ne pas entamer le mur de gros
charbons qui doit rester intact, condition essentielle
dont dépend le succès de l'opération. Quand on la
juge terminée, ce qui arrive au bout de trois ou
quatre heures, on renverse le mur extérieur, on
bocarde les minérais qui viennent d'être grillés, pour
les soumettre à la liquation le lendemain, on enlève
le petit mur de fraisil, on arrête le vent, on retire
les gros charbons qui doivent avoir conservé leur forme
et leur grosseur, on les éteint dans l'eau et l'on refroidit avec ce liquide les minérais agglutinés qu'on
répand sur le sol de l'usine. Ces minérais sont devenus
alors des mélanges de laitier et de fer.

Après avoir achevé cette opération préparatoire,
on procède à la fusion des matières : on nettoie d'abord
le foyer, on l'entoure de fraisil, on le remplit de

charbon jusqu'à 47 centim. au-dessus de la tuyère, on place sur ce tas de charbon les morceaux de minérais agglutinés et l'on donne le vent. Lorsque le tas de combustible s'affaisse, on y jette du charbon frais sur lequel on charge aussi du minérai agglutiné jusqu'à ce qu'on ait usé le quart de la provision faite précédemment. Il n'y a au reste que les laitiers, qui entrent en liquéfaction et qu'on fasse écouler à plusieurs reprises. Le fer se rassemble sur le fond et se réunit en une masse appelée *massello*. La loupe est faite en trois ou quatre heures de temps. Après avoir arrêté le vent, on la retire du feu, on la cingle, on en forme une petite pièce qu'on étire pendant la fusion suivante. Le fer est, dit-on, d'une excellente qualité.

On obtient par 24 heures, avec les 400 kilog. de minérai, tout au plus 200 kilog. de fer. Le procédé français, moins dispendieux sous le rapport de la consommation de charbon, est donc bien préférable à la méthode italienne.

DE L'AFFINAGE DE LA FERRAILLE.

1010. La fabrication de la tôle, du fil d'archal, des clous, des pelles, de la casserie, etc., etc., produit une grande quantité de rognures et de débris, qu'on rassemble pour les traiter dans des usines particulières. D'après Swedenborg, il existait déjà dans le 17e. siècle, près de Rome, plusieurs forges où l'on s'occupait exclusivement à convertir en barres le vieux fer appelé *ferraille*. Ce genre de fabrication est très-étendu à Londres, où l'on voit un établissement de cette nature activant cinq machines qui servent à étirer le fer. Il est évident du reste que ces usines

doivent prospérer le plus dans le voisinage des grandes
villes, si toutefois on peut s'y procurer le combustible à un prix modéré.

1011. On peut affiner la ferraille ou dans des feux
de forge, ou dans les fours à réverbère, en la faisant
ou fondre ou souder seulement pour l'étirer ensuite
en barres. Le fer obtenu de cette façon est à la fois
très-dur et très-tenace.

Swedenstierna cite la forge de Cramond, près d'E-
dimbourg, où l'on affine de la ferraille achetée en
grande partie dans les Pays-Bas. Des femmes ou des
enfans qui réunissent ces vieux fers en font des paquets
très-serrés, de 13 à 16 centimètres d'épaisseur, sur
une longueur de 28 à 31 centimètres, qui, placés dans
des foyers couverts d'une voûte, sont chauffés à la température du blanc soudant et convertis en barres sous
le marteau. La voûte sert à concentrer la chaleur.
L'auteur a négligé de nous transmettre le détail de
l'opération et même d'indiquer si le combustible consiste en coke ou en houille *.

1012. Dans quelques usines, on jette la ferraille et
les rognures de tôle dans le feu d'affinerie, lorsque la
loupe est déjà formée. Ce procédé est assez avantageux dans le cas où l'on ne dispose que d'une petite
quantité de ces débris, parce qu'il n'augmente guères
la consommation de charbon. Mais dans le cas où l'on
voudrait faire passer de cette manière une plus forte
dose de ferraille, il en résulterait un grand déchet,
attendu que le fer, dans un état d'affinage parfait,

---

* Il est probable qu'on chauffe avec du coke; la houille nuirait
à la qualité du fer, on n'oserait même l'employer pour souder les
mises des essieux, quoiqu'elles aient 1 pouce à 15 lignes d'épaisseur.

Le T.

remplissant tout le creuset, serait abandonné à toute
l'action du vent. On tenterait inutilement d'y remédier
en couvrant le fer de charbon ; une partie s'oxiderait
toujours et une autre, absorbant du carbone, deviendrait dure et aciéreuse. Il vaudrait donc mieux employer ces débris pendant le premier soulèvement ;
mais l'affinage en serait accéléré, inconvénient très-
grave, lorsque la fonte n'est pas exempte de défauts.

1013. Si l'affinage se fait par une fusion entière
dans des feux de forge, on ajoute à la ferraille des
laitiers riches et du fer cru, pour former un bain qui
puisse la protéger contre l'action de l'air. D'après
Swedenborg, ce procédé aurait été suivi dans les forges
de Rome, mais on employait deux foyers, dont l'un
servait seulement de chaufferie pour l'étirage des lopins ; ce qui est inutile et augmente la consommation
de charbon.

On emploie pour ce genre de travail un feu profond et un vent rasant. La distance de la tuyère au
fond peut avoir 37 à 39 centimètres, la longueur du
foyer 78 et la largeur 63. On remplit le creuset de
charbon, après en avoir garni le pourtour avec du
fraisil. On casse la sorne provenant de l'opération précédente en petits morceaux, pour la fondre ensuite
entre deux couches de charbon avec le fer cru, dont
le poids est à peu près égal à la douzième partie de la
ferraille. On s'occupe pendant la fusion de l'étirage des
lopins. En modifiant la force du vent, on peut accélérer
ou retarder l'affinage de la masse. Si la fonte est
blanche, on donne un vent fort ; le contraire a lieu si
elle est grise, et dans ce cas on diminue aussi les
additions de fer cru et de scories. En un mot, il faut
toujours que le métal soit affiné en tombant dans

le creuset, sans quoi l'on est obligé d'y ajouter encore
des oxides, et quelquefois même de le soulever pour
le refondre avec lenteur. Quand la sorne et la fonte
sont liquéfiées, on jette du charbon dans le creuset
et l'on place sur le tas de combustible la moitié seulement de la ferraille; on la comprime à coups de marteau aussitôt qu'elle est rouge de feu, et l'on y joint
ensuite l'autre moitié.

Aussitôt que la fusion est commencée, on tâche de
l'accélérer; le vent doit alors traverser les charbons
dans tous les sens; souvent on en favorise le passage
en donnant quelques petits coups de ringard. Il faut
avoir soin que le métal ramolli ne s'attache pas aux
plaques, puisqu'il descendrait plus lentement et qu'il
se combinerait avec le carbone. Le travail de l'attachement ne peut être appliqué à cette méthode,
attendu que la fusion doit être très-prompte et que le
fer ne peut d'ailleurs s'affiner qu'en tombant dans le
creuset. On traite ordinairement 75 à 100 kilogram.
de ferraille à la fois.

Le déchet qui s'élève souvent à 12 pour cent, peut,
dans des circonstances favorables, se réduire à 10. La
consommation de charbon est très-grande : on en brûle
1$^{met.\ cub.}$,056 à 1$^{met.\ cub.}$,320 par 100 kilog. de fer obtenu.
Si les débris sont très-menus, comme ceux qu'on ob-
tient en forant ou en tournant du fer ductile, ils sont
fortement attaqués par le vent et le déchet peut alors
s'élever de 30 à 40 pour cent.

1014. Les fours à réverbère sont les foyers dans lesquels on traite les débris de fer de la manière la plus
avantageuse, en les soudant ensemble. La sole de ces
fours doit être horizontale et leur tirage très-rapide,
afin qu'ils puissent produire une haute température

et que le métal ne soit pas exposé trop long-temps à l'action de l'air. On procède de deux façons différentes : on peut mettre la ferraille dans des creusets qui ont 10 centim. de hauteur, 28 à 31 de diamètre, et qu'on place au nombre de 8 à 10 dans le four, ou bien on peut jeter les débris de fer rassemblés en paquets, immédiatement sur la sole du foyer (1011). Le premier de ces procédés, rarement suivi aujourd'hui, est dispendieux à cause de l'achat des creusets; mais le fer garanti dans ces vases du contact de l'air, subit un faible déchet. Le point essentiel dans tous les cas, est de produire un violent coup de feu.

Si le four à réverbère est bien construit, si le pont qui sépare la chauffe du foyer a au moins 16 centim. de hauteur, et si le fer placé à nu sur la sole, s'échauffe avec une grande rapidité, il faut toujours préférer la dernière des deux méthodes.

1015. Le procédé qu'on suit à Pradley et dans d'autres contrées de l'Angleterre, pour traiter les rognures de tôle, réunit tous les avantages : on jette ces débris de fer dans les fours à réverbère pendant l'affinage du fine métal, au moment où il commence à entrer en fusion. Il suffit alors de donner encore un coup de feu avant de travailler la masse fondue.

DE LA RÉDUCTION DES SCORIES.

1016. Les scories de forge, à moins d'être très-crues, contiennent 40 à 50 pour cent de fer : elles sont plus riches que la plupart des minérais. Dans les usines où l'on ne travaille que sur fonte blanche, où l'on obtient les laitiers riches en plus grande quantité que les pauvres, où souvent ils contiennent 70 pour

cent de fer, dans ces usines, dis-je, il est d'une haute
importance de ne pas négliger le traitement de ces
matières *.

Il n'en est pas de même dans les forges où l'on
travaille sur fonte grise : les laitiers riches sont employés alors pendant l'affinage même, et servent à
hâter la conversion de cette fonte en fer ductile. On
est donc réduit dans ces établissemens à ne traiter
que les scories crues; toutefois celles qui proviennent de la première percée sont rejetées le plus souvent à cause de leur pauvreté.

Les laitiers riches se réduisent d'autant plus facilement que la vitrification en est moins avancée. La réduction des laitiers pauvres et des scories obtenues
dans les feux dits à la catalane, est bien plus difficile.

1017. Il n'y a pas encore long-temps que les métallurgistes ont porté leur attention sur le traitement
des scories. On les réduisait autrefois dans des feux
de forge, et la loupe, demi-affinée, était refondue
ensuite dans des creusets brasqués, dans lesquels elle
éprouvait encore un déchet de 30 pour cent. A Uslar,
où l'on a pratiqué cette méthode pour la première
fois, les feux avaient 31 centim. de profondeur, 55
de largeur et 68 de longueur. Le vent, faible au commencement de l'opération, recevait une plus grande
vitesse vers la fin du travail. On employait 200 kilog.
de laitier pour une loupe qui pesait 50 kil. et qu'on
refondait ensuite dans des feux brasqués. On n'obtenait que six loupes de ce poids par 24 heures.

---

* Il paraît, d'après les essais de MM. *Berthier*, *af Uhr* et *Sef-
strom*, que la quantité de fer qu'on peut retirer des scories dépouillées
des grains de métal qu'elles contiennent à l'état de mélange, varie
entre 38 et 65 pour cent, et que le terme moyen est 52.   Le T.

En Suède, on a cru améliorer ce procédé en établissant sur le foyer une cuve circulaire de $1^m,88$ d'élévation, de 26 à 31 centim. d'ouverture au gueulard, et de 47 de largeur à la base. Le creuset garni de brasque est construit de manière que la loupe peut en être retirée comme des stuckofen. On charge avec des baches dont chacune contient à peu près 25 kilog. de laitier. On fait écouler de temps à autre les scories. Au bout de deux heures et après six ou sept charges, on obtient une loupe du poids de 25 kilog. Le produit journalier est de 250 à 300 kilog. de fer, que souvent on ne peut étirer sous le marteau; il faut alors le traiter encore dans les feux brasqués. D'après les relations de M. Blumof, on fait à Soedersfors, dans 24 heures, trois fusions dont chacune donne une loupe de 100 kilog. On retire du laitier 15 à 19 pour cent de fer et l'on consomme $2^{\text{mèt. cub.}},64$ de charbon par 100 kilog.; mais il y a probablement erreur dans ces évaluations. La quantité de métal obtenue et la consommation de charbon ne peuvent se rapporter qu'au fer demi-affiné sorti des moyens fourneaux, et ce fer subit dans la seconde manipulation un déchet qui s'élève quelquefois à 30 pour cent.

L'emploi de ces bas fourneaux ne paraît donc avoir apporté aucune amélioration sous le rapport de la quantité des produits obtenus et de l'économie du charbon. Comme la fusion des laitiers est plus facile que leur réduction, il paraît que la hauteur du fourneau, insuffisante pour la formation de la fonte, était néanmoins assez grande pour que la liquéfaction ait pu s'effectuer et pour que la plus grande partie de ces oxides fussent dérobés trop promptement à l'action du carbone et de la chaleur. Il fallait employer pour cette

raison un vent faible et un foyer large, afin d'augmenter le produit. On suit le même principe en opérant dans des feux de forge.

C'est l'énergie avec laquelle l'oxigène est retenu
dans les oxides passés à l'état vitreux, et la grande
fusibilité de ces matières, qui s'opposent à leur affinage dans les bas fourneaux. Il vaut donc mieux les
traiter dans des fourneaux de fusion et mieux encore
dans les hauts fourneaux ordinaires. La méthode suédoise a été suivie une année entière à Ietlitz, dans
la Silésie supérieure; on a changé le vent de différentes manières, sans parvenir à un résultat avantageux: les laitiers ne donnaient que 19 pour cent de
fer demi-affiné, qu'on traitait ensuite soit dans des
feux d'affinerie ordinaires, en l'ajoutant à la fonte,
soit dans des feux brasqués (970) où le déchet était
quelquefois encore de 47 pour cent; en sorte qu'ils
ne rapportaient réellement que 10 1/7 de fer forgé.
On brûlait par 100 kilog. de fer demi-affiné $2^{\text{mèt. cub.}}$,
9368 de charbon et ensuite $0^{\text{mèt. cub.}}$,673 dans le deuxième foyer : ce qui faisait en somme $6^{\text{mèt. cub.}}$,218 par
100 kilog. de fer en barres.

Ces mêmes laitiers traités dans les hauts fourneaux,
ont donné 36 pour cent de fonte, qui correspondent
à peu près à 26 pour cent de fer forgé; ils ont donc
produit 15 6/7 pour cent de plus que par l'affinage
immédiat. On brûlait dans le haut fourneau $2^{\text{mèt. cub.}}$,045
de charbon par cent kilogrammes de fonte obtenue ou
$2^{\text{mèt. cub.}}$,863 à peu près pour la quantité de fonte qui
donne un quintal de fer en barres. Il fallait en outre
dans le feu d'affinerie $1^{\text{mèt. cub.}}$,452 de charbon par
100 kilog. de fer ductile. On consommait donc en
somme $4^{\text{mèt. cub.}}$,315 de charbon par quintal de fer forgé,

OU $_1$mèt. cub.,893 de moins que dans les bas fourneaux suédois.

Les essais comparatifs cités par Marcher, prouvent également en faveur de la réduction des laitiers exécutée dans les hauts fourneaux ou dans les flussofen de 18 pieds d'élévation.

Si l'on veut ajouter les laitiers aux minérais et les fondre ensemble, il faut user de ménagement dans le dosage. Lorsque l'addition est très-forte, la fonte devient blanche, inconvénient qui est si grave quand les laitiers proviennent d'un fer cru non exempt d'impuretés, que le plus souvent on ne peut employer ce moyen de les utiliser. Si les additions se composaient de laitier riche, de sorne et de battitures, il y aurait bien moins de danger à charger ces matières en très-forte dose *.

---

* Nous croyons qu'il est utile de donner ici par extrait, la relation des expériences qui ont été faites par M. Strom, ingénieur des mines en Suède, sur la réduction des scories dans des hauts fourneaux. Archiv. für Berban und Hütt., tome 7, page 278.

« On fond depuis long-temps, dit-il, les scories de forge en Suède, en Norwège et en Allemagne, dans de petits fourneaux particuliers; mais la réduction ne s'y fait que très-incomplètement, et la consommation de charbon occasionnée par l'emploi de ces foyers est très-considérable. On a tenté aussi de se servir des hauts fourneaux; mais c'est à tort qu'on a regardé les scories de forge comme des minérais réductibles sans être mêlés avec des matières étrangères.

» Il est reconnu que la silice se combine avec le protoxide de fer en différentes proportions.

» Des scories claires, telles qu'on les obtient par la fusion de la fonte dans le feu d'affinerie, m'ont donné par l'analyse.

Silice	21,4	contenant	10,76	parties d'oxigène.
Protoxide de fer . . .	71,3	id.	16,24	}
Magnésie	2,7	id.	1,04	} 17,90
Potasse	3,7	id.	0,62	}

99,1

DE LA CORRECTION DES FERS VICIEUX.

1018. Pour améliorer le fer rouverin et le fer cassant à froid, on a proposé des moyens nombreux, qui, le

---

» La quantité de métal renfermée dans ces laitiers était donc de 56,06.

» Un autre morceau de scorie a donné

Silice. . . . . 21, 7 contenant 10,71 parties d'oxigène.

Protoxide de fer. . . 73,62 *id.* 16,76 ⎫
Magnésie. . . . . . . 0,04 *id.* 0,02 ⎬ 17,27
Potasse. . . . . 2,86 *id.* 0,49 ⎭

98,22

» Un troisième morceau soumis à l'analyse a fourni

Silice . . . . 18,4 contenant 9,25 parties d'oxigène.
Protoxide de fer. . . 74,8 *id.* 17, 4

» Mon départ de Christiania m'a empêché d'achever cette dernière expérience.

» La perte considérable doit être attribuée au dégagement de l'ammoniaque qui entraîne une petite quantité de magnésie et de potasse.

» Il paraîtrait, d'après ces analyses, que la majeure partie de la scorie est un sous silicate de fer, dans lequel la quantité d'oxigène de la base est égale à deux fois l'oxigène de la silice. Le corps qui, après ceux-ci, se trouve en plus grande quantité dans ces matières, est la potasse : la chaux et l'alumine n'y sont qu'accidentellement, et proviennent alors de l'impureté des charbons ou de la fonte.

» Pour réduire par conséquent les scories dans le haut fourneau, il faut les mêler avec une terre qui, en vertu de son affinité pour la silice, puisse séparer cette dernière de l'oxide de fer et en faciliter la réduction. Cette terre est la *chaux*. J'ai employé de préférence des scories grillées, parce qu'il est reconnu que les minérais riches sont très-disposés à produire du fer affiné dans le haut fourneau, et à engorger l'ouvrage, lorsqu'ils sont à l'état de protoxide, ce qui n'a pas lieu, lorsque par le grillage, on les porte à un plus haut degré d'oxidation. Je ne me suis pas servi du carbonate de chaux, parce qu'il provenait d'un terrain de transition et qu'il

plus souvent, étaient impraticables. Il résulte de la théorie, que les corrections doivent être appliquées principalement aux minérais ainsi qu'au travail des

pouvait contenir du soufre ou du phosphore. J'ai fait usage de la chaux éteinte, afin d'être convaincu de sa pureté par son séjour à l'air. J'ai mélangé la chaux et les scories pour les mettre tout de suite en contact et pour éviter que ces dernières ne pussent abandonner, par l'action du carbone, une portion de leur fer dans la partie supérieure de la cuve; car la séparation des matières ne doit s'effectuer que dans l'ouvrage et par l'affinité de la chaux pour la silice.

„ Le fondant entrait pour un quart dans le mélange; à trois parties de scories correspondait donc une partie de chaux. On a choisi cette proportion, dans le but de former dans le haut fourneau, un bi-silicate de chaux, en supposant d'après les analyses précitées, que les scories contenaient 20 parties de silice, de sorte que le mélange en renfermait 15 qui retenait 7,5 d'oxigène.

„ L'hydrate de chaux desséché renferme, selon Berzelius, 24,2 parties d'eau; mais, ayant pesé plusieurs fois de la chaux sortant du four, et après qu'elle avait été exposée à l'humidité de l'air, je me suis convaincu qu'elle renfermait l'eau dans le rapport de 2 à 1, ou que 25 parties de chaux éteinte ne correspondaient qu'à 16,67 parties de chaux pure, parce qu'elle avait absorbé plus d'eau qu'il ne lui en fallait pour se changer en hydrate. Dans les 16,67 parties de chaux il y a 4,68 parties d'oxigène. Ce calcul indiquait donc un excès de fondant; mais, comme cette terre contient nécessairement d'autres substances, et que de la combustion du charbon il résulte d'ailleurs une certaine quantité de silice, j'ai cru devoir adopter le rapport de 3 à 1, d'autant plus que sa simplicité le rend très-commode dans la pratique.

„ Si au lieu de chaux on voulait se servir du carbonate de chaux, il faudrait que le mélange fût composé de 5 parties de scories et de 2 parties de fondant. Il est inutile du reste de faire observer que ces proportions doivent être modifiées d'après la pureté de la pierre calcaire et la composition des scories de forge.

„ C'est ce mélange précité de chaux et de scories qui a été substitué à une partie du minérai. On a commencé par en prendre 1/8e. de la charge totale, et l'on a chargé avec ce dosage 39 fois, ensuite 2/8e., en chargeant aussi 39 fois, et enfin 3/8e.; après avoir

hauts fourneaux et à celui des feux d'affinerie, dans
lesquels on projette quelquefois une petite quantité
de carbonate calcaire.

---

fondu encore 26 charges, on a terminé les essais. Le poids total
des matières est toujours resté le même, puisque les additions du
mélange de scories et de chaux remplaçaient des parties de minérai qui leur étaient égales en poids. Les charges de charbon
étaient chacune de 12 tonnes (17,[hect.] 5). Le produit en fonte
était plus grand qu'il ne l'est quand on fond des minérais seulement. Le laitier du haut fourneau n'avait éprouvé d'autre changement que d'être plus vitrifié. La fonte était propre au moulage.
Comme les minérais contiennent un peu de manganèse, les feux
de forge sont montés pour des fontes qui s'affinent facilement,
de sorte que le fer cru qui provenait d'une forte addition de scories, paraissait un peu difficile à traiter dans ces foyers.

» Cet essai a été fait à Eidsfos dans un haut fourneau de M. Cap-
pelen. Celui dont nous allons à présent rendre compte, a eu lieu
dans les forges royales de Baerum.

» Le haut fourneau de Baerum est alimenté avec trois espèces
de minérai. Le premier, qui est le plus riche et le moins calcaire,
contient un peu d'amphibole; le deuxième, qui est moins riche,
renferme plus de chaux et contient de la magnésie; le troisième,
qui est le minérai d'Arendhal, est mêlé de chaux de grenat et
de pyroxène.

» Lorsque le haut fourneau est en bonne allure, ces minérais
produisent des laitiers peu colorés, gris blanchâtres, d'un éclat gras
et d'une cassure rayonnante, ce qui leur donne quelque ressemblance avec la trémolithe.

» Les scories grillées comme les minérais, quoiqu'à un moindre
degré de chaleur, ont été mêlées avec 1/3 de chaux éteinte :
on a pris de ce mélange, d'abord 1/9 et l'on a augmenté ensuite
cette proportion jusqu'à 4/9 du total de la charge. Les expériences
ont commencé le premier septembre: arrêtées le vingt septembre,
elles ont été reprises au premier octobre, et à mesure que la proportion de scories augmentait, le laitier était moins rayonnant; il
devenait compacte, conchoïde, d'un aspect plus vitreux et d'une
couleur grise foncée. Du reste il était pur et s'écoulait facilement.
L'allure du fourneau ne pouvait être meilleure: la fonte, quoique
très-compacte, paraissait pourtant trop grise pour servir au moulage.

Quoiqu'il y ait beaucoup de substances qui puissent rendre le fer rouverin ou cassant à froid, on peut en général attribuer ces mauvaises qualités à la présence

---

» Les essais suspendus d'abord à cause de mon départ, ont été repris au premier octobre. On a commencé avec un 1/9 du mélange de scories et de chaux, et l'on a augmenté cette quantité jusqu'à ce que toute la charge se composât de ces matières. Au reste le dosage a été varié de la manière suivante: lorsque le minérai n'y entrait que pour 6/9, on en prenait 2/9 du numéro 2, et 4/9 du numéro 1, et on y ajoutait 2/9 de mélange et 1/9 de scories sans chaux. A mesure qu'on augmentait ensuite la dose de scories, on diminuait celle du minérai numéro 1, qui était le moins calcaire; on arrivait de cette façon à 4/9 du mélange de scories et de chaux, 1/9 de scories, 2/9 de minérai numéro 2 et 2/9 de minérai numéro 1. De là on a passé à 6/9 du mélange de scories et de chaux, 2/9 du minérai numéro 2, et 1/9 du minérai numéro 1. Ce dosage a servi enfin de transition au dernier composé de 7/9 du mélange de scories et de chaux, 1/9 de scories pures et 1/9 de chaux pure.

» Dans cette manière de procéder, on avait pour but de remplacer la chaux par le minérai calcaire: mais on s'est vu forcé d'augmenter la proportion de cette terre, parce que le laitier du haut fourneau prenait une couleur trop foncée.

» Tant que le mélange de scories et de chaux n'excédait pas les 5/9, le fer cru pouvait être employé pour la poterie. C'est aux dernières coulées seulement, après que les charges composées de 6/9 du mélange de scories et de chaux étaient descendues, que la fonte ne pouvait plus être convertie en objets moulés. Elle était grise truitée, quoique tous les signes que donnait le haut fourneau annonçassent une trop faible dose de minérai. On sait qu'une allure semblable est toujours la suite d'une trop grande richesse des matières mises en fusion, et d'un manque de laitier. Si le fer cru doit servir au moulage, le mélange des minérais et du fondant ne doit pas être très-riche: il ne faudrait pas que, d'après mes propres expériences, il pût donner au-delà de 38 pour cent de fonte.

» La continuation de ces essais a fait naître dans l'ouvrage des masses de fer affiné, mais il n'en est résulté aucun accident fâcheux; il suffisait, pour les dissoudre à l'instant, d'augmenter les charges de minérai, ce qui a même produit une effervescence pendant la coulée. Il est reconnu que tous les minérais siliceux à l'état de

du soufre et du phosphore. On doit donc griller les
minérais qui donnent du fer roùverin, les asperger à
plusieurs reprises avec de l'eau, après les avoir ex-

---

protoxide, occasionnent fréquemment ces sortes de phénomènes.

» Le produit moyen en fer cru des minérais fondus dans le
haut fourneau de Borum, est de 35,46 pour cent. Mais, pendant
les essais, on a obtenu un surcroît de fonte; si on l'attribue aux
scories de forge, leur produit moyen serait de 55 pour cent, et
si l'on voulait exclure la dernière semaine, il serait de 57; quantités qui sont assez d'accord avec la richesse de ces minérais factices
trouvée par l'analyse dans les fourneaux d'essais.

» La fonte, celle même qu'on obtenait avec les plus fortes additions de scories, se comportait pendant l'affinage comme la fonte
la plus pure. Le fer ductile se travaillait très-bien dans les forges
de maréchal.

» Je crois donc avoir suffisamment démontré, que les scories
d'affinerie doivent être considérées comme des minérais siliceux
riches, et que mêlés avec de la chaux ou des minérais calcaires,
elles peuvent être employées utilement dans les hauts fourneaux ;
que du reste elles sont disposées à produire du fer affiné, comme
tous les autres protoxides, lorsqu'elles forment la majeure partie de
la charge.

» Il s'agit de savoir encore quelles sont les propriétés des scories
qu'on obtient par l'affinage du fer roùverin et de celui qui est cassant à froid. Comme ces fers contiennent du soufre et du phosphore, on pense généralement que les résidus de l'affinage n'en sont
pas exempts. Mais dans quel état s'y trouvent-ils ? Les expériences
de Berzélius prouvent évidemment que le soufre et le phosphore
ne peuvent pas se combiner avec les oxides. On ne pourrait donc les
trouver dans les scories qu'à l'état d'acide sulfurique et d'acide
phosphorique.

» Les circonstances qui accompagnent la formation des scories,
sont de telle nature que le soufre ne peut se trouver dans la masse
sous forme d'acide, attendu que le fer cru est toujours en contact
avec le charbon pendant la fusion ; et qu'en vertu de sa volatilité,
l'acide sulfureux serait chassé d'ailleurs par la silice.

» Quant à l'acide phosphorique, il est probable que s'il pouvait
se former, il serait réduit à l'instant par le charbon, et que l'acide
phosphoreux et le phosphore se dégageraient, à moins qu'une partie

posés chaque fois à l'air, et les fondre ensuite à une très-haute température, pour en retirer toujours de la fonte très-grise. S'il restait quelque doute sur l'entier dégagement du soufre, il faudrait affiner la fonte suivant le procédé allemand, sans la blanchir par une opération préalable, ce qui ne doit avoir lieu que dans le cas où l'on est assuré de la pureté du fer cru.

Le fer, qui, malgré cette préparation du minérai, malgré la haute température du fourneau et malgré

---

de ce dernier ne se combinât avec le fer. On peut par conséquent admettre avec certitude que les scories ne contiennent ni soufre ni phosphore, lors même que la fonte et le fer en sont souillés; à moins que les grains de métal disséminés dans la masse ne renferment une petite quantité de ces substances nuisibles. Dans ce cas, il serait facile d'ôter la majeure partie de ces grains de fonte par un triage à la main. Toutes les scories de forge qui proviennent du fer rouverin et du fer cassant à froid, peuvent donc être considérées comme des minérais parfaitement purs. »

Qu'il nous soit permis de faire observer que les raisonnemens de M. Strom, sur la pureté des scories d'affinerie, s'appliqueraient de même au laitier des hauts fourneaux, qui est composé aussi de silice et d'oxides métalliques ou terreux; il ne pourrait donc contenir ni soufre ni phosphore, ce qui est contraire à l'expérience: on sait que certains laitiers qui sont blancs, poreux, très-légers, semblables à la pierre ponce et qu'on obtient lorsqu'il règne une haute température dans le fourneau, laissent dégager de l'hydrogène sulfuré en faisant entendre un craquement lorsqu'on les expose à l'haleine.

En Angleterre, on ajoute aux scories, du spath fluor, et on arrose le mélange avec de l'eau pour le rendre plus intime. La réduction se fait dans les fours à réverbère. Cette méthode pratiquée depuis deux ans, paraît en général moins avantageuse que la fusion des scories dans le haut fourneau; mais elle doit convenir parfaitement pour toutes les scories qui contiennent beaucoup de grains métalliques, et qui pour cette raison produiraient facilement du fer affiné.

Voyez aussi pour le traitement des scories, le mémoire de M.
Berthier. Annales des Mines, tome 7, page 377.   Le T.

les retards apportés à l'affinage de la fonte, serait encore vicieux, ne pourrait être amélioré par aucun remède. On peut dans ce cas mêler ce minérai avec d'autres pour en atténuer mais non pas pour en neutraliser les défauts.

Les difficultés de l'épuration du fer deviennent presqu'insurmontables, si une partie du minérai est souillée de gypse ou de spath pesant; on doit alors le séparer des autres par un triage à la main, le bocarder, le griller en y ajoutant beaucoup de fraisil, l'arroser avec de l'eau, le répandre sur une surface inclinée et l'exposer pendant plusieurs années à l'influence atmosphérique pour en dégager les sulfures; mais les bénéfices se trouvent alors bien diminués. On ne peut donc soumettre à ce traitement que les minérais dont la grande richesse offre le dédommagement de ces opérations longues et dispendieuses.

Si le minérai donne un fer cassant à froid, comme, par exemple, les minérais de prairie, on le prépare par le lavage ainsi que par l'exposition à l'air atmosphérique. Il en est aussi qui ont besoin d'être grillés, pour perdre la force de cohésion, bocardés et exposés long-temps à l'air. Il faut que la fonte qu'on en retire soit grise et qu'on l'affine d'après le procédé allemand sans la blanchir préalablement. L'ouvrier doit retarder la coagulation du métal fondu et le passage à l'état de fer ductile. C'est dans ce cas qu'une addition de carbonate de chaux de 3 à 5 pour cent, répandue en poussière sur la masse immédiatement après le premier soulèvement, produit un heureux effet. Cependant, il n'est guère possible que le fer soit corrigé entièrement de son défaut d'être cassant à froid; mais il devient assez bon pour servir à une

foule d'usages. Au reste, comme la fonte de ces minérais est très-liquide, il vaut mieux en faire des objets moulés, si toutefois on peut s'en promettre un
débit constant.

DEUXIÈME DIVISION.

DU DÉGROSSISSEMENT DU FER.

1019. Le fer en barres, tel qu'il sort de la main
des affineurs, est versé dans le commerce sous le nom
de fer marchand pour être mis en œuvre. En le livrant
sous cette forme, le sydérurgiste praticien semble avoir
accompli sa tâche. Mais l'artisan ne pourrait l'employer dans bien des cas, sans éprouver des pertes
considérables de main-d'œuvre et de combustible;
souvent même il ne pourrait l'amincir convenablement. On est donc obligé de l'étirer dans les usines
et de lui donner les dimensions réclamées par les arts,
d'autant plus que ces sortes de fabrications faites en
grand, deviennent alors plus économiques.

Les dimensions du fer marchand varient selon les
pays, cependant on le divise par-tout en fer carré et en
fer plat. Les fers ronds, demi-ronds, à huit pans, se
trouvent plus rarement dans le commerce; il faut
presque toujours les commander exprès et les payer
plus cher.

Voici le tableau des échantillons du fer marchand
que les affineurs sont obligés de fournir dans les usines
royales de la Prusse :

DÉSIGNATION DES FERS.	LARGEUR EN POUCES DU RHIN.	EPAISSEUR EN POUCES DU RHIN.
Fer carré.	3 1/2	3 1/2
Id.	3	3
Id.	2 7/8	2 7/8
Id.	2 3/4	2 3/4
Id.	2 5/8	2 5/8
Id.	2 1/2	2 1/2
Id.	2 1/4	2 1/4
Id.	2	2
Id.	1 7/8	1 7/8
Id.	1 3/4	1 3/4
Id.	1 1/2	1 1/2
Id.	1 1/4	1 1/4
Id.	1	1
Id.	7/8	7/8
Fer plat.	" 3/4	3/4
	6	1/2
	5	1/2
	4	1/2
	4	3/8
	3 1/2	1/2
	3	3/8
	2 7/8	3/4
	2 7/8	3/8
	2 3/4	3/8
	2 1/2	3/4
	2 1/2	3/8
	2 1/4	5/8
	2 1/4	3/8
	7/8	7/8
	2	1/2
	1 7/8	5/8
	1 7/8	3/8
	1 3/4	5/8
	1 3/4	3/8
	1 5/8	3/8
	1 1/2	5/8
	1 1/2	3/8
	1 3/8	1/2
	1 3/8	3/8
	1 1/8	3/8 *

* Les derniers de ces échantillons qui sont extrêmement faibles, seraient comptés dans nos forges comme fers platinés.   Le T.

La fabrication des petits échantillons exige plus de main-d'œuvre et de temps pour le forgeage, diminue la quantité des produits obtenus dans un temps donné, prolonge la fusion, augmente la consommation de charbon et même le déchet, parce qu'on est obligé de porter les barres plus souvent au feu pour les étirer.

1020. Les fers dont les dimensions sont au-dessous de celles que nous venons de citer, rentrent dans la classe des fers platinés. On les divise en carillon, en bandelette et en verge crénelée.

Les barres de la première espèce n'ont souvent que trois lignes d'équarrissage; celles de la deuxième n'en ont quelquefois que 9 sur deux.

Le dégrossissement du fer comprend aussi sa conversion en fil d'archal, en tôle et en fer-blanc, attendu que ces objets doivent être considérés comme matières premières employées par différens artisans.

Mais la fabrication des faux, des scies, des pelles, des faucilles, des aiguilles, des couteaux, des clous, des fers à cheval, des ancres et en général de tous les outils ou instrumens dont la forme est achevée et qui peuvent servir immédiatement aux besoins de l'acheteur, ne sont pas du ressort de la sydérurgie. Ces sortes d'objets se confectionnent dans des manufactures particulières.

DES FERS PLATINÉS ET FENDUS.

1021. Le fer se convertit en barres minces ou sous les marteaux à bascule appelés *martinets* et *macas*, ou au moyen des cylindres et des fenderies.

1022. L'échantillon des barres de fer qu'on veut fabriquer détermine la forme du martinet. Pour ne pas le démancher trop souvent, on le coule de manière à pouvoir changer la panne qui s'enchâsse dans le marteau et qui peut en être retirée facilement : il en est de même de l'enclume qui est fixée dans la *chabotte.* De cette manière on fabrique avec le même marteau du fer rond, demi-rond, sphérique (des balles de fer battu) ou demi-sphérique, etc.

1023. Si la panne est étroite, le marteau produit plus d'effet et le travail en est plus rapide. Les platineurs habiles donnent toujours peu de largeur à la panne qui, pour le carillon, doit pourtant être égale à l'épaisseur de la barre : plus étroite pour la verge crénelée, elle doit être plus large, si l'on veut forger de la bandelette *.

Il faut que les fers platinés aient les arêtes très-vives, les surfaces unies et les angles droits. Les enfoncemens de la verge crénelée doivent être aussi à angles droits, ce qui exige beaucoup d'adresse de la part de l'ouvrier.

La table de l'enclume et la panne du marteau se confectionnent en acier d'une dureté moyenne. On les trempe et on les polit ensuite sur la meule.

1024. On donne aux martinets une extrême rapidité de mouvement, pour étirer par chaque chaude une grande longueur, afin d'économiser le temps, le charbon et le fer. Les deux cornes de la *hulse* ne doivent pas être courtes, pour qu'il soit plus facile de faire bien coïncider la table de l'enclume avec la panne du marteau; ce qui est un point essentiel. Le rapport des deux parties du manche mesurées depuis l'axe de rotation, ne peut être plus petit qu'un si-

---

* La panne du martinet à verge crénelée est cylindrique. **Le T.**

xième; on obtient par conséquent la vîtesse. voulue
en augmentant le diamètre du collier et le nombre
des cammes.

1025. On chauffe le fer dans des feux pourvus
d'une machine soufflante, en le tenant toujours au-
dessus du vent. L'étirage ne peut s'exécuter avec assez
de promptitude pour qu'on puisse employer les fours
à réverbère. Le foyer doit être rétréci le plus possible, afin qu'on ne fasse pas une trop grande consommation de charbon. En se servant de houille, on
doit préférer celle qui est collante. Il serait avantageux de recouvrir le feu par une voûte. Si le chauffage est bien exécuté, le fer ne peut jamais couler
dans le creuset en s'oxidant; le déchet ne doit donc
provenir que des battitures qui se forment pendant
le travail, d'autant plus que le degré de température
d'une bonne chaude, est placé entre la chaleur rouge
et le blanc soudant. C'est déjà une preuve de maladresse, si le chauffeur se voit forcé de jeter du sable,
ou des scories sur le fer pour en empêcher la combustion *.

1026. Un martinet activé pendant le jour seulement occupe deux ouvriers, le platineur et le chauf-

---

* On délivre souvent aux platineurs des fers mal ou sur-affinés,
qui doivent recevoir nécessairement une chaude suante. Mais au
lieu d'employer le sable pour les défendre contre l'oxidation, on
fait bien mieux de se servir des battitures qui tombent sous le
martinet. Le fer est quelquefois aigri par le sable, parce qu'il se
combine probablement avec un peu de silicium ou avec d'autres
matières nuisibles à sa qualité. Quoi qu'il en soit, nous avons toujours
obtenu de meilleurs résultats en faisant usage de battitures. On
devrait d'ailleurs donner des chaudes intenses approchant du blanc
de lune, afin que les barres pussent être parées à chaud. (Voyez
notre note sur l'écrouissement du fer, tome 1, page 61. Le T.

feur. Le chauffage, abandonné souvent à des appren-
tis, exige les plus grands soins pour que le platineur
ne soit jamais obligé d'attendre, que les barres ne
restent pas trop froides et qu'elles ne soient pas trop
exposées au vent. Il ne faut donc pas que le tassement des charbons puisse empêcher le passage de
l'air ni que les interstices laissés entr'eux favorisent
l'oxidation du métal. Il est sur-tout essentiel qu'il
n'y ait jamais qu'une seule barre qui se trouve à la
température voulue, et que les autres atteignent successivement le même degré de chaleur, qui doit être
entre le rouge et le blanc soudant : il faut avoir beaucoup d'habitude pour le saisir.

Si l'on travaille nuit et jour, on emploie deux platineurs et deux chauffeurs.

Les *bidons* ou *bâtards*, c'est ainsi qu'on appelle le
fer considéré comme matière-première, s'étirent d'a-
bord au milieu. On donne par conséquent trois chaudes
au moins, pour achever une barre ; souvent même on
est forcé d'en augmenter le nombre. Le platineur, assis
sur un banc mobile, tient le fer d'abord avec des tenailles et le saisit ensuite avec les mains. Le chauffeur
a toujours cinq à six barres dans le feu ; il les apporte successivement et les place sous le marteau. Au
bout de deux heures, on fait une légère pause, tant
pour se délasser que pour examiner et réparer les
barres forgées.

On divise ordinairement le carillon, la bandelette et la verge crénelée en trois classes, d'après leurs
dimensions. Les petits échantillons sont bottelés et
pesés avec les liens. Le poids des bottes varie selon
les usages suivis.

1027. Les ouvriers, s'ils sont adroits, peuvent di-

minuer beaucoup la consommation de combustible.
On leur passe $0^{mèt. cub.},528$ de charbon de bois ou
$0^{mèt. cub.},059$ de houille par 100 kilog. de fer forgé,
et avec ces données ils sont à même de faire des
bénéfices considérables. Le déchet ne doit jamais dépasser 5 pour cent, quelque petits que soient les échantillons demandés. Il ne s'élève pour les gros échantillons qu'à 2 et demi, et souvent même qu'à 1 et demi
pour cent. La quantité de fer qu'on platine dans un
temps donné, dépend non-seulement des dimensions
exigées, mais aussi de la qualité des bidons ; on peut
fabriquer par semaine, 1800 kilog. des plus petits
échantillons et 3000 en travaillant jour et nuit.

La tourbe peut servir aussi dans les feux de platinerie, parce que la chaleur ne doit pas être très-
intense ; il faut à peu près 0,528 mètres cubes de ce
combustible par 100 kilog. de fer, lorsqu'elle est de
bonne qualité.

1028. La lenteur de ce genre de travail, le déchet
du métal, la consommation de charbon et même la
difficulté d'obtenir des dimensions exactes, ont fait
naître l'idée de passer le fer d'abord sous des cylindres
et de le fendre ensuite dans le sens de sa longueur.
Les verges obtenues de cette façon remplacent avantageusement le fer crénelé dont il ne faut pas regretter
la forme particulière, parce que dans beaucoup de
circonstances elle est plutôt nuisible qu'utile.

DES FENDERIES.

1029. Il paraît que les fenderies ont été inventées
en Lorraine, vers le milieu du 17e. siècle. Les bidons
destinés à être fendus sont larges et plats, leur épaisseur

est beaucoup plus forte que celle de la verge qu'on veut fabriquer. On les amincit en les passant une ou plusieurs fois entre des cylindres appelés *espatards*; ils gagnent alors dans les deux autres dimensions, et se changent en une lame d'une largeur constante et d'une épaisseur égale à celle du fer fendu qu'on veut obtenir.

Les *découpoirs* se composent de deux trousses; ce sont deux séries de taillans circulaires, fabriqués en acier ou en fer aciéré, fixés d'une manière invariable sur deux arbres de fer forgé. L'épaisseur de ces taillans ainsi que la distance qu'ils laissent entre eux sont égales l'une et l'autre à la largeur du fer fendu. Pour consolider le système et pour maintenir les disques dans leur position respective, on place entre eux de *fausses rondelles* beaucoup plus petites que les autres et percées comme celles-ci, de cinq trous, dans lesquels on passe l'arbre et quatre broches qui lui sont parallèles.

Les fausses rondelles, qui ne servent à autre chose qu'à déterminer les intervalles entre les taillans, ont 15 à 18 centim. de diamètre : ceux-ci en ont 23 à 26. Plus on agrandit ces derniers, plus on accélère le travail, mais ils sont alors plus difficiles à confectionner. Pour monter une trousse, on assemble les taillans et les fausses rondelles avec les quatre broches, on les serre à l'aide de vis et d'écrous ou au moyen de clavettes, et l'on passe ensuite tout le système sur l'arbre.

Il est évident que les deux trousses adaptées à deux arbres parallèles, doivent recevoir des mouvemens en sens inverse et se pénétrer de manière que le plein de l'une remplisse parfaitement les intervalles de l'autre. Les fausses rondelles qui n'éprouvent aucune fatigue, pourraient être confectionnées en fonte et polies ensuite sur la meule *.

Le nombre des taillans dépend de la largeur que doit avoir le fer fendu ; il faut donc préparer d'avance des trousses particulières pour les divers échantillons. La largeur des lames n'excède jamais 5 pouces ; si elles étaient plus larges, il serait difficile de chauffer le fer uniformément et de monter la machine avec assez de précision.

Si l'on voulait fendre, par exemple, une lame en cinq barres, il faudrait armer l'arbre supérieur de trois taillans et l'autre de quatre ; la trousse supérieure aurait alors deux intervalles et l'inférieure en recevrait trois. En général le nombre des fausses rondelles est toujours impair et la trousse inférieure en a toujours une de plus que l'autre. Il s'ensuit que les lames ne sont fendues que suivant les nombres impairs, en 3, 5, 7, 9, 11, 13, etc., parties.

La trousse supérieure devrait être suspendue par un moyen quelconque, afin qu'en retombant après que la verge est sortie, les taillans ne fussent pas si fortement détériorés. Et dans ce cas, il faudrait préférer les équipages à cage massive. Comme la vis doit se mouvoir avec facilité, il faut que son pas soit très-petit et confectionné avec soin.

1030. Le travail des fenderies est très-simple : on chauffe le fer un peu au-dessous du blanc soudant, on lui donne l'épaisseur voulue au moyen des espa-

---

* Entre chaque taillant et la fausse rondelle qui lui correspond dans l'autre trousse, on place de champ une lame droite appelée *fourchette*. Immobile pendant le mouvement de la machine, la fourchette n'a d'autre fonction que d'empêcher les verges de se rouler autour des rondelles, et de les faire sortir en ligne droite. Le T.

tards, maintenus à la distance convenable., et on le fait passer de suite entre les découpoirs. .Les cylindres l'étirent non-seulement dans le sens de la longueur., mais ils l'écrasent aussi et. en augmentent la largeur. .Pour remédier à cet inconvénient, il faudrait passer les lames plusieurs fois entre les espatards ; mais alors on perdrait en grande partie l'avantage des fenderies : il en serait de même si l'on voulait diminuer les dimensions des bidons. Ce qu'il y aurait de plus avantageux, ce serait d'étirer ces derniers au moyen de cylindres cannelés ; afin qu'ils ne pussent s'étendre que dans le sens de la longueur. Ils recevraient alors dans les forges la largeur même que les lames doivent avoir, et une épaisseur qui serait égale à celle de la verge augmentée d'une certaine quantité, de moitié, par exemple : placés ensuite entre les espatards, ils s'allongeraient aussi de moitié. Une barre qui aurait 4 pieds de longueur, trois huitièmes de pouce d'épaisseur et 5 pouces de largeur, donnerait une lame de 6 pieds de longueur, un quart de pouce d'épaisseur et 5 de largeur, qu'on pourrait fendre en 5, 7, 9, 11, 13, 15, 17 ou 19 parties qui auraient de 1° à 3 lignes de largeur.

Il serait avantageux de ne passer les bidons qu'une ou deux fois sous les espatards et de les fendre ensuite, sans les rapporter de nouveau dans le four à réverbère ; mais on ne pourrait pas toujours opérer de cette manière, si leur épaisseur excédait celle des lames de plus de moitié : le fer passé plusieurs fois entre les cylindres se refroidit et ne peut être fendu avant d'avoir reçu une seconde chaude *.

---

* Ceci n'est applicable qu'aux anciennes fenderies : mais, lorsque la machine est construite selon les principes voulus, qu'elle est

Les deux cages sont placées ordinairement l'une derrière l'autre, de manière que les lames venant des cylindres, passent entre les découpoirs, sans qu'elles soient manœuvrées et agitées dans l'air, avantage qu'on ne pourrait obtenir en disposant les deux cages de front sur une même ligne.

1031. Anciennement on chauffait le fer dans des feux de forge, en donnant le vent par plusieurs tuyères, afin que la barre pût acquérir dans toute sa longueur une chaleur uniforme; mais l'emploi des fours à réverbère, bien plus économique d'ailleurs, est devenu pour ainsi dire général. Leur construction doit être telle que le tirage ne soit pas très-fort et que l'air atmosphérique n'y pénètre qu'en petite quantité. Pour cet effet, il faut rendre l'ouverture du rampant très-petite, eu égard à l'étendue de la grille : c'est d'ailleurs un moyen de concentrer la chaleur dans le foyer; mais pour pouvoir la graduer et la proportionner à la grosseur des bidons, on adapte un tiroir à la partie inférieure de la cheminée, afin qu'on puisse l'ouvrir de la quantité jugée nécessaire *.

Quand le fer a pris la température voulue, on ferme le cendrier et la cheminée, et on laisse échapper la flamme par la porte du travail ou par une autre

---

animée d'une grande quantité de mouvement due à la vitesse et à la pesanteur des volans, on peut passer le bidon neuf ou dix fois de suite entre les cylindres avant qu'il se refroidisse; et l'on peut convertir alors par une seule chaude, les plus gros fers, en verges des plus minces. Le T.

* Le tiroir peut être remplacé aussi par un registre adapté à la partie supérieure de la cheminée : cette disposition entraîne une plus grande perte de chaleur, mais elle paraît être plus commode pour les ouvriers. Le T.

ouverture pratiquée à côté de celle-ci pour la commodité des ouvriers.

L'emplacement le plus convenable de la porte du travail est vis-à-vis de la chauffe, de sorte que les barres sont placées dans le sens de la longueur du fourneau. Cette porte, pourvue de contre-poids, doit pouvoir s'élever et s'abaisser avec facilité.

La voûte du four doit être surbaissée autant qu'il est possible. L'ouverture intérieure de la cheminée est immédiatement au-dessus de la porte du travail, afin que la flamme puisse traverser le foyer dans toute la longueur. Pour la répartir plus également, on lui ménage souvent deux issues, qui se réunissent ensuite à la cheminée par deux canaux séparés. Souvent aussi on fait circuler le rampant autour du foyer, pour perdre moins de chaleur.

Les bidons, au lieu d'être placés immédiatement sur la sole, sont disposés sur des chenets de fonte ou de briques qui ont trois pouces d'épaisseur.

En Belgique et dans les provinces rhénanes, on remplace les fours à réverbère par de simples grilles couvertes d'une voûte très-basse. On brûle de la houille dans ces fours appelés *dormans*, et le fer se trouve placé sur le combustible; l'un et l'autre sont introduits dans le foyer par la porte du travail servant aussi d'issue à la fumée et à la flamme, qui de là, se rendent dans la cheminée. L'effet du combustible est d'autant plus fort que la voûte est plus surbaissée. Ces foyers présentent, sous ce rapport, une grande économie, mais ils laissent le fer trop exposé à l'action de l'air atmosphérique, dont une partie traverse la couche de charbon sans être décomposée.

1032. On fait rougir le four avant de le charger;

sa capacité et la quantité de bidons que l'on chauffe
à la fois dépendent du degré de force de la machine.
Dès que le chargement est achevé, on doit tirer les
registres, chauffer le fer avec rapidité et en porter la
température près du blanc soudant. On ferme ensuite
la cheminée ainsi que le cendrier, on laisse échapper
la fumée par l'ouverture pratiquée pour cet effet dans
le foyer et l'on procède au travail. On ne doit jamais
ouvrir la chauffe pour diminuer le tirage. Après avoir
enlevé une barre du foyer, on le referme à l'instant.
La quantité de fer chauffé à la fois est limitée, parce
que les dernières barres finiraient par se refroidir avant
de passer sous la machine, attendu que le courant d'air
est intercepté et que la chaleur se dégage abondam-
ment par la porte du travail. Il existe donc une relation entre la quantité de fer placée dans le four,
l'effet de la machine, la grosseur des bidons et les
dimensions de la verge qu'on veut obtenir. Lorsque
toutes les barres sont étirées et fendues, on se hâte de
remplir le fourneau une seconde fois, de tirer les registres, d'ouvrir le cendrier, de donner un coup de
feu vif, etc. Il s'ensuit un instant de repos dont les
ouvriers profitent pour examiner et pour trier le fer
fendu.

Le travail de la fenderie présente d'autant plus d'a-
vantage que la chaleur produite par le four est plus
rapide et que le fer est moins exposé à l'influence de
l'air atmosphérique. Vouloir travailler sans discontinuation, et remplacer les barres à mesure qu'on les ferait sortir du foyer, ce serait suivre évidemment une
méthode défectueuse; mieux vaudrait dans ce cas employer deux fours, si la machine pouvait débiter une
assez grande quantité de fer dans un temps donné.

1033. On ne peut fendre le fer rouverin, et le fer cassant à froid est facile à reconnaître. Le fer mou passe plus facilement entre les espatards et les découpoirs que le fer dur, bien que celui qui est à la fois dur et fort soit aussi très-propre à subir ce genre d'opération *.

Si toutes les dispositions se trouvent bien prises, si le four et la machine produisent l'effet voulu, le déchet ne doit pas s'élever au-dessus d'un pour cent.

DE LA FABRICATION DU FIL D'ARCHAL.

1034. Le fer destiné aux tréfileries doit être très-tenace; s'il était cassant, mal soudé ou pailleux, il ne faudrait jamais l'employer dans ces ateliers. Légèrement rouverin, il pourrait servir plutôt que s'il était cassant à froid. Le fer nerveux et mou, qui montre dans sa cassure des filamens d'une couleur blanche, est préférable au fer fort et dur qui s'aigrit trop facilement, quoiqu'avec certaines précautions on puisse l'étirer en fils très-minces; il suffit de le passer avec moins de vitesse à travers la filière et d'en corriger l'aigreur par des recuits nombreux.

1035. Le fil de fer doit avoir une cassure claire et hamiforme; une couleur sombre, une excavation à l'un des bouts, et une pointe en forme de cône à l'autre, sont des signes auxquels on reconnaît un fer cassant et mou qui d'ailleurs se rompt fréquemment pendant l'étirage. Il faut en outre pouvoir plier le fil

---

* La majeure partie du fer fendu demandé par le commerce est cassant à froid; on l'emploie principalement pour les clous d'ardoise. On fend aussi du fer fort et mou pour en fabriquer des clous de fer à cheval. **Le T.**

d'archal et le replier à plusieurs reprises sans occasionner ni ruptures ni fentes. Confectionné avec du fer rouverin, il offre souvent des solutions de continuité dans le sens de la longueur. En général, on ne doit employer dans les fileries que du fer mou et tenace; mais il faut éviter le fer mou et cassant, parce qu'il donne un fil qui, sans être flexible, est dépourvu d'élasticité. Si le fil a des endroits alternativement durs et mous, le fer employé était de mauvaise qualité. Les rayures, le manque de rondeur et de poli proviennent des défauts de la filière et de trous mal percés.

1036. Dans les tréfileries allemandes on se sert communément de la verge crénelée (*du forgis*), quoique la forme de ces barres soit précisément celle qui convient le moins à la fabrication du fil d'archal, car il faut commencer d'abord par faire disparaître les crénelures. Elles sont nuisibles en ce qu'elles dérangent la texture du fer, qu'elles produisent des pailles et des fentes. On a voulu remplacer le *forgis* par le fer fendu, mais ce dernier est sujet à se rompre très-fréquemment; il ne faut en chercher la cause que dans la direction de ses fibres obliques par rapport à la longueur du fer, parce que la barre qui passe entre les espatards s'étend dans les deux dimensions. On peut corriger ce vice en reforgeant la verge sous le martinet; mais, pour éviter cette double opération, il vaut mieux étirer les bidons livrés aux fenderies, au moyen des cylindres cannelés.

1037. Un excellent moyen de préparer ou d'ébaucher le fer destiné aux tréfileries, c'est de le passer par des cannelures circulaires. On pourrait même fabriquer ainsi les plus gros numéros de fil et les fournir aux *tireurs* chargés de les convertir en fils plus minces. Il serait facile de trancher ces sortes de cannelures dans les espatards des fenderies.

1038. Le mécanisme des tréfileries est très-simple; on fait passer les verges *appointées* par plusieurs trous pratiqués dans une plaque d'acier qu'on nomme filière. Ces trous sont parfaitement ronds, le diamètre du dernier est égal au fil qu'on veut obtenir.

Le fer tiré à travers la filière s'aigrit comme s'il était martelé à froid *; il faut donc l'adoucir en le chauffant au rouge avant de le tirer en fils plus minces. Un fer tenace et mou n'exige ces recuits successifs que jusqu'à ce qu'il soit parvenu à un certain degré de finesse : passé ce point, on peut le finir sans le reporter au feu. Il n'en est pas ainsi lorsqu'il est trop dur ou qu'il manque de ténacité; ces sortes de fers réduits même en fils très-fins, demandent encore à être recuits.

Comme les fils passent successivement par tous les trous intermédiaires, il s'ensuit que leurs prix d'après le poids augmentent en raison inverse de leurs diamètres.

1839. Rinmann chercha un rapport entre le poids et l'épaisseur des différens numéros de fils de fer fabriqués dans les diverses usines; mais il s'aperçut

* Mais remarquons que ce fer acquiert du nerf en aigrissant, et qu'il n'en devient que plus impropre au travail de la filerie, parce que les fibres ont en général peu de cohésion entre elles : l'expérience journalière le prouve, puisque, pendant le forgeage des barres, la moindre cavité de l'enclume occasionne dans le fer nerveux des fentes longitudinales. Il s'ensuit que les molécules d'un filament, n'adhérant pas avec assez de force à celle d'un autre, ne peuvent les suivre pendant l'étirage, de sorte que la rupture devient immanquable.   Le T.

bientôt que les poids d'un même numéro sorti de la même fabrique n'étaient pas égaux. Prenant ensuite les fils qui provenaient de fabriques diverses, il obtint, en examinant toujours des longueurs constantes, des variations bien plus fortes encore entre les poids. Ces différences résultent 1°. de la variété dans les pesanteurs spécifiques du fer considéré comme matière première; 2°. des changemens introduits dans la pesanteur spécifique par le tirage et l'intensité du recuit; 3°. des trous de la filière qui n'ont pas toujours rigoureusement les dimensions prescrites et qui s'élargissent d'ailleurs par le travail. Les inégalités du diamètre des fils qui en proviennent, échappent au coup d'œil. Il suit de là, qu'en donnant la longueur et le poids d'un fil de fer, on ne peut en déduire l'épaisseur avec une grande exactitude.

1040. On a presque dans chaque tirerie, une manière particulière de désigner les diverses espèces de fils, ce qui rend la comparaison entre les diamètres presqu'impossible. Pour les connaître, il faut les calibrer. Il serait à souhaiter que ces désignations vagues fussent remplacées par des numéros dont les épaisseurs seraient déterminées et constantes pour toutes les tireries. Les fabriques qui disposeraient d'un fer plus tenace auraient un plus grand nombre de numéros que celles où l'on emploierait un fer d'une qualité moindre, ce qui ne détruirait pas le système d'uniformité que nous proposons. Il existe à la vérité, pour les diverses espèces de fil d'archal, des qualifications usitées généralement et qu'on ne pourrait supprimer sans inconvéniens; mais il faudrait y joindre des numéros dont les épaisseurs seraient exprimées en centièmes de pouce.

On doit avoir un compas dè précision dans chaque atelier pour mesurer l'épaisseur des fils et vérifier la grandeur des trous de la filière. Cette précaution si essentielle est négligée dans la plupart des fabriques ; c'est une des causes de la grande variation qu'on trouve souvent dans la même espèce de fil. Ce compas, composé de quatre branches, dont les petites armées d'un arc de cercle, forment la dixième partie des branches supérieures, indique l'épaisseur des fils avec une précision rigoureuse: Il est inutile d'ajouter que la charnière de cet instrument doit être confectionnée avec le plus grand soin.

1041. La beauté et la perfection du fil dépendent particulièrement de la filière. Si cet instrument est très-dur et si les trous sont parfaitement circulaires, le fil en devient plus égal et plus lisse. On donne à ces ouvertures la forme d'un cône tronqué, pour faciliter le travail et l'extension du fer, en le faisant passer successivement dans un espace de plus en plus resserré. On se sert pour faire la filière, de l'acier le plus dur fondu dans une boîte ou sur une plaque de fer, pour lui donner plus de solidité; cette boîte a 31 centim. de longueur, 7,84 de largeur, 13 millim. d'épaisseur aux parois et 26 millim. de rebord. On la remplit avec des morceaux concassés d'un acier très-dur appelé *acier sauvage*, et qui se rapproche du fer cru. On peut employer aussi, comme on le faisait anciennement et comme on le pratique encore dans plusieurs usines, de la fonte blanche obtenue par un refroidissement subit; et il s'agirait de savoir si les filières faites avec cette fonte ne sont pas plus dures que les autres.

On chauffe la boîte remplie d'acier sauvage ou de

fonte blanche et couverte d'un linge trempé dans l'eau argilée, devant la tuyère d'un feu de forge, jusqu'à la température de la fusion : le linge, préparé de cette manière, résiste quelque temps à l'action du feu, empêche le contact du charbon et laisse sur le fer un enduit d'argile qui forme une légère couche de scories, qu'on enlève soigneusement de la masse avant de la forger. On est obligé quelquefois de la retirer du feu à plusieurs reprises, pour réunir et souder les différens morceaux à coup de marteau; mais on ne procède à l'étirage que lorsqu'on s'aperçoit que la fonte ou l'acier est parvenu à l'état pâteux : car il ne peut devenir entièrement liquide. On étire la boîte jusqu'au double de sa longueur; on laisse refroidir la pièce et on la perce plus tard. Cette préparation des filières exige de la part du forgeron, beaucoup d'habitude jointe à une connaissance parfaite de la nature et de la fusibilité des matières employées; ainsi qu'une certaine dextérité, pour qu'il agisse toujours de la même manière. Il est évident que les propriétés de la pièce obtenue sont modifiées plus ou moins par la proportion de l'acier et du fer, par la durée de la chaude et par l'action de l'air atmosphérique sur le métal. Si la filière était trop dure et trop aigre, on pourrait l'adoucir en la recuisant long-temps sous une légère couche d'argile. Dans le cas opposé, il n'y aurait point de remède.

La grande ouverture des trous est dans le fer doux, la petite dans l'acier. On devrait toujours percer le fer au foret et à froid, afin qu'on puisse traverser l'acier avec un poinçon, en ne chauffant la filière qu'une seule fois. Cette dernière opération s'exécute à la chaleur rouge le plus vite possible; on ne perce

les filières qu'au moment où l'on veut s'en servir. Il
faudrait que le poinçon d'acier, au lieu d'être conique,
eût la forme d'un cylindre pointu à l'une des extrémités et dont le diamètre serait égal à celui du fil qu'on
veut obtenir. Il n'en est pas toujours ainsi ; dans la
plupart des usines on se confie à tort au coup d'œil des
ouvriers, en faisant usage d'un poinçon conique qu'on
fait servir à plusieurs trous de grandeurs différentes.

La dureté des filières, la rondeur des trous et la précision de leurs calibres, sont de la plus haute importance dans la fabrication du fil de fer. Une filière
qui pécherait par un excès de dureté, pourrait être
corrigée par le grillage ; mais le défaut opposé ne comporte aucun remède : il faut l'éviter soigneusement.
Si la matière de cet instrument est bonne, on doit
regarder la déviation du calibre et le manque de
rondeur des trous comme des preuves d'une grande
négligence *.

1042. Le fer s'aigrit en passant à travers la filière ;
il devient plus dur, plus élastique et plus cassant. Il
faut donc le recuire lorsqu'on veut l'étirer davantage.
Les chaudes détruisent l'élasticité du fer, mais elles
lui enlèvent l'aigreur et le disposent à s'étirer en plus
petits échantillons. C'est le fer doux qui convient le

---

* Quelque bonnes que soient les filières métalliques, elles finissent toujours par s'user et par perdre leur calibre. On a donc essayé en Angleterre de faire passer le fil de fer par des trous pratiqués dans des diamans, ou d'autres pierres dures. M. Brokedon,
qui l'étire de cette manière à Londres, annonce aussi qu'on obtient
de meilleurs résultats, quand on fait entrer le fil par la petite ouverture, et qu'on le tire par la grande : il nous paraît probable
que le procédé inverse généralement suivi, n'a été adopté que pour
obvier à la trop prompte destruction des filières métalliques. Annales de Chimie et de Physique 1822, tome 20, page 109. Le T.

mieux à ce genre de travail, mais il faudrait examiner encore si le fer fort et dur traité avec le ménagement convenable, ne possède pas une plus grande ductilité. Plus on diminue le diamètre du fil en une seule fois, plus on aigrit le fer; il en est de même si l'on augmente la vîtesse des tenailles ou des bobines. Mais les vîtesses avec lesquelles on doit tirer les numéros, pour une même qualité de fer, et les rapports des vîtesses, pour des fers d'espèces différentes, n'ont pas encore été suffisamment examinés, pour qu'on puisse rien affirmer de positif à cet égard, bien qu'il soit très-certain que chaque espèce de fer et chaque échantillon doivent être étirés avec une vîtesse particulière; c'est à tort qu'on néglige ces considérations. Toutes choses égales d'ailleurs, cette vîtesse dépend d'abord de la grosseur du fer qu'on veut étirer et de celle du fil qu'on veut obtenir; elle est en raison inverse de l'une et en raison directe de l'autre. Soit par exemple le carré du diamètre du premier représenté par a et celui du deuxième par b, si V est la vîtesse on aura

$$V = \frac{Mb}{a},$$ en étirant le fil $\sqrt{a}$ au diamètre $\sqrt{b}.$

Si au contraire on voulait l'étirer au diamètre $\sqrt{X}$ on aurait de même :

$$V' = \frac{MX}{a}$$

Divisant l'une par l'autre ces deux équations, on obtient :

$$\frac{V'}{V} = \frac{X}{b} \text{ ou } V' = V\frac{X}{b}.$$

Si l'on connaissait par conséquent V, il serait facile

d'en déduire les vîtesses qu'il faudrait donner à la
machine pour étirer le fer $\sqrt{a}$ en une seule fois à
une dimension quelconque : soit par exemple le diamètre du premier fer égal à $\sqrt{10}$, celui de l'autre
$=\sqrt{9}$ et la vîtesse $V=6$; il s'ensuivrait que la vîtesse V' qu'il faudrait donner au fer $\sqrt{10}$ pour le
réduire aux dimensions $\sqrt{n}$ serait $V'=6\,\dfrac{n}{9}$.

Mais la vîtesse V doit varier selon la nature du fer;
cependant on peut admettre en général que si les
carrés des diamètres sont entre eux dans le rapport de
14 à 10, la vîtesse doit être de $10^{\text{cent.}},46$ par seconde;
elle doit augmenter à mesure que la différence des
carrés diminue; si le rapport des carrés était, par
exemple, comme $14 : 11$, on aurait $V = 10,46\,\frac{11}{10} =$
$11,51$ centimètres.

La vîtesse dépend non-seulement du rapport $\dfrac{b}{a}$,
mais aussi des grandeurs absolues de a et de b, parce
que si le fer a déjà passé plusieurs fois par la filière, sa
texture a pris la disposition convenable pour qu'il
puisse s'étendre avec plus de facilité dans la même
direction. Les frottemens varient d'ailleurs avec la
grosseur des fils; ils leur sont, à la vérité, propor-
tionnels, mais la chaleur qui en résulte agit moins
efficacement sur une grosse masse que sur une petite;
pour peu qu'elle soit forte, elle donne un recuit suffisant au fil mince. On peut augmenter par conséquent
les vîtesses à mesure que les diamètres décroissent;
mais on n'a pas encore fait les observations nécessaires pour pouvoir indiquer à ce sujet une règle
positive.

1043. Le fil d'un diamètre de deux lignes et au-
dessus s'étire avec des tenailles ; s'il est plus faible,
on emploie des *bobines* *. Dans l'un et dans l'autre cas,
il faut que la direction du fil sortant corresponde toujours à l'axe du trou, afin que le frottement reste
uniforme.

Les tenailles s'ouvrent en s'approchant de la filière, se ferment ensuite, saisissent et entraînent le fil
dans leur mouvement rétrograde, s'ouvrent de nouveau, etc., etc. La longueur à laquelle il est étiré
chaque fois dépend aussi de son épaisseur et de la qualité du fer. Cette longueur n'a souvent que 21 à 23
centimètres ; elle peut en avoir 94 à 104, si le fil est
mince et qu'il soit néanmoins tiré avec des tenailles.

1044. Les formes et les noms des tenailles varient
selon la grosseur des fils et les usages suivis dans chaque
pays.

On graisse les trous de la filière avec du suif ou
de l'huile pour diminuer le frottement.

Le fil tiré par les tenailles prend des marques plus
ou moins fortes qui nuisent à son apparence ; cet inconvénient est inévitable, puisque le gros fil étant très-
susceptible de se rompre, ne peut s'étirer d'une autre
manière. Mais le fil qui est plus fin s'enroule sur une
bobine qui reçoit un mouvement continu, soit à bras
d'homme, soit par une roue hydraulique, qui pourtant n'est employée que pour les échantillons les plus
petits. Il est évident que la vitesse de l'étirage varie
avec la quantité de fil enveloppé autour de ces cylindres : cependant il n'en résulte aucun inconvénient,

---

* Les ateliers où l'on fabrique le gros fil s'appellent *Tréfileries* ;
on y emploie des tenailles. Dans les tireries, au contraire, on fabrique du fil mince qui s'enroule autour d'un cylindre appelé bobine.

lorsque le fil est mince. Si le fer est très-tenace, on peut se servir plutôt des cylindres : le fil en devient plus beau et l'ouvrage plus facile.

1045. On travaillerait souvent avec plus de bénéfice, si l'on diminuait l'épaisseur des fils moins rapidement, sur-tout en étirant du fer dur ou de l'acier. La différence de diamètre d'un numéro à celui qui suit immédiatement ne devrait jamais dépasser $0^{\text{millim.}}$,26; quelquefois cependant elle est de 0,78 à $1^{\text{millim.}}$,30. Voilà ce qui occasionne tant de ruptures, de déchet, de défauts ou de solutions de continuité dans le sens de la longueur. Il ne faudrait pas craindre d'augmenter la main-d'œuvre et le nombre des recuits; la diminution du déchet et la qualité des produits en offriraient un ample dédommagement. Le fer médiocrement tenace ou disposé à s'aigrir, exige sous ce rapport les plus grandes précautions. On ne peut donc transférer les procédés d'un atelier, dans un autre établissement : on ne pourrait, par exemple, imiter ailleurs ceux qu'on suit dans la Marche où l'on étire le fer Osemund.

1046. Il faut que pendant le recuit donné à une forte chaleur rouge, on empêche l'oxidation le plus qu'il est possible, parce que l'oxide élargit les trous de la filière; lorsqu'il se forme, on doit en débarrasser la surface du fer avec le plus grand soin. On le fait de différentes manières; la plus simple, la plus ancienne et la plus imparfaite aussi, consiste à passer le fil à travers une planche. Mais il existe aujourd'hui un procédé mieux entendu, et pratiqué sur-tout en Allemagne : on suspend le fil roulé en cercle, au bout d'un levier qu'on soulève et qu'on fait retomber sur un banc, en y dirigeant un jet d'eau, en sorte qu'il est

battu dans ce liquide jusqu'à ce qu'il soit parfaitement
nettoyé. On peut aussi l'enfermer avec du gravier
dans un tonneau criblé d'ouvertures, arrosé d'eau et
animé d'un mouvement de rotation. On décape souvent le gros fil dans l'acide acétique tiré de la farine
de seigle, mais c'est une méthode longue et dispendieuse.

1047. On recuit le fil au charbon de bois, dans un
four et quelquefois aussi sur l'aire d'un feu de forge,
procédé vicieux et même inapplicable au fil dont le
diamètre est très-faible, à cause de l'oxidation qui en
est une suite nécessaire.

Les fours, semblables aux fours de boulangers, pourvus d'une porte et d'une issue pour la fumée, ne sont,
le plus souvent, que de simples aires couvertes d'une
voûte : leur forme est assez indifférente. On emploie
pour combustible des fagots ou du charbon dont le
fil placé sur des supports est entouré. Ce procédé,
quoique préférable à l'autre, offre néanmoins peu de
garantie contre l'action de l'air atmosphérique.

Le recuit peut s'exécuter aussi dans des fours circulaires de 94 à 125 centimètres de diamètre, et de
2$^{mèt.}$,51 à 3$^{mèt.}$,14 d'élévation; ils sont couverts par
une voûte et munis d'une porte en fer, d'une grille et
d'un cendrier. L'ouverture intérieure de la cheminée
aboutit au milieu de la voûte; on modifie le tirage
en fermant plus ou moins la porte du cendrier. On
établit à une hauteur de 31 à 46 centim. au-dessus de
la grille, des barres de fer sur lesquelles on met une
plaque ronde percée d'un trou circulaire; cette plaque
doit porter les différens rouleaux de fil dont l'ensemble
forme un cylindre. L'intérieur de ce cylindre, ainsi
que l'espace laissé entre lui et les parois du four, sont

remplis de bois sec, afin que le fil chauffé rapidement, soit exposé à une chaleur uniforme. Avant d'allumer, on ferme toutes les portes latérales et celle
de la chauffe, et l'on détermine le courant d'air, en
ouvrant celle du cendrier. Ces fours produisent une
économie de charbon, mais ils ne peuvent empêcher
l'oxidation; il faudrait par conséquent tremper le fil
dans une pâte d'argile mêlée de chaux, et le recuire
après l'avoir séché à l'air.

1048. Si le fil se trouve déjà réduit à un petit
diamètre, on est forcé de le recuire dans des vases
hermétiquement fermés.

Ce serait même une amélioration essentielle que
d'adopter cette méthode pour tous les fils, quelle que
soit leur grosseur, parce qu'il est toujours très-difficile d'en nettoyer la surface. La fabrication du fil
d'archal sera donc très-imparfaite, tant qu'on ne donnera pas tous les recuits dans des vaisseaux clos. Ces
vases confectionnés en fonte sont creux et reçoivent
la forme d'un cylindre à double enveloppe, afin que
la chaleur puisse mieux les pénétrer. Il faut en avoir
un assez grand nombre, pour qu'on ne soit jamais
forcé d'interrompre le travail et qu'on puisse recuire
sans discontinuation. On place le cylindre pourvu
d'anses sur quelques barres de fer disposées au-dessus
de la grille d'un fourneau circulaire. Il ne faut pas
oublier de luter le couvercle soigneusement, afin que
le fil soit d'une netteté parfaite après le refroidissement. Il serait possible aussi que des vases en terre
pussent servir avec avantage.

1049. On ne peut indiquer au juste la consommation des matières premières, elle doit naturellement
augmenter à mesure qu'on diminue l'épaisseur du

fil d'archal. Cependant le déchet ne doit pas excéder 12 et demi pour cent, lors même qu'on fabrique les plus petits numéros du commerce, et si les dispositions du recuit sont bien ordonnées, il peut s'élever seulement à 1 ou 2 pour cent. La quantité des bouts de fil dépend, comme nous l'avons dit ci-dessus, de la qualité du fer et de la manière de le passer par la filière : si la fabrication reçoit une mauvaise impulsion, le poids de ces débris peut égaler ou surpasser même celui du fil obtenu et absorber alors tous les bénéfices.

DE LA FABRICATION DU FER NOIR ET DU FER BLANC.

1050. Pour étendre le fer dans la direction de sa longueur et dans celle de sa largeur ou pour le convertir en tôle, on est obligé de le porter à chaud sous des machines de compression, de le chauffer et de le comprimer à plusieurs reprises, jusqu'à ce qu'il ait reçu l'épaisseur convenable. Le nombre des feuilles traitées à la fois, dépend de la force du moteur, de la construction de la machine et de celle des foyers de chaufferie ainsi que des usages suivis.

La tôle reçoit différentes dimensions selon l'emploi auquel on la destine : on la divise ordinairement en tôle forte et en tôle mince. Chacune des deux espèces se fabrique séparément, soit parce qu'on y trouve plus d'avantage, soit parce que la dernière se convertit presque toujours en fer blanc. On distingue donc la fabrication du fer noir de celle du fer blanc, bien que la partie du travail qui s'exécute sous les machines de compression soit la même, sauf quelques légères modifications. La tôle forte exige nécessairement des foyers plus grands et des machines plus puissantes.

1051. La bonne tôle doit avoir une épaisseur uniforme et une surface parfaitement lisse ; les pailles, les rides, les gravelures nuisent à son apparence et souvent aussi à son emploi dans les arts. Il faut pouvoir la plier dans tous les sens un grand nombre de fois avant qu'elle ne casse ; mais comme le meilleur fer devient aigre quand on le travaille à froid ou à une trop basse température, on est obligé de recuire la tôle pour lui donner toute sa ténacité.

Il faut que le fer employé dans les tôleries soit très-mou et très-malléable. Le fer rouverin doit en être exclu, parce qu'il se crique sur les côtés et qu'il augmenterait le déchet. Le fer cassant à froid se travaillerait assez facilement, mais il donnerait une si mauvaise tôle qu'elle ne pourrait servir à aucun usage. Le fer cassant et mou se déchire et ne pourrait d'ailleurs se convertir en tôle mince. Le fer fort et dur pourrait être aminci autant que le fer fort et mou, mais on serait obligé de le chauffer plus souvent, ce qui ralentirait le travail et augmenterait la consommation des matières premières.

1052. Il est naturel de n'employer que du fer plat qui, pour être converti en tôle laminée, doit avoir une faible épaisseur ; il faut donc que les barres soient très-larges : précaution qu'on ne doit pas négliger, même en faisant de la tôle battue, parce que le travail en est abrégé.

Quelle que soit la machine de compression employée, on commence d'abord par couper les barres d'après des longueurs déterminées par les dimensions de la tôle : chaque morceau ou bidon donne ordi-

nairement deux feuilles, à moins qu'elles ne doivent
être très-fortes. Si l'on veut faire de la tôle battue,
il faut couper les bidons à une longueur presque double de celle des feuilles : le marteleur ne doit étirer le fer que dans un seul sens, celui de la largeur ;
l'ouvrage en est plus beau et d'une qualité supérieure.
Si l'on fait usage de laminoirs, on ne peut empêcher
que le fer ne s'étende dans les deux dimensions *.

Les ouvriers savent bientôt quelle est la longueur
que doivent avoir les bidons pour se convertir en
feuilles de dimensions déterminées. On devrait toujours donner à ces barres la même largeur, en ne faisant varier que leur épaisseur.

On coupe les bidons avec la tranche et sous le marteau, après les avoir chauffés d'abord ; ou bien au
moyen de cisailles et à froid, si toutefois ils n'ont
pas une trop forte épaisseur **.

1053. Le fer reçoit les différentes chaudes, soit
dans un feu de forge, soit dans un four à réverbère.
La première méthode est défectueuse, elle occasionne
une grande consommation de charbon et nuit quelquefois à la qualité de la tôle. Pour chauffer de cette
manière des plaques, on les dispose de champ sur
une espèce de grille formée avec des ringards placés,
au-dessus de la tuyère, sur la varme et le contrevent ;

---

* Les bidons qu'on veut laminer ont une longueur exactement
égale à la largeur prescrite pour la tôle ; car le fer ne s'étend dans
le sens de la largeur que d'une petite quantité qu'on rogne entièrement avec les cisailles pour équarrir les feuilles et faire disparaître les criques. Il est bien entendu que les barres passent en
travers sous le laminoir.   **Le T.**

** En étirant le fer entre des cylindres cannelés, on coupe les
bidons à chaud avec la cisaille au moment où la barre est sortie
de la dernière cannelure.   **Le T.**

on les couvre de charbon et l'on fait agir les soufflets
avec lenteur. Les barres qui n'ont pas encore passé
sous le marteau de la tôlerie, sont chauffées comme de
coutume dans un feu de forge ; on y projette une
certaine quantité de battitures. Les scories restées dans
le feu, servent pendant l'affinage des rognures, qui fait
essentiellement partie de la fabrication de la tôle exécutée selon l'ancien procédé.

L'emploi des fours à réverbère est moins nécessaire
pour la fabrication de la tôle battue que pour celle
de la tôle laminée. Néanmoins on devrait se hâter
de substituer ces foyers aux feux de forge. Le four le
moins bon est celui qui, chauffé avec du charbon de
bois, se compose d'une simple grille couverte d'une
voûte, et pourtant il procure une économie de combustible.

Les fours à réverbère employés à la fabrication
de la tôle, ressemblent à ceux qui servent dans les fenderies ; mais l'aire en est un peu plus large. L'ouverture intérieure de la cheminée ou le rempant, est
placé très-bas et la voûte est surbaissée ; lorsqu'on
chauffe avec du bois, afin que la chaleur soit mieux concentrée. D'un autre côté, pour ne pas exposer le fer
au contact immédiat de la flamme, on donne une
grande hauteur au pont qui sépare le foyer de la grille.
Le rampant est muni d'un tiroir qui sert à intercepter
le courant d'air pendant le travail. Il est très-avantageux que la porte soit placée vis-à-vis de la grille,
afin que la flamme s'échappant par cette issue lorsqu'elle est ouverte, puisse empêcher l'entrée de l'air
atmosphérique. Le fer ou les trousses serrées le plus
possible, doivent être placées très-près du pont, de
manière que le courant d'air ne puisse les atteindre.

Lorsque les feuilles sont déjà très-minces, il faut les chauffer avec beaucoup de rapidité, afin qu'elles soient exposées peu de temps à l'action de l'oxigène. La quantité de fer placée dans le four dépend de la machine comprimante. Si cette quantité de fer était trop grande, les dernières plaques ou trousses se refroidiraient dans le foyer avant qu'on pût les étirer, puisqu'on est obligé de fermer le cendrier et la cheminée pendant l'étirage ; ce serait une pratique défectueuse, qui entraînerait une grande consommation de combustible, que de les chauffer une seconde fois : ce grave inconvénient est inévitable dans le travail de la tôle battue. Mais, en faisant de la tôle laminée, on ne doit jamais ouvrir la porte de la chauffe pour y jeter une seconde fois du combustible ; l'air qui s'y précipite se porte sur le fer et forme une couche d'oxide plus nuisible encore pour les feuilles qui passent au laminoir, que pour celles qui s'étirent sous le marteau. Il faudrait avoir deux fours pour un seul laminoir, afin que les pauses ne fussent ni longues ni fréquentes.

Dans les usines de la Belgique, on se sert ordinairement de fours dormans pour chauffer le fer ; leur cheminée est en dehors et au-dessus de la porte du travail. Nous en avons parlé à l'article des fenderies (1031). Les trousses ou les lames se placent immédiatement sur la houille incandescente ; il est évident que c'est un moyen d'économiser le combustible ; mais la tôle ne devient pas aussi belle que si le chauffage s'exécutait dans les fours à réverbère construits d'après les principes que nous venons d'indiquer. En un mot, plus on protége le fer dans ces foyers contre l'action de l'air, plus on augmente la consommation de combustible.

La poussière de charbon où de coke projetée sur les lames pour empêcher l'oxidation, n'est jamais inutile ; elle produirait un effet très-avantageux, si l'on était obligé d'alimenter le feu pendant l'étirage.

Du fer noir.

1054. D'après les procédés anciennement suivis pour faire la tôle battue, et pratiqués encore dans plusieurs pays, on se sert d'un marteau qui, pesant 200 à 225 kilog., a 57$^{cent.}$,53 de volée. Sa panne doit avoir 36 centim. de longueur et 1,96 de largeur : La table de l'enclume est un peu voûtée, pour hâter l'étirage ; plus elle est étroite, plus le travail peut s'exécuter promptement, mais plus il exige aussi d'adresse et de précautions, si l'ouvrier veut obtenir des surfaces lisses exemptes d'inégalités et des feuilles d'une épaisseur uniforme. Dans certains endroits, l'enclume a 10$^{cent.}$, 46 de largeur ; ailleurs, elle n'en a que 1,96. La tôle devient en général d'autant plus belle que l'enclume est plus large.

Après avoir chauffé les barres, on les étire par un des bouts, dans le sens de la largeur, jusqu'à ce que cette dimension soit devenue le double de ce qu'elle était d'abord ; on les reporte ensuite dans le foyer pour étirer l'autre bout. Ebauchée de cette manière, la lame ou languette est pliée par le milieu : un coup de marteau suffit pour fermer le pli. Le travail s'exécute par deux ouvriers : l'un étire la première moitié de chaque languette et l'autre la deuxième, en sorte que le marteau agit sans discontinuation, jusqu'à ce que toutes les lames soient étirées et changées en doublons. Toutefois si la tôle doit être épaisse, on peut se dispenser de plier les lames.

On chauffe les doublons de nouveau, et, les saisissant ensuite avec les tenailles du côté du pli, on en
étire l'extrémité au double de la largeur qu'elle avait
d'abord. L'autre moitié se forge après une seconde
chaude. Les doublons mis sous cette forme prennent
le nom de *semelles*. L'ouvrier doit avoir soin, pendant
ce forgeage, de ne pas laisser trop de fer au milieu
des planches, parce qu'il en résulterait plus tard des
plis et des pailles; il faut donc que le métal soit chassé
peu à peu du centre vers les côtés; on ne pourrait
commencer de la manière inverse. On ébauche ainsi
tous les bidons qu'on veut convertir à la fois en tôle.

Cela fait, on procède à la troisième opération; on
réunit une certaine quantité de semelles pour en former des trousses. Il faut alors élever le degré de chaleur et empêcher néanmoins que les semelles ne se
soudent ensemble; on les trempe pour cette raison
dans *l'eau d'arbue* qu'on fait avec de l'argile, de la
craie et de la poussière de charbon délayées dans l'eau.
Chaque trousse, formée de 6 à 20 semelles, pèse à
peu près 50 kilog. On les chauffe une à une avant
de les porter sous le marteau. L'ensemble des trousses
mises en fabrication s'appelle une *file*.

Le travail du forgeron qui commence alors à devenir pénible, exige beaucoup de force et d'habileté.
Il faut même employer deux ouvriers qui s'aident mutuellement, pour manier la trousse et empêcher que
le marteau ne frappe plusieurs coups sur un même
point. On établit de chaque côté de l'enclume, des
espèces de potences fixées dans le *stock* et destinées
à servir de supports à la trousse. Bien qu'il soit difficile de la retourner, on ne peut se dispenser de le
faire très-fréquemment, afin que le marteau agisse sur

l'une et sur l'autre des deux feuilles extérieures; c'est une précaution qu'il faut observer même dans les deux opérations préparatoires que nous avons déjà décrites. On doit d'ailleurs, à mesure que le travail approche de sa fin, redoubler de soin pour ne produire ni bosses ni cavités.

Les trousses ne peuvent s'étirer par une seule chaude : elles en reçoivent souvent trois ou quatre. On les examine après chaque martelage, pour séparer les feuilles collées ensemble, et pour placer à l'extérieur celles qui sont au centre et qui s'amincissent davantage, parce qu'elles conservent plus long-temps la chaleur. Si quelques feuilles d'un paquet sont restées trop épaisses, on les place dans un autre, pour les battre de nouveau.

Après avoir donné aux trousses les dimensions de la tôle qu'on veut obtenir, on les reporte dans le foyer de chaufferie, pour les *parer* sous un marteau qui agit avec lenteur et dont la panne, ainsi que la table de l'enclume, est très-large et reçoit une position parfaitement horizontale. L'objet de cette opération est de faire disparaître les bosses ou coups de marteau inévitables, si l'étirage est exécuté sur une enclume étroite. Mais en applanissant la surface des feuilles, on ne peut guères remédier aux fautes commises pendant le travail précédent; on ne peut pas faire disparaître les grandes inégalités ni les plis ni les autres défauts qui proviennent de la mal-adresse des ouvriers.

Lorsque le parage est terminé, on bat les feuilles avec un marteau de bois, pour les rendre encore plus lisses; on les rogne ensuite avec les cisailles et on leur donne la grandeur prescrite.

Les feuilles ont des dimensions très-variables : en Silésie, elles sont carrées, leur côté a 62 centim. de

longueur; on en compte depuis 5 jusqu'à 50 par 50 kil.;
la tôle mince est d'un prix plus élevé que la tôle
forte. Il est avantageux pour une usine de fabriquer
des tôles de grandeurs différentes, afin de tirer un meilleur parti des feuilles défectueuses.

Les feuilles qui ne peuvent être vendues comme
rebut, sont jetées parmi les rognures que, d'après l'ancienne méthode, on affine pendant les huit derniers
jours de chaque mois.

Les débris de fer qui résultent de cette manipulation, y compris les bouts des barres, les rognures et
les feuilles manquées s'élèvent communément à 30 pour
cent. Le déchet produit par l'oxidation est de 8 à 10
pour cent. Dans les usines où l'on fait des marchés avec
les maîtres marteleurs, chargés aussi d'affiner les rognures, on les oblige de fournir 4 quintaux de tôle
pour 5 quintaux de fer, et l'on passe $1^m,65$ à $1^m,85$
cubes de charbon de bois par 100 kil. de tôle obtenue.

Il suffit de lire l'exposé de ce genre de travail pour
en sentir l'imperfection. On ne peut contester néanmoins que des ouvriers intelligens et soigneux, ne puissent y suppléer, en quelque façon, et donner une assez
belle apparence à leur tôle. Pour cet effet ils doivent
serrer les coups de marteau le plus possible l'un à côté
de l'autre, laisser peu de distance entre deux coups
successifs, et ne pas hâter l'étirage des semelles ou des
trousses en les présentant au marteau dans une direction diagonale. Mais ils ne parviendront jamais à donner à la tôle une épaisseur uniforme. Le forgeage est
d'ailleurs si lent qu'il faut multiplier les chaudes, ce
qui augmente le déchet et la consommation de charbon.

1055. La fabrication de la tôle laminée présente,
sous tous les rapports, plus d'avantage que n'en offre

celle dont nous venons de parler. On emploie le plus
souvent des cylindres particuliers pour ébaucher les
lames. En chauffant les bidons ou les languettes avant
qu'elles soient pliées, on doit leur donner un haut
degré de chaleur, parce qu'on ne craint pas de les
souder ensemble et qu'il faut d'ailleurs les étirer le
plus possible par chaque chaude. Quelquefois on néglige cette précaution; quelquefois aussi on est forcé
de la négliger, parce que le fer se refroidit dans le four
à réverbère; on éviterait cet inconvénient, si l'on avait
deux fours pour chaque laminoir, ce qui est indispensable, afin qu'on puisse entretenir les feuilles à la température voulue, sans être obligé d'ouvrir la chauffe
pour y introduire du combustible.

Le chauffeur présente le fer au maître lamineur;
celui-ci le place entre les cylindres, un autre ouvrier
le reçoit et le rend au maître qui le passe encore entre
les cylindres, après avoir serré les vis convenablement : cette opération se répète trois ou quatre fois.
Lorsque les planches ont reçu une longueur suffisante,
le deuxième lamineur les plie, à moins qu'on ne veuille
s'en dispenser, chose qui le plus souvent est assez
bien vue et qui devient nécessaire, si les dimensions de
la tôle doivent être très-grandes. Ordinairement on
adjoint aux lamineurs un troisième ouvrier chargé de
plier les planches, pour ne pas arrêter le travail.

On trempe les trousses dans l'eau d'arbue et on
les achève au deuxième laminoir; on ne doit jamais
en charger une grande quantité dans le four à réverbère. Il vaut bien mieux activer deux de ces foyers
à la fois.

On doit toujours frapper la trousse avec force contre
une plaque, avant de la passer entre les cylindres, afin

d'en détacher la couche d'oxide, dont une partie cependant s'imprime si fortement dans la tôle laminée qu'on ne peut l'enlever qu'avec beaucoup de peine. C'est pour cette raison que le fer doit rester peu de temps au four et que les bidons ou les languettes qui n'ont pas encore été doublées, doivent s'étirer presqu'à la chaleur blanche, afin qu'on ne soit pas obligé de trop multiplier les chaudes.

Lorsque les planches sont doublées, le pli doit toujours passer le premier entre les cylindres; on tâche d'ailleurs de n'étirer les feuilles que dans le sens de la longueur, parce qu'on leur donne en commençant la largeur voulue. Si l'on est dans l'usage de plier les languettes, on ne doit y procéder que le plus tard possible, afin de pouvoir donner des chaudes plus intenses sans craindre de souder les feuilles.

Si le travail est bien ordonné, on obtient 72 quintaux de tôle et 22 quintaux de rognures avec 100 quintaux de fer en barres; le déchet provenant de l'oxidation est de 6 pour cent. On doit compter sur $0^{mèt.\ cub.},26$ à $0^{mèt.\ cub.},32$ de houille par 100 kilog. de tôle obtenue. Cette consommation augmente encore lorsque le pont du four à réverbère est très-élevé.

1056. On divise la tôle, eu égard au nombre des feuilles qui composent un quintal, en quatre classes désignées par les qualifications *ordinaire*, *moyenne*, *fine* et *rebut*. La tôle de rebut est celle qui a des pailles, des bosses et toutes sortes de défauts, quelquefois même des trous. Le fer noir se vend par paquet de 25 à 50 kilog. On appelle tôle de modèle, celle dont les dimensions ne sont pas adoptées dans le commerce.

Du fer blanc.

1057. La fabrication de la tôle destinée à l'étamage diffère très-peu de celle que nous venons de rapporter. Voici quel est l'ancien procédé suivi encore dans plusieurs usines :

On a deux marteaux, l'un pour platiner et l'autre pour ébaucher le fer. On s'en sert et on les emmanche alternativement. La panne du premier, qui est un peu voûtée, reçoit 16 à 18 centim. de largeur; celle du second, bien plus voûtée que l'autre, a seulement 32 millim. de largeur sur 23 centim. de longueur. Le marteau à platiner, qui pèse 300 à 350 kil., a 94 cent. de volée; le marteau *ébaucheur* ne pèse souvent que 150 kilog. et ne peut s'élever que de 68 à 78 centim. : pour diminuer la levée, on applique un morceau de bois contre le rabat. La table de l'enclume a 31 centim. de longueur et autant de largeur, mais elle est légèrement voûtée; sa flèche est de 6 millim. On enfonce dans le *stock* ou *billot*, une barre de fer qui dépasse la table de l'enclume; l'ouvrier appuie la trousse contre cette barre, afin d'empêcher qu'une des feuilles ne vienne à sortir et à dépasser les autres.

Le travail commence par l'affinage des rognures et des débris. On chauffe pendant la fusion, les lopins de la pièce précédente; on les forge en barres de 22 millimètres d'équarrissage. Cette opération se pratique sous le marteau à platiner. Dès qu'elle est finie, on s'occupe à faire la loupe, on la cingle, on la coupe et l'on étire les lopins tout de suite en barres. Cela fait, on change de marteau, méthode détestable, presqu'entièrement abandonnée. Dans la plupart des usines, on commence par ébaucher les languettes et l'on

emploie de préférence du fer plat; mais, dans celles
où l'on suit encore l'ancienne routine, on chauffe les
bidons qui sont carrés, pour en élargir un peu l'une
des extrémités et pour en couper un petit lopin qui,
après avoir passé dans le feu, est étiré à l'un des bouts
en une espèce de demi-languette qui a 8 centim. de
largeur. Deux ouvriers se rechangent pendant le forgeage; un troisième reste auprès du foyer pour chauffer
les barres et les petits lopins, jusqu'à ce qu'on ait préparé de cette façon 350 à 400 demi-languettes qui
sont mises en œuvre plus tard. Comme cette opération
produit beaucoup de laitiers, on fond une certaine
quantité de rognures et l'on fait une loupe dont les
lopins ne sont pourtant pas forgés tout de suite; on
les réserve pour la prochaine fusion.

Deux batteurs et leur chauffeur achèvent d'étirer
les languettes dans la tournée suivante; ils en élargissent le deuxième bout, les plient sur une enclume
de maréchal avec un marteau à main et les convertissent en doublons. Après avoir achevé tous les doublons, ils les réunissent deux à deux pour les placer
dans le feu, à l'endroit du pli. Un des ouvriers en
saisit une couple avec la tenaille du côté opposé, leur
donne sous le marteau ébaucheur une largeur de 13
à 16 centim., et les reporte de nouveau dans le feu;
le deuxième batteur étire ensuite l'autre moitié : c'est
ce qu'on appelle *égaliser les planches*. Il faut qu'il
y ait dans le feu un nombre suffisant de doublons, pour
que le travail ne soit jamais arrêté. Le chauffeur doit
visiter les planches égalisées, les tremper dans l'eau
d'arbue et les rassembler en trousses dont chacune
en contient cinquante. Quatre trousses forment une
file et sont portées ensemble au feu. Pendant que le
chauffage s'exécute, on change de marteau.

La file se chauffe sur des barres de fer placées en travers du feu : les trousses sont disposées de champ sur ces barres, dans le sens de leur longueur ; une barre verticale, établie vers le contrevent, sert à les rapprocher de la tuyère et à diminuer les intervalles laissés entr'elles. On les couvre de charbon et l'on fait agir les soufflets jusqu'à ce qu'elles soient rouges. On les étire en trois ou quatre chaudes; avant de remettre une trousse au feu, on la défait toujours pour placer à l'extérieur les planches du milieu.

Lorsque les feuilles ont reçu la grandeur prescrite, on les rogne avec les cisailles et on les chauffe encore une fois; mais ce sont toujours les feuilles achevées et rognées précédemment qu'on porte alors dans le foyer pour les parer à petits coups de marteau. Après avoir subi l'opération du parage, elles sont coupées seulement d'après les dimensions que doit avoir le fer blanc.

Il existe des usines dans lesquelles on ne commence pas par la conversion du fer en demi-languettes : on le transforme en doublons par une seule opération; ce procédé est plus économique que l'autre sous tous les rapports. Il faudrait aussi substituer aux feux de forge des fours à réverbère chauffés au bois, ou à la houille. Le travail est d'autant plus rapide que les bidons considérés comme matière première, sont plus larges.

Si le maître ouvrier se trouve chargé de l'affinage des rognures et des autres débris, il doit fournir 73 à 75 quintaux de tôle pour 100 quintaux de fer en barres, de sorte qu'on lui passe un déchet de 25 à 27 pour cent. La consommation de charbon est de 2,64 à 3,16 mètres cubes par 100 kilog. de tôle. On peut admettre en général, que 100 quintaux de fer en barres donnent tout au plus 46 quintaux de tôle fine et une égale quantité de débris; en sorte qu'il y a, 8 pour cent de fer, perdu par l'oxidation.

1058. C'est aussi au laminoir qu'on fabrique la tôle fine avec le plus d'avantage; mais, pour diminuer les rognures, on doit employer du fer très-large, forgé avec exactitude. Moins on étend les feuilles ou planches, dans le sens de la largeur, moins elles se criquent et plus elles gagnent en longueur; *. Une autre considération non moins essentielle, c'est de chauffer les barres très-rapidement et de les étirer le plus qu'il est possible en une même chaude avant de les doubler. On doit éviter durant le travail, d'ouvrir la chauffe pour y jeter du combustible frais. Un laminoir devrait avoir pour cette raison deux fours à réverbère. Les chaudes rouges, brunes sont les plus mauvaises, parce qu'elles produisent une couche d'oxide très-dure et très-difficile à enlever.

_ La tôle confectionnée au laminoir est rognée ou découpée seulement après son entier achèvement. Les cylindres doivent être le plus dur possible et parfaitement lisses; la moindre inégalité de leur surface se fait connaître par des taches d'oxide imprimées sur les feuilles. Ces défauts, lors même qu'ils échapperaient à l'œil, se manifesteraient pendant l'étamage.

---

* Le fer s'étend très-peu dans le sens de la largeur (voyez la note du paragraphe 1052); si cependant on voulait encore en diminuer l'élargissement et les criques qui en sont la suite, on serait obligé de ne le soumettre qu'à une faible pression en le passant la première et la seconde fois entre les cylindres; mais il est probable que l'avantage qui en résulterait, ne pourrait compenser les pertes de temps et de combustible.   **Le T.**

Souvent on néglige à tort l'entretien et la confection des cylindres *préparateurs ;* mais ils produisent alors sur les feuilles des inégalités que les derniers cylindres ne peuvent faire disparaître entièrement, quelle que soit la perfection de leur poli. La fabrication du fer noir exige sous ce rapport moins de précautions, parce que la plupart des défectuosités ne ressortent qu'après la *mise au tain.*

On obtient avec 100 quintaux de fer en barres au moins 50 quintaux de tôle mince et 47 de rognures, ce qui suppose un déchet de 3 pour cent produit par l'oxidation. La quantité de rognures pourrait être moins grande, si l'on mettait plus de soin et d'intelligence dans le chauffage et les dimensions données aux bidons. On brûle tout au plus $1^{\text{mèt. cub.}},32$ de bois ou $0^{\text{mèt. cub.}},264$ de houille par 100 kilog. de tôle ; mais cette consommation serait plus grande, si, pour mieux abriter les trousses, on élevait davantage le pont qui sépare la chauffe du foyer. Si, au contraire, par esprit d'économie, on voulait chauffer le fer en l'exposant au contact de la flamme, on augmenterait le déchet et l'on obtiendrait de la tôle défectueuse.

Après avoir découpé les feuilles, on les recuit et quelquefois on les soumet encore à une certaine pression pour les redresser.

DE LA MISE AU TAIN.

1059. Il faut d'abord décaper la tôle avant de l'étamer, c'est-à-dire qu'il faut en nettoyer la surface, en ôter la couche d'oxide qui s'opposerait à la combinaison avec l'étain. On la trempe ordinairement dans des acides végétaux provenant de la fermentation du seigle ;

ces liquides, appelés *eaux sûres*, sont renfermés dans des tonnes placées dans des caves ou des étuves dont la température est à peu près de 30° de Réaumur. La chaleur qui règne dans ces lieux, favorise la formation des acides, ainsi que leur action sur le fer ou sur son oxide. On doit employer au moins six tonneaux ; on peut en avoir, selon l'étendue de la fabrication, 6, 12, 18 ou bien 9, 15, 18, etc. Chaque assemblage de six tonneaux renferme trois différentes espèces d'acides : deux contiennent l'eau sûre dite *vieille*, deux l'eau sûre *neuve* et deux la dernière eau sûre qui achève le décapage. Lorsqu'on est dépourvu de ces matières acides, on fait l'eau sûre dite *vieille* avec trois mesures de seigle moulu, qui, délayé dans l'eau, est mis en fermentation avec du levain. Pour les deux autres espèces d'acides on emploie quatre mesures de cette farine. On jette tous les huit jours du seigle nouveau dans ces barils, en ajoutaut à l'eau, sûre n°. 1, dite vieille, un douzième de mesure ; au n°. 2 un tiers, et au n°. 3 un douzième.

On met la tôle, au nombre de 144 feuilles par baril, d'abord dans l'eau sûre dite vieille : on dispose les feuilles de manière qu'elles soient placées alternativement sur les grands et les petits côtés, afin qu'elles offrent plus de prise à l'action de l'acide. Elles restent 24 heures dans la première eau sûre, 24 heures dans la deuxième et 48 heures dans la dernière, en sorte que le décapage dure quatre jours entiers. En les retirant des barils n°. 3, on les jette dans une cuve d'eau douce. On renouvelle tous les quinze jours l'eau sûre dite vieille, parce qu'elle se charge de plus d'oxide que les deux autres et qu'elle contient d'ailleurs l'argile provenant de l'eau d'arbue dans laquelle on

trempé les feuilles avant de les chauffer. On la vend
dans certains endroits aux fabricans de toiles peintes, comme *acétate de fer*. La deuxième eau sûre,
à laquelle on ajoute la douzième partie d'une mesure
de seigle, remplace ensuite la première et peut servir
encore quinze jours, ce qui fait un mois. Lorsque
l'on compose l'acide n°. 2 contenu dans le troisième et le quatrième tonneau, on tire du cinquième
et du sixième une certaine quantité de résidu, pour
hâter la fermentation, et l'on ajoute à ceux-ci un
douxième de mesure de seigle. L'eau sûre qu'ils contiennent n'est jamais renouvelée entièrement.

On transporte les feuilles décapées aux blanchis-
series; là on les frotte à l'eau avec un linge et du
sable mordant, pour en ôter jusqu'aux dernières traces
d'oxide. Les endroits qui n'ont pas été parfaitement
décapés ne peuvent s'étamer. Lorsque la tôle est bien
écurée, on la conserve sous l'eau jusqu'au moment
de la mise au tain.

1060. L'étamage se pratique dans une caisse ou
creuset de fonte qui a 47 centim. de profondeur, autant de longueur et 37 de largeur. On le place sur un
fourneau pourvu d'une grille et muré sur les quatre
côtés, de manière que toutes les faces de la caisse
puissent être touchées par la flamme. On chauffe avec
du bois, de la tourbe ou de la houille. L'aire du
fourneau est garnie de quatre plaques de fonte munies
d'un rebord et inclinées vers le centre, afin que les
gouttes de matière répandues au dehors, puissent s'é-
couler dans le bain. On peut diviser le creuset avec
une feuille de tôle, en deux espaces séparés de grandeurs différentes.

Un des points les plus essentiels, c'est de saisir

le degré de température qu'il faut donner au bain. Si l'étain n'est pas assez chaud, il ne peut se combiner avec le fer; s'il est très-liquide, il s'attache en trop petite quantité sur la surface des feuilles. Pour juger de son degré de chaleur, les ouvriers y plongent ordinairement un morceau de papier qui doit se carboniser à l'instant.

Le travail se divise en trois parties : on remplit d'abord le creuset avec 600 à 750 kil. d'étain que l'on couvre d'une couche de suif, afin d'empêcher l'oxidation. Lorsqu'il a reçu le degré de fluidité convenable, on y place 200 feuilles de tôle dressées sur leur grand côté; on les en retire ensuite par paquets de 20 à 25, et on les jette dans l'eau pour les refroidir. Les impuretés qui se portent à la surface du bain sont enlevées par l'étameur avec une cuiller et conservées, parce qu'elles renferment encore des grains métalliques. L'écumage se continue pendant les deux opérations suivantes.

Après avoir préparé de cette façon toute la tôle qu'on veut mettre au tain, l'étameur place dans le creuset une feuille pour le diviser en deux parties inégales. Il plonge une certaine quantité de feuilles dans le bain de la grande case, les dispose sur le petit côté et les retire ensuite une à une, pour les placer sur un châssis de fer où le superflu de l'étain doit s'égoutter; mais il doit éviter qu'elles ne se touchent.

L'ouvrier achève l'étamage en saisissant les feuilles une à une avec une *tenette*, pour les plonger dans le bain de la petite case, et les retirer à l'instant; c'est ce qu'on appelle le *lavage* ou le *tirer au clair*. Il les place ensuite sur un autre châssis où elles sont visitées avec soin. Si elles montrent des taches, on doit les gratter

II 63

et les mettre encore une fois dans le creuset. Enfin on
les essuie avec de la sciure de bois et du vieux linge :
c'est ce qu'on appelle *ôter la première graisse*. Il
faut éviter qu'il ne se mêle avec cette substance quelques grains de sable qui produisent des rayures et
déparent le fer blanc.

Quand on place les feuilles sur le châssis, l'étain liquide coule le long de leur surface, une partie se
fige au côté inférieur et forme un bourlet qu'il faut
enlever ensuite. Dans quelques usines, on retire les
feuilles par leur diagonale et on les dispose dans le
même sens sur le châssis, en ayant soin de les faire
sortir du creuset avec lenteur, afin que l'étain puisse
se rassembler vers l'angle inférieur, où il ne forme
alors qu'un petit bouton. Ailleurs, on dresse les feuilles au sortir du bain sur une plaque de fonte pourvue d'un léger rebord et chauffée au feu du fourneau
d'étamage. On retient sur cette plaque un peu d'é-
tain liquide, dans lequel tombent les gouttes qui s'é-
coulent des feuilles sans donner naissance à un bourlet.
Enfin, si par quelque mesure particulière on n'empêche pas la formation de ce dernier, il faut le dissoudre
dans un creuset particulier, qui, coulé en fonte, a de
42 à 57 centimètres de longueur, 12 de largeur à la
partie supérieure, 7 au fond et 10 de profondeur.
Ce creuset est chauffé au feu de flamme et il contient
un peu d'étain liquide; on y plonge les feuilles une
à une du côté de leur bourlet; on les retire à l'instant
et on les frotte avec de la mousse. Ce procédé est défectueux, il donne naissance à la *lisière* qui vient
remplacer le bourlet, et occasionne une perte d'étain
dont on ne peut se récupérer entièrement par la combustion de la mousse.

Après avoir enlevé le bourlet, si cette opération est nécessaire, on transporte les feuilles dans un four pour les dessécher à une douce chaleur. En sortant de là, elles passent aux frotteuses qui les nettoient avec un mélange de son et de craie porphyrisée. On finit cette opération appelée *le frotter au clair*, avec un linge seulement, pour ôter la poussière répandue sur la surface des feuilles.

1061. Après avoir achevé l'étamage, on assortit et l'on encaisse le fer blanc. Dans plusieurs contrées, on le met dans des barils ; c'est une méthode vicieuse, parce qu'on est obligé de le courber. Le nombre des feuilles renfermées dans les tonneaux ou caisses varie selon les pays. En France, une caisse en contient 300 ; en Angleterre, 110, 220, 400 ou 440 ; on y trouve aussi des caisses de 99 à 112, de 202 à 230, et de 430 à 450 feuilles ; en Allemagne, on en met 450 dans un tonneau et 225 dans une caisse : si les feuilles sont très-minces, la caisse ou le demi-tonneau en renferme 300. La tôle mince, celle qu'on destine ordinairement à l'étamage, est livrée quelquefois dans le commerce à l'état de fer noir, la caisse n'en contient alors que 150 feuilles.

Il faut que le fer blanc ait une épaisseur uniforme, qu'il se trouve exempt d'aspérités et de bosses, que tout son contour soit net, sa surface lisse, brillante, sans taches ni rayures, et sa couleur parfaitement blanche sans présenter une nuance de jaune. Les taches, les soufflures, les rayures, les bosses et les autres défauts que l'on rencontre souvent dans les feuilles, les font classer parmi les rebuts. Les fers blancs de l'Angleterre et de quelques usines de la Belgique jouissent avec raison d'une grande réputation sous le rapport de leur éclat.

L'usage règle les dimensions des feuilles ; dans beaucoup d'usines d'Allemagne, on leur donne 32$^{cent.}$,69
sur 24$^{cent.}$,19 (12 1/2 pouces sur 9 1/4), de sorte qu'un
tonneau qui en renferme 450, contient 35$^{mèt. car.}$,58
de fer blanc. Dans les usines royales de la Silésie, on
fait trois espèces de fer blanc : les feuilles de la première ont 32$^{cent.}$,14 sur 24$^{cent.}$,13 (12 1/4 pouces sur 9
1/4 pouces du Rhin), de sorte que la caisse en contient
17$^{mèt. car.}$,44 et le baril 34,88. Les feuilles de la seconde espèce ont 35 centim. sur 25^{m},50. (13 3/8 p.
Rhin sur 9 3/4); la caisse en contient donc 20$^{mèt. car.}$,08.
Le fer blanc des pontons a 39$^{cent.}$,23, sur 30' (15°, sur
11 1/2° du Rhin); il s'ensuit qu'une caisse en renferme 26$^{mèt. car.}$,50.

Le fer blanc épais se vend à un prix plus élevé que
le mince ; on en fait un triage plus soigné. Dans beaucoup d'usines allemandes, on désigne le fer blanc par
les lettres XX, X, F, S et A, tracées sur les caisses
ou tonneaux ; le fer blanc marqué F et S est le plus
mince ; le rebut porte la lettre A ; ses feuilles ont
différentes dimensions.

En Silésie, on désigne les petits échantillons par la
lettre F et les plus grands par la lettre D ; ils se divisent tous les deux en six classes. Ces subdivisions
sont encore bien plus nombreuses en Angleterre, où
l'on a l'habitude de classer tous les objets avec beaucoup de soin en se basant sur de légères différences de
poids.

1062. Les quantités d'étain, de seigle et de suif
consommées semblent au premier coup d'œil être in-
dépendantes de l'épaisseur du fer blanc, mais l'expérience prouve le contraire. Pour ce qui est du seigle
ou de l'eau sûre, la consommation en est plus forte,

si l'on décape des feuilles épaisses, probablement parce que les tonneaux en contiennent un plus petit nombre *. Pour ce qui est de l'étain, il paraît que la matière liquide devant faire un plus grand chemin en s'écoulant le long des feuilles, forme une couche plus épaisse sur la tôle forte, qui ordinairement a de plus grandes dimensions que la tôle mince. Il en est de même de la consommation du suif, qui dépend du temps et de la durée de l'étamage; car on place en une fois une moindre quantité de feuilles épaisses dans le creuset et elles y séjournent plus long-temps avant de prendre la température du bain.

1063. Ce qui vient d'être dit sur le décapage et la mise au tain est conforme aux procédés usités. La tôle fabriquée sous le marteau ne peut jamais avoir une surface entièrement exempte de bosses et de cavités. Pour la tôle laminée, elle est toujours gravée, quelque soin qu'on apporte à sa fabrication, et cette défectuosité devient plus sensible après le décapage. L'oxide imprimé dans cette tôle s'y attache avec tant de force qu'on ne peut l'enlever complètement au moyen des eaux sûres. Il y reste toujours des points

---

* Le décapage de la tôle forte s'exécute aussi avec plus de lenteur. En plongeant à la fois deux feuilles d'épaisseurs différentes dans une même cuve, il peut arriver que l'une se trouve rongée ou percée avant que l'autre soit entièrement décapée. Ce phénomène singulier peut être attribué en partie à la répartition de la chaleur, attendu que la feuille mince exige moins de temps que n'en demande la feuille épaisse pour parvenir à la température du bain ; l'acide agit donc pendant quelque temps avec plus d'activité sur la première; mais la principale raison qui rend le décapage des feuilles épaisses plus lent et occasionne une plus grande consommation d'acide, c'est qu'elles sont presque toujours plus gravées que les feuilles minces.

Le T.

oxidés qui, après l'étamage, ternissent l'éclat de la feuille. On sait d'ailleurs que la plupart des fers blancs allemands ont un brillant faible et nuageux, qu'ils sont couverts d'une couche d'étain d'épaisseur inégale et qu'ils ne possèdent jamais un éclat miroitant parfait. Ce défaut est la suite de cette inégale épaisseur de l'étain et d'un commencement d'oxidation joint à une disposition cristalline des molécules.

On a essayé de passer les feuilles étamées sous des cylindres polis pour leur donner l'éclat du fer blanc d'Angleterre, mais on a été trompé dans ses espérances. L'éclat miroitant de ce dernier fait présumer que le décapage de la tôle a été parfait, que l'étain s'est trouvé garanti du contact de l'air au moment du refroidissement et que la cristallisation a été contrariée par une force extérieure. Pour remplir l'un et l'autre des deux derniers objets, il suffirait de plonger les feuilles au sortir du creuset dans une matière liquide avant que l'étain fût solidifié, afin de le garantir de l'action de l'air et de l'eau, et d'exercer contre le métal une certaine pression jusqu'à ce qu'il fût entièrement refroidi. La substance qui satisferait à ces conditions est le suif liquide purgé d'humidité.

1064. Tous les acides agissent avec plus d'énergie sur le fer métallique que sur le fer oxidé. On ne peut donc avoir pour but de dissoudre la couche d'oxide dans les eaux sûres, mais on la ramollit pour l'enlever ensuite par le frottement. Si l'oxide adhère fortement à la surface du métal, l'acide semble exercer une action moins puissante, parce qu'il trouve plus d'obstacles à vaincre, pour pénétrer entre les deux corps et pour attaquer le fer. Il s'ensuit que le décapage des petites cavités bouchées par l'oxide, doit devenir très-difficile et souvent même impossible. Mais, comme les acides agissent avec plus de force sur les oxides soumis à un certain degré de chaleur, on doit pratiquer le décapage à une température élevée.

Il en résulte aussi que les eaux sûres et tous les acides végétaux ne pourraient être employés, parce qu'ils ne supportent pas un haut degré de chaleur.

On a essayé de remplacer l'acide acétique obtenu du blé par celui que donne la carbonisation du bois; mais, quelque désirable que soit cette innovation sous le rapport de l'économie, l'expérience a montré qu'il n'agit pas avec assez d'énergie et que la présence de l'huile empyreumatique le rend difficile à concentrer.

Il n'y a donc que les acides minéraux et particulièrement l'acide sulfurique, qui conviennent au décapage; mais, pour employer cet acide d'une manière économique, il faut changer entièrement les procédés suivis jusqu'à présent.

Si le fer conservait son volume comme l'acier par un prompt refroidissement, il serait facile d'en détacher une certaine partie de l'oxide; mais le refroidissement subit, outre qu'il produirait peu d'effet, aigrirait le fer blanc. On ne peut donc préparer de cette manière les feuilles qu'on veut décaper. Il est certain que la chaleur diminue en quelque sorte la force de cohésion de l'oxide, et qu'en vertu d'une dilatation différente, il se trouve disposé à se détacher du fer. Cet effet devient plus fort, si l'on y joint l'action d'un acide qui, dans les températures élevées, attaque l'oxide aussi bien que le fer et finit par rendre le premier friable. Nous revenons donc à notre conclusion que, pour tirer le meilleur parti des acides, il faut les employer à la chaleur rouge, ce qui

exclut l'usage des eaux sûres, parce qu'elles se décomposent à cette température.

Quel que soit le mode de décapage employé, il
en résulte toujours des gravelures qui détruisent le poli
de la tôle et diminuent l'éclat du fer blanc. Pour
faire disparaître ces inégalités, on doit passer les feuilles
à froid et à plusieurs reprises, entre des cylindres polisseurs, après les avoir décapées à la chaleur rouge; on
les recuit ensuite dans des vaisseaux clos et l'on achève
le décapage par la voie humide.

Telle est la manière d'employer les acides minéraux.
On en consommerait une trop grande quantité, si l'on
ne voulait décaper que par la voie humide; le fer
blanc en serait tout aussi bon et même plus flexible,
mais les frais deviendraient trop considérables. Dans
quelques usines, les feuilles de tôle sont décapées entièrement par la voie humide, chauffées ensuite au
rouge, passées entre des cylindres très-polis, recuites,
décapées de nouveau, écurées et conservées dans l'eau
jusqu'au moment de la mise au tain. Le fer blanc
obtenu de cette façon réunit à la flexibilité une très-
belle apparence, mais ce procédé est trop dispendieux.

1065. On voit d'après cela, qu'il faut décaper la
tôle par la voie sèche et par la voie humide. L'acide
sulfurique est celui qui convient le mieux pour le
décapage, sous le rapport de sa fixité, de son prix et
de son action sur le fer pur et le fer oxidé. Toutefois
on fait usage aussi dans certaines usines, de sel ammoniac. La manière de procéder est d'ailleurs la
même, car on emploie le sel en dissolution concentrée; il se décompose à la chaleur rouge, et son a-
cide agit ensuite sur le fer et sur l'oxide. On doit
préférer néanmoins l'acide sulfurique; parce qu'il est
moins cher et qu'il produit plus d'effet.

On plonge les feuilles de tôle qu'on veut décaper, dans l'acide sulfurique étendu de quatre parties d'eau et contenu dans une caisse de plomb chauffée légèrement. Au bout d'une heure on les retire; un ouvrier les ploie en forme de tuile, les rassemble par trois ou quatre sur une barre de fer et les introduit dans un four à réverbère construit exprès pour cet effet. Le pont qui sépare la chauffe du foyer est très-élevé, la porte est placée vis-à-vis de la grille, la sole a une pente de la porte vers la chauffe, afin que la tôle soit mieux garantie du contact de l'air, lorsqu'on ouvre cette porte. Les feuilles placées le plus près possible du pont restent cinq minutes exposées à la chaleur rouge. Après qu'elles ont été retirées du foyer, à l'aide de la même barre de fer, et qu'elles sont refroidies, un autre ouvrier les redresse, les saisit avec une tenaille et les frappe contre un bloc de bois, pour détacher par le choc la majeure partie de la couche d'oxide. Un troisième examine chaque feuille en particulier, et racle avec un morceau de fer pointu les endroits qui ne sont pas *découverts.* Pour bien unir les surfaces et combler les *gravelures* formées par l'oxide qui s'est détaché des feuilles, on les passe à froid sous les cylindres; recuites après cela dans des vaisseaux clos, elles sont décapées par la voie humide. On les laisse, à une chaleur modérée, une et même deux heures, selon la force de la liqueur, dans l'acide sulfurique étendu d'eau. On les écure, etc., etc.

1066. La tôle préparée ainsi et mise au tain, prend un plus beau brillant que n'en aurait celle dont le décapage serait imparfait ou celle dont la surface n'aurait pas été lissée par un laminage à froid; mais l'éclat miroitant ne peut se donner que par la mise au tain exécutée d'après les principes posés au paragraphe 1063. Il faut donc séparer les deux opérations, celle de l'étamage et celle du tirer au clair.

Il n'est pas nécessaire que l'étain du premier creuset soit extrêmement pur : il peut contenir sans inconvénient une petite quantité de cuivre qui en diminue la fusibilité; mais celui du *tirer au clair*, qu'il faut soumettre à une chaleur modérée, doit être d'une pureté parfaite. Il faut aussi que le suif soit purifié d'avance; c'est un mauvais procédé que de l'asperger avec de l'eau pour le faire écumer; on peut y ajouter un vingt-cinquième de sel ammoniac qui agit avantageusement sur le brillant du métal. Aussitôt que les feuilles sont tirées au clair, on les replonge dans les chaudières à suif où elles doivent se refroidir. La température de ces chaudières ne s'élève qu'au-dessus du degré strictement nécessaire pour tenir à l'état liquide la petite quantité d'étain qui s'écoule du fer blanc et se rassemble sur le fond de ces vaisseaux. Les feuilles retirées du suif sont disposées sur un châssis ou *hérisson*, et livrées ensuite aux frotteuses.

On a essayé de couvrir le bain d'étain avec de l'argile fine mêlée d'un dixième de bouse de vache, convertie en boules, calcinée et pulvérisée ensuite; mais cette couverte économique n'a pu remplacer le suif.

Les feuilles qu'on veut tirer au clair doivent être très-nettes. Ce n'est pas pour en faire disparaître les taches provenant d'un étamage défectueux qu'on les replonge dans l'étain : cette opération n'a d'autre objet que d'augmenter l'éclat du fer blanc. On place dans le deuxième creuset un certain nombre de feuilles à la fois; l'opération dure peu de temps. On les fait

sortir ensuite, on les tire au clair et on les met tout
de suite dans la chaudière à suif placée sur un fourneau particulier et chauffée à une douce chaleur. Le
suif doit avoir été préalablement fondu, écumé, purgé
d'eau et de matières étrangères *.

---

* Pour compléter l'exposé des procédés suivis dans la fabrication du fer blanc et pour rectifier quelques idées d'améliorations
proposées dans cet ouvrage, nous allons insérer ici le mémoire de
M. Parkes, que nous avons traduit de l'allemand avec les notes
importantes ajoutées par M. Karsten, d'après les relations de voyage
des conseillers supérieurs des mines de Prusse, MM. Eckardt et
Krigar, qui ont visité les usines d'Angleterre. Le T.

MÉMOIRE

De M. Samuel PARKES, sur la fabrication du fer blanc, avec des notes de M. KARSTEN*.

LE fer employé à la fabrication du fer blanc, appelé en Angleterre, *Tin-iron*, doit être d'une très-bonne qualité. On le prépare presque toujours avec du charbon de bois, et on l'épure avec le plus grand soin. Celui qu'on obtient par l'affinage à la houille ne paraît pas convenir pour la mise au tain **.

---

* Archiv. für Berghau und Hüttenwesen, tome 3, cahier 2, page 134 et suivantes.

** On place la fonte provenant de hauts fourneaux à coke, sur des supports ou barres de fer établies à une certaine hauteur au-dessus d'un feu d'affinerie dont les dimensions sont un peu plus petites que celles des feux ordinaires. Après que les pièces de fonte sont devenues rouges, on les fait tomber successivement, pour les fondre avec lenteur. Dès que le fer qui est dans le creuset montre un peu de cohérence, on en fait des lopins qu'on applatit sous un marteau *frontal* de 8 pouces de volée, pour les mettre sous forme de gâteaux minces : les morceaux qui se séparent de la masse y sont ressoudés à l'instant ou reportés dans le foyer. Le charbon est de bois feuillu, et le vent reçoit un plongement considérable.

On achève l'affinage des gâteaux dans des foyers de chaufferie. Là ils sont soudés ensemble et fixés à des barres de fer, pour être forgés en *blooms* ou pièces de 2 à 3 pieds de longueur, 6 pouces de largeur et 3 pouces d'épaisseur. Les foyers de chaufferie sont des fours fermés de tous côtés ; le fond qui est en brasque et qui forme un creux, est couvert de coke ; la tuyère est établie un peu au-dessus du point le plus bas de cette espèce de creuset. On fait entrer le coke dans le four par une porte latérale. Vis-à-vis de cette porte sont des ouvertures qu'on peut fermer aussi, et par lesquelles on introduit des barres de fer applaties à l'une des

La première opération qu'on fasse subir aux barres, c'est de les couper à froid avec une cisaille et d'en faire des languettes qui aient neuf pouces de longueur; on les étire ensuite au laminoir par un procédé particulier *.

---

extrémités : c'est à ces barres que les gâteaux doivent se souder. Dans la quatrième face, celle qui est opposée à la tuyère, on a encore ménagé une ouverture pour donner entrée dans une niche où les barres et les gâteaux sont chauffés préalablement. Le fer reçoit donc le dégré de chaleur et d'affinage convenable, sans être en contact immédiat ni avec le courant d'air, ni avec le combustible.

Il existe des établissemens où les feux de chaufferie sont remplacés par des fours à réverbère activés avec la houille. Dans ces usines, on étire le fer qui a subi la deuxième opération tout de suite, en barres de 8 à 10 pieds de longueur et trois quarts de pouce d'épaisseur, au moyen de cylindres cannelés.

Le fer à tôle obtenu par ces procédés, est, dit-on, d'une qualité excellente : peu nerveux et très-dur, il présente rarement des pailles et montre peu de vésicules pendant le décapage.

* Les laminoirs se composent ordinairement de deux paires de cylindres et de deux fours d'égales dimensions. La sole construite en pierres, est parfaitement horizontale ; sa forme est ovale, elle a 7 pieds de longueur et 5 pieds de largeur. L'aire de la chauffe a 2 1/2 pieds carrés †; la grille se trouve 6 pouces plus bas que la sole, dont elle est séparée par un pont de 3 pieds de hauteur. Ce pont s'élève donc au-dessus de la sole de 2 pieds 6 pouces. La voûte du four s'abaisse le plus possible vers le devant ou le côté opposé à la grille, pour empêcher l'entrée de l'air froid, quand les portes sont ouvertes. A cause de la grande hauteur du pont, la flamme suit la voûte sans pouvoir agir sur le fer; pour mieux empêcher encore l'oxidation, on jette de temps à autre du menu coke dans le foyer.

On charge d'ordinaire dans les fours 45 languettes qui se posent sur leur plat; au côté gauche se trouve ménagé un espace vide.

† Cette dimension paraît extrêmement petite. Il est probable que c'est le côté du carré qui doit avoir 2 pieds et 1/2   Le T.

Lorsque le laminage des feuilles est terminé, on les découpe d'après les dimensions voulues avec une cisaille mue à bras d'homme.

Le découpeur est chargé aussi de ranger la tôle par tas; chaque pile composée de 225 feuilles est séparée de la précédente par une feuille mise en travers.

La tôle préparée de cette façon, est remise entre les mains du décapeur, qui courbe chaque feuille dans le sens de la longueur et lui donne la forme suivante ∧. Après qu'elles ont subi une autre préparation dont nous parlerons plus bas, elles sont chargées dans le four à décaper.

Ce foyer est un four à réverbère d'une forme parti-

Lorsque le fer est parvenu au degré de chaleur convenable, le chauffeur enlève les pièces l'une après l'autre, les trempe dans une ange remplie d'eau, et les présente ensuite au lamineur qui les passe en travers huit fois entre les cylindres : de 6 pouces qu'elles avaient d'abord, elles arrivent alors à une longueur de 2 pieds. A mesure qu'une planche a pris cette dimension, le deuxième lamineur la remet au chauffeur qui la replace dans le fourneau à l'endroit resté vide.

Ces planches reprennent la température voulue pendant qu'on achève l'étirage des languettes. Lorsqu'elles sont chaudes, on les passe 3 fois entre les cylindres, ce qui leur donne une longueur de 4 pieds. Un quatrième ouvrier les plie alors en appuyant le pied sur un des côtés et en recourbant l'autre à l'aide d'une tenaille : il ferme le pli par un coup de maillet.

Le chauffeur saisit les doublons et les introduit dans le deuxième four, sans les plonger dans l'eau d'arbue et sans employer un autre moyen d'empêcher l'adhérence des feuilles. On fait alors une pause pendant laquelle on découpe le fer en languettes, pour recharger le premier four. Puis on continue le laminage des doublons, en les passant deux fois entre les cylindres. Le doubleur les ouvre ensuite pour les examiner, les ferme et les plie une deuxième fois. Quadruplées ainsi, les feuilles sont replacées dans le deuxième four. Souvent on achève le laminage d'une partie de ces feuilles, en les passant 3 ou 4 fois entre les cylindres, avant que tous les doublons soient étirés.

culière; la grille et la sole sont entièrement séparées l'une de l'autre. On y brûle de la houille *.

Les feuilles qui doivent être décapées se placent sur trois rangées dans le foyer jusqu'à ce qu'il soit entièrement rempli **.

En courbant les feuilles sous un angle de 60 degrés et en les disposant dans le four comme nous venons de le dire, on a pour but d'en exposer les deux surfaces à l'action de la flamme, ce qui ne pourrait avoir lieu si elles étaient couchées à plat ***. Avant de les placer dans le four, on les trempe pendant cinq minutes dans l'acide hydrochlorique étendu dans 6 parties d'eau. Il est généralement admis que pour 1800 feuilles

---

* Comme il est essentiel que dans ces fours le courant d'air ne puisse pas agir sur le fer, on établit au-dessus de la grille une deuxième cheminée, qui est pourvue d'un tiroir, et qu'on ouvre lorsque les feuilles ont pris la chaude voulue; alors on repousse le tiroir de l'autre cheminée. La sole dont la forme est ovale, a 6 pieds de longueur et 5 pieds de largeur. La grille est un carré de 2 pieds 6 pouces † : elle est séparée de la sole par un pont qui a 2 pieds de hauteur. L'une et l'autre sont dans le même plan horizontal, près du pont; mais la sole s'élève ensuite de 8 pouces depuis le pont jusque sur le devant où est la porte par laquelle on introduit les feuilles; de sorte que cette partie de la sole est réellement de 8 pouces plus élevée que la grille. La voûte s'abaisse si fortement vers le devant, qu'elle s'y trouve même au-dessous du niveau de la partie supérieure du pont.

** Voici comment il faut entendre ceci : le chauffeur dispose 3 feuilles l'une derrière l'autre sur une barre de fer, et les introduit à la fois dans le foyer; il recommence cette opération 6 fois.

*** Il est probable qu'on leur donne cette courbure pour pouvoir les placer dans le four et les en retirer plus vite, et pour mieux les exposer à la chaleur. Le T.

† C'est probablement le côté du carré qui doit avoir 2 pieds 6 pouces. Le T.

ou pour 8 piles de 225 feuilles chacune, on use 20 livres de cette liqueur *.

Après avoir retiré les feuilles de l'acide étendu d'eau, on les place de file, trois à trois près du four à décaper; on les soulève avec une barre de fer et on les introduit dans le foyer, où elles restent jusqu'à ce que l'oxide se soit détaché du métal par l'action de la chaleur, qui doit nécessairement être poussée jusqu'au rouge.

Quand on croit avoir atteint le but proposé, on fait sortir les feuilles du foyer et on les dispose sur le sol de l'usine **.

Après que la tôle est refroidie, un ouvrier la redresse sur une enclume de fonte. Il juge par l'inspection des surfaces du succès de l'opération. Si elle est bien faite, le fer doit avoir une couleur bleue entremêlée de blanc comme le papier marbré. Les feuilles

---

* Dans beaucoup d'usines du continent, on se sert pour cette opération d'acide sulfurique étendu d'eau, parce qu'il est moins cher. Mais il ne produit pas un aussi bon effet que l'acide hydrochlorique. Pour s'en convaincre, il suffit de se rappeler que le premier agit avec beaucoup d'énergie sur le fer, tandis que le protoxide s'y dissout avec lenteur, et que le peroxide en est attaqué seulement après une longue ébullition. L'acide hydrochlorique, au contraire, agit avec beaucoup d'efficacité sur les oxides, et ne dispose pas le fer si facilement à une nouvelle oxidation. Si l'on fait usage d'acide sulfurique, les feuilles se recouvrent bientôt après qu'elles ont été retirées du four, d'une couche d'oxide qui est précisément la plus difficile à enlever, parce qu'elle résiste avec beaucoup de force à l'action des acides et au frottement. Il faut donc employer de préférence l'acide hydrochlorique.

** On enlève les feuilles du four, aussitôt qu'elles ont atteint la chaleur rouge, et à mesure qu'on en retire une file, on la remplace par une autre. Ce travail s'exécute avec tant de promptitude que dans une heure on peut recuire de 600 à 700 feuilles.

se voilent et se déforment pendant cette opération. Pour les redresser on les passe encore une fois entre des cylindres qui, doués d'une grande dureté, doivent être parfaitement polis. Ils ont dans quelques usines 13 et dans d'autres 3o pouces de diamètre; plus ils sont épais plus les feuilles deviennent droites.

Les cylindres qui servent à laminer les feuilles à froid ou ceux avec lesquels on les achève à chaud doivent avoir une extrême dureté. Il existe autant de différence entre les cylindres durs et ceux qui sont mous, qu'entre le fer et l'acier, lors même qu'on les aurait obtenus à la fois par une seule coulée. Cette diffé- rence ne provient que de la manière de procéder : les cylindres mous se coulent en sable, et les cylindres durs en moules de fonte épais. C'est le refroidisse- ment subit qui donne au fer cru une dureté si grande, qu'on est obligé de le tourner d'une toute autre ma- nière que la fonte douce *.

Les cylindres polisseurs, ceux qu'on emploie pour le laminage à froid sont fixés solidement l'un sur l'au- tre et ne doivent laisser entr'eux qu'un espace stric- tement égal à l'épaisseur d'une feuille. Il faut donc que le cylindre supérieur soit arrêté d'une manière

---

* La dureté des cylindres est de la plus haute importance dans la fabrication du fer blanc. On peut se faire une idée de la dif- ficulté qu'on éprouve à les confectionner, en songeant qu'à Pan- tipool et dans beaucoup d'autres usines anglaises, où l'on a des fonde- ries à sa disposition, on ne coule pas les cylindres dont on fait u- sage; on les fait venir de fonderies éloignées, de Bristol par exemple, où l'on a l'habitude de ce genre de fabrication. Le tournage même qui se fait très-lentement est assez difficile, quoique les machines employées ne soient pas compliquées. Les ciseaux sont en acier fondu de première qualité. Le tourneur doit avoir beaucoup d'application et un coup d'œil exercé.

invariable à l'aide d'une vis, afin que la tôle puisse recevoir une forte pression *.

Du décapage par la voie humide.

Les feuilles qui ont été redressées entre les cylin-dres à polir, sont livrées au décapeur, qui les place une à une dans un vase plein d'une liqueur appelée lessive. Cette liqueur ne se compose que d'une eau qu'on a laissée en fermentation avec du son pendant neuf à dix jours, ou jusqu'à ce qu'elle soit devenue suf-fisamment acide. On y plonge les feuilles une à une, afin que toutes leurs surfaces soient en contact avec la lessive. C'est aussi pour cette raison qu'elles sont rangées de champ. Elles restent douze heures dans la liqueur, mais pendant ce temps, on est obligé de les retourner une fois **.

---

* Ces cylindres se distinguent des autres par leur poli. Leurs cages sont presque toujours massives au lieu d'être à colonnes. Ce qui vaut mieux pour les petits laminoirs et pour tous les cas où il s'agit de serrer fortement le cylindre supérieur.

** Les vases dont on fait usage sont ordinairement de fonte. Placés l'un à côté de l'autre, ils sont chauffés tous par un même conduit de chaleur.

Il paraît que les acides minéraux ne peuvent pas remplacer en-tièrement les acides végétaux dans le décapage par la voie humide, et qu'on est toujours obligé d'employer ces derniers, ne serait-ce que pour une partie de l'opération. La raison en est assez facile à concevoir : les acides minéraux agissent faiblement sur l'oxide, tandis que l'acide acétique l'attaque avec beaucoup d'énergie. Cet acide doit donc servir au moins à préparer l'oxide, à faciliter sa combinaison avec l'acide sulfurique ou à le ramollir, afin qu'on puisse mieux l'enlever par le frottement ou même par l'agitation des feuilles dans le liquide. Il serait possible aussi que le tanin contenu dans la lessive de son, abaissât le degré d'oxidation, ce qui favoriserait la dissolution : c'est le départ de l'oxide rouge qui dans le décapage présente le plus de difficulté.

Après que les feuilles ont été retirées de la lessive, on les plonge tout de suite dans l'acide sulfurique fortement étendu d'eau. Les proportions de l'acide et de l'eau varient selon le jugement des ouvriers.

Ce dernier décapage se fait dans des vases de plomb; ce sont des caisses assez longues, divisées en plusieurs compartimens dont chacun peut recevoir une pile de 225 feuilles. On commence par remplir d'acide ces différentes cases; on y plonge ensuite les feuilles et on les agite dans le liquide une heure, ou jusqu'à ce qu'elles soient devenues parfaitement brillantes et que toutes les taches noires qu'on y remarquait auparavant aient disparu.

Cette opération demande beaucoup d'adresse et d'habitude. Si les feuilles restent trop long-temps dans l'acide, elles prennent des *vésicules*, selon l'expression des ouvriers. Ce n'est que par une longue observation, qu'on peut saisir le moment précis où l'on doit les retirer. A ces difficultés s'en joint une autre : on trouve rarement de bons ouvriers qui se vouent à ce genre de travail, quoiqu'un décapeur intelligent reçoive un salaire très-élevé *.

On favorise l'action de l'acide dans le dernier comme dans l'avant-dernier décapage, en élevant la température à 52 degrés de Réaumur; on emploie pour cet effet des conduits de chaleur qui règnent sous les caisses.

Les feuilles retirées de l'acide sulfurique sont jetées dans un vase rempli d'eau pure où on les frotte avec

---

* La formation des vésicules, qui produisent un effet si nuisible pendant le décapage, doit être attribuée à une trop forte action de l'acide sulfurique sur le métal. Le fer mou et nerveux est le plus fortement attaqué par l'acide, et c'est aussi le fer mou qui est le plus sujet à se *vésiculer*.

du chanvre et du sable. Le but de cette opération mécanique est d'enlever les dernières parties d'oxide, puisque les endroits où il se trouverait encore une trace de rouille ne pourraient se couvrir d'étain. Ecu_rées de cette manière, les feuilles se conservent sous l'eau. On a fait l'expérience que des feuilles parfai_tement décapées ne se rouillent pas sous l'eau, lors qu'elles y restent une année entière *.

De la mise au tain.

On commence par remplir un creuset en fonte d'un mélange d'étain en saumons et d'étain en grains, qu'on fait fondre. On couvre le bain d'une couche de graisse ou de suif qui doit avoir quatre pouces d'épaisseur et qui le protége contre l'oxidation.

La différence essentielle de l'une des espèces d'é_tain à l'autre, c'est que l'étain en saumons qui est versé dans le commerce, se retire soit du minéral nommé communément minérai d'étain (*tin-stone*), soit des pyrites (*tin pyrites*); tandis que l'étain en grains vient d'un minérai d'alluvion (*stream tin-ore*). La première espèce, qui est la plus commune, contient toujours une certaine quantité de fer, de soufre et d'autres corps étrangers. On ne peut donc l'employer seule que pour les usages ordinaires. La deuxième espèce, au contraire, est presqu'entièrement pure ; elle se vend pour cette raison, d'un quart à un tiers plus cher. On en fait usage sur-tout dans la tein-

---

* On ne peut trop recommander de laver parfaitement les feuil_les écurées, avant de les jeter dans l'eau pure ; autrement, elles s'oxi_deraient de nouveau, et lors même que l'oxidation échapperait à l'œil, elle produirait pourtant un effet nuisible sur l'étamage.

ture. Je crois qu'on ne devrait point en employer
d'autre dans la fabrication du fer blanc, à moins qu'on
ne voulût la mêler avec de l'étain raffiné. Il n'en résulterait pas une augmentation de dépense, parce que
l'étain pur acquérant plus de liquidité que celui qui
est impur, forme une couche moins épaisse sur les
feuilles de tôle. L'étain dont on se sert actuellement
en Angleterre, dans toutes les fabriques de fer blanc,
se compose de parties égales d'étain en grains et d'étain
en saumons *.

On doit chauffer l'étain liquide qui est dans le pot,

---

* Il est très-douteux que ces proportions soient observées dans
toutes les usines anglaises. On sait que la nature de l'étain est
très-variable. M. Parkes nous fait connaître la différence entre les
effets produits par les deux espèces d'étain; mais cette différence ne peut être expliquée qu'au moyen de l'analyse chimique.
Le *grain-tin* ne se verse guère dans le commerce extérieur. On
le consomme entièrement en Angleterre. Il n'est pas probable
qu'on l'obtienne de l'étain ligniforme, parce que ce minerai est
très-rare, ni qu'on retire le *block-tin* des pyrites.

M. Thomson a donné l'analyse de dix espèces d'étain de Cor-
nouailles prises dans diverses usines (Annals of Philosophy, tome 10,
page 166, etc.). Il y a trouvé des traces de cuivre et de fer. Les
échantillons les plus impurs n'en contenaient que $\frac{1}{500}$ à $\frac{1}{1000}$.
M. Schrader a obtenu des résultats bien différens : l'étain d'Angleterre contient, d'après ce chimiste, depuis 1,70 jusqu'à 10,25 pour
cent de corps étrangers, fer, cuivre, arsenic et bismuth. Dans
l'étain d'Espagne il a trouvé un peu de soufre; dans celui du Pé-
rou, un peu de tungstène, dans l'étain de Malaca et de Banca,
un pour cent d'autres métaux, fer, cuivre et bismuth. On ne sait
pas si M. Thomson n'a soumis à ses expériences que le *grain-tin*,
et si M. Schrader n'a essayé que le *block-tin*, ou si l'on n'a donné à
M. Thomson que de l'étain raffiné, ou bien, ce qui est encore
plus vraisemblable, si l'étain en grains ne provient pas de l'étain en
saumons qu'on a purifié.

Il est évident que si la quantité de matières étrangères contenues dans l'étain s'élève à plusieurs unités pour cent, elle doit

le plus qu'il est possible, sans occasionner l'embrasement du suif. L'expérience semble prouver que la
graisse favorise la combinaison des deux métaux ou
qu'elle dispose le fer à mieux prendre l'étain. Il est
assez remarquable que le suif brûlé et toute autre espèce de graisse rance ou empyreumatique produisent
cet effet mieux que le suif frais.

Outre le pot qui renferme l'étain, on en a un autre
qui est plein de suif. C'est dans ce vase qu'on place
d'abord les feuilles une à une. Lorsqu'il en est tout
à fait rempli, on les y laisse aussi long-temps qu'il
paraît nécessaire. Si elles restent une heure dans la
graisse, l'étamage devient plus beau que si on les retirait plus tôt.

De ce pot, on plonge les feuilles avec le suif qui en
couvre les surfaces immédiatement, dans le bain-d'é-
tain. On y place d'ordinaire 340 feuilles qu'on y laisse
pendant une heure et demie. Quelquefois on est obligé
de leur donner plus de temps pour qu'elles puissent
s'étamer complètement.

Après avoir retiré les feuilles une à une du pot d'é-

---

avoir une influence très-pernicieuse sur l'éclat du fer blanc. L'étain
de Saxe et de Bohême, tel qu'on le rencontre dans le commerce,
est aussi très-impropre à l'étamage, plus même que le *block-tin.*
L'étain des Indes et le meilleur étain d'Angleterre sont peut-être
les seuls qu'on puisse employer sans préparation; tous les autres
doivent être purifiés d'abord. L'étain de Saxe raffiné ne pourrait
même servir pour *le lavage* ou *le tirer au clair.* Le raffinage de l'é-
tain se fait dans un petit four à réverbère dont la sole, qui est en
brasque, reçoit une pente assez rapide. On donne une chaleur douce.
L'étain entre lentement en fusion et coule le long de la sole. S'il
était très-impur, on serait obligé de le refondre à plusieurs reprises.
Cette opération est une véritable liquation, l'étain s'écoule en vertu
de sa fusibilité, tandis que les matières étrangères restent à l'état
solide sur la partie supérieure de la sole.

tain, on les dispose de champ sur un châssis de fer, pour laisser égoutter le superflu du métal. Malgré cette précaution, elles en retiennent toujours une trop grande quantité qu'on enlève par l'opération suivante appelée *le lavage*.

Les différens vases qui servent au lavage sont : 1°. un pot rempli de l'étain le plus pur; 2°. un pot de graisse qui contient du suif pur et liquide; 3°. un pot vide sur lequel est placé le châssis; 4°. enfin un pot qui contient une couche d'étain liquide d'un quart de pouce d'épaisseur.

Ces diverses caisses chauffées en dessous sont établies sur une maçonnerie de briques (les étoiles indiquent le côté où se placent les ouvriers). On passe les feuilles de la droite à la gauche. Dans les usines, les pots à étamer sont entièrement séparés de ceux qui servent au lavage.

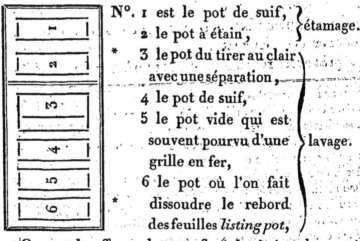

N°. 1 est le pot de suif, }
2 le pot à étain, } étamage.
3 le pot du tirer au clair avec une séparation,
4 le pot de suif,
5 le pot vide qui est souvent pourvu d'une grille en fer,
6 le pot où l'on fait dissoudre le rebord des feuilles *listing pot*, } lavage.

On ne chauffe pas le pot n°. 5 destiné seulement à recevoir le suif qui s'écoule le long des feuilles.

La cloison du pot à laver est un perfectionnement récent; son objet est de retenir les impuretés et d'em-

pêcher qu'elles ne viennent souiller le bain d'étain,
où l'on achève le tirer au clair. Comme le premier
étamage se fait avec de l'étain commun, il reste sur
les feuilles beaucoup de crasse, qui s'en détache par la
première immersion dans le pot n°. 3, et qui, arrêtée
par la cloison, ne peut se répandre sur toute la surface du bain. Si cette séparation n'existait pas, l'ouvrier serait obligé d'écumer le bain chaque fois qu'il
y plongerait une feuille.

Le laveur commence par placer les feuilles étamées
dans la grande case du pot à laver rempli d'étain
en grains. On ne peut pas employer pour cette opération l'étain en saumons. La chaleur du bain fait
fondre une partie de l'étain qui couvre les feuilles
et qui vient alors altérer la pureté de la masse liquide. De sorte qu'on est obligé bientôt de la renouveler du moins en partie : lorsqu'on a tiré au clair
60 à 70 piles de 225 feuilles chacune, on puise du
creuset à peu près 300 liv. de métal, qu'on remplace
par une égale quantité d'étain en grains. Le creuset
en contient ordinairement 1000. L'étain qui provient
du pot à laver sert ensuite pour l'étamage.

Les feuilles retirées de la grande case du pot à laver, sont frottées à l'instant avec un pinceau de chanvre. Cette opération demande beaucoup d'adresse ;
nous allons en donner le détail.

Le laveur fait sortir du pot un certain nombre de
feuilles qu'il place devant lui sur l'aire du fourneau,
en saisit une avec les tenailles qu'il tient dans la main
gauche, la nettoie promptement sur les deux surfaces
avec le pinceau de chanvre qu'il tient dans la main
droite, la plonge tout de suite dans la petite case
du pot à laver, et sans l'abandonner la retire et la
place dans le pot de suif.

Celui qui n'a pas vu ce travail ne peut se faire une idée de la promptitude de l'exécution. Un ouvrier adroit peut laver en douze heures 25 piles ou 5625 feuilles, quoique chacune d'elles doive être frottée sur les deux faces et passer deux fois dans le pot d'étain.

On conçoit facilement que les feuilles doivent être plongées deux fois dans le pot à laver, puisque le pinceau, en passant sur le métal qui est encore très-chaud, y laisse des traces qu'il est essentiel de faire disparaître par une deuxième immersion.

Les feuilles laissent écouler dans le pot de suif le superflu de l'étain qu'elles retiennent. Lorsqu'on les plonge dans la graisse, le métal est encore très-près de son point de fusion; il s'en détache donc une partie d'autant plus grande qu'elles séjournent davantage dans ce pot. Si elles y restaient plus long-temps qu'il n'est nécessaire, on serait probablement obligé de les é-tamer encore une fois; si, au contraire, on se dispensait de les mettre dans le suif, elles retiendraient trop d'étain, ce qui serait préjudiciable à la fois aux intérêts du manufacturier et à l'apparence du fer blanc, qui aurait des ondulations à la surface.

La graduation de la température du pot de suif est encore un point important : elle doit augmenter en raison inverse de l'épaisseur du fer blanc. Les feuil-les épaisses retiennent plus de chaleur que les feuilles minces. Si par conséquent le suif avait le degré de température nécessaire pour celles-ci, il serait trop chaud pour les feuilles épaisses qui, trempées dans ce suif, perdraient trop d'étain et se coloreraient en jaune. Des feuilles minces, au contraire, trempées dans un bain de graisse préparé pour des feuilles épaisses, n'éprouveraient aucun changement.

L'expérience a prouvé mille fois que des principes jugés bons et conformes à la théorie, ne pouvaient recevoir d'application dans les manufactures. Mais il n'est aucune opération dont le succès demande autant de petits soins qui échappent à l'œil de l'observateur, et soit si dépendant de l'adresse des ouvriers, que celui de l'étamage. C'est pour cette raison que la moindre déviation des procédés que nous venons de décrire, sera suivie de grandes différences dans les résultats.

Le pot de suif du lavage est pourvu de pointes qui tiennent les feuilles séparées l'une de l'autre, de manière qu'elles ne puissent se toucher. Dès que l'ouvrier a placé cinq feuilles dans ce pot, un garçon prend là première et la pose sur le châssis du pot vide n°. 5, afin qu'elle se refroidisse et que le suif puisse s'égoutter. Le laveur remplace en même temps cette feuille par une autre sortant du pot à laver. Le garçon prend ensuite la deuxième qui se remplace comme la première et ainsi de suite. Le travail s'exécute donc sans interruption jusqu'à ce qu'une masse donnée de fer blanc ait été tirée au clair.

Comme les feuilles se refroidissent dans une position verticale, il se forme à leur côté inférieur un bourlet, qu'on est obligé de faire disparaître : un garçon prend pour cet effet les feuilles, aussitôt qu'il y en a cinq dans le pot de refroidissement, n°. 5, et les place une à une dans le *listing pot*, n°. 6, qui, comme nous l'avons remarqué ci-dessus, contient très-peu d'étain liquide. Après que le bourlet s'est fondu par cette dernière immersion, le garçon retire la feuille et lui donne un coup vif avec une baguette. L'ébranlement qui en résulte fait tomber l'étain liquide, de

sorte qu'il n'en reste plus qu'une trace presqu'imper—
ceptible appelée *lisière*.

On termine les diverses opérations de l'étamage en
frottant les feuilles avec du son pour en ôter le suif.
On les met ensuite dans des caisses de bois ou de tôle.

SIXIÈME SECTION.

DE L'ACIER.

DES DIFFÉRENTES ESPÈCES D'ACIER.

1067. La nature de l'acier, l'analogie et la différence qui existent entre ce métal, la fonte blanche et le fer ductile, ont été exposées d'une manière assez étendue aux paragraphes 137, 146, 222, 226, 243, 251, pour ne plus exiger d'autres développemens. Il en résulte qu'on peut obtenir l'acier par deux méthodes opposées, soit en décarburant la fonte blanche, soit en combinant le fer forgé avec une certaine quantité de carbone. Extrait de la fonte, il prend le nom d'*acier naturel*, d'*acier de fusion* ou *de forge ;* composé avec le fer en barres, soumis assez long-temps à une haute température dans la poussière de charbon, il s'appelle *acier de cémentation*. En liquéfiant l'un ou l'autre, on obtient *l'acier fondu ;* ce dernier devenu parfaitement homogène * par la fusion, possède par conséquent une qualité supérieure : c'est pour cette raison qu'il forme une classe à part, quoique ses propriétés dépendent entièrement de la nature de l'acier dont il tire son origine.

---

* L'acier homogène est celui dont toutes les parties de la masse contiennent une égale quantité de carbone : l'acier hétérogène renferme des parcelles de fer plus ou moins carburées.   Le T.

1068. Comme il y a une grande différence entre les diverses espèces de fer, sous le rapport de leur dureté et de leur ténacité, il serait assez convenable de les classer. Cependant il existe peu de contrées où les fers soient désignés par des noms particuliers et vendus dans le commerce à des prix plus ou moins élevés. Il n'en est pas de même de l'acier, on le rencontre sous une foule de noms différens. Trois espèces seulement, l'*acier de fusion*, l'*acier de cémentation* et l'*acier fondu*, sont désignées d'après leur mode de préparation. On devrait s'applaudir de la multiplicité de ces dénominations, si elles présentaient toujours des renseignemens positifs sur la ténacité, la dureté et l'élasticité de ce métal, mais il n'en est pas ainsi : les manufacturiers donnent, le plus souvent, à leurs aciers des noms insignifians, qui chargent la mémoire inutilement et laissent l'acheteur dans une ignorance complète des propriétés du métal. Il ne peut alors les connaître que par l'expérience et les résultats des essais ne sont pas toujours constans pour les mêmes espèces.

1069. L'acier de fusion et l'acier de cémentation manquent toujours d'homogénéité, quelques soins qu'on prenne de les assortir. Leur mode de préparation est tellement imparfait qu'on trouve souvent dans une même barre, de l'acier dur, de l'acier doux et même du fer mou. C'est pour cette raison qu'il existe peu de pays où l'acier brut soit considéré comme un objet de commerce. Il faut donc le soumettre à une opération particulière pour le rendre plus homogène ; on l'étire pour cet effet en barres minces, réunies ensuite et soudées ensemble, de manière que les proportions de l'acier dur et de l'acier mou, les plus constantes possible pour les mêmes espèces, soient relatives aux propriétés que doit avoir le métal : c'est ce qu'on appelle *raffiner l'acier*. Le nom d'acier raffiné est donc assez impropre, si on veut l'appliquer exclusivement à l'acier naturel, puisqu'on peut raffiner aussi l'acier de cémentation.

En répétant le raffinage, on rend l'acier de plus en plus homogène, mais alors son prix augmente nécessairement. Si à l'état brut il approche déjà de l'homogénéité qu'il doit recevoir par cette opération, il passera moins souvent au feu et conservera d'autant mieux sa dureté première.

On ne raffine point l'acier fondu, attendu que la fusion lui communique une homogénéité parfaite.

INFLUENCE DE LA NATURE DES MATIÈRES PREMIÈRES SUR LES QUALITÉS DE L'ACIER.

1070. Si la qualité du fer cru s'étend à celle du fer forgé, elle exerce encore une plus grande influence sur les propriétés de l'acier. Tous les vices que le fer en barres reçoit de la fonte, se manifestent à un plus haut degré dans l'acier de fusion ou dans l'acier de cémentation : la dureté et l'aigreur que lui donne le carbone s'accroissent à un tel point par la présence des matières étrangères, qu'il peut devenir impropre à la plupart des usages. On ne doit donc convertir en acier que la fonte et le fer forgé qui, jouissant d'une grande pureté, ne contiennent presque d'autres substances étrangères que le carbone. Il s'ensuit que, dans les contrées dépourvues de minérais purs, on ne peut traiter pour acier que la fonte grise. Le travail devient alors plus long et plus difficile, parce qu'il faut détruire d'abord jusqu'à la dernière trace de graphite contenu dans la fonte, avant qu'elle ne puisse se changer en acier : mais il peut arriver dans ce cas, pendant ce long travail, qu'elle cède son carbone à l'oxigène et que le but de l'opération se trouve manqué. Le traitement de la fonte grise exige donc des soins tout particuliers, de l'adresse, de l'expérience et une grande attention de la part des ouvriers. Ces difficultés ont fait naître l'idée chez plusieurs métallurgistes, que la fonte grise ne pouvait pas se convertir en acier : mais les différens modes de combinaison du carbone avec le fer, suffisent pour expliquer tous les phénomènes d'une manière satisfaisante.

On abrége la préparation de l'acier encore plus que celle du fer, en blanchissant la fonte, soit par une seconde fusion, soit par un refroidissement subit, par sa conversion en blettes au sortir du haut fourneau, ce qui est le moyen le plus économique. On ne pourrait griller les blettes, parce que le passage de la fonte à l'état de fer demi-affiné deviendrait trop rapide *.

1071. Le fer cru le plus aigre et le plus dur passe par une infinité de nuances, de l'état de fonte blanche à celui de fer ductile et mou. On pourrait croire pour cette raison, que ce n'est pas une chose si difficile de fabriquer de l'acier d'une dureté quelconque, puisqu'il suffirait de connaître la quantité de carbone qu'il doit contenir; mais il n'existe aucun moyen de déterminér cette dose de carbone avec exactitude, et

---

*. Le métal deviendrait épais ou solide en tombant dans le creuset ; on n'aurait alors aucun moyen de le purifier, parce qu'on ne peut l'exposer directement au courant d'air. Il est d'ailleurs très-nécessaire que la masse fondue conserve sa liquidité le plus long-temps possible pour que l'acier devienne homogène. Le T.

dans la supposition même que ce moyen fût connu,
il serait impossible de combiner le fer avec une dose
prescrite de cette substance : tout est abandonné, sous
ce rapport, à l'habitude et à l'intelligence de l'ou_
vrier.

Ces difficultés paraissent encore plus grandes, si
l'on considère qu'il est impossible d'enlever ou d'a_
jouter une égale quantité de carbone à toutes les par_
ties de la masse; et c'est pourtant de son homogénéité
que dépend la bonté de l'acier. Si la fonte contient
très-peu de matières étrangères et de graphite, on
pourra, pendant l'affinage pour acier, la dérober tou_
jours à l'action du courant d'air; le métal conservera
donc beaucoup de carbone qui sera réparti dans toute
la masse avec uniformité. Quant à la cémentation,
elle sera d'autant plus facile et les produits seront d'au_
tant meilleurs que le fer employé sera plus dur et
plus tenace. Si l'on voulait remédier au défaut d'ho_
mogénéité par un raffinage répété un grand nombre
de fois, on détruirait peu à peu la nature aciéreuse
du métal, par les nombreuses chaudes blanches.

1072. Quoique l'acier soit plus dur que le fer, il
faut pourtant que non trempé ni battu à froid, il soit
ducticle, malléable et qu'il possède assez de mollesse
pour qu'on puisse l'entamer avec les outils qui servent
au travail du fer. L'acier qui, refroidi avec lenteur,
est aigre et dur, se rapproche de la fonte. Celui qui
au contraire prend peu de dureté à la trempe, doit
être rangé parmi les fers. Ces diverses modifications
sont dues au carbone contenu dans le métal.

Les propriétés de l'acier dépendent non-seulement
de la dose de carbone qu'il renferme, mais aussi de
l'uniformité avec laquelle ce corps est réparti dans le

métal; l'une influe sur sa dureté, l'autre détermine principalement sa résistance et son élasticité. On obtient souvent avec la même fonte ou le même minerai du fer forgé très-pur, d'excellent acier et quelquefois un métal intermédiaire extrêmement dur, sans être ni assez tenace ni assez élastique pour mériter le nom d'acier. En général tous les aciers non homogènes, qui souvent contiennent même du fer doux, peuvent avoir beaucoup de dureté sans ténacité : quelquefois aussi ils sont mous et aigres à la fois. Les fontes qui, pendant l'affinage, doivent être travaillées au milieu du courant d'air, ou bien les fers ductiles qui sont très-mous et que l'on serait obligé de soumettre à une forte cémentation, ne peuvent jamais donner un acier homogène : les produits obtenus sont durs et faiblement élastiques, ou mous et dépourvus de résistance; on les améliore par le raffinage, mais on les ramollit et l'on détruit encore une partie de leur élasticité.

1073. Nous avons déjà parlé de l'influence du manganèse sur le fer (222, etc.). Le manganèse ne pourrait convertir ce dernier en acier sans le concours du carbone; mais on ne peut pas obtenir un acier non manganésifère, aussi dur, aussi élastique, aussi tenace à la fois que celui qui contient une certaine dose du métal étranger. L'expérience doit prononcer encore sur le maximum de manganèse qu'il peut renfermer, sans acquérir trop d'aigreur. Le manganèse produit deux effets distincts : il contribue à l'uniformité de la répartition du carbone dans le fer, et rend par l'alliage ce dernier plus dur et plus tenace. C'est pour ces deux raisons que les minerais manganésifères produisent les meilleurs aciers et qu'ils donnent également un excellent fer forgé. On peut donc avoir du fer pur et doux, allié à plusieurs centièmes de manganèse, tout comme il existe de bons aciers dans lesquels on ne peut en trouver une trace, et qui pourtant ne manquent pas de dureté et de ténacité.

Le manganèse contenu dans le fer en barres ne peut agir pendant la cémentation qu'en vertu de sa nature intrinsèque : il accroît la dureté et la ténacité des produits, tandis que dans l'affinage de la fonte pour acier naturel, il produit un double effet dont le plus important est relatif à la répartition uniforme du carbone. Remarquez que le manganèse qui est si réfractaire, forme avec le fer un alliage bien plus fusible que l'un et l'autre des métaux composans. Il est probable que cette fusibilité empêche la fonte de se charger d'une grande quantité de carbone, pendant la réduction des minérais dans le haut fourneau, ce qui doit accélérer sa conversion en acier dans le feu d'affinerie *.

1074. Ce n'est donc pas la dureté seule qui peut constituer le mérite de l'acier, il doit posséder aussi un haut degré de résistance : c'est ce qu'on appelle *avoir du corps*. Si le métal est très-dur et très-aigre, il prend le nom d'*acier sauvage*. On ne peut nier que le manganèse ne lui donne beaucoup de corps, mais cette qualité résulte sur-tout de la distribution du carbone dans toute la masse. Parmi plusieurs espèces d'acier contenant une même quantité de ce combustible, le plus tenace, le plus ductile, le plus élastique, est celui dont le carbone se trouve réparti le

---

* La fonte blanche lamelleuse produite par des minérais manganésifères, contient le maximum de carbone, dont le fer peut se charger. Voyez le premier volume, page 486. Le T.

plus uniformément. Il peut donc exister de l'acier cassant dépourvu d'élastiicité et dont les parties séparées paraissent très-dures, quoiqu'il ne contienne pas une plus forte dose de carbone que d'autre acier non moins dur, mais bien plus élastique et plus tenace, parce qu'il est plus homogène. L'uniformité de la répartition du carbone dans la masse dépend de la qualité des matières premières, ainsi que de la manipulation. Le raffinage diminue le manque d'homogénéité, mais il ne peut pas y suppléer entièrement.

1075. L'aigreur est la suite d'une extrême dureté. Toutefois il existe, des aciers très-durs et très-tenaces à la fois, tandis qu'il en est d'autres qui sont et peu durs et très-aigres : le meilleur devrait être aussi le plus dur et le plus tenace. C'est par l'uniformité de la distribution du carbone, qu'il peut approcher de cette perfection. Il s'ensuit que l'acier fondu qui a été tenu assez long-temps en bain, doit occuper le premier rang, parce qu'il devient très-homogène. Sa dureté et l'aigreur qui en résulte, s'estiment alors d'après la dose de carbone qu'il contient *.

L'acier naturel ne peut devenir parfaitement homogène; il l'est d'autant moins que la fonte qui le produit est plus impure : c'est ce qui explique les grandes différences qu'on trouve entre les aciers de cette espèce. Il en est de très-durs et de très-tenaces

---

* L'acier fondu, qui est le plus homogène de tous les aciers, n'est pourtant pas le plus tenace: la résistance des métaux dépend d'une certaine disposition des molécules, et l'arrangement qu'elles affectent lorsque la matière a été liquide, n'est pas celui qui correspond au maximum de ténacité. Le zinc en fournit un exemple frappant. Il est probable au reste que la ténacité de l'acier fondu se trouve modifiée par la durée du refroidissement. Le T.

à la fois et d'autres qui sont durs et cassans, quoiqu'ils puissent contenir tous la même quantité de carbone. L'acier de cémentation est le moins homogène, parce qu'il est impossible que les barres de fer se combinent dans toute leur longueur et dans toute leur épaisseur avec une égale dose de carbone. Si l'on en augmente la dureté, on en diminue la ténacité ; il ne faut donc l'employer que pour des instrumens très-durs, qui n'ont pas besoin d'offrir une grande résistance : il est alors préférable à l'acier de fusion.

1076. Si un même acier devait convenir à tous les usages, il faudrait qu'il fût à la fois très-dur et très-tenace ; mais il est impossible de lui donner ces deux qualités à un degré supérieur. Les aciéries doivent par conséquent varier et assortir leurs produits, pour satisfaire à tous les besoins : elles travailleraient d'une manière bien désavantageuse, si elles ne pouvaient en débiter plusieurs espèces, parce qu'il est impossible, du moins dans la préparation de l'acier naturel et de l'acier de cémentation, d'obtenir toujours des résultats propres au même emploi. Les fabricans perdraient leur réputation en ne vendant qu'une seule espèce, bien qu'elle fût d'une qualité excellente.

SIGNES CARACTÉRISTIQUES DE L'ACIER.

1077. L'acier non trempé doit être malléable à froid et à chaud comme le fer fort et dur, dont il ne forme pour ainsi dire qu'une variété. Trempé, et chauffé de nouveau, il doit reprendre sa ductilité. La trempe qui rend l'acier si dur ne fait qu'aigrir le fer cassant à froid sans en accroître la dureté.

C'est avec raison que Rinman regarde la trempe

comme un moyen certain de distinguer l'acier du fer ductile. Le fer mou chauffé au rouge et plongé dans l'eau ne s'aigrit nullement ; toute espèce de fer qui se durcit par un prompt refroidissement, est aciéreux et n'en devient que meilleur pour beaucoup d'usages. La trempe produit d'autant plus d'effet, que l'acier contient plus de carbone ; mais dans ce cas, on doit le tremper à un faible degré. Plus il devient aigre par le refroidissement subit, plus il est mauvais : si le défaut provient de la qualité des matières premières, il est sans remède ; s'il résulte de la répartition inégale du carbone, on peut le corriger en quelque façon par un raffinage répété ; mais le métal perd de sa dureté. Il s'ensuit que le meilleur acier est celui qui, chauffé, au plus faible degré et refroidi dans l'eau, devient le plus dur, et qui, avant et après la trempe, possède la plus grande dureté, jointe à la plus grande élasticité.

1078. Quelque bon que paraisse l'acier, il prend toujours un peu d'aigreur par la trempe. Pour empêcher alors que les objets tranchans ne s'ébrèchent, on leur donne un léger recuit proportionné à la dureté de l'acier. Les instrumens destinés à résister aux chocs se recuisent fortement ; l'acier est dans ce cas d'autant meilleur que, perdant son aigreur, il conserve plus de dureté. On est à même de faire disparaître l'aigreur qui provient de la trempe, en donnant un recuit intense : mais il faut que l'acier soit d'une excellente qualité pour qu'il conserve alors une dureté convenable.

1079. En résumé voici les signes auxquels on peut reconnaître le meilleur acier :

1°. Trempé à un faible degré de chaleur, il devient très-dur ;

2°. Sa dureté est uniforme dans toute la masse ;

3°. Après la trempe, il résiste aux chocs sans se rompre et ne perd sa dureté que par un recuit très-intense ;

4°. Il se soude avec facilité, ne se fendille pas, supporte une chaleur très-élevée et conserve presque toute sa dureté après un raffinage répété ;

5°. Il montre dans sa cassure le grain le plus fin et le plus égal, possède une grande pesanteur spécifique et convient par conséquent aux objets polis, parce qu'il est très-homogène, et qu'il peut recevoir le plus haut degré d'éclat.

L'acier qui posséderait ces qualités à un degré éminent serait parfait ; mais il arrive très-rarement qu'on puisse les réunir dans une seule espèce. Lorsqu'on exige une grande dureté, on est forcé de renoncer souvent à la soudabilité et de choisir un acier qui se rapproche du fer cru.

1080. Nous avons déjà fait observer (paragraphes 45 et 51) que la couleur de l'acier ne doit point avoir de nuances bleuâtres, qui seraient un indice de fer, et que sa texture doit être grenue, uniforme, non mêlée de filamens nerveux. L'éclat de sa cassure augmente par la trempe, parce que sa couleur s'éclaircit ; son grain devient alors tellement fin qu'il échappe à l'œil nu. Si un acier reconnu de bonne qualité, acquiert au contraire une grainure grosse, on ne peut douter que la chaude n'ait été trop intense et que le métal n'ait perdu une grande partie de sa résistance et même de sa dureté.

La surface de l'acier se dépouille par la trempe, de la couche d'oxide qui l'enveloppe, c'est ce qu'on appelle *découvrir*. Le fer ne jouit pas de cette propriété, parce que la chaleur le dilate moins que l'acier et que le refroidissement subit le contracte davantage. Les vertus magnétiques de l'acier, sa manière de se comporter à une température élevée, à l'air humide, à l'égard des acides, etc. ont été exposées dans la première section.

Le raffinage rend l'acier de plus en plus mou, et finit par le changer en fer pur. L'acier de cémentation ne supporte pas un aussi grand nombre de chaudes suantes que l'acier de fusion. Toutefois, si l'on pouvait les chauffer l'un et l'autre dans des vases hermétiquement fermés, ils ne perdraient rien de leur dureté et ils deviendraient à chaque raffinage plus homogènes, plus tenaces et plus élastiques.

1081. On voit, d'après ce qui précède, qu'il est tout aussi important de bien connaître les propriétés de ce métal que les procédés suivis pour l'obtenir. Faute d'adresse et d'expérience, on gâte souvent le meilleur acier, ou du moins on ne peut en tirer le parti convenable ; mais un habile ouvrier sait en corriger les défauts, s'il lui donne de bonnes chaudes pour le forger, le tremper et le recuire. Ce serait la preuve de la plus grande mal-adresse que de traiter tous les aciers de la même manière.

1082. L'acier n'étant qu'un fer qui n'est pas tout à fait décarburé, peut donc être produit de la même manière et par les mêmes procédés que le fer ductile. Il est d'ailleurs très-difficile d'enlever toujours à la fonte les dernières parties de carbone. Tout se réduit par conséquent à quelques pratiques manuelles, jointes à une certaine disposition de la tuyère, si, en faisant usage des mêmes matières, on veut avoir pour résultat du fer ou de l'acier.

On peut obtenir l'acier de fusion comme le fer forgé, de deux manières différentes : par l'affinage immédiat des minérais, et par celui de la fonte. La dernière des deux méthodes se pratique dans les feux d'affinerie ordinaires. On n'est pas encore parvenu à le fabriquer dans les fours à réverbère; il paraîtrait cependant, au premier coup d'œil, que ces foyers conviendraient parfaitement à la préparation de ce métal, parce qu'on y suit constamment les progrès de l'affinage et qu'on peut le terminer au point voulu; mais la masse se décarbure inégalement et l'on n'est pas maître d'arrêter la combustion du carbone dans une partie du fer, jusqu'à ce que le reste soit parvenu au même degré d'affinage. Voilà où gît probablement toute la difficulté. Il est présumable qu'à force de soins et d'attentions, on parviendra un jour à la surmonter.

DE L'ACIER NATUREL.

De la préparation de l'acier par l'affinage immédiat des minérais.

1083. On peut obtenir l'acier comme le fer, par le traitement des minérais dans des stuckofen ou des bas fourneaux. L'usage des premiers a été abandonné. Comme ils laissaient toujours l'ouvrier dans une ignorance complète sur la nature des produits, ce n'était qu'en examinant *les stucks*, qu'il pouvait savoir s'ils se composaient d'acier ou de fer : le hasard présidait donc à ce genre de travail. On exposait les lopins à la chaleur de la fusion dans un feu d'affinerie, et lorsqu'une partie du fer était fondue, on étirait le

resté maintenu entre les branches de la tenaille, en
une barre d'acier brut; la partie tombée dans le creuset
formait une loupe de fer ductile. En suivant cette
méthode imparfaite, appliquée même aux meilleurs
minérais, on ne pouvait rien statuer sur la nature
de l'acier ni sur la quantité de ce métal qu'on obtenait
par chaque fusion.

C'est aussi très-rarement à dessein que dans les feux
dits *à la Catalane* on prépare l'acier : il est le plus
souvent un résultat accidentel du travail. Nous avons
décrit au paragraphe 1008, les procédés qu'on suit
pour le produire : tous les moyens qui, pendant l'affinage, peuvent diminuer la combustion du carbone,
facilitent la conversion du fer cru en acier. Si c'est
le but du travail, on ne doit donc ajouter les scories
qu'avec ménagement et protéger le fer contre l'action
du courant d'air.

L'acier qu'on obtient accidentellement dans ces
foyers et que les ouvriers, qui le reconnaissent à sa
couleur rouge, retirent du feu par lopins, est souvent
très-ferreux et ne peut servir que pour la confection
des instrumens aratoires ou d'autres objets grossiers.
L'acier *osemund* obtenu dans les moyens fourneaux
suédois est aussi un mélange très-variable de fer, d'a-
cier dur et d'acier mou.

De la préparation de l'acier par l'affinage de la fonte.

1084. La fonte ne s'affine jamais d'une manière
très-uniforme; il arrive souvent que certaines parties
sont décarburées d'abord, tandis que le reste conserve encore sa crudité. En suivant le procédé cité
au (965), on a même pour but d'affiner la masse fondue

par morceaux séparés; mais les parties de métal dont
l'affinage est le plus avancé, au lieu d'être du fer pur,
ne constituent presque toujours qu'un mauvais acier.
Les affineurs retirent souvent des lopins semblables du
feu pour acérer leurs outils. Cet acier doit sa naissance
à l'inattention des affineurs. On ne peut éviter à la
vérité que le fer ne se décarbure partiellement; mais
l'ouvrier, s'il est adroit, y remédie en quelque façon;
il favorise l'affinage sur un point et le retarde ailleurs.
L'acier des lopins, quoiqu'il se distingue dans le feu
par une couleur un peu rouge, porte du reste les signes
d'un fer affiné.

1085. Il faut donc regarder *l'acier de lopin* comme
un produit accidentel; mais, si l'on a réellement pour
but d'obtenir de l'acier, *on doit affiner le métal avec
lenteur et le travailler toujours sous le vent.* Pour
obtenir au contraire du fer ductile, *on le maintient
toujours au-dessus et au milieu du courant d'air.* Telle
est la différence essentielle qui existe entre le traitement qu'on fait éprouver à la fonte pour la convertir
en acier, et celui qu'elle subit pour donner du fer
ductile. La masse travaillée long-temps au-dessous de
la tuyère, doit perdre son carbone très-lentement, afin
que l'affineur puisse arrêter l'opération dès qu'il s'a-
perçoit que l'acier a reçu le degré d'affinage voulu;
c'est de sa part une affaire d'habitude et d'expérience.
Cette pratique appliquée à l'affinage pour fer, serait
trop longue et ne conduirait pas au but proposé; car,
pour perdre tout son carbone, le métal demi-liquide
doit être frappé par le courant d'air, ou bien la masse
affinée presqu'entièrement, doit être refondue une seconde fois devant la tuyère.

1086. On ne soulève jamais la masse dans l'affi-

nage pour acier, on favorise la coagulation et l'épuration de la fonte par la construction du feu. Il faut
pour cette raison donner au creuset peu de profondeur
et rendre la tuyère d'autant plus plongeante que la
fonte est plus grise, parce que le plongement du courant d'air retarde la décarburation pendant la fusion
et la favorise pendant le travail *. On doit employer en
outre un vent rapide, pour ne pas affiner la fonte pendant la fusion et pour lui conserver le plus de liquidité
possible, afin que le carbone puisse se répartir dans
toute la masse d'une manière uniforme. Si le métal
était demi-affiné, en tombant dans le creuset, l'acier
ne deviendrait pas homogène, puisque la distribution
du carbone ne pourrait plus avoir lieu aussi facilement :
on ne peut supposer que toutes les parties se trouvent
décarburées au même point après la fusion.

Quant à la fonte blanche, il faut la soumettre à l'action d'un vent horizontal, la liquéfier très-rapidement
et l'affiner avec lenteur. On y ajoute à différentes reprises de petites doses de scories. C'est le traitement
qu'il convient de faire éprouver aux blettes et à la
fonte blanche naturelle. Il est assez probable que c'est
principalement par la fusibilité que le manganèse
donne à la fonte qu'il améliore la qualité de l'acier ;
puisque le métal reste si long-temps liquide, qu'il l'est
encore lorsque son affinage se trouve déjà très-avancé.
Voilà ce qui favorise singulièrement la répartition uniforme du carbone. Si la fonte manganésifère était par
exemple plus réfractaire, on serait obligé de lui con-

---

* Si la tuyère était trop plongeante, on ne pourrait obtenir que
du fer, sur-tout si la fonte était blanche. Voyez sur l'effet que
produit le plongement de la tuyère, une note que nous avons ajoutée
au paragraphe 961.   Le T.

server d'abord plus de crudité, pour la maintenir quelque temps à l'état liquide ; et, en achevant l'affinage
ou en brûlant l'excès de carbone, on finirait par détruire l'homogénéité du métal.

Si l'on affine la fonte grise pour acier, il faut
d'abord détruire lle graphite et provóquer une autre
combinaison du carboné avec le fèr. Les additions
d'oxides ou de battitures conduisent à ce but. Mais
comme on est obligé de rendre la masse fondue très-
liquide, afin que le carbone puisse se répartir uniformément, on augmente les obstacles qui s'opposent à la destruction du graphite : ce n'est donc qu'à
force de travailler et de brasser les matières qu'on
y réussit, et qu'on parvient à provoquer une effervescence du métal. Les peines occasionnées par cette
manipulation sont inconnues aux affineurs habitués à
obtenir l'acier avec la fonte blanche.

La théorie que nous venons d'établir explique d'une
manière satisfaisante, et les procédés suivis dans l'affinage de la fonte pour acier, et les phénomènes qui
les accompagnent. Du reste on ne peut trop recommander de ne jamais traiter pour acier la fonte grise,
sans l'avoir blanchie préalablement ; on ne diminuera
pas le déchet, mais on économisera du temps et du
combustible.

1087. On affine pour acier des fontes grises, en
Westphalie et dans la province de Silésie. Les feux
y sont montés de la manière suivante :

Largeur du creuset ou distance de la varme au contrevent 62$^{cent.}$,77.

Largeur ou distance du laiterol à la rustine 78$^{cent.}$46.

Profondeur depuis le fond jusqu'au vent 15$^{cent.}$,69.

La varme penche de 8 à 12 degrés dans le feu ; la
tuyère dépasse cette plaque de 10$^{cent.}$,46.

La distance de la tuyère à la rustine est de 26$^{cent.}$,15.

Le fond est formé ordinairement de quatre morceaux de grès, de 5,23 à 6$^{cent.}$,32 d'épaisseur, qui, se réunissant au centre, sont assemblés de manière que ce point se trouve de 11 millim. plus bas que le pourtour du creuset.

La haire et la varme ont une même hauteur; mais le contrevent et le laiterol sont de 20 à 26 centimètres plus élevés que les deux premières, suivant la nature du combustible; car, plus le charbon est mauvais, plus on doit donner de profondeur au feu.

Le contrevent penche de 2 à 3 degrés en dehors pour la facilité de la manœuvre; il est surmonté par une autre plaque de 7 à 10 centim. de hauteur, inclinée dans le feu, pour concentrer la chaleur et pour empêcher le tassement des charbons qui se trouvent de ce côté du creuset.

La tuyère dont l'ouverture a 32 millim. de largeur sur 13 millim. de hauteur, plonge de 5 à 10 degrés.

On garnit le pourtour du feu avec du fraisil et de la charbonaille.

En coulant les plaques, on y fait des coches ou crans, pour qu'il soit plus facile d'en déterminer la rupture et d'en détacher des morceaux de 12 à 25 kilog.

Le grès qui sert de sole doit avoir un grain assez fin, et doit résister à la chaleur sans se fondre. S'il est de bonne qualité, on peut faire 8 ou 10 loupes dans le creuset avant de changer le fond; mais on est déjà content lorsqu'il supporte 4 ou 5 affinages successifs; quelquefois il se brise au premier. On ne pourrait remplacer cette pierre par une plaque de fonte, parce que le métal s'y attacherait et que d'ailleurs elle serait usée très-vite par le frottement continuel des rin-

gards : c'est aussi pour cette raison qu'on ne pourrait
la brasquer.

En commençant le travail, on fait fondre avec le
premier morceau de plaque, une petite quantité de
battitures ou de laitiers riches pour tapisser le fond ;
les autres fragmens de fonte, mis d'abord sur l'aire du
foyer et chauffés préalablement, se placent un à un
dans le feu, près du contrevent, dans une direction
verticale. On jette sur la haire les lopins obtenus précédemment ; ils s'échauffent, compriment le fraisil et
empêchent que le vent ne le disperse. Portés ensuite
successivement dans le feu et placés au-dessus de la
tuyère, ils reçoivent la chaude nécessaire pour être
forgés en barres.

Le premier morceau de fonte s'affaisse peu à peu en
se liquéfiant, car le vent ne peut agir que sur son extrémité inférieure ; s'il tardait à se fondre, on l'ap-
procherait un peu de la tuyère en l'inclinant. On doit
fortement activer les soufflets, produire un vent rapide
et donner au métal une parfaite liquidité. Arrivé à
ce but, on doit ralentir le courant d'air, jeter un peu
de battitures dans le feu, et brasser la masse avec un
ringard jusqu'à ce qu'elle devienne pâteuse.

Ensuite on place dans le feu un deuxième fragment
de floss déjà chauffé au rouge ; on lui donne une position verticale comme au premier, et l'on augmente
encore une fois la vîtesse du vent. Le second morceau,
qui pèse ordinairement 15 kilog. (le poids du premier est seulement de 12 kilog.), entraîne dans sa
fusion la masse entière qui, de pâteuse qu'elle était,
redevient liquide. Si l'on s'aperçoit alors qu'elle conserve beaucoup de crudité, on y ajoute une petite
dose de laitier riche, ce qu'on doit pourtant éviter

le plus possible. On rallentit encore le vent dès que la fonte est liquéfiée, et on la brasse jusqu'à ce qu'elle se change en une pâte épaisse. Mais il faut craindre qu'elle ne devienne trop dure en s'affinant et qu'elle ne s'attache au fond du creuset.

Le troisième fragment de plaque pesant 20 à 25 kilog., doit être traité comme les précédens. Toute la masse reprend de la liquidité; on y jette un peu d'oxides riches en la brassant avec force, et l'on ralentit très-peu l'action des machines soufflantes. Si l'on s'aperçoit alors que le fer s'attache au fond, qu'il devient malléable et qu'il produit des scories douces, on donne un coup de vent extrêmement rapide; on brasse la matière sans interruption, afin de faire naître une vive effervescence. Après qu'on a continué le brassage quelque temps, la matière s'affaisse et le métal se rassemble en forme de gâteau : on ne cesse de le travailler jusqu'à ce qu'il soit impossible d'y enfoncer le ringard.

On approche alors le *quatrième* morceau de fonte, qui pèse une quinzaine de kilog. et qu'on place dans le feu vers le centre du gâteau; de manière que ce dernier, attaqué par le fer cru au milieu seulement, se trouve percé jusqu'au fond, tandis que ses bords restent intacts : le vent très-rapide pendant la fusion doit être modéré ensuite. Le brassage commence, et il se continue jusqu'à ce que le bouillonnement qui a reparu, ait cessé et que la masse se trouve affaissée. On traite de la même manière le cinquième morceau de fonte. Souvent même on en fait liquéfier un sixième. On doit, pendant le dernier brassage, donner toujours le vent le plus fort; toutefois on ralentit la vitesse du courant d'air, si l'on s'aperçoit qu'il forme un trou au centre de la loupe.

Pour empêcher que la loupe d'acier ne se couvre d'une couche ferreuse, on doit arrêter le vent à une époque convenable. On reconnaît ce moment, soit à la consistance de la masse, soit aux scories douces qui s'attachent aux ringards.

Dès que les soufflets cessent d'agir, on enlève le fraisil et la charbonaille, on découvre le gâteau, qu'on laisse refroidir un peu, afin qu'il ne s'en détache point de fragmens; on enfonce ensuite un ringard à coups de masse dans le creuset à travers le trou du chio, et c'est au moyen de cette barre, qu'on parvient à soulever la loupe attachée fortement à toutes les plaques du pourtour. On la coupe en 6, 7 ou 8 lopins de forme pyramidale et dont les pointes se réunissent au centre, parce que l'acier est toujours un peu plus dur vers les extrémités.

Les lopins obtenus précédemment s'étirent pendant la fusion; convertis en barres de 32 millim. d'équarrissage, ils sont délivrés aux raffineurs. Mais, comme ces barres doivent être réduites à une faible épaisseur, on ferait mieux de forger les lopins en lames plates : il en résulterait une économie, et l'acier n'en serait que meilleur.

La consommation de charbon est très-grande : elle s'élève quelquefois à 2$^{\text{mèt. cub.}}$,6398 par 100 kilog. d'acier. Le déchet varie selon la qualité du fer cru et selon l'adresse des ouvriers. Souvent on est satisfait lorsque trois parties de fonte en donnent deux d'acier. Si le régule est meilleur, 7 parties en donneront 5; et quelquefois, lorsqu'il est d'une excellente qualité, 4 parties de fer cru peuvent en donner 3 d'acier.

On obtient dans un feu, par semaine, 1250 kilog. d'acier brut.

Chaque foyer n'est desservi que par un maître ouvrier, un marteleur et un aide, attendu que le travail ne peut se continuer sans interruption.

1088. Dans quelques usines du comté de la Marche, on ajoute de la ferraille à la masse fondue, après
la fusion du quatrième morceau de fer cru. On en fait
de même pendant la fusion du cinquième et du
sixième fragment ; c'est un moyen d'abréger l'opération. Le total de la quantité de ferraille employée, est
ordinairement égal en poids au tiers de la loupe.

1089. Le mode d'affinage que nous venons de rapporter est suivi dans tout le nord de l'Allemagne, à
quelques modifications près. On emploie d'autres procédés dans les provinces méridionales, dans la principauté de Siegen, en Styrie, etc., en Hongrie, en
Italie et en France, pays où l'on affine des fontes
blanches manganésifères. La manipulation varie dans
ces contrées selon la qualité des fontes, l'habitude et
la routine des ouvriers.

Les aciéries de Siegen, de Styrie, de la Carniole,
de la Carinthie et du Tyrol, jouissent depuis long-
temps d'une haute réputation. La qualité supérieure
des minérais facilite le travail de l'affinage, et la stricte
observation des procédés suivis depuis des siècles,
donne à leurs produits des qualités assez constantes.
Dans la principauté de Siegen, on affine le fer cru tel
qu'il sort des hauts fourneaux ; ailleurs on le convertit
en blettes, lorsque la fonte est grise.

Si dans ces pays on se dispense de préparer le fer
cru, on en fait un triage soigné. On ne pourrait employer *sans préparation* la fonte grise : on la convertit donc en fer forgé par la méthode styrienne à
double fusion, dans des foyers séparés.

II

69

La fonte blanche grenue, matte, remplie de sou-
flures et produite par une surcharge de minérai, ne
peut convenir non plus à l'affinage pour acier, parce
qu'elle ne renferme pas assez de carbone et qu'elle
se change par une première fusion en fer ductile.

Mais la fonte blanche lamelleuse, formée à une température moyenne, donne indistinctement du fer et
de l'acier : c'est à l'ouvrier d'observer et de régler
la marche du feu, pour obtenir, soit l'un, soit l'autre
produit. Lorsqu'il s'aperçoit que le métal est disposé à se réunir en une loupe tenace et compacte,
après la première fusion, il en fait de l'acier et il se
garde alors de l'exposer au courant d'air; s'il négligeait cette précaution, le résultat de son travail ne
serait que du fer dur. Un affineur exercé reconnaît
cette disposition de la fonte à la cassure; il sait d'a-
vance qu'elle donnera une masse compacte, après la
première fusion, ou que, rebelle à l'affinage, elle ne
pourra s'épurer qu'étant soumise à l'action du courant d'air, traitement qui est incompatible avec la
préparation de l'acier. Si les conjectures qu'il a faites
sur les propriétés de la fonte se trouvent confirmées
par la marche du feu, il soulève la tuyère pour éloigner
le vent de la masse fondue.

L'acier préparé de cette manière s'appelle en Styrie,
acier de faux, parce qu'on l'emploie pour les faux,
les faucilles, les hachepailles et pour d'autres outils
dont les tranchans ne doivent pas offrir beaucoup de
roideur. On l'étire en barres de 19^{millim},61 sur 39,2.
S'il est trop dur et trop aigre, on le forge en lames
plates et on le raffine, en le mêlant avec des lames de
fer. Cet acier raffiné, converti en petites barres, s'appelle *mock*. Semblable à l'acier de faux, il ne peut

supporter un certain nombre de chaudes suantes, sans
se ramollir; se *pâmer*.

Si l'on veut affiner les floss lamelleux pour acier exclusivement, on les traite dans des feux brasqués ordinaires, dont le pourtour est construit en pierres ou
en plaques de fonte. Leur forme est demi-circulaire;
ils ont 63 centimètres de diamètre et 31,4 de profondeur; la tuyère plonge de 8 à 10 degrés; la brasque
est battue fortement, et le fer cru qui doit être fondu, est placé dans le feu près du contrevent : lorsque
ces floss sont gros et épais, on les tient avec des tenailles, comme les lopins. Les soufflets agissent avec
lenteur; le fer cru, auquel on ajoute une légère dose
de laitier riche, doit se fondre doucement. On achève
une loupe de 75 à 85 kilog. en 3 à 4 heures. On la
retire du feu aussitôt qu'elle s'est affaissée; on la coupe
en cinq ou six parties; les lopins s'étirent pendant la
fusion suivante en barres carrées. On forge ces barres
à une douce chaleur, et on leur donne 4 à 5 centimètres d'épaisseur sur 47 à 62 de longueur. Cet acier
prend le nom de *stuckstahl*, d'*acier d'Allemagne* et de
mock : on reconnaît chacun d'eux à la forme des
barres; le dernier est le plus mou. Il faut donc avoir
soin de ne jamais le confondre avec les autres *.

1090. Mais il existe des usines dans lesquelles on
traite les floss lamelleux avec bien plus de soin : on

---

* La différence essentielle de ce mode d'affinage à celui qui a
été rapporté précédemment, consiste dans la manière d'opérer la
fusion : elle est rapide, selon le procédé allemand, et lente, d'après
la méthode styrienne; dans l'un des cas la masse fondue devient
très-liquide, dans l'autre, elle est épaisse et ne pourrait être brassée.
Il faut donc qu'elle s'affine par le repos et au moyen de laitiers
riches.   Le T.

y suit une méthode semblable à celle qui est pratiquée dans le nord de l'Allemagne pour les fontes
grises. Les morceaux de fonte sont liquéfiés successivement, la matière devient très liquide ; on l'affine
par le brassage et quelquefois aussi par une légère
addition de scories douces. La nature du fer accélère
le travail. Le fond du creuset est formé de pierres
irrégulières que l'on réunit et dont les joints sont
garnis d'argile réfractaire ; on emploie ordinairement
le schiste micacé qu'on fait sécher lentement. La tuyère
est très-plongeante et le feu a tout au plus 16 centim.
de profondeur. Le contrevent et le laiterol sont plus
hauts que la varme et la rustine. Le procédé qu'on
suit pour fondre, brasser, épaissir et affiner le fer
cru à plusieurs reprises, ne diffère pas sensiblement
de celui que nous avons exposé pour le traitement
de la fonte grise, mais le travail est plus facile et s'exécute avec plus de promptitude. On coupe la masse
en cinq ou six lopins, qu'on étire dans un feu particulier, ce qui augmente la consommation de charbon.
  C'est ainsi qu'on prépare les aciers les plus fins,
qu'on divise en quatre espèces appelées *aciers d'armes
blanches, Brezian fin, Brezian commun* et *acier ro-
man.* Le premier s'étire en barres de 63 à 94 centim.
de longueur sur 2^{dgnt},28 à 2^{cept}61 d'épaisseur ; le deuxième est en barres carrées de 13 millim. d'épaisseur :
l'un et l'autre s'emploient pour la fabrication des lames
et des instrumens tranchans et délicats. Les barres qui
ont des fentes longitudinales, des paillés, des criques,
et qui paraissent être un peu ferreuses, composent
le *Brezian commun ;* on l'emploie pour des objets
tranchans qui doivent offrir une certaine résistance.
La quatrième espèce est formée des barres dont les

défauts se manifestent déjà après la première chaude
qu'on donne aux lopins : cet acier a 26 centimètres
d'équarrissage. Le Brezian commun est forgé quelquefois en barres minces : on l'appelle alors *acier d'armes
blanches commun*.

Les quatre espèces d'acier que nous venons de citer
peuvent aussi être fabriquées par la méthode styrienne
ou par une seule fusion de la fonte, si toutefois on
est assez scrupuleux dans l'assortiment ; mais on ne
peut obtenir de cette manière une aussi grande quantité de Brezian fin et d'acier d'armes blanches, que
dans les usines où les opérations de la fusion et du
brassage se succèdent et se renouvellent à plusieurs
reprises.

Dans la principauté de Siegen (à Müssen), on
affine pour acier les meilleures fontes blanches provenant des minérais spathiques de Stalberg. On y pratique exactement la méthode suivie dans l'Allemagne septentrionale, mais la qualité du fer cru abrége
le travail. Les feux de forge sont activés par deux
soufflets de cuir ; un marteau sert à deux affineries.
On fait une loupe en sept heures. La pierre de fond
dure quelquefois une semaine entière ; le creuset a
10$^{\text{cent.}}$,46 de profondeur seulement, depuis le fond
jusqu'au jet d'air ; la varme penche fortement dans
le feu ; l'ouverture de la tuyère a 26 millim. de longueur
sur 16 millim. de hauteur ; les buses ont 10 millim. de
diamètre. La masse fondue reste dans le bain de laitier
jusqu'à ce qu'elle commence à bouillonner. C'est alors
seulement qu'on fait écouler les scories et qu'on porte
un nouveau fragment de fonte dans le foyer. On accélère
l'affinage par des additions de battitures, et l'on ne fait
écouler les scories qu'au moment de l'effervescence.

L'acier brut obtenu de cette façon, présente des arêtes et des surfaces nettes, et se travaille facilement, sans exiger un grand nombre de chaudes. Les barres sont trempées, cassées et assorties à l'instant : l'acier qui, après la trempe, est le plus aigre, s'appelle *Edelstahl*; celui qui est moins cassant prend le nom de *Mittelkœhr*. Le forgeage dure aussi long-temps que la fusion et le travail de la loupe. Un marteau peut cependant servir deux feux d'affinerie, puisque l'acier se forge très-bien. Dans une usine qui a deux foyers, on peut obtenir par semaine 4000 à 5400 kilogram. d'acier. On fond trois quintaux de fer cru pour une loupe. La fonte blanche la plus rayonnante est employée à la fin de l'opération. Le déchet s'élève à peu près à 25 pour cent; on brûle 1 mètre à 1,188 mètres cubes de charbon de bois dur par 100 kilog. d'acier. Il paraît donc que l'affinage de la fonte blanche pour acier s'exécute de la manière la plus avantageuse par la méthode de Siegen.

1091. MM. Baillet et Rambourg ont donné une description complète de l'affinage de la fonte pour acier, pratiqué dans le département de l'Isère : le procédé qu'on y suit est extrêmement défectueux; on ne fait que maintenir la fonte à l'état liquide dans le creuset, en y jetant une certaine quantité de quartz ou de silex pur. Le métal reste toujours couvert d'une couche de scories. La combustion du carbone est alors si lente, qu'on emploie presque trente heures pour achever une loupe. Dans le département de la Nièvre, on abrége un peu ce travail par la conversion de la fonte en blettes ou *rosettes*.

1092. L'usage de convertir la fonte en blettes pour la blanchir, est devenu assez général dans l'Allemagne

méridionale, depuis qu'on a augmenté la hauteur des
fourneaux qui servent à la réduction des minérais.
Ce blanchiment est un moyen certain de faciliter le
travail de l'affinage; mais on ne peut griller les rosettes, lorsqu'on les affine pour acier, comme on le fait
en les traitant pour fer ductile.

Dans les forges où la fonte n'est pas convertie en
blettes, au sortir du haut fourneau, on pratique cette
opération dans des feux particuliers de la manière
dont nous l'avons exposé au paragraphe 975. Les
feux d'affinerie qui servent à la préparation de l'a-
cier, sont un peu plus petits que les foyers dans lesquels on obtient du fer ductile; du reste ils leur ressemblent parfaitement. Le creuset des premiers, garni
de brasque, n'a que 13 centim. de profondeur, à
compter du jet d'air; on rend la tuyère moins plongeante qu'elle ne l'est dans l'affinage pour fer. Le détail de la manipulation varie et dépend de la qualité
de la fonte.

1093. Il existe des endroits où les blettes sont traitées comme les floss lamelleux. On les fond lentement,
et on les affine par une addition de laitiers riches ou
de ferraille; mais elles donnent presque toujours un
acier ferreux. Cette méthode est en général vicieuse,
parce qu'elle ne peut s'appliquer à la préparation des
aciers fins. Avant de procéder à l'affinage, on fait
une fusion préalable. On fabrique à Pyschminsk, de
l'acier brut avec le fer cru de seconde fusion appelé
Boden. On tâche, suivant cette méthode décrite par
M. Hermann, de régler la marche du feu par le
degré de vitesse donné au vent, par des additions de
quartz ou de laitiers pauvres, et quelquefois aussi par
des laitiers riches ou des débris de fer. Quand le métal

commence à se coaguler et à devenir compact, on
donne un vent assez fort, non pour liquéfier la masse,
mais pour la faire bouillonner. Lorsqu'elle s'est affaissée et que l'effervescence a disparu, on arrête les
machines soufflantes et l'on attend quelques minutes
pour laisser raffraîchir la loupe.

1094. Dans plusieurs usines, on maze et l'on affine
la fonte dans un même creuset, qui d'ailleurs, comme
dans tous ces genres d'affinage n'est qu'un trou brasqué. Le régule est placé près du contrevent et de la
haire. On fait agir les soufflets avec une grande vitesse.
Lorsque les fragmens de fer cru sont très-petits, on
les tient dans des tenailles. Les lopins obtenus précédemment s'étirent pendant la fusion. On fait liquéfier de suite sans interruption deux quintaux de
fer cru. Si le laitier s'accumule dans le feu, on en
lâche une partie, ayant soin de faire des percées très-
hautes; mais ce cas arrive rarement : quand la fusion
est terminée, on enlève les scories avec des pelles, après
avoir débarrassé le creuset. Comme le vent continue
d'agir sur la masse qui est à nu, elle se durcit à la
surface; on en détache alors une croûte ou rosette
qu'on arrose d'eau, et l'on continue cette opération
jusqu'à ce qu'il ne reste plus dans le creuset qu'une
petite portion de métal qui, trop faiblement décarburé, est refondu une seconde fois avec le régule; on
obtient par chaque fusion 5 à 7 rosettes.

Le creuset, dont la brasque doit être intacte, est
ensuite rempli de charbon. On y place les rosettes
de champ, dans le sens de la longueur du feu, et de
manière que leur partie inférieure frappée par le courant d'air, puisse seule entrer en fusion. L'affineur
donne d'abord un vent fort et arrange le feu de façon

que toutes les plaques soient exposées à l'action de l'air. Il pousse les charbons sous la fonte avec un large ringard et remplit de combustible les interstices laissés entre les rosettes. Il ramène au centre du foyer les dernières parties de ces plaques et les soulève même pour les exposer au courant d'air. Enfin, quand elles sont devenues si petites qu'il ne peut plus les maintenir dans leur position, il les retire pour les employer pendant la fusion préparatoire.

Dès que la quantité prescrite de rosette est fondue, la loupe doit être achevée : il suffit à l'affineur de régler d'une manière convenable la vitesse du vent et les additions de laitiers riches. On ne fait jamais de percée pour lâcher les scories pendant la fusion. La loupe est divisée en plusieurs lopins, qu'on étire en barres carrées de 32 millim. d'épaisseur; ces barres sont reforgées et réduites à 20 millim. d'équarrissage. L'acier obtenu est très-ferreux : on ne peut donc l'employer que pour des objets grossiers.

1095. Le procédé qu'on suit le plus généralement pour convertir les blettes en acier est celui que nous allons décrire :

On commence par brasquer le creuset, on le remplit de charbon et l'on fait agir les soufflets, après avoir disposé 50 kilog. de blettes près du contrevent. La fusion dure à peu près trois quarts d'heure; pendant ce temps on chauffe et l'on étire les lopins obtenus précédemment; on les coupe en deux, et après les avoir chauffés encore une fois, on les étire en barres.

—Quand la fusion est terminée, l'affineur retire les charbons, met la masse liquide à nu, enlève avec une pelle les scories qui recouvrent le métal, le brasse et y ajoute une certaine dose de laitier riche jusqu'à ce qu'il l'ait rendu entièrement épais. Cela fait, il remplit le creuset de charbon et place près du contrevent ou près du laiterol, un *boden* (une rosette très-mince obtenue dans un foyer d'affinerie), qu'il fond en donnant un vent faible. Pendant cette nouvelle fusion, l'ouvrier ajoute au métal liquide, selon la marche du feu, soit des fragmens de plaques épaisses *, soit des scories douces, soit des *bouts écrus* ou d'autres débris d'acier. Il jette aussi de temps à autre du quartz ou du sable blanc dans le foyer, pour empêcher la combustion du fer et pour se procurer un bain liquide, qui rend l'acier plus compacte. Lorsque le laitier s'amoncelle dans le creuset, on fait une percée, mais on en conserve la quantité voulue pour laisser le métal couvert.

La loupe doit donc se former dans ce bain; c'est pour cette raison que l'ouvrier le sonde continuellement avec son ringard, pour savoir s'il doit y ajouter des fragmens de plaques, des battitures ou des débris de fer. Lorsque la masse commence à s'épaissir, il donne un vent plus rapide jusqu'à ce qu'il n'aperçoive plus aucun bouillonnement. On retire alors la loupe du feu, on agite avec des perches de bois le bain resté dans le creuset, on détache les matières adhérentes aux plaques, on ajoute encore des laitiers jusqu'à ce que la masse soit en repos. Cela fait, on recommence, on remplit le foyer de charbon frais et l'on y porte le nombre suffisant de blettes ainsi qu'un *boden.*

On emploie cinq à six heures pour faire la pre-

---

* Les plaques épaisses retardent l'affinage; les bodens, au contraire, composés d'un fer moins carburé, produisent un effet analogue à celui des scories douces et des bouts écrus.   *Le T.*

mière loupe; les autres s'affinent plus vîte à cause du bain de métal conservé dans le creuset. Après avoir retiré du feu la dernière loupe, on laisse figer et refroidir la masse ; on la conserve pour l'employer en qualité de boden ou de laitier riche. Chaque loupe pèse 5o kilog. ; mais il existe aussi des usines dans lesquelles on fait liquéfier une si petite quantité de blettes et de boden à la fois, qu'on n'y peut obtenir que des lopins du poids de 15 à 25 kilog.

1096. En Russie, on a l'habitude d'employer les débris de fer pour la préparation de l'acier; ces débris qui proviennent des manufactures d'armes, des tôleries où d'autres établissemens de ce genre, sont liquéfiés d'abord dans un foyer particulier; ils donnent alors un métal qui se rapproche de la fonte plutôt que de l'acier, et qu'on refond avec lenteur en y ajoutant de la ferraille dont la dose est déterminée par la nature de la masse liquide.

1097. Il existe un acier naturel, *l'acier sauvage*, qui est recherché pour la confection des filières; on ne le prépare que pour cet objet. Extrêmement dur, non soudable et même dépourvu de malléabilité, il forme un produit intermédiaire entre l'acier et la fonte. On l'obtient en suivant les procédés ordinaires; mais, au lieu de continuer l'affinage jusqu'à ce que la loupe soit affaissée, on fait écouler le métal à travers le chio, aussitôt qu'il commence à bouillonner et à soulever les charbons. Si l'on construisait le feu expressément pour ce genre d'affinage, il faudrait donner à la pierre de fond une inclinaison vers le laiterol, et faire une percée-très-basse, afin qu'il ne restât point de fer dans le creuset.

DU RAFFINAGE DE L'ACIER.

1098. La plúpart des aciers bruts ne peuvent être considérés comme articles de commerce, qu'après avoir passé aux raffineries. Nous avons donné au paragraphe 1069 une idée de la nature et de l'objet de cette manipulation, qui s'applique à l'un et à l'autre acier obtenu soit par l'affinage, soit par la cémentation.

Le raffinage rend l'acier plus homogène, plus tenace et plus élastique, mais il le rend aussi moins dur, sur-tout lorsque cette opération se répète un grand nombre de fois; parce que le métal perd une certaine quantité de carbone qui se brûle par le contact de l'air atmosphérique. Plus donc l'acier brut est homogène, moins on le raffine et mieux il conserve sa dureté.

On raffine l'acier une, deux, trois ou même un plus grand nombre de fois. Mais, comme les chaudes multipliées peuvent lui devenir très-nuisibles, on ferait bien, pour en diminuer le nombre, d'amincir les barres le plus qu'il est possible. Une trousse composée par exemple de 6 barres, donne successivement de l'acier à 6, à 12, à 24, à 48, etc., lames. Mais, si les barres étaient plus minces, une trousse des mêmes dimensions pourrait en renfermer huit, de sorte que les quantités de lames contenues dans des aciers raffinés 1, 2, 3, 4, etc., fois, iraient en croissant d'après la série 8, 16, 32, 64, etc. Il suit de là, qu'en étirant l'acier en lames minces, on peut épargner quelquefois une chaude.

1099. Les barres qu'on forge d'abord en lames de 63 centim. de longueur sur une largeur de 4 centim. sont plongées toutes rouges encore dans l'eau froide et rassemblées en trousses, de manière que les lames dures soient entremêlées de lames plus molles. L'ouvrier qui exécute cette opération doit avoir une parfaite connaissance des aciers, pour distinguer avec certitude leurs différentes variétés par l'inspection de leur cassure. Les deux lames extérieures ont une longueur égale à celle de la trousse ; les mises intérieures peuvent être composées dés morceaux qu'on obtient en grande quantité, car il arrive souvent que les lames se brisent par la trempe. Chaque trousse, tenue dans une tenaille, est chauffée d'abord au rouge ; on la remplace ensuite par une autre, et l'on expose la première à une température plus élevée où elle doit recevoir le degré de chaleur du blanc soudant. On les saupoudre alors avec de l'argile en poudre fine, pour leur donner une enveloppe de laitier, afin de prévenir l'oxidation du fer et la combustion du carbone. Après avoir reçu une chaude suante, la trousse est forgée en une barre carrée de 4 centim. d'épaisseur. Pour la raffiner une seconde fois, on lui donne un coup de tranche au milieu, on la plie, on soude les deux parties ensemble et l'on étire la barre. Le 3e. et le 4e. raffinage se pratiquent de la même manière.

1100. Les foyers de raffinerie sont des feux de forge pourvus de plusieurs tuyères disposées sur une ligne, afin que la trousse puisse recevoir une chaleur uniforme dans toute sa longueur. On couvre ces foyers avec une voûte pour empêcher les pertes de chaleur, ce qui leur donne l'apparence d'un four. Le combustible employé est le charbon de bois ou la houille. Le premier développe moins de chaleur que le deuxième ; les portions de barres chauffées avec celui-là sont alors moins longues, ce qui fait augmenter le nom-

bre des chaudes. Si la houille est collante, on peut
se dispenser de couvrir le feu par une voûte ; mais
il faut avoir soin que le charbon de terre qui brûle
avec flamme, ne soit pas en contact immédiat avec
l'acier.

1101. L'adresse des raffineurs consiste à forger l'a-
cier en lames très-minces, à l'assortir suivant l'usage
auquel il est destiné, à serrer les trousses afin que
les intervalles laissés entre les lames soient. les plus
petits possible, à donner des chaudes très-suantes,
à souder les barres également dans toute leur longueur, et à gouverner le feu de manière que le combustible frais ne soit pas en contact immédiat avec
l'acier rouge blanc. Un ouvrier adroit et zélé peut souvent remédier aux défauts des aciers, il en modifie
la dureté par l'assortiment des lames ; mais il ne peut
pas en corriger l'aigreur, lorsqu'elle provient de la
nature du fer cru.

On donne quelquefois à l'acier raffiné des dénominations particulières. Cependant dans la plupart des
usines, on le désigne par le nom d'acier à 1, 2, 3
marques. On le paie à proportion du nombre des
raffinages qu'il a subis.

Le déchet est très-grand : il s'élève pour chaque
raffinage, à 10 et même à 15 pour cent. On brûle
$0^{\text{mèt. cub.}},198$ à $0^{\text{mèt. cub.}},231$ de charbon par 100 kilog.
d'acier raffiné.

DE L'ACIER DE CÉMENTATION.

1102. On connaît depuis si long-temps la propriété
du fer de se durcir étant chauffé dans des vases clos,
en contact avec des matières charbonneuses, qu'on

ne, peut assigner l'époque et le pays où la première
fois on a fait usage de cette propriété, pour fabriquer
l'acier de cémentation. Il est probable qu'on se borna
d'abord à cémenter de petits objets pour en augmenter
la dureté; c'est plus tard qu'on a songé à convertir par
ce moyen le fer en acier. Lorsque Réaumur composa
son excellent ouvrage sur la cémentation, cet art était
déjà parvenu au degré de perfection où nous le voyons
aujourd'hui. Les améliorations dont il a été l'objet,
depuis cette époque, ne se rapportent qu'à la manière
de chauffer les fourneaux. C'est à Réaumur qu'appartient le mérite d'avoir porté le premier son attention sur les caractères extérieurs des différentes espèces de fer forgé, d'acier ou de fer cru, et de s'en
être servi pour juger de leurs autres propriétés. Il
est indubitable que ses recherches ont été provoquées
par les changemens qui s'opèrent dans les tissus des
barres soumises à la cémentation.

1103. Depuis qu'on a répandu plus de lumières sur
la combinaison du fer avec le carbone, il est facile
d'expliquer tous les phénomènes que présente ce métal
à la chaleur rouge et à celle de la fusion opérée avec
ou sans addition de matières étrangères. On sait à
présent que la moindre variation dans les proportions
du carbone, produit les plus grands changemens dans
la dureté, la texture, la couleur et la fusibilité du
fer. Mais il est digne d'attention que le fer, à l'état
solide et soumis à une haute température, puisse se combiner avec le charbon et qu'il se convertisse en acier,
sans pouvoir se changer en fonte, à moins de subir
une entière liquéfaction. Si on le maintient en contact avec le charbon à une chaleur intense et soutenue,
sans le fondre, on obtient un composé très-aigre qui

perd sa ténacité de plus en plus, et qui ne présente l'image d'une combinaison générale qu'en passant à l'état de fonte par une fusion complète. Ce fait est de la plus haute importance; il nous montre que la force de cohésion s'oppose à une combinaison générale qui ne peut avoir lieu que lorsque la résistance a été vaincue par le calorique. S'il était possible de graduer la chaleur de manière qu'elle pût approcher très-près du point de fusion sans l'atteindre, on obtiendrait, par la cémentation, un produit intermédiaire entre l'acier et le fer cru, produit qui ne pourrait devenir homogène que par la liquéfaction et qui, soumis à une haute température, se détruisant de lui-même, donnerait naissance au graphite et à la fonte grise*.

1104. Lorsqu'en vertu d'une longue cémentation, le tissu fin de l'acier a été remplacé par une grainure à facettes, on est certain que le fer s'est chargé du maximum de carbone qu'il peut contenir à l'état d'acier : passé ce point, il devient aigre et semblable au fer cru. Un plus haut degré de chaleur le change alors en fonte et fait disparaître la couleur blanche argentine. Il est impossible que la transition de l'acier à la fonte, puisse être plus frappante ou que la vérité de la théorie soit mieux prouvée que par les phénomènes de la cémentation.

1105. On doit croire d'après cela, qu'il est facile de fabriquer au moyen de la cémentation, l'acier le plus dur, qui se rapproche de la fonte, ou l'acier le plus mou, qui ressemble au fer dur; qu'il suffit pour

---

* La fonte qu'on obtient de l'acier mis en fusion dans les caisses de cémentation, est toujours grise. Voyez le paragraphe 10 du mémoire annexé au premier volume. **Le T.**

cet effet, de bien régler la température ainsi que la durée de l'opération. L'expérience le prouve effectivement ; mais, malgré cet avantage, elle ne se prononce pas en faveur de l'acier de cémentation, inférieur aux autres, probablement à cause de la difficulté qu'éprouve le carbone à se mouvoir dans l'intérieur du fer. Les combinaisons intimes n'ont lieu qu'entre les corps liquides ; c'est donc par la fusion seule que le fer peut se changer, soit en acier homogène, soit en fonte, selon la quantité de carbone dont il s'est chargé. Il est impossible que par les chaudes, le fer en barre passe d'une manière uniforme à l'état d'acier : la combinaison ne s'effectue que par couches ; les parties extérieures sont par conséquent aciérées déjà, lorsque le noyau est encore à l'état de fer ductile ; celles-là se sont changées en acier dur quand celui-ci commence à devenir de l'acier mou ; enfin les premières se rapprochent de la fonte quand l'autre devient de l'acier dur. La masse ne peut donc acquérir une homogénéité parfaite qu'au moyen de la fusion, mais il faut empêcher alors qu'elle ne se combine avec une nouvelle quantité de carbone.

1106. On aurait un moyen facile de diminuer l'inégalité de la carburation : il consisterait à ne cémenter que du fer très-mince ; mais on ne peut dépasser une certaine limite, parce que les lames trop minces entreraient en fusion. On est forcé en outre, sous le rapport de l'économie, de travailler en grand ; il arrive alors qu'une partie du fer est exposée à une chaleur plus élevée qu'une autre, parce qu'on en cémente à la fois une quantité considérable. Il ne faut donc pas que les barres soient très-minces, parce qu'elles seraient trop exposées à fondre.

Le second moyen de rendre l'acier de cémentation plus homogène, c'est de le raffiner. Ce moyen, quoique purement mécanique, conduirait au but proposé, si l'opération était répétée un grand nombre de fois, et si pendant les chaudes on pouvait préserver le métal du contact de l'air, afin de ne pas en brûler le carbone.

Lorsque l'acier de cémentation est versé dans le commerce sans être raffiné, on l'étire du moins en barres carrées, de dimensions variables, en le chauffant pour cet effet dans un four à réverbère. Ce martelage équivaut à une espèce de raffinage, car si l'on admet que toutes les parties de la barre s'étendent et s'amincissent également, il s'ensuit que les couches fortement carburées, se rapprochent davantage de celles qui le sont moins ; l'acier devient donc plus fin et plus homogène, ce qui est confirmé par l'expérience. Il est évident que cette opération produit d'autant moins d'effet que les barres soumises au martelage sont plus minces. Plusieurs métallurgistes conseillèrent pour cette raison de ne pas réduire les lames qu'on veut cémenter à une faible épaisseur, oubliant que le forgeage et le raffinage deviennent moins nécessaires, lorsque l'acier est plus homogène en sortant des fourneaux de cémentation*.

1107. Il est essentiel d'empêcher que, pendant la cémentation, le fer ne se trouve en contact avec l'air

* C'est aussi pour resserrer les molécules et pour rendre le tissu de l'acier plus fin, qu'on doit le forger ou le comprimer sous le marteau ; et il est évident que cette opération, qui change entièrement la texture du métal dont elle augmente d'ailleurs la ténacité, ne pourrait produire tout son effet, si les barres étaient déjà très-minces, en sortant des caisses de cémentation. Le T.

atmosphérique qui finirait par l'oxider entièrement.
Pour le cémenter, on doit donc l'exposer, en contact
avec le charbon, à une charleur continue; le protéger contre l'action de l'oxigène et le maintenir toujours au-dessous du point de fusion.

On satisfait à ces conditions en plaçant les barres
dans des vaisseaux clos ou caisses hermétiquement
fermées, dans lesquelles le fer stratifié avec le charbon,
est soumis à une chaleur intense, qu'on prolonge jusqu'à ce que le carbone ait pénétré toute la masse du
métal. Ces caisses sont liées aux fourneaux; car il serait trop difficile de les manœuvrer, de les enlever
ou de les replacer, soit à cause de leur longueur qui
dépasse souvent 3 mètres, soit parce qu'elles sont confectionnées en terre et qu'elles ne peuvent supporter
les chocs ou les secousses.

 - 1108. Les fourneaux de cémentation doivent être
construits de manière que les caisses se trouvent chauffées uniformément. Il faut en outre que ces foyers ne
soient ni trop hauts ni trop larges, pour qu'on ne perde
pas trop de chaleur et qu'on puisse graduer la température avec des registres servant à augmenter ou à diminuer le tirage.

Les caisses doivent être enveloppées par la flamme
de tous les côtés; elles ne peuvent donc reposer sur
l'aire du fourneau ni se trouver adossées contre ses
parois; on les place pour cette raison sur des supports.
La voûte doit être très-surbaissée, afin que les caisses
ne restent pas trop froides dans leur partie supérieure.
En général il faut éviter que les dimensions du fourneau, ou, pour mieux dire, la distance entre les parois
du mur et les caisses ne soit trop grande.

Les ouvertures qui sont pratiquées dans la voûte

pour le dégagement de la flamme et sur lesquelles on
placé ordinairement des hausses, ainsi que la quantité
d'air qu'on laisse entrer dans le fourneau, déterminent
le degré de chaleur.

On chauffe avec la houille, le bois en nature et le
charbon de bois. Il ne faudrait pas employer ce dernier, puisqu'on doit maintenir la température au-dessous du point de fusion, et que le feu de flamme suffit
au-delà pour communiquer au fer le degré de chaleur
voulu et en opérer l'aciération. Aussi les fourneaux
chauffés avec le charbon de bois sont devenus très-
rares. Les anglais ont commencé à substituer la houille
au charbon, ce qui a fait naître l'idée d'employer le
bois. On ne peut douter que la bonne tourbe ne puisse
servir au même usage.

1109. Les fourneaux de cémentation chauffés avec
le charbon de bois, se composent d'une aire enfermée
entre quatre murs verticaux terminés par une voûte.
Les caisses placées dans l'intérieur de ces foyers, reposent sur des supports ou des arceaux. Tout l'espace
qui n'est pas occupé par ces vaisseaux est rempli de
charbons incandescens. Des ouvertures pratiquées au
niveau de la sole dans les faces latérales donnent entrée à l'air atmosphérique; d'autres issues pratiquées
dans la voûte laissent échapper la flamme et la fumée : ces dernières sont pourvues de registres qui servent à régler le tirage et à graduer la chaleur. L'ouvrier
juge par la couleur de la flamme, si le courant d'air
est uniforme ou bien si l'un des évents doit être ouvert ou fermé davantage, et en général, s'il est nécessaire d'élever ou d'abaisser la température. La
flamme présente d'abord une couleur rouge ou sombre,
et s'éclaircit ensuite, de manière que, vers la fin de

l'opération, tous les évents sont blancs. Si les barres contenues dans les caisses chauffaient inégalement, leur dureté varierait d'une extrémité à l'autre.

Le fourneau doit toujours être rempli de charbons incandescens; il les reçoit par des tuyaux adaptés à la naissance de la voûte. Toutefois, si, dès le commencement, la chaleur a été trop vive, on laisse souvent descendre et brûler le combustible sans le remplacer tout de suite, afin d'abaisser la température. Il faut qu'en général les tuyaux soient pleins et que le charbon soit embrasé avant d'arriver dans le foyer, pour qu'il ne puisse occasionner de refroidissement. On le pousse toutes les deux ou trois heures dans le fourneau et l'on remplit ensuite les tuyaux.

On ne peut empêcher qu'il ne se consume en pure perte une grande quantité de charbon, dans la partie supérieure du foyer; c'est pour cette raison que ces fourneaux ont été abandonnés et qu'ils ne se rencontrent plus que dans les anciennes aciéries.

1110. Les fourneaux de cémentation activés avec la houille et ceux qui sont chauffés avec le bois, ont la même forme; ils ne diffèrent entr'eux que par l'étendue de la grille. Si le four est très-grand, on introduit le combustible par deux côtés opposés, afin que la chaleur se répartisse avec plus d'uniformité.

Ces foyers ressemblent en quelque sorte à des fours de verrerie, mais ils sont rectangulaires. On ne pourrait adopter la forme ronde; il en résulterait des espaces vides trop considérables, parce que les caisses sont nécessairement longues et à faces planes. Le fourneau se compose donc d'une aire divisée en deux parties dans le sens de sa longueur, par une grille qui laisse à droite et à gauche deux espaces égaux

destinés à recevoir les deux caisses. La largeur de la
grille et son abaissement au-dessous de l'aire, dépendent et du combustible et de la largeur des caisses
de cémentation. Si l'on brûle de la houille dans ces
foyers, il n'est pas toujours nécessaire de faire régner
la grille dans toute la longueur du fourneau : il suffit
que la chaleur soit distribuée également au moyen
des différentes ouvertures ménagées non-seulement
dans la voûte, mais aussi dans les faces latérales du
four, afin que la flamme, au lieu de s'échapper directement par le haut, vienne envelopper les caisses
sur tous les points avec une égale activité.

Lorsqu'on chauffe avec du bois, la grille doit être
plus large pour contenir une suffisante quantité de
ce combustible, ce qui agrandit la capacité du fourneau. Pour profiter dans ce cas, de toute la chaleur
et pour la concentrer davantage, Rinman plaça une
troisième caisse au-dessus des deux premières ; cette
disposition, très-avantageuse, si l'on chauffe avec du
bois, ne pourrait convenir aux fourneaux à houille,
parce qu'ils peuvent être très-étroits et que l'emploi
d'une troisième caisse deviendrait alors nuisible, s'il
devait en résulter un élargissement. Toutefois on ferait bien d'employer une troisième caisse assez étroite
pour n'apporter aucun changement aux dimensions
du fourneau.

Si l'on fait usage de trois caisses, il devient d'une
nécessité absolue de pratiquer des évents aux faces
latérales du four, afin de ne pas trop échauffer la
caisse supérieure exposée à l'action immédiate de la
flamme.

La voûte doit être très-surbaissée. On la construit
en argile ou en briques réfractaires : elle est percée

de plusieurs ouvertures auxquelles on adapte des
tuyaux où évents qu'on peut fermer plus ou moins.
On ménage dans un des petits côtés une porte, afin
que l'ouvrier puisse entrer dans l'intérieur du foyer
pour charger et décharger les caisses; on la mure
avant d'allumer le combustible. Il existe aussi des
trous pratiqués dans les petits côtés du fourneau, immédiatement au-dessus des caisses, par lesquels on
introduit et l'on retire les barres.

IIII. Les caisses ont 2m,51 à 3m,76 de longueur
sur 68 à 73 centim. de largeur et 78 à 94 centim.
de hauteur. Si elles étaient trop larges, le fer placé
vers le contrevent ne serait point soumis à une assez
forte chaleur; il ne faut pas non plus qu'elles soient
trop hautes, parce que la flamme ne pourrait plus
être distribuée avec autant d'uniformité. En un mot,
le métal se carbure plus également, si les caisses
sont étroites et basses; dans le cas opposé, on ne peut
empêcher que le fer rangé vers les bords de la caisse,
ne s'acière trop fortement, si celui du milieu doit
recevoir le degré de dureté convenable.

Les caisses sont confectionnées en briques réfractaires ou en argile. Cette terre ne doit pas être très-
grasse; on la mêle avec une certaine quantité de sable
quartzeux pur, afin d'en diminuer le retrait et d'éviter
qu'elle ne se fende dans les températures élevées. Les
caisses ont plusieurs pouces d'épaisseur aux parois. On
doit les traiter avec beaucoup de ménagement, les
sécher d'abord à l'air atmosphérique, les exposer ensuite à une douce chaleur, les laisser refroidir, les
visiter et les réparer soigneusement : on doit aussi
les examiner de la manière la plus scrupuleuse après
chaque cuite, car la moindre fente pourrait occasionner les plus fâcheux accidens.

Ce qu'il y a de plus commode, c'est de confectionner ces caisses avec des briques réfractaires, longues, larges et jointes ensemble à rainures, afin qu'elles ne laissent aucun passage à l'air atmosphérique.

On supprime dans quelques usines les petits côtés des caisses de cémentation, en prolongeant les grandes faces jusqu'à la rencontre des parois du fourneau. Ailleurs, ces caisses sont entièrement isolées et composées par conséquent de cinq surfaces planes.

Il ne serait guères possible de les fabriquer en tôle ou en fonte; la chaleur les ferait ployer et le courant d'air les oxiderait, quelque soin qu'on mît à les enduire d'une couche d'argile réfractaire. Ce n'est que pour la cémentation de petits objets confectionnés (la trempe en paquet), qu'on emploie des vases de cette espèce fermés hermétiquement.

Il paraît que les anglais construisent souvent les caisses avec du grès réfractaire, dont les joints sont remplis d'argile. Ces pierres qui sont minces et grandes, pourraient servir avantageusement pour le fond ; mais on doit préférer à toute autre matière l'argile avec laquelle on fait les creusets. Les fragmens des vieilles caisses sont pulvérisés et mêlés aux terres qui servent à la fabrication des caisses neuves ; leur durée dépend en général de la nature des substances dont elles sont confectionnées.

1112. En préparant l'acier de cémentation, on doit tenir compte et de la nature du fer et de la forme des barres. Il faut préférer le fer fort et dur au fer fort et doux, parce que le premier est mieux disposé à se convertir en acier. Il faut accorder aussi la préférence aux fers extraits des minérais manganésifères : nous en avons développé les raisons aux paragraphes 222 et 1073. On ne doit pas cémenter le fer rouillé fortement. Il faut se garder aussi des fers pailleux, criqués ou fendus dans le sens de la longueur. Les fentes longitudinales indiquent à la vérité un fer tenace et nerveux, mais aussi très-mou, ce qui le rend peu propre à la cémentation.

La largeur des barres est assez indifférente en elle-même; elle varie entre 3 et 5 centimètres. Quant à leur épaisseur, elle ne devrait jamais s'élever au-dessus de 9 millimètres, à moins qu'on ne veuille fabriquer des aciers durs et communs; dans ce cas, on peut donner aux barres 13 à 15 millimètres d'épaisseur; mais on doit les soumettre à une chaleur plus intense et plus prolongée. L'acier, quoique bon au centre, devient alors très-dur à la surface; on est donc obligé de le raffiner à plusieurs reprises, pour le rendre plus homogène. Les barres minces donnent souvent par un seul raffinage, un acier meilleur et plus homogène que celui des barres épaisses soumises deux fois à la même opération. Il s'ensuit que si l'on ne considérait que la qualité des produits et la grandeur du déchet, on devrait toujours cémenter de préférence des barres minces.

Comme l'acier s'alonge de $\frac{1}{50}$ (94), lorsqu'il passe de la température ordinaire de l'été à la chaleur blanche, on doit y avoir égard en déterminant la longueur des barres, afin qu'élevées à une haute température, elles ne viennent pas toucher et rompre la caisse. Si par exemple la longueur de celle-ci était de 10 pieds, on ne pourrait donner aux barres que 9 pieds 11 pouces tout au plus. Pour éviter toute espèce d'accident, on les rend ordinairement de quelques pouces moins longues que les caisses; cependant

II 72

on ne doit pas, entraîné par un excès de précaution, laisser trop d'espace vide.

1113. Le cément doit ou contenir du charbon ou en être entièrement composé. Réaumur et Rinman ont essayé un grand nombre de substances; mais, n'ayant pas été guidés dans leurs recherches par les principes d'une saine théorie, ils ont quelquefois employé des corps qui adoucissent le fer au lieu d'en augmenter la dureté. Après une foule d'essais, Réaumur parvint au résultat suivant : que le meilleur cément devait être composé de deux parties de suie, une partie de poussière de charbon, une partie de cendre et une demi-partie à trois quarts de sel marin; qu'après ce mélange, c'était le graphite qui tenait le premier rang, et qu'en général tous les corps contenant du charbon, par conséquent aussi la limaille de fonte, pouvaient servir de cément. On savait d'ailleurs que le fil de fer plongé dans un bain de fonte, se changeait en acier.

L'utilité du sel ne peut s'expliquer par la théorie actuelle; d'un autre côté, il paraît que l'expérience n'a pas encore prouvé d'une manière bien positive, que Réaumur ait été induit en erreur. Rinman croyait, d'après ses observations, que le sel de cuisine donne à l'acier une plus grande dureté, mais qu'il le rend aigre.

On n'en sait guères davantage sur l'utilité des cendres mêlées aux cémens, bien qu'elles soient employées encore aujourd'hui dans la proportion d'un dixième. On prétend savoir par expérience qu'elles rendent l'acier plus homogène et plus dur. Il est possible qu'elles ne produisent qu'un effet mécanique; que, modérant l'action du carbone sur le fer, elles favorisent l'uniforme distribution de cette matière dans le métal, puisqu'elles empêchent que les nouvelles doses n'arrivent et ne se succèdent avec trop de rapidité.

Le charbon doit être pulvérisé et passé au tamis. Il paraît que la poussière qui a déjà servi une fois, ne peut être employée que par moitié, qu'elle devient impropre à la cémentation après une deuxième cuite et qu'il faut alors la renouveler en entier. On sera obligé de s'en rapporter à l'expérience tant que la nature du charbon restera problématique. La théorie ne peut nous indiquer la différence qui existe entre un charbon chauffé à plusieurs reprises, et un autre qui n'a été exposé qu'une seule fois à la chaleur.

Il paraît que le charbon de genièvre est le plus efficace, et qu'en général le charbon de bois dur est meilleur que le charbon de bois tendre. On recommenderait l'usage de la suie, qui se trouve réduite en poudre très-fine, si l'on n'était pas obligé de tempérer l'effet des cémens forts, par une forte addition de cendres. Il est probable cependant qu'un mélange de ces deux corps dosés convenablement, composerait la meilleure poudre de cémentation.

1114. Pour charger une caisse, on répand d'abord sur le fond une couche de cément de 5 centimètres d'épaisseur assez fortement comprimée. On y place les barres disposées de champ de manière à laisser entr'elles des intervalles de 7 à 13 millim; la première et la dernière sont éloignées de 26 millim. des parois de la caisse : si les barres sont minces, il faut les rapprocher plus que si elles étaient épaisses. Il n'y a pas de doute que les grands intervalles ne retardent l'aciération, parce que le charbon est un très-mauvais conducteur du calorique. S'ils sont trop grands, il est impossible de bien échauffer le centre de la masse sans trop élever la température, ce qui nuit à la qualité de l'acier placé le plus près des parois du vaisseau. Mais si les barres sont grosses, le calorique se propage avec plus de facilité dans l'intérieur de la caisse; on peut donc pour cette raison augmenter la distance d'une barre à une autre. Après avoir-répandu sur le fer une couche de charbon de 13 à 20 millim. d'épaisseur, on y place une deuxième rangée de bar-res, et ainsi de suite jusqu'à 16 centim. au-dessous du bord supérieur de la caisse. Le reste de sa capacité, est rempli d'ancien cément; c'est de la poussière qui a déjà servi. On la couvre ensuite de sable réfractaire humecté d'eau qu'on entasse par-dessus les bords.

En stratifiant le fer avec le charbon, on doit avoir grand soin que les barres n'aient entre elles aucun point de contact, et qu'elles ne touchent pas les parois du vaisseau; les bouts des barres, qui d'ordinaire ne sont pas bien affinés, doivent être coupés, et cémentés ensuite avec une poussière moins fine.

Dès que le four est chargé, on en mure la porte, on ferme les ouvertures qui ont servi à y introduire le fer et on le met en activité.

1115. On ne doit pas donner dans le commencement un coup de feu violent, parce qu'on risquerait d'endommager le fourneau ainsi que les caisses; il faut donc élever la température peu à peu pendant 3 ou 4 jours : portée à 90 et même à 100 degrés de Wed-gewood, elle est entretenue ensuite à la même intensité jusqu'à la fin de l'opération.

La durée d'une cuite dépend de la nature du com-bustible, de la grosseur des barres, de la grandeur du foyer et de l'activité de son tirage. Un ouvrier qui

connaît son fourneau, sait indiquer avec assez de précision le moment où l'on doit cesser l'opération. Pour
plus de certitude, on place cependant aux deux extrémités de petites barres ou *éprouvettes*, à différentes
hauteurs dans les caisses. Il faut qu'elles y entrent sur
une longueur de 26 à 39 centim.., et qu'on puisse les
en retirer à volonté. En construisant les caisses et les
fourneaux, on y pratique donc des ouvertures pour
cet objet.

Les fourneaux qui ont une grande capacité, doivent
être chauffés d'abord avec plus de ménagement et en-
tretenus ensuite plus long-temps au même degré de
température. En faisant usage de houille pour combustible, on abrége le temps de l'aciération, parce
que, toutes choses égales d'ailleurs, on peut resserrer
le foyer et concentrer la chaleur, avantage que ne
présentent pas les fourneaux chauffés avec le bois.

Si les fourneaux sont petits, on peut achever une
cuite en quatre jours; s'ils sont grands, il en faut souvent 10 ou 12 pour la finir. La quantité de fer qu'on
cémente à la fois varie entre 500 et 5000 kilog.; il
paraît que les fourneaux moyens qui contiennent 2000
à 2500 kilog., consomment le moins de combustible.
Au reste l'acier sera d'autant plus homogène que les
caisses seront plus basses et plus étroites.

1116. Le premier soin de l'ouvrier est de bien
gouverner le feu au moyen des évents et des registres.
Si le degré de chaleur du fourneau n'est pas suffisamment élevé, et il faut le proportionner à la grosseur des caisses, ainsi qu'à celle des barres, on consume une trop grande quantité de combustible; s'il
est trop élevé, l'acier peut entrer en fusion : on obtient alors de la fonte, ou du moins une matière aigre,

impropre à toute espèce d'usage. Le cémenteur doit
connaître son fourneau et savoir juger par la couleur
de la flamme jointe à l'aspect des éprouvettes, le
degré de température qu'il faut employer et le temps
qui est nécessaire à la cémentation : on ne peut donner,
aucune règle à ce sujet. Si l'on connaissait un py-
romètre commode, on ne serait pas forcé de se fier,
uniquement au coup d'œil des ouvriers.

Une chaleur intense accélère l'aciération; il semble
par conséquent que l'on peut abréger le travail en
élevant la température; mais l'expérience a prouvé
que l'acier devient alors moins homogène qu'il ne le
serait si l'action du carbone sur le fer était plus lente,
probablement parce qu'il lui faut un certain temps
pour se distribuer uniformément dans toute la masse.
En donnant d'abord un coup de feu si violent, on
doit craindre d'arriver au point de fusion.

Les matières s'affaissent pendant la cémentation;
il vaut donc mieux fermer les caisses avec du sable
qu'avec un couvercle immobile; afin qu'il ne se forme
pas des espaces vides qui laisseraient entrer l'air atmosphérique.

1117. Les éprouvettes doivent avoir non-seulement
la même grosseur, mais aussi la même qualité que
le fer soumis à la cémentation. S'il en était autrement,
on pourrait être induit en erreur.

On peut suivre pas à pas la marche de l'opération
par l'inspection de la cassure des éprouvettes. Le carbone se combine d'abord avec les parties extérieures
et s'avance progressivement jusqu'au centre, qui présente quelquefois tout le caractère, la couleur et la
texture du fer, lorsque la première enveloppe est déjà
changée en acier. On cesse d'alimenter le feu quand on

n'aperçoit plus aucune trace de fer dans les éprouvettes. On laisse refroidir le fourneau lentement et pendant plusieurs jours, afin que les caisses ne soient pas exposées à se fendre. Lorsqu'il est froid, un ouvrier qui entre dans le foyer, enlève le sable et la poussière de cémentation, retire l'acier des caisses, les visite, les répare et les recharge.

Les barres d'acier sont couvertes d'une foule d'*ampoules* d'autant plus grandes et plus nombreuses, que le fer employé à la cémentation était moins dense. Les ampoules qu'on aperçoit sur la surface de l'acier préparé avec du fer fort et dur, sont peu grandes et en petit nombre. Il est très-singulier que ces ampoules ressemblent à des soufflures produites par un gaz qui voudrait se dégager de la masse, comme si le mouvement du carbone dans le fer donnait naissance à un fluide élastique. C'est à cause de ces ampoules, que l'acier brut obtenu par la cémentation s'appelle *acier poule* *.

En sortant du fourneau, les barres sont parfaite-

---

* Il est probable que les ampoules ne proviennent que des scories mêlées avec le fer. Le carbone, en pénétrant la masse du métal, les rencontre, les décompose et produit un dégagement d'acide carbonique. Les cendrures, les pailles, les moines et toutes les solutions de continuité ne sont dues qu'à ces scories, qui, renfermées dans la loupe, n'ont pu en être exprimées par l'action du marteau : or ces défauts se rencontrent bien fréquemment dans les fers mous, c'est pour cette raison qu'ils se couvrent d'une si grande quantité d'ampoules pendant la cémentation. Le fer dur au contraire, susceptible de recevoir un très-beau poli, parce qu'il est plus compacte et qu'il contient moins de cendrures que le fer mou, est moins sujet aussi à se boursoufler lorsqu'on le cémente. L'acier préparé avec du fer semblable ne présente quelquefois aucune soufflure.

Le T.

ment dépouillées; la texture nerveuse et la couleur bleue du fer ne doivent plus se retrouver dans leur cassure. Si les dimensions du fer sont très-fortes, le tissu sera gros, la couleur matte, blanche et légè_rement nuancée de jaune vers les bords, preuve que le fer a été sur-aciéré à ces endroits, ce qui est iné_vitable, parce qu'on ne doit jamais conserver de noyau ferreux. Si le centre de la cassure est brillant, la barre contient encore du fer, lors même que sa texture ne semble pas l'annoncer.

On ne peut éviter qu'il ne se rencontre dans les barres quelques endroits trop fortement cémentés; on y remédie par le raffinage. C'est en raison de ce dé_faut d'homogénéité que les barres non raffinées sont très-aigres et donnent un son d'instrument fêlé, lorsqu'on les brise sous le marteau. On est certain qu'elles ont un noyau ferreux si l'on est obligé de faire quelque effort pour les rompre : elles doivent se briser facile_ment sous le marteau. Il est essentiel d'assortir l'acier au moment où on le retire du fourneau, car les barres placées au centre de la caisse, sont toujours moins car_burées que les autres.

1118. Si les surfaces des barres ne sont pas cou_vertes d'une trop forte couche d'oxide, le fer augmente par la cémentation de $\frac{1}{200}$ à $\frac{1}{120}$ de son poids.

On compte ordinairement en Angleterre sur trois quarts pour cent d'augmentation de poids, lorsque le fer est d'une bonne qualité; dans le cas contraire, il n'y a ni perte ni gain*.

1119. Il existe une espèce particulière de cémen_

---

* Voyez aussi, pour l'acier de cémentation, les annales des mines, volume 5, pages 247 et suivantes.   Le T.

tation, qu'on emploie pour durcir des objets extérieurement par la trempe : on l'appelle la *trempe en paquet*. Ces objets, stratifiés avec du cément dans des
caisses de tôle, sont chauffés fortement et plongés
dans l'eau à la chaleur rouge : c'est ainsi qu'on durcit
des boutons, des chaînes, des aiguilles et toutes sortes
d'outils et d'instrumens qu'on veut polir. On entoure
la caisse de charbons incandescens, qu'on renouvelle
jusqu'à ce que la cémentation soit suffisamment avancée, ce que l'on reconnaît à des fils de fer plongés
dans ces caisses et retirés de temps à autre. A mesure qu'on prolonge l'opération, la couche d'acier devient plus épaisse, mais on rend les objets aigres. C'est
pour cette raison que les aiguilles à coudre confectionnées de cette manière sont très-mauvaises, parce
que leurs pointes se brisent facilement; aiguisées de
nouveau elles deviennent molles et finissent par se
courber, à cause du noyau de fer qu'elles conservent
encore. Les instrumens tranchans ou pointus devraient
toujours être confectionnés en acier, mais on peut
employer la trempe en paquet pour les objets qu'on
veut polir, ou pour ceux qui doivent être durs sans
offrir une grande résistance.

Le meilleur cément pour la trempe en paquet consiste, d'après Rinman, en 4 parties de charbon de
bouleau pulvérisé, 3 de suie et 1 de cuir carbonisé. Il paraît qu'en faisant usage de charbon animal
on change le fer en acier plus promptement qu'avec
le charbon de bois; on s'en sert pour cette raison avec
beaucoup d'avantage pour la trempe en paquet, mais
la cause de ce fait est encore inconnue *.

---

* Cette observation ne me paraît pas devoir être négligée, depuis

Il est évident qu'on doit luter la caisse, pour empêcher le contact de l'air atmosphérique. Après avoir ouvert le vase, on se hâte de plonger les objets dans la matière refroidissante, afin qu'ils ne puissent se couvrir d'une couche d'oxide. On les travaille à la lime ou même on les polit à l'éméril avant de les tremper en paquet.

Si l'on veut conserver à l'acier le grain fin et ne pas le rendre aigre, il faut le tremper à un faible degré de température. Cette précaution devient plus nécessaire encore pour les instrumens tranchans, parce que les pointes ou les taillans s'ébrécheraient s'ils devenaient trop durs et trop aigres. C'est pour cette raison que ces objets ne devraient jamais être confectionnés en fer trempé en paquet; car, si la chaleur est faible, le cément n'a point d'action; dans le cas contraire, on change la texture du métal et on la rend moins fine; l'objet se durcit davantage, mais il s'aigrit considérablement. On peut augmenter la dureté des limes et des râpes, par la trempe en paquet; car le cément peut agir sur les petites aspérités de ces instrumens à une chaleur modérée. On les chauffe au brun dans un feu de charbon, on les noircit ensuite à la corne; on les remet dans le feu, jusqu'à ce qu'ils soient rouge cerise, et on les plonge verticalement dans l'eau froide. On peut aussi les enduire à froid avec une substance pâteuse composée de levure de bière, d'une partie de cuir carbonisé et d'une partie de suie : le lait peut remplacer la levure. Il faut sécher cet en-

que plusieurs personnes ont voulu attribuer au silicium une si grande influence dans la cémentation : le charbon animal ne contient point de silice. M. Dobereiner l'a trouvé composé de 0,717 de carbone et de 0,283 d'azote. Le T.

duit rapidement, chauffer les limes dans un feu de charbon au rouge cerise, et les plonger ensuite dans l'eau
froide *.

DE LA PRÉPARATION DE L'ACIER FONDU.

1120. Bien que l'acier de cémentation puisse être
tenace, dur, élastique, et que, sous ce rapport, il
puisse surpasser quelquefois l'acier fondu, il n'en est
pas moins vrai que, chauffé à plusieurs reprises, il
perd son carbone et se change facilement en fer ductile. La combinaison du carbone avec le fer ne peut
devenir très-intime que si le composé est rendu liquide. Il paraît qu'en Angleterre on a fait, en 1750,
les premiers essais pour fondre *l'acier de cémentation*, afin d'obtenir un acier plus homogène et d'une
composition plus intime. La fabrique d'acier fondu
la plus ancienne et dont les produits jouissent de
la plus grande réputation, est l'aciérie *Hunzman*, à
Scheffield.

---

* Au lieu d'augmenter la dureté de l'acier à sa surface, on peut
avoir besoin de le ramollir tout en le préservant de l'oxidation ;
pour cet effet on l'enveloppe d'une couche de limaille de fer de 9 à 10
lignes d'épaisseur, en le mettant dans une boîte de fonte qu'on
lute parfaitement, et qu'on expose pendant quatre à six heures
à une chaleur blanche continue. On laisse ensuite éteindre le feu,
et, pour empêcher l'accès de l'air, on couvre la boîte d'une couche
de charbon réduit en poussière fine. C'est le procédé qu'on emploie
pour préparer l'acier qui doit être travaillé au burin, ou qu'on
destine à recevoir des empreintes par une simple pression. Cela
fait, on le trempe en paquet pour lui rendre toute sa dureté : on
le chauffe au milieu de charbon animal dans des vaisseaux parfaitement clos. Voyez un mémoire sur la sidérographie ou l'art de
graver sur l'acier fondu, dans les annales de l'industrie nationale
et étrangère, tome 8, n°. 35, 1822, page 113. Le T.

En fondant l'acier de cémentation, on a le double
but, de rendre le métal plus homogène et la combinaison
plus intime. Si on liquéfie *l'acier de fusion*, on ne
peut avoir d'autre intention que celle de le rendre
plus homogène; il faut par conséquent que le métal
acquière une liquidité parfaite et qu'on le tienne quelque temps en bain.

L'acier fondu est préparé depuis long-temps dans
les Indes, mais nous ignorons par quels procédés. Celui
qui vient de Bombay, sous le nom de *Wootz*, est
très-dur, très-tenace et possède les propriétés de l'a-
cier au plus haut degré; son aspect extérieur prouve
évidemment qu'il a été fondu *.

---

* Les métallurgistes français et étrangers se sont occupés depuis
quelque temps avec une infatigable persévérance, à perfectionner
l'acier fondu et à imiter le Wootz, non-seulement sous le rapport
de sa qualité, mais aussi sous le rapport de sa teinte damassée.

MM. Stodart et Faraday ont commencé par décomposer cet
acier; ils y ont trouvé de petites quantités de silicium et d'aluminium, et ils ont attribué sa supériorité et sa teinte damassée,
à la présence de ces métaux terreux, sur-tout du dernier. Entre-
prenant ensuite une série d'expériences, ils ont combiné d'abord
l'acier fondu avec une certaine dose d'aluminium, pour recomposer
le Wootz; puis ils ont allié l'acier ordinaire avec différens métaux, dans l'intention de le rendre plus dur et plus brillant et de
lui donner du moiré. Leurs expériences faites en petit, ont été aussi
exécutées en grand et leur ont donné de très-bons résultats. Celle
des combinaisons qui leur paraît promettre le plus d'utilité dans les
arts, est l'alliage de l'acier avec 0,002 d'argent; on l'obtient en
fondant les deux métaux dans un creuset fermé hermétiquement.
Annales des Mines, tome 6, page 260 et 265 — 280, et pour les
expériences en grand, Annales de Chimie et de Physique, tome 21,
page 62.

Aux travaux des chimistes anglais ont succédé ceux de MM.
Berthier, Bréant, Héricart de Thury, Lenormand et de plusieurs
de nos manufacturiers, MM. Pradier, Sir-Henry, etc., etc. Le
premier, M. Berthier, a obtenu un très-bon alliage, en combinant

1121. La théorie de Monge, Berthollet et Vandermonde, sur la nature du fer considéré dans ses trois états métalliques, fit naître chez Clouët l'idée d'essayer de différentes manières la fabrication de l'acier fondu dont les Anglais faisaient un mystère.

Ce métallurgiste commença ses expériences avec M. Chalut, et les continua seul; il obtint de l'acier fondu :

1°. Avec 20 à 30 parties de fer ductile et une partie de carbone liquéfiées avec ou sans addition de verre dans un creuset de Hesse;

2°. Avec le protoxide de fer réduit par une dose de carbone égale à une et demie ou deux fois le volume du premier;

3°. Avec une partie de protoxide et quatre de fonte grise mises ensemble en fusion;

---

l'acier fondu avec 0,01 à 0,015 de chrôme. Il a commencé par désoxider le fer chrômé, en le traitant dans un creuset brasqué, avec 0,40 parties de borax et 0,60 de battitures de fer. Il a ajouté ensuite à l'acier ordinaire, une certaine portion de l'alliage de fer et de chrôme. Annales de Chimie et de Physique, tome 17, pages 55 et 64, et Journal des Mines, tome 6, page 579. Les instrumens faits avec l'acier chrômifère, paraissaient très-bons et se distinguaient par le beau damassé qu'ils ont montré après avoir été frottés avec l'acide sulfurique.

M. Bréant a fait observer d'abord, que la teinte damassée du Wootz, n'est due qu'à une surabondance de carbone contenue dans cet acier, parce qu'il se forme alors deux composés de fer et de carbone qui finissent par cristalliser séparément, si la matière liquide reste long-temps en repos, se fige et se refroidit avec lenteur. Partant de ce principe, ce métallurgiste distingué est parvenu à faire avec de l'acier fondu, des lames de sabre du plus beau damassé, parfaitement semblable à celui des lames orientales. Bulletin de la société d'encouragement pour 1823, pages 22 et suivantes.

Voyez aussi pour le mémoire de M. Héricart de Thury, le tome 20, page 361. Le T.

4°. Avec trois parties de fer pur liquéfiées, avec une partie de carbonate de chaux et une partie d'argile calcinée (débris de creusets).

Quelques chimistes qui ont répété ces expériences, ont trouvé les mêmes résultats. En augmentant la dose du carbone dans les deux premiers essais et celle de la fonte grise dans le troisième, on produit du fer cru au lieu d'acier. Si dans le troisième on augmente la dose de protoxide, on obtient du fer ductile.

Les résultats des trois premières expériences sont conformes à la théorie ; dans la troisième on pourrait employer la fonte blanche au lieu de la fonte grise ; mais le résultat de la quatrième est directement opposé aux principes de la chimie ; aussi ne peut-on douter que Clouët n'ait été induit en erreur en opérant dans des vases qui n'étaient pas entièrement clos *.

Il existe des métallurgistes qui prétendent que le meilleur acier fondu s'obtiendrait par un mélange de fonte grise et de fonte blanche liquéfiées ensemble en proportions convenables. Cette assertion est si con-

---

* Il est probable que si, dans le troisième essai, on employait la fonte blanche, il en faudrait une plus faible dose, et l'on obtiendrait un acier qui serait moins traitable et qui n'aurait pas autant de *corps* que l'autre.

Quant à la quatrième expérience de Clouët, il paraît que c'est à la présence des métaux terreux et non à celle de l'acide carbonique, qu'est dû le changement du fer en acier. (Voyez les expériences, de M. Boussingault, Annales de Chimie et de Physique, tome 16) : on ne peut douter qu'il n'existe beaucoup de métaux qui, alliés au fer, lui donnent la propriété de se durcir par la trempe ; mais on ne peut conclure de ces faits, que ce soit exclusivement au silicium que l'acier de cémentation doit sa dureté, puisqu'on cémente et qu'on durcit le fer très-promptement dans le charbon animal qui ne contient point de silice.   Le T.

traire à toutes les idées reçues, qu'on n'a besoin d'aucun essai pour la réfuter.

C'est faire usage d'un moyen extrêmement défectueux que de préparer l'acier fondu avec la fonte grise et le fer ductile mis en fusion, quoiqu'il n'y ait aucun doute que la masse entière ne puisse se changer en acier. En employant la fonte blanche au lieu de fonte grise, on serait plus d'accord avec la théorie, mais on obtiendrait aussi de mauvais acier, à moins que le fer cru ne fût d'une pureté parfaite *.

Mushet a poussé les essais de Clouët plus loin ; il a proposé de préparer l'acier fondu avec du fer ductile et du minérai riche fondu ensemble en contact avec le charbon ou le graphite.

Il diffère de Clouët en ce qu'il fixe le rapport du carbone au fer tout au plus à $\frac{1}{700}$, tandis que Clouët prétend avoir encore obtenu de l'acier avec $\frac{1}{200}$. Tiemann à élevé de nombreux doutes sur l'exactitude de ces expériences (137, etc. ; 235, etc.).

1122: Les essais de Clouët et de Mushet servent plutôt à fortifier la théorie, qu'à fournir des applications utiles. Pourquoi fondre un corps aussi réfractaire que le fer pur, lorsqu'on peut arriver au but proposé, en liquéfiant l'acier naturel ou l'acier de cémentation ? Pourquoi se livrer à l'incertitude d'un semblable procédé, lorsqu'il est si facile de préparer l'acier fondu avec un acier quelconque ? Nous disons que le succès de cette opération est incertain, parce qu'on ne peut jamais connaître d'avance la quantité de carbone qui entre en combinaison avec le fer ductile, lors même que les vaisseaux sont clos et lutés avec le plus grand

* Voyez la note précédente.   Le T.

soin, attendu que pour fondre le fer ductile, il faut employer un degré de chaleur si élevé, qu'il dilate les creusets et détache les couvercles. Le succès est d'ailleurs incertain parce qu'on n'est pas toujours sûr, dans les opérations en grand, de pouvoir produire une si haute température *.

La réduction des minérais riches avec une petite dose de poussière de charbon, présente les mêmes incertitudes et donne en outre un produit impur, à cause de la présence des métaux terreux, dont une partie entre en combinaison avec l'acier et dont le reste forme un bain de scories qui s'oppose à la réduction, de sorte qu'on ne peut jamais connaître d'avance la quantité de carbone qui agira sur le fer. Il s'ensuit que la nature du produit obtenu sera plutôt un effet du hasard qu'un résultat du calcul.

On pourrait, à la rigueur, préparer l'acier fondu, en liquéfiant du fer ductile avec de la fonte blanche la plus pure : celle qui provient de minérais manganésifères conviendrait sur-tout à cause de sa fusibilité. Les établissemens qui auraient à leur disposition un semblable fer cru, pourraient fabriquer de bon acier. Quant aux proportions de fer et de fonte, elles dépendraient et de la nature de cette dernière

---

* M. Bréant que nous avons déjà cité, a trouvé que 100 parties de fer mises dans un creuset avec 2 parties de noir de fumée, fondent aussi facilement que l'acier. Ce métallurgiste a fait aussi de l'acier qu'il juge propre à la fabrication des armes blanches, en fondant 100 parties de limaille de fonte très-grise jointes à 100 parties de pareille limaille préalablement oxidée. Cet acier, dit-il, est très-élastique, et devient d'autant plus nerveux que la proportion de fonte oxidée, est plus considérable. Voyez les Annales de Chimie et de Physique, tome 24, page 388, et le bulletin de la société d'encouragement pour 1823, pages 225 et 226. Le T.

et des propriétés de l'acier qu'on voudrait produire :
il deviendrait plus dur et plus aigre, si l'on dimi-
tuait la quantité de fer ductile; le contraire aurait
lieu, si on l'augmentait. C'est donc à l'expérience qu'il
faut recourir pour déterminer le dosage.

Mais, pour suivre ce procédé, il faudrait disposer
d'une fonte si pure, qu'on ne pourrait guères l'obtenir
dans les hauts fourneaux et qu'on serait forcé le plus
souvent de la composer d'abord avec le fer ductile
et le carbone. Il faudrait employer un degré de chaleur extrêmement élevé, et les propriétés des résultats seraient toujours incertaines. Mieux vaut donc se
servir de l'acier de cémentation comme matière première, même sous le rapport de l'économie.

L'usage de l'acier fondu est devenu très-général en
Angleterre; il se répand de jour en jour davantage.
On peut donc présumer que dans peu de temps l'acier
de fusion ne se préparera plus que dans quelques provinces de l'Allemagne douées par la nature des meilleurs fers spathiques.

1123. Comme le fer cru n'est point soudable et
comme la fonte blanche ne diffère essentiellement du
fer ductile, que parce qu'elle contient une plus grande
dose de carbone, il s'ensuit que la soudabilité du fer
doit diminuer dans le rapport inverse de la quantité de
carbone qu'il renferme. L'acier se soude à un moindre
degré de chaleur que le fer; mais il faut le garantir
soigneusement du contact de l'air atmosphérique : on
est obligé pour cette raison d'enduire les endroits où la
jonction doit avoir lieu, avec une argile fusible délayée
dans l'eau, afin de former une légère couche de scories,
Cette précaution est plus nécessaire encore, si l'on
soude l'acier avec le fer qu'avec lui-même, parce que

le fer exige une chaude plus intense et qu'on est
alors obligé d'exposer l'acier à la chaleur plus long-
temps qu'il ne faudrait le faire eu égard à la nature de
ce métal.

La soudabilité diminue à mesure que l'acier devient
plus dur et plus aigre, si toutefois la dureté et
l'aigreur ne proviennent pas de la présence de matières étrangères. Enfin il arrive un point où le métal
cesse de pouvoir se souder. Il est probable que la quantité de carbone qui détermine cette limite entre l'acier
et la fonte est constante, mais on ne la connaît pas
encore avec assez d'exactitude *. L'acier fondu préparé autrefois en Angleterre, ne pouvait se souder,
mais il se distinguait du fer cru par sa malléabilité;
c'était donc un véritable produit intermédiaire entre
le fer et la fonte : il ressemblait à l'un puisqu'il était
malléable, et à l'autre puisqu'il ne pouvait se souder
et qu'il ne demandait pas une chaleur extraordinaire
pour se liquéfier de manière à remplir un moule quelconque. Il paraît qu'au moyen d'une légère augmentation de carbone, il se serait changé en fer cru, et
qu'en y ajoutant une faible dose de fer pur, on en
aurait fait un acier soudable.

L'acier fondu, non susceptible de se souder, ne
peut pas servir à un grand nombre d'usages, et l'on
ne peut même l'employer pour les instrumens qui
doivent offrir de la résistance; mais il convient pour
les objets dont le mérite essentiel consiste dans le
poli et la dureté. Il exige beaucoup de soins pour être

---

* Des aciers qui contiennent les mêmes quantités de carbone
peuvent être plus ou moins soudables. L'acier fondu se soude en
général moins facilement que l'acier qui a servi à le préparer. Voyez
le paragraphe 8 du mémoire annexé au premier volume.   Le T.

travaillé, parce qu'il tombe en morceaux à une forte
chaleur et qu'on ne peut le forger, si la chaude est trop
faible.*

1124. On croyait anciennement qu'il existait de
l'acier fondu qu'on ne pouvait forger, et qu'il fallait
couler les objets qu'on voulait fabriquer avec ce métal ;
mais dans ce cas il ne doit plus recevoir le nom d'a-

---

* Il existe des aciers qui, maniés par un grand nombre d'ouvriers, paraissent ne pas être soudables et qui cependant le deviennent, s'ils sont traités convenablement. Voici une note sur la
soudure de l'acier fondu, extraite du bulletin de la société d'encouragement pour l'année 1818, page 152 :

Il faut d'abord limer les faces qui doivent être juxta posées,
les couvrir de borax, les joindre et les retenir ensemble par des
anneaux ou des liens de fer ; au lieu de borax, on peut employer
aussi le verre noir de bouteille, auquel on ajoute un peu d'alkali.
On chauffe ensuite les barres dans un feu de charbon de bois ;
lorsque le flux est fondu, on les retire du feu, on les trempe encore
une fois dans de la poudre de borax ou de verre, et l'on donne une
nouvelle chaude dont l'intensité ne doit pas dépasser le degré strictement nécessaire pour la soudure. En opérant de cette manière, on
conserve à l'acier toute sa dureté.

On peut unir deux barres d'acier fondu quelconque, ou même
deux barres de fonte, en introduisant les extrémités que l'on veut
joindre ensemble, dans une boîte et en élevant la température jusqu'au point de fusion ; mais alors on n'exécute pas ce qu'on appelle une soudure, qui doit s'effectuer sur des métaux à l'état solide,
chauffés au blanc, et soumis ensuite à une certaine compression.

Il est possible aussi de braser la fonte au fer ou à la tôle. On
commence par décaper, avec du sel ammoniac, les surfaces qui
doivent être superposées. On y étend ensuite une couche d'un mélange composé de borax calciné et de limaille de fer fine, mis en
pâte liquide par une addition d'eau, et l'on maintient les pièces
ensemble à l'aide de rivets ou de fil de fer comme pour la brasure ordinaire. On lute, pour empêcher l'oxidation, et l'on chauffe
assez fortement pour opérer la fusion ; les pièces s'unissent alors
et adhèrent l'une à l'autre avec beaucoup de force. Annales de
l'Industrie, numéro 42, page 272, 1823. Le T.

cier; car ce n'est que par la malléabilité qu'on peut le distinguer du fer cru.

L'acier qui est très-dur diffère à la vérité du fer ductile par le manque de soudabilité; mais ce n'est pas une distinction caractéristique, car la plupart des aciers peuvent se souder. L'acier non soudable est de tous les aciers le plus dur, le plus aigre et le moins tenace, parce qu'il ressemble le plus à la fonte.

Quand on connaît parfaitement l'acier qu'on veut fondre, on peut composer à volonté un acier doux et tenace, ou dur et aigre, se rapprochant du fer ou de la fonte dont il ne se distinguera que par sa ductilité.

1125. Nous pouvons conclure de tout ceci qu'on fait mieux de préparer l'acier fondu avec un composé de fer et de carbone, que de le fabriquer avec les élémens de cette composition. On aura le double avantage de pouvoir opérer à un bien plus faible degré de chaleur, et de ne pas se tromper si fortement sur la nature et les propriétés du résultat : l'acier qu'on met en fusion ne perd point de carbone, le composé devient seulement plus homogène, tandis qu'en liquéfiant le fer ductile mis en contact avec le charbon, on n'est pas maître de combiner avec le métal une dose de combustible jetée dans le creuset.

La matière première la plus propre à la fabrication de l'acier fondu, est donc l'acier lui-même. La nature du produit dépendra uniquement de l'acier brut qu'on fera entrer en liquéfaction; il devient du reste par la fusion, plus homogène, plus dense et plus tenace (1120). Si l'on veut obtenir un acier tellement dur qu'il ne puisse être soudable, il faut employer un acier brut qui se rapproche de la fonte plutôt que du fer ductile. L'objet essentiel d'où dépend le succès de l'o-

·pération, consiste, donc dans l'assortiment et le choix
des matières premières. Les ouvriers chargés de ce
travail, doivent posséder une parfaite connaissance des
aciers, afin qu'en mêlant ceux qui sont durs avec ceux
qui sont mous en proportions convenables, le résultat
de la fusion puisse, dans chaque cas particulier, acquérir les qualités exigées. L'expérience et une longue, habitude sont les seuls guides auxquels on puisse se con-
fier. Il ne peut exister aucune règle concernant cet assortiment, vu les variations sans nombre qui règnent
parmi les aciers bruts et les aciers fondus qu'on veut
obtenir. Si l'on voulait donner à ces derniers le plus
haut degré de dureté, on ferait bien d'ajouter à l'a-
cier brut un peu de fonte blanche très-pure.

1126. La fusion a lieu dans des creusets, d'une
manière semblable à celle du fer cru, mais la chaleur doit être bien plus intense; il faut donc donner
au fourneau, un tirage plus considérable. On peut entourer les creusets de cokes incandescens et les chauffer
dans un fourneau à vent, ou bien les placer dans
des fours à réverbère semblables à ceux des verre-
ries.

Les fourneaux à vent sont généralement préférés;
on active le tirage, à l'aide de tuyaux ou de porte-
vent adaptés au cendrier, et au moyen d'une très-
haute cheminée. Le charbon de bois ne pourrait être
employé, parce qu'il ne donne pas assez de chaleur.
Pour en faire usage, il faudrait que les fourneaux
fussent très-profonds, c'est-à-dire que la grille fût à
une grande distance de l'ouverture intérieure de la
cheminée. On serait forcé d'ailleurs de renouveler
les charbons fréquemment, ce qui serait assez incommode et occasionnerait une perte de temps et une

grande dépense de combustible. Il vaut donc mieux
alimenter ces foyers avec du coke.

On peut augmenter l'affluence de l'air, en faisant
des trous coniques immédiatement au-dessous de la
grille, dans les trois faces du cendrier, et en établissant un canal de communication entre la grille et
l'air extérieur, canal qu'on ferait aboutir au nord
du bâtiment. Le rampant est pourvu d'un tiroir servant à modifier le courant d'air.

Les fourneaux ne peuvent recevoir qu'un seul creuset à la fois, parce qu'on doit l'entourer de combustible et qu'on est obligé d'ailleurs de resserrer le foyer,
afin de concentrer la chaleur.

1127. Pour opérer la fusion au feu de flamme,
on emploie de petits fours à réverbère, dont la sole
est divisée en deux parties égales par une grille qui
la traverse au milieu. On place des creusets de chaque
côté de la grille, de sorte que le foyer peut en contenir quatre; on les fait entrer ou sortir par des ouvertures pratiquées dans les faces latérales et fermées
par un mur de briques lorsque le four est en activité.
On chauffe avec la houille; le bois exigerait une grille
trop large et ne donnerait pas assez de chaleur. On
pratique dans les deux faces, non pourvues d'ouvertures, des canaux qui doivent recevoir la flamme et
la conduire au sommet de la voûte, d'où elle se rend
dans la cheminée; c'est par ce moyen que les creusets
enveloppés de flamme se trouvent chauffés uniformément. L'ouverture pratiquée dans la voûte doit être
assez petite, afin qu'elle ne puisse attirer la flamme
avec trop de force ni l'empêcher de se rendre dans
les conduits dont nous venons de parler; ceux-ci
communiquent dans la partie supérieure de la voûte,

avec la cheminée dont la hauteur doit être la plus
grande possible.

Cette manière de refondre l'acier présente toutes
sortes d'inconvéniens : il est assez difficile de placer et
d'enlever les creusets ; on perd du temps pour murer
les ouvertures pratiquées dans les faces latérales du
four, et l'acier, s'il ne contient point de manganèse, se
liquéfie difficilement au feu de flamme. On ne peut
d'ailleurs se dispenser d'opérer au feu de charbon, lorsqu'on veut produire un acier doux et soudable, parce
qu'il faut employer des aciers bruts peu carbonés et
très-réfractaires.

1128. La qualité des creusets mérite la plus grande
attention. Ceux qui sont confectionnés en graphite
jouissent de la propriété de ne pas se gercer, d'en-
durer la plus forte chaleur et de passer d'un degré
de température à un autre sans en être endommagés ;
mais, dans certains pays, on les vend à un prix très-
élevé. On doit alors faire les creusets avec une argile
très-réfractaire, qu'on mêle avec du sable quartzeux
pur, afin de rendre la terre moins grasse, de diminuer
le retrait et de prévenir les gerçures. On est obligé de
cuire les creusets très-fortement avant de les employer,
et de rebuter ceux qui montrent quelque défectuosité.

Des métallurgistes praticiens assurent que les creusets d'argile confectionnés par compression avec deux
moules, à la manière des coupelles d'essai, résistent
mieux à la chaleur, sont plus denses et peuvent soutenir un plus grand nombre de fusions que les creusets
faits à la main. C'est avec beaucoup de force qu'on
enfonce le noyau dans la matière argileuse renfermée
dans un moule de fer ; on ne peut donc les fabriquer
qu'au moyen d'une machine comprimante.

La capacité des creusets est arbitraire et variable ; cependant on ne leur donne guères plus de 13 centim. de diamètre et 21 centim. d'élévation, en sorte qu'ils contiennent tout au plus 20 à 25 kilog. d'acier.

1129. Anciennement on faisait un grand secret de la composition du *flux* destiné à recouvrir le métal pendant la liquéfaction. Il est évident que cette matière doit avoir des propriétés telles, qu'elle ne puisse ni enlever du carbone au fer ni lui céder quelque substance étrangère. Du verre parfaitement pur mêlé d'un peu de borax qui en accélère la fusion, est par conséquent la meilleure composition qu'on puisse employer pour couvrir l'acier. Au reste on peut se dispenser de l'emploi des flux, si les creusets sont hermétiquement fermés et si l'on est assuré que la chaleur ne puisse les ouvrir *.

Il faut élever la température par degrés et ne pas donner dans le commencement un coup de feu violent. Les creusets doivent être chauffés le plus fortement à leur base, afin que le métal placé dans la partie inférieure, puisse entrer le premier en liquéfaction. La durée de la fusion et le nombre de fois qu'il faut recharger en coke, dépend de l'activité du tirage et de la fusibilité de l'acier. C'est encore l'expérience qui est ici le meilleur guide.

Quelquefois on continue la chaleur de la fusion pendant une heure; dans tous les cas, il est nécessaire que la masse parfaitement liquide soit entretenue dans

---

* Il est avantageux que le couvercle du creuset ne soit pas fabriqué avec la matière la plus réfractaire, afin que par un commencement de fusion, il puisse se coller contre le creuset et le fermer hermétiquement. Voyez les Annales des Mines, tome 5, page 252.   Le T.

cet état pendant plusieurs minutes avant qu'on procède
à la coulée.

Les creusets sont retirés du four avec des tenailles
courbes, et le métal liquide se verse dans des lingotières en fer de forme carrée ou octogonale, et composées ordinairement de deux pièces qu'on peut séparer. Les barres d'acier obtenues de cette manière
sont forgées ensuite avec beaucoup de précautions avant
d'être livrées dans le commerce.

Il est bien entendu que le courant d'air doit être
intercepté, lorsqu'on veut retirer les creusets du fourneau.

Il résulte des expériences de Clouët, que les composans du verre employés comme flux, produisent un
tout autre effet que le verre lui-même : il paraît qu'une
partie du potassium et du silicium se combinent avec
l'acier dont ils augmentent l'aigreur, tandis que la potasse et la silice fondues en verre ne peuvent agir sur
le métal. Ce fait, digne d'attention, prouve la difficulté
de la réduction des corps vitrifiés et nous montre com-
bien la force de cohésion peut s'opposer aux nouvelles
combinaisons.

C'est avec des bouts de barres qu'on prépare en
Angleterre l'acier fondu. Ces bouts, plus fortement
cémentés que le milieu des barres, constituent un acier
aigre et impropre à tous les usages ; mais ils conviennent très-bien à la préparation d'un acier fondu,
dur et non soudable. On fabrique dans ce royaume
une immense quantité d'acier de cémentation, on ne
peut donc manquer de ces débris, avantage qu'on ne
rencontre pas ailleurs : dans les autres pays, on est
obligé de se procurer à grands frais la matière première qu'on veut convertir en acier fondu.

SIXIEME SECTION.

DE LA TREMPE DE L'ACIER.

1130. Le but de la trempe est de durcir l'acier au moyen d'un refroidissement subit : on le plonge communément dans une matière liquide, après l'avoir chauffé au rouge. L'acier refroidi avec lenteur n'est guères plus dur que le fer ordinaire et il possède les propriétés qu'il avait avant d'avoir été porté au feu.

Voici les changemens que la trempe lui fait éprouver :

1°. Il augmente de volume, parce qu'il conserve en partie la dilatation produite par le calorique, tandis que l'acier chauffé et refroidi lentement reprend le volume qu'il avait auparavant ;

2°. Sa densité et sa pesanteur spécifique diminuent ; mais, chauffé de nouveau, il reprend celles qu'il avait avant d'être trempé ;

3°. La surface de l'acier se décape, c'est ce qu'on appelle *découvrir*. Elle reçoit l'éclat métallique, parce que la couche de protoxide qui la couvre prend alors un retrait différent de celui du métal. Si l'acier qu'on trempe ne se dépouille pas, il est ferreux ; car la surface du fer pur chauffé et refroidi subitement ne découvre jamais ;

4°. La texture de l'acier change complétement ; son grain devient si fin qu'il ressemble à celui de l'argent le plus pur et qu'il est impossible de l'apercevoir sans une loupe ;

5°. Sa couleur s'éclaircit ; son éclat augmente par conséquent par la trempe ;

6°. Il devient beaucoup plus dur et conserve cette dureté jusqu'à ce qu'il soit chauffé de nouveau ;

7°. Sa ténacité s'accroît (64) ;

8°. Il perd une partie de sa ténacité, si la différence

de température de la chaude, au milieu dans lequel on
le plonge pour le tremper, est trop grande, eu égard à la
nature de l'acier; alors sa dureté et son aigreur augmentent. Toutefois si cette différence devient très-considérable, la dureté s'affaiblit et l'aigreur va toujours en
croissant, au point qu'on peut à la fin pulvériser le
métal.

Tous ces changemens dépendent de l'abaissement de
température que l'acier éprouve subitement; ils dépendent par conséquent de la chaude, ainsi que de
la température et de la conductricité du milieu réfrigérant.

1131. Le volume de l'acier trempé est, d'après
Réaumur et Rinman, d'un quarante-huitième plus
grand que celui de l'acier non trempé; ou, ce qui
revient au même, le rapport de la longueur entre
deux barres est comme 144 à 145. Les ouvriers qui
emploient ce métal, n'ignorent pas la propriété qu'il
a de s'étendre par la trempe; elle leur cause souvent
de grands embarras, si l'acier est ferreux d'un côté,
ou s'il est soudé au fer, puisque ce dernier reprend
après la trempe la longueur qu'il avait avant d'être
chauffé. Il s'ensuit qu'un objet confectionné en fer
et en acier doit se courber ou se *voiler*, d'après l'expression des ouvriers; on est donc obligé de le redresser après le recuit. Cette opération est quelquefois assez longue et difficile, parce qu'il faut étirer
le côté ferreux à coups de marteau.

Mais il n'est pas encore certain que tous les aciers
trempés augmentent de volume et diminuent de densité. Rinman cite à ce sujet une expérience qu'il a
faite sur un excellent acier naturel, dont le volume
a été diminué d'un vingt-septième ou qui s'est rac-

courci par la trempe à peu près d'un quatre-vingt-
unième au-dessous des dimensions qu'il avait avant
d'être chauffé. Ce métallurgiste penche même pour
l'avis que le meilleur acier possédant la plus grande
élasticité, doit diminuer de volume par la trempe,
ce qui n'est pas invraisemblable. Cependant on ne
peut rien affirmer, faute d'expériences positives. Rinman semble croire que tous les aciers de cémentation
se dilatent, tandis que les aciers naturels se retirent. Il est probable que leur degré de résistance et
d'élasticité dépend de leur manière de se comporter à
la trempe : celui qui s'étend le plus est sans doute le
moins tenace et le moins élastique.

Le changement de volume de l'acier doit dépendre
du degré de chaleur auquel on le trempe; c'est pour
cette raison que l'acier trempé à une très-haute température perd sa ténacité, cesse d'être élastique, devient aigre et fragile.

1132. On regarde souvent la flexibilité comme opposée à la fragilité, mais les corps les plus flexibles
ne sont pas toujours les plus tenaces : la cire molle
peut servir d'exemple. La flexibilité dépend d'ailleurs
de l'épaisseur du corps qu'on examine. Les rubans
de bois détachés par le rabot, sont extrêmement flexibles, tandis que d'épaisses pièces du même bois se
rompent plutôt que de plier. On ne peut donc établir de semblables comparaisons qu'entre des corps
de même nature et de mêmes dimensions. Les grosses
barres de fer et les lames minces ne peuvent avoir
la même flexibilité.

Si l'on compare entr'elles les différentes espèces de
fer, on s'aperçoit tout de suite que le fer le plus pur
est en même temps le plus doux et le plus flexible.

Mais il existe aussi des fers mous peu flexibles ; ce sont des fers d'une très-mauvaise qualité. Les fers mous ne possèdent point d'élasticité ; ce genre de flexibilité n'appartient qu'à l'acier, c'est-à-dire au fer dur*. Il paraîtrait donc qu'il existe une relation entre l'élasticité et la dureté des corps, bien que la dernière ne soit pas la cause de l'autre ; sans cela la fonte blanche serait élastique. La dureté ne favorise donc l'élasticité que jusqu'à un certain point ; passé cette limite, les corps deviennent aigres. Il en résulte

1°. Que l'acier le plus dur n'est pas toujours le plus élastique ;

2°. Que les aciers ne doivent être trempés qu'au degré de température qui puisse leur assurer la plus grande élasticité ;

Ce métal approche d'autant plus de la perfection qu'il exige moins de chaleur pour prendre la trempe, parce qu'il ne subit alors qu'un faible changement dans sa texture. Le meilleur acier est celui qui joint la plus grande dureté au plus haut degré d'élasticité : ce ne peut être que l'acier le plus pur, dépouillé de toute espèce de matières étrangères, de métaux terreux, de soufre, de phosphore, etc., et qui forme avec le carbone la combinaison la plus intime et la plus uniforme **. Si l'on donne à l'acier une dureté moins grande que celle qu'il est susceptible de recevoir, il devient plus tenace et moins élastique.

---

* Le fer le plus doux devient élastique lorsqu'il a été battu à froid, parce que cette opération le durcit. Le T.

** On peut admettre, d'après les expériences de MM. Stodart et Faraday, que beaucoup de métaux et même des métaux terreux pris en très-petite quantité, augmentent la dureté et la ténacité de l'acier. Le T.

1133. Pour rendre l'acier le plus élastique possible, on doit donc le tremper à un degré de chaleur déterminé pour chaque espèce. En augmentant la différence de température de la chaude au milieu refrigérant, on peut augmenter la dureté du métal, mais on le rend plus fragile et l'on en diminue l'élasticité : il paraît même qu'en passant une certaine limite, on diminue la dureté.

On voit d'après ce qui précède, qu'on peut modifier la dureté, l'élasticité et la ténacité de ce métal suivant l'usage auquel il est destiné. Quelquefois, par exemple, on le trempe fortement, comme pour les burins, les briquets, les barres à polir, les marteaux, les forets de mineurs, les ciseaux de tourneurs, les enclumes et tous les instrumens qui, devant entamer les pierres, le fer et l'acier, doivent être essentiellement dürs. On donne une trempe moins forte, celle qui fait ressortir toutes les qualités de l'acier, aux lames de sabres, à tous les outils des ouvriers en bois, aux rasoirs, aux hache-paille, etc. On trempe à un degré plus faible les couteaux de table, les ressorts qui doivent soutenir de fortes secousses et des torsions, quoiqu'il vaudrait mieux dans ce cas les tremper d'après la nature même de l'acier et adoucir ensuite ces objets par une seconde chaude appelée le *recuit*.

1134. On peut augmenter ou diminuer le degré de trempe de deux manières : soit en faisant varier la température et la conductricité du milieu réfrigérant, soit en changeant le degré de chaude du métal *.

---

* Toutefois il ne faut pas croire qu'on puisse produire le même effet par la trempe, en augmentant ou en diminuant la température de l'acier et celle du milieu réfrigérant, du même nombre de degrés, ce qui ne changerait pas leur différence. Si par, exemple,

La première de ces méthodes est la meilleure *, car si les chaudes ne sont pas assez intenses, la trempe produit toujours un effet imparfait; et si l'on donne à l'acier un trop haut degré de chaleur, il devient trop aigre.

La grande difficulté cousiste à connaître et à donner le degré de chaleur convenable à chaque espèce d'acier. Quoiqu'on sache bien que l'acier doux exige une chaude plus intense que l'acier dur, il est difficile de déterminer avec exactitude les différens degrés de chaleur auxquels les aciers doivent être chauffés, parce que l'on ne connaît aucun moyen facile de mesurer les hautes températures. On est donc obligé de s'en rapporter à l'expérience des ouvriers, dont le coup d'œil peut être trompé par une foule d'accidens. La difficulté augmente encore à cause des grandes variations qui existent dans les différens aciers. Cependant on ne peut juger de l'intensité des chaudes que par la couleur du métal, qui s'éclaircit en passant par des nuances presqu'insensibles.

Entre le rouge brun et la chaleur blanche sont compris les nombreux degrés de température auxquels on effectue la trempe. Si l'on chauffe au rouge brun seulement, la trempe produit peu d'effet; si au con-

---

un acier chauffé à 50° de Wedg, et plongé dans l'eau dont la température serait égale à 0, parvenait à son maximum de dureté et d'élasticité, cet acier deviendrait moins dur, si l'on augmentait la chaude et la température de l'eau d'un 1/2° de Wedg = 36° centigr. Le 1/2° de Wedg ajouté à la chaude ne serait guère sensible; l'ouvrier n'aurait même aucun moyen de le distinguer; mais les 36° centigr. donnés à l'eau, ramolliraient la trempe considérablement. Le T.

* Il y a dans l'original la *dernière de ces méthodes*, etc., mais c'est probablement une faute d'impression. Le T.

traire on pousse la chaleur jusqu'au blanc, l'acier devient extrêmement aigre, fragile et même tendre.
Mais ces deux termes extrêmes diffèrent entre eux
de 90ᶜ degrés de Wedgewood, et malgré cette énor-
me différence, on ne peut distinguer à l'œil, d'une
manière précise, que deux points ; le rouge cerise
et le rouge rose.

On a proposé de faire des alliages métalliques qui
fondraient à des températures déterminées, et dans
lesquelles on ferait rougir l'acier, afin de lui donner
toujours le même degré de chaleur, du moins pour
des objets délicats ; mais ce procédé est inexécutable,
car la plupart des métaux se liquéfient à une chaleur
au-dessous du rouge rose. Les alliages des métaux
réfractaires avec les métaux fusibles sont encore in-
connus et difficiles à composer ; souvent même on ne
peut y parvenir.

Voici un tableau de la fusibilité des métaux d'après
Thomson :

Mercure à	— 32° Réaumur	Wedgewood.
Arsénic	+ 163	
Etain	168	
Bismuth	205	
Plomb et tellure	230	
Zinc	296	
Antimoine	345	
Laiton		*Rouge brun*
Argent		
Cuivre		
Or		
		Rouge cerise 45

Rouge rose	80	»
Chaleur blanche . .	90	»
Fer cru	125	»
Cobalt	130	»
Fer pur	158	»
Manganèse		
Rhodium		
Palladium		
Iridium	160	»
Osmium		
Nikel		
Platine, chrôme, urane		
Molybdène, wolfram, titane, colombium.	170	»

Les degrés de chaleur auxquels il faut tremper les diverses espèces d'acier, sont par conséquent compris entre 40 et 80 degrés de Wedgewood. On ne peut en juger que par la couleur du métal rouge de feu. Lorsque l'expérience les a fait connaître, il est encore difficile de les saisir chaque fois avec exactitude. Pour les trouver, Rinman propose de faire étirer l'acier en lui donnant une pointe alongée, d'en chauffer l'extrémité au blanc soudant, en sorte que snr une longueur de 5 à 8 centim. il soit rouge brun, de le plonger verticalement dans de l'eau froide, de détacher ensuite de cette barre de petits morceaux à des distances très-rapprochées et de juger du degré de chaude qu'on doit employer par l'aspect du grain, joint à sa dureté, qu'on éprouve au moyen d'une lime.

Cette expérince exigerait une grande habileté de la part de l'ouvrier, qui devrait d'ailleurs la répéter plusieurs fois et remarquer avec beaucoup d'attention la couleur de l'acier aux endroits où il voudrait enlever les morceaux.

Quel que soit du reste l'emploi auquel on destine ce métal, on fait bien de le chauffer toujours au degré de chaleur approprié à sa nature, sauf à en augmenter, s'il est nécessaire, la dureté par la substance qui sert à le tremper, et la ténacité au contraire, par l'intensité du recuit : c'est le meilleur moyen d'éviter les excès.

1135. Le liquide dans lequel on trempe le plus ordinairement l'acier est l'eau froide. Pour empêcher qu'elle ne s'échauffe, on doit l'employer en grande masse, ou se servir de préférence d'une eau courante. L'eau chaude durcit l'acier moins fortement que l'eau froide. On peut donc donner au métal une chaude un peu moins intense pendant l'hiver que pendant l'été, d'autant plus qu'alors on est à même de refroidir l'eau en y ajoutant de la neige ou de la glace.

On croyait anciennement que la nature de l'eau qui servait à la trempe exerçait une grande influence sur la bonté de l'acier. Il est assez vrai que l'eau de puits contenant des sels en dissolution, donne plus de dureté au métal que l'eau de rivière, mais cette différence est peu sensible : le point important, c'est la température de ce liquide.

Le mercure trempe plus fortement que l'eau, mais il aigrit l'acier ; on ne peut donc s'en servir. Le plomb, l'étain, le bismuth, employés à l'état solide et mis en contact avec l'acier rouge de feu qui les ferait entrer en fusion, ont été proposés comme milieux réfrigérans : on n'en fait point d'usage.*

Pour obtenir un degré de trempe plus faible, on peut agiter l'acier dans un air froid et humide ou l'ex-

---

* Voyez la note que nous avons ajoutée au paragraphe 1138. Le T.

poser à un courant d'air. On prétend que les orientaux se servent de ce moyen pour durcir les lames de sabre, qu'ils sont dispensés alors de les recuire et qu'ils peuvent leur conserver toute la dureté de la trempe.

Des objets fins et délicats peuvent se tremper entre les mâchoires d'un étau.

Tous les acides durcissent l'acier plus que ne le fait l'eau froide. C'est pour cette raison qu'on trempe les burins dans l'acide nitrique, mais il faut les laver tout de suite dans l'eau pure.

Quelquefois on trempe les lames de sabre dans le fraisil humecté d'eau, afin de mieux éviter les gerçures, suites de l'aigreur du métal.

Si la température du milieu réfrigérant est très-basse, on ne sera pas obligé de chauffer l'acier aussi fortement, il n'en deviendra que plus fin et plus tenace; on doit donc, en procédant avec les ménagemens convenables, préférer toujours le milieu le plus froid et dont l'action est la plus énergique. Ce serait commettre une faute grave que de n'avoir aucun égard à la température et aux propriétés de la substance réfrigérante.

Les corps gras, tels que l'huile, le suif, la cire et le savon, trempent moins fortement que l'eau. On les emploie avec beaucoup de succès, pour obvier aux gerçures qui se forment presque toujours sur les tranchans délicats, parce qu'il est presqu'impossible de donner au dos et au taillant le même degré de chaleur.

Il est en général très-difficile de tremper les instrumens dont le tranchant est très-fin : ils exigent les plus grands ménagemens et ne comportent pas l'emploi des milieux froids, conducteurs du calorique, et préférables par conséquent pour les autres objets.

1136. On ne connaît pas la cause du phénomène de la trempe ; il est probable que cette propriété de l'acier tient à un arrangement particulier de ses molécules. On prétend que l'acier ne se durcit point, si la trempe a lieu dans le vide ou si l'on empêche l'accès de l'air atmosphérique ; mais les expériences qu'on a faites sur ce sujet ne sont pas assez positives pour qu'elles démontrent l'influence de l'oxigène dans cette opération.[*]

1137. Les affineurs prétendent que les roses qui paraissent quelquefois dans la cassure de l'acier, en prouvent la bonté. Ces roses sont des taches d'une couleur jaune ou rougeâtre sur le bord et bleu foncé vers le centre de la barre, dont le refroidissement a été plus lent. Elles se forment lorsqu'on trempe de grosses barres d'acier et qu'on les retire de l'eau avant qu'elles soient refroidies. L'eau entre alors dans les crevasses ou criques et fait naître probablement ces couleurs par sa décomposition : on ne les trouve que dans les aciers durs et aigres qui se gercent pendant la trempe. Elles ne peuvent donc être prises pour un

---

[*] Les expériences de M. Karsten, rapportées dans le mémoire joint au premier volume, expliquent la trempe d'une manière très-satisfaisante. Il paraît résulter de l'ensemble de ces expériences, que le carbone se trouve combiné avec toute la masse du fer dans l'acier trempé, comme il l'est dans la fonte blanche ; tandis que dans l'acier refroidi lentement, il est interposé entre les molécules du fer à l'état de *polycarbure*. Il paraît donc que la combinaison est générale dans l'acier chauffé au rouge rose ou au blanc ; et que par un lent refroidissement, le carbone se sépare de la masse du métal dont il absorbe une petite dose, lorsqu'il se trouve en liberté. Si au contraire la masse est saisie par un refroidissement subit, elle conserve tout son carbone à l'état de combinaison générale et ressemble alors à la fonte blanche, quant à sa constitution et à sa dureté. Le T.

signe de la bonté de l'acier, puisque le plus mauvais peut se gercer; mais elles prouvent du moins qu'il n'est pas ferreux et qu'il est susceptible d'acquérir une grande dureté. On prétend que l'acier ...

Le but des affineurs n'est pas de donner à l'acier une trempe convenable à sa nature; ils le chauffent toujours à un degré très-élevé, pour qu'il s'aigrisse, se gerce et se casse avec plus de facilité.

1138. L'acier qu'on veut tremper ne doit pas être exposé à une chaleur lentement progressive; on doit le chauffer avec rapidité au milieu de charbons in-candescens, sains et de bonne qualité, et en donnant pourtant un vent faible, afin que le métal ne puisse s'oxider ni se couvrir d'une couche ferreuse. Les par-ties épaisses doivent être soumises à une plus haute température que les parties minces. On doit éviter le plus possible, que les chaudes ne soient trop in-tenses.

Malgré toutes les précautions, il est très-difficile de saisir le degré de chaleur qui puisse donner à l'acier le plus de résistance, de dureté et d'élasticité. Il ar-rive très-souvent qu'il n'acquiert l'une de ces qualités qu'aux dépens de l'autre. S'il n'est pas assez dur, on peut y remédier en le trempant une seconde fois; dans le cas contraire, on lui enlève une partie de sa dureté au moyen du *recuit*. A mesure que ce recuit est plus fort, la dureté diminue et la ténacité augmente; quant à l'élasticité, qui dépend à la fois de la dureté et de la ténacité, elle s'augmente d'abord avec l'intensité du recuit et diminue ensuite avec la dureté. Il s'ensuit que les objets qui doivent être très-durs, ne peuvent, subir qu'un faible recuit; souvent on le supprime en-tièrement. Le contraire a lieu pour les objets qui doivent offrir une grande résistance. Lorsqu'il faut qu'une pièce soit éminemment dure et tenace, on la fabrique avec un excellent acier fondu ou raffiné, et l'on cherche le degré de trempe et le degré de recuit par tâtonnement.

Pour donner le recuit, on chauffe les pièces jusqu'à ce qu'elles soient parvenues à l'une des couleurs qui précèdent la chaleur lumineuse (85). On qualifie par conséquent les recuits, jaune de paille, jaune d'or, rouge cuivreux, pourpre, violet et bleu foncé. Tous les instrumens qui doivent avoir plus de ténacité que de dureté, reçoivent le recuit bleu foncé, tandis que les outils qui doivent être très-durs ne se recuisent qu'au jaune de paille. On est obligé de polir les objets, ou d'en décaper la surface avant de les recuire *.

DE L'ACIER DAMASSÉ.

1139. On obtient l'acier dit damassé en soudant ensemble des lames de fer et d'acier ; cette espèce d'étoffe s'emploie pour la fabrication des sabres et des

---

* Il est reconnu que l'acier qu'on veut tremper, doit être chauffé à un degré déterminé ; mais M. Gill vient d'annoncer que, si l'on chauffe ce métal au-dessous du degré qui convient à la trempe, et qu'on le plonge dans l'eau, on le rend *plus mou* qu'il ne le serait, s'il avait été refroidi lentement. Ce métallurgiste croit avoir observé aussi que l'acier chauffé au degré voulu, plongé ensuite dans le bain d'un alliage de plomb et d'étain, dont la température serait portée jusqu'au rouge, se durcit très-bien, sans avoir besoin d'être recuit ; que ce genre de trempe ne le voile pas, qu'il n'occasionne point de criques et qu'il empêche l'oxidation. L'alliage est celui dont on fait usage pour la soudure ordinaire. Annales of Philosophy, tome 12, page 58. Le T.

canons de fusil. Le dessin qui résulte du mélange des deux corps est regardé comme un objet d'ornement ; mais ce qui est plus essentiel, c'est qu'on augmente de cette façon la résistance de l'acier, sans en affaiblir la dureté et l'élasticité.

Les lames qu'on veut souder ensemble doivent être extrêmement minces et d'une excellente qualité. Les proportions du fer et de l'acier dépendent, soit de leur nature, soit de l'usage auquel on veut employer l'étoffe. Les aciers damassés dont on exige une grande ténacité, doivent contenir plus de fer que n'en renferment ceux qu'on désire rendre plutôt très-durs et très-élastiques.

Les paquets qu'on veut souder doivent être enduits d'argile, afin qu'ils soient préservés du contact de l'air atmosphérique, il faut les élever rapidement au degré de température du blanc soudant. Les trousses soudées sont tordues et fendues dans le sens de leur longueur, pliées en deux et soudées de nouveau, etc., etc., suivant le degré de finesse qu'on veut donner au dessin, qui, au reste, ne peut ressortir qu'au moyen des acides (191).

On ne doit pas confondre cet acier damassé avec les faux damas (191)*.

---

* Les mélanges de fer et d'acier dont il s'agit ici ne sont pas de vrais damas, parce qu'ils cessent d'être damassés lorsqu'ils sont mis en liquéfaction et qu'il n'en est pas ainsi des damas de l'Orient. Le dessin que la fusion fait disparaître dans les uns et qu'elle change seulement de forme dans les autres, ne peut donc être dû à la même cause ; dans le premier cas, il est le résultat d'un mélange de métaux ; dans le deuxième, il est l'effet de la cristallisation. (Voyez les expériences de MM. Stodart et Faraday ; Annales de Chimie, tome 6, année 1821, page 267, etc.).

Les lames orientales dont le tranchant est si renommé, sont le

L'art de confectionner les ouvrages damassés est très-ancien; il est probable qu'on l'a pratiqué d'abord dans la ville de Damas.

---

plus souvent très-fragiles. Cette seule observation suffirait pour prouver, si les expériences précitées ne le faisaient de la manière la plus évidente, que le métal dont elles sont confectionnées n'est pas un mélange de fer et d'acier, comme on l'a cru pendant long-temps, parce que ces espèces d'étoffes sont ordinairement très-résistantes. Le T.

FIN DU SECOND ET DERNIER VOLUME.

TABLE

Des Ouvrages et des Auteurs cités par M^r. KARSTEN, dans le 2e. volume du Manuel de la Métallurgie du fer.

§. 550. SUR la construction des hauts fourneaux des monts Urals ;—HERRMANN, *Mineralogische Beschreibung des uralischen Erzgebirges. Berlin*, 1781, tome I, p. 416.

552. BERTHIER, Sur plusieurs moyens imaginés pour employer la flamme perdue des hauts fourneaux, des foyers d'affinerie, etc. Journal des Mines, n°. 210, p. 375 à 406.

567. HACQUET, *Physikalische Erdbeschreibung des Herzogthums Krain.* Leipzig, 1778. — Voyages Métallurgiques de Jars, tome I, p. 37 et suiv. — QUANZ, *Eisen und Stahlmanipulation in der Herschaft Schmalkalden*, p. 29 et suiv. — MARCHER, *Notizen und Bemerkungen über den Betrieb der Hohœfen und Rennwerke*, cahier 3, p. 20 et suiv. ; cahier 5, p. 12 et suiv.

575. MARCHER, *Notizen und Bemerkungen*, etc. , premier cahier, p. 1 à 5. — QUANZ, *Abhandlung über die Eisen und stahl*, etc. , p. 45 à 81. — JARS, Voyages Métallurgiques, tome I, p. 34 et suiv. — KLINGHAMMIER, *Bergmœnnisches*, Journal 1788, tome I, p. 156 à 167 ; *ib.*, p. 193 à 234 ; 303 à 327. *Moll's Jahrbücher der Hüttenkunde*, tome I, p. 10 et suiv. ; *ib.* p. 31 ; sur les forges de Pillersée ; *ib.* sur les forges de *Kiefersfelden*, p. 68 et suiv. — BLUMHÖF et STUNKEL, *Neues Bergmœnnisches*, Journal, tome III, p. 224 à 233. — PANTZ et ATZL, *Beschreibung der vorzüglichsten Berg-und Hüttenwerke des Herzogthums Steyermark. Wien* 1814.

604. ROEBUCK, Sur le rapport de la vitesse au volume

77

de l'air. *Gilbert's, Ann. der Phys.*, tome IX, p. 54 à 58,
ou Annales des Arts et Manufactures, tome III, p. 39.

    631. Ecrits qui traitent de la forme intérieure et de la
construction des hauts fourneaux. — BALKE. *Tolln's und
Gœrtner's Eisenhütten Magazin Beil :* p. 24 et suiv. —
COURTIVRON et BOUCHU, Art des forges. — GERHARD. Traduction en allemand des voyages métallurgiques de Jars,
tome II, p. 656. — JENNING, Description d'un haut fourneau construit déjà en 1755. Mémoires suédois, tome
XVIII, p. 176 et suiv. — GARNEY, ur la construction
et le travail des hauts fourneaux, tome I, p. 206 et suiv.
tome II. Trois mémoires de LAMPADIUS, HERRMANN et
SCHINDLER, sur la différence du fer cru au fer ductile. —
HERRMANN, Sur la forme de quelques hauts fourneaux
de Sibérie; *Beschreibung des uralischen Erzgebirges,* tome
I, p. 240, 328, 416 et suiv. — HERRMANN, Sur la hauteur,
la forme et la construction des hauts fourneaux; *Crell's
Beitræge zu den chem. Ann.* tome V, p. 276 et suiv. —
EVERSMANN, *Uebersicht der Eisen und Stahlerzeugung auf
Wasserwerken zwischen der Lahn und der Lippe,* p. 104
à 141. — Sur la forme des ouvrages des hauts fourneaux
de Norwége; HAUSSMANN's *Reise durch Scandinavien,* tome
II, p. 300. — MARCHER's *Beitræge zur Eisenhüttenkunde,*
tome I, p. 1 à 4. — Observations sur les hauts fourneaux
en général et sur les différentes espèces de fonte qu'ils
produisent, avec une nouvelle méthode de disposer les étalages, pour obtenir une plus grande quantité de métal à
chaque fondage; Annales des Arts et Manufactures, tome V,
p. 225 à 237. — Sur les étalages des hauts fourneaux
et sur une nouvelle forme à donner aux tuyères des machines
soufflantes; *ib.* IX, p. 125 à 131. — Sur les ouvrages des
hauts fourneaux avec la description d'un ouvrage à troi
tuyères, adapté à un vieux fourneau par Oreilly; *ib.* tom
X, p. 113 à 137. Haut fourneau à double coulée, *ib*
tome XXIV, p. 113 à 116. — DOBSON, forme à donne
aux fourneaux; *ib.* tome XLI, p. 225 à 268. — HASSEN

FRATZ, Sidérotechnie, tome I, p. 179 à 261; *ib.* tome II, p. 177 à 188.

633. Détonnation qui a eu lieu dans un haut fourneau qu'on *fumait*; *Gilbert's Ann. der Physik.*, tome XX, p. 256.

661. BONNARD, Sur un procédé particulier en usage dans l'Eiffel pour l'affinage de la fonte; Journal des Mines, tome XIV, n°. 102, p. 455.

694. Il n'existe guères d'ouvrages qui puissent être consultés sur le travail des hauts fourneaux. Nous citerons toutefois, sans compter ceux qui ont été désignés au paragraphe 631, les écrits suivans : GRIGNON, Mémoire de Sidérotechnie, contenant des expériences, observations et réflexions sur les moyens de laver et de fondre les mines de fer. — GAZEREN, Sur le fer cru obtenu au coke; *Crell's chemische Ann.* pour 1793, tome II, p. 326 à 334, *ib.* pour 1800, tome I, p. 436 à 440. — HALLE, Des forges de fer; *Werkstætte der heutigen künste*, tome III, p. 205. — DUHAMEL, Observations sur le traitement des minérais de fer à la fonte; mémoires de l'Académie des Sciences, année 1786, p. 456. — GEYER, Sur la conduite d'un haut fourneau dont on veut suspendre le fondage sans *mettre hors*; *Crell's Ann.* pour 1802, tome I, p. 482 et suiv. — STUNKEL, *über das Dampfen der Hohæfen*, *ib.* pour 1800, tome I, p. 223; et s. — Notice sur une très-longue campagne du fourneau de Rothehütte, *ib.* pour 1802, tome I, p. 215 et suiv. — HERRMANN, Sur la quantité de charbon brûlée par livre de fer cru; *Crell's Beitræge zu den chemischen Ann.*, tome V, p. 310. — VELTHEIM. *Bemerkungen über den Eisenhütten-haushalt. Helmst.*, 1795. — *Crell's Ann.* pour 1790, tome I, p. 387 et suiv. *Crell's Beitræge zur Erweiterung der Chemie*, p. 53 et suiv., 161 et suiv. *Tolln's und Gærtener's Eisenhüttenmagazin Beil*, p. 1 et suiv., p. 19 et suiv. EVERSMANN, *Uebersicht*, etc. tome XXVI. — Sur les effets produits par la compression, la qualité et la vélocité

de l'air employé dans les machines soufflantes, et chassé à travers les hauts fourneaux. Ann. des Arts et Manufactures, tome IV, p. 21 à 29, 118 à 128, 234 à 246. — Sur l'emploi du carbonate calcaire, dans la fabrication de la fonte de fer. *ib.* tome V, p. 113 à 130. Description des hauts fourneaux des Anglais pour la fabrication de la fonte avec des cokes; notice sur la mise en feu de ces fourneaux, *ib.* tome VII, p. 27 à 40. Suite du mémoire, manière de reconnaître la qualité de la fonte par l'apparence des gueuses, 113 à 126. — Sur l'origine et les progrès de la fabrication de la fonte avec les charbons de terre; comparaison entre la valeur et les produits des fontes faites avec les coaks, le charbon de bois et la tourbe carbonisée, *ib.* tome VI, p. 225 à 238; tome XV, p. 9 et suiv.

699. RINMAN, tome II, p. 697 et suiv. — GARNEY, tome II, p. 120 et suiv.

722. RÉAUMUR, Art d'adoucir le fer fondu, Paris, 1722, premier et second mémoire. — SWEDENDORG, *De ferro*, p. 218 et suiv.

723. NORBERG, Sur la production de la fonte en Russie et sur une nouvelle manière de refondre le fer cru dans des fourneaux à manche mobiles, traduit du suédois en allemand, par *Blumhof.* Freiberg, 1805.

741. EVERSMANN, *Eisen und Stahlerzeugung auf Wasserwerken zwischen Lahn und Lippe*, p. 309 et suiv. — Description d'un fourneau pour fondre de petites quantités de fonte; Annales des Arts et Manufactures, tome XII, p. 225 à 231.

775. Observations sur le travail des fours à réverbère; EVERSMANN, *Eisen und Stahl erzeugung*, etc., p. 289 à 293. — Description des fours à réverbère actuellement employés en Angleterre, avec une notice sur leur conduite et leur construction; Ann. des Arts, tome XIV, p. 225 à 233. — JARS, Voyages métallurgiques, tome I, p. 213 et suiv.

858. GRIGNON, Mémoire de Physique sur l'art de fa-

briquer le fer, d'en fondre et forger des canons d'artillerie.
—Réaumur, Nouvel art d'adoucir le fer fondu, etc. Paris,
1722.—*Ueber die Amsterdamer Eisengiesserei, Bergmœ-
nisches,* journal pour 1791, tome II, p. 102 et suiv.—
Sprengel's, *Handw. und Künste.* — Monge, L'art de fabriquer les canons.—*Abbildung der Waaren welche zu
Gleiwitz und Mlapane gegossen werden.* Leipzig, p. 1 à 40.
—Tiemann, *Abhandlung über die Fœrmerei und Giesserei
auf Eisenhütten* avec trois planches. Nürenberg, 1803.—
Sur les fonderies de fer, avec une notice sur le moulage et
la confection de toutes sortes d'objets en fer coulé; Ann.
des Arts et Manufactures, tome XVIII, p. 113 à 135.—
Description d'une chambre à moulage pour les petites fonderies, combinée avec des fourneaux de carbonisation pour
les charbons de terre; *ib.* tome XIX, p. 242 à 244.—
Wuttig., *Künst aus Bronze kolossale Statuen zu giessen.*
Berlin, 1814.

879. Rinman, tome I, p. 321, et suiv.—Bindheim,
Essai pour émailler le cuivre et le fer; *Crell's chem. Ann.*
pour 1784, tome II, p. 5 à 9.—*Hannœv. mag.* pour 1801,
p. 39 à 41.—Procédé pour émailler et orner les vaisseaux
culinaires; Ann. des Arts et Manuf., tome IV, p. 322 à
327.—*Kastner's deutsch. Gewerbsfreund,* tome I, cahier
3, p. 296.

891. Annales des Arts et Manufact., tome XXVIII,
p. 205 à 221; 292 à 307. Sur les marteaux soulevés par
la tête, *ib.* tome XL, p. 274.

894. Herrmann, *Beschreibung des uralischen Erzgebirges,* tome I, p. 428, et suiv.

962. Herrmann, Dans *Crell's Beïtrœge.* Le même
Beschreibung, etc., tome I, p. 246 à 426.—Hausmann's,
Reise durch Scandinavien, tome V, p. 382; tome II,
p. 306, et suiv.—Kohl, *Hausmann's norddeutschen Beitrg.
zur Berg-und Hüttenkunde,* tome 1, p. 23 et suiv.—
Eversmann, *Eisen und Stahlerzeugung,* etc., etc., p. 95 et
424.—Jars, Voyages métallurgiques, tome I, p. 131, 138,

172.—Gerhard, Notes ajoutées à la traduction des voyages métallurgiques de Jars, tome II, p. 702 et s. — Affinage par refroidissement pratiqué en *Schmalkalden*; *Quanz, über die Eisen und Stahl manipulation in der Herschaft Schmalkalden*, p. 120 à 142.—Tiemann's, *Versuch und Bermerk. über das Eisen. Braunschw.*, 1799, p. 61 à 101.—Rinman, tome I, p. 566 et suiv. — Gallois, Sur les mesures à observer dans les dispositions des foyers de forge et sur les instrumens qui servent aux ouvriers pour la détermination de ces mesures. Ann. des Arts et Manuf., tome XXXI, p. 255 à 266, et Journal des Mines, nº. 140, 141, tome XXIV, p. 105 et suiv., 161 et suiv. — Sur les essais qu'on fait subir au fer ductile en Sibérie; Herrmann, *Beschreibung*, etc., tome I, p. 427. — Soins donnés en Suède au forgeage du fer en barres; Voyages métallurgiques de Jars, tome I, p. 149. — *Modus recoquendi ferrum crudum*, etc. Swendenborg, *De ferro*, p. 72 et suiv.

963. Rinman, tome I, p. 569, et suiv.

964.　　*Id.*　　tome I, p. 571.

965.　　*Id.*　　tome I, p. 572.

966.　　*Id.*　　tome I, p. 573.

967.　　*Id.*　　tome I, p. 577 à 582.

969. Eversmann, p. 88, et suiv., 437 et suiv. — Rinman, tome I, p. 562 à 566.

970. Quanz, p. 100 à 119. — Rinman, tome I, p. 582 à 586.

971. Schindler, *Preisfragen über den Unterschied Zwieschen Roheisen und Stabeisen*, p. 148, 170, 186. — Marcher *Beitræge zur Eisenhüttenkunde*, tome I, p. 160 à 175.

972. Eversmann *Eisen und Stahlerzeugung*, etc. p. 50 à 53.

973. *Ib.* p. 215 à 226. — Rinman, tome I, p. 556 à 562.

974. Rinman, tome I, pag. 553 à 556.

975. Voyages métallurgiques de *Jars*, tome 1, p. 46

et suiv. — HERRMANN *Nachricht von der Eisen und Stahl-Manipulation bei den Græfflich Ladronïschen Eisenhütten in Kærnthen; Béitræge zur Physik ; Oekonomie, Technologie,* etc. ; tomé II , p. 95 et suiv. Le même, Voyage en Autriche, en Styrie, etc. , tome I, p. 133. — *Beschreibung vom Eisen und Stahl Schmelzen in Steyermark; Ferber's phys-metallurgische Abhandlung* 273 et s. — KLINGHAMMER, *von Eisenwerken und Stahlfabriken in Steyermark; Bergmænn. Journal,* tome I, p. 224 et suiv. — *Marcher,* tome I, p. 282 et suiv. — RAMBOURG , Sur la fabrication du fer et de l'acier dans les forges de la Styrie; Journal des Mines, tome XV, n°. 90, p. 436 à 445.

978. MARCHER, tome I, p. 290 et suiv. — GUEYMARD, Mémoire sur un perfectionnement de la méthode dite bergamasque, pour l'affinage de la fonte; Journal des Mines, n°. 197, p. 327 à 338. *Prechtl, Vorschlag zur Verbesserung des Eisenfrischprocesses; Schweiger's neues Journal für Chemie und Physik,* tome X, p. 96 à 107.

979. JARS, tome I, p. 168 et 169. — RINMAN, tome I, p. 576 et suiv.

980. JARS, HERRMANN, FERBER, KLINGHAMMER dans les ouvrages cités au paragraphe 975. — MARCHER, tome I, p. 295, etc.

981. RINMAN, tome II, p. 692.

982. DE BONNARD, Sur un procédé particulier, en usage dans l'Eiffel, pour l'affinage de la fonte; Journal des Mines, tome XV, n°. 102, p. 455 à 469.

1000. COQUEBERT, sur un procédé inventé en Angleterre, pour convertir toute espèce de fonte en excellent fer forgé; Journal des Mines, tome I, n°. 6, p. 27 à 34, et Annales des Arts et Manufactures, tome I, p. 148 à 178. — Sur les procédés usités en Angleterre pour le traitement du fer par le moyen de la houille; Annales des Arts, tome XXI, p. 113 à 120; tome XXIII, p. 113 à 151 ; 225 à 254; tome XXIV, p. 44 à 62 ; Journal des Mines, tome XXIV, p. 245.

1004. RINMAN, tome I, p. 547 à 552. — OLE EVENS-
TAD, Mémoire sur les minérais de prairie dans la Norwége
et de leur traitement dans les foyers dits fourneaux de pay-
sans, traduit du danois en allemand, par Blumhof. —
NORBERG, Sur les fourneaux à manche, etc., p. 28 et suiv.

1007. VOITH, Sur l'affinage immédiat des minérais,
d'après la méthode suivie dans le Palatinat; *Neues berg-
maennisches Journal,* tome II, p. 357 et suiv. — NORBERG,
ouvrage cité précédemment, p. 28. — RINMAN, tome I,
p. 533 et suiv.

1008. TRONSON DU COUDRAY, Mémoire sur les forges
catalanes. Paris, chez Ruault, 1775. — De LAPEYROUSE,
p. 156. Traité sur les mines de fer et les forges du comté
de Foix. — MUTHUON, traité des forges dites catalanes, etc.
Turin, 1808. Voyez aussi le Journal des Mines, tome II,
n°. 11, p. 1 ; tome XXII, n°. 127, p. 12 ; n°. 129, p. 241 ;
tome XXVI, n°. 151, p. 7 ; tome XXVII, n°. 159, p. 181.
Sur l'emploi du charbon de houille dans le traitement du
minérai de fer à la forge à la catalane, *ib.* tome XIX, n°.
11, p. 135, et tome XX, n°. 115, p. 75.

1009. RINMAN, tome I, p. 537 à 543.

1010. SWEDENBORG, *De Ferro,* p. 151.

1011. SVEDENSTIERNA, Voyage en Angleterre et en
Écosse, p. 143.

1012. RINMAN, tome I, p. 474.

1014. Le même, tome I, p. 465 à 476. — Annales
des Arts et Manufactures, tome XL, p. 257.

1017. RINMAN, tome I, p. 368 à 374. — QUANZ, sur
le traitement des scories dans des foyers de forge ; *Crell's,*
Ann. pour 1803, I, p. 77 à 87. — STÜNKEL, *Beschreibung
der Eisenhütten an Harz,* p. 164 à 388. — BLUMHOF, Sur
le traitement des scories de forge dans les flussofen, d'a-
près le procédé de Stockenstrœm ; Journal *für Fabriken,
Manufacturen, Handlung, und Mode,* mars 1805, p. 197.
— MARCHER, *Notizen und Bemerkungen uber den Betrieb
der Hohœfen und Rennwerke,* deuxième cahier, p. 78 à

163. — Du traitement des scories dans des hauts four_
neaux pratiqué en Sibérie. — Norberg, Sur les fourneaux
à manche, p. 23. — Jordan, Sur la nature et le traitement
des scories de forge. *Jordan's und Hesse's Magasin f.
Eisenberg und Hüttenkunde*, tome I, 3e. cahier, p. 197
à 239.

1018. Rinman, tome I, p. 646 à 676. — Brandt,
Essais et Observations sur les fers rouverins et cassans à
froid; Mémoires de l'Académie de Suède, tome XIII,
p. 212, et *Crell's, chemisches Archiv*. tome V, p. 91 à
93. — Annales des Arts et Manufactures, tome XXXV,
p. 106 et suiv.; tome XXXVIII, p. 225 et suiv.; tome
XXXIX, p. 85 et suiv.; et Journal des Mines, nos. 63,
75, 79, 100.

1039. Rinman, tome I, p. 643 et suiv.

1041. Le même, tome II, p. 549 et suiv.

1049. Rinman, Sur l'amélioration du gros fer et du
gros acier, traduit du suédois en allemand, p. 199 à 129.
Vienne, 1790. — Eversmann, dans l'ouvrage déjà cité,
p. 266 et suiv. — Duhamel du Monceau, Art de réduire
le fer en fil; description des arts et métiers, tome I. —
Moll's, Jahrbücher de Bergund Hüttenkunde, tome I,
p. 55 et suiv. — Mouchel, Sur la fabrication du fil de fer
et d'acier; Journal des Mines, tome XXII, n°. 127, p. 65
à 80. — Polhem, Sur la fabricatiou du fil d'archal. *Schre_
ber's Sammlungen*, tome XII, p. 385.

1062. Rinman, Sur l'amélioration du gros fer et du
gros acier; traduction en allemand, p. 99 à 135. — Le
même, Histoire du Fer, tome I, p. 60 à 66; tome II,
p. 120 à 125. — Notes de Gerhard, traduction des Voyages
métallurgiques de Jars, tome II, p. 733 à 744. — Justi,
Manufact. und fabriken, tome II, p. 346 à 352. — *Sprengel's, Handwerke und Künste*, 5le. *Sammlung*, p. 150
à 156. — Reuss, *mineralogische Bemerk. über Bœhmen*,
p. 654 et suiv. — Jars, tome I, p. 75 et suiv., 143 à
146. — Eversmann, p. 119 à 247; Annales des Arts

et Manufactures, tome XXV, p. 215 à 219. — Réaumur, Principes de l'art de faire le fer blanc; Mémoires de l'Académie royale des sciences, 1725, p. 102. — Gravenhorst, *Anweisung zur Verzinnung der kupfernen, messingenen und eisernen Gefœsse mit reinem englischemm Zinn, Braunschweig,* 1774. — Ziegler, De la confection des cuillers étamées, *Beckmann's Beitrœgen zur Ock. Technologie,* etc. tome V, p. 138. — Hassenfratz, *Sidérotechnie,* tome III, p. 269 à 300.

1073. Stunkel, Influence du manganèse dans la production du fer en grand; *N. Bergmann. Journ.,* tome III, p. 443 et suiv.; et Journal des mines, tome XVI, p. 173 et suiv. — Rinman, Histoire du Fer, tome II, p. 144 et suiv.; 524 et suiv. — Hassenfratz, Sidérotechnie, tome IV, p. 69 à 81. — Gazeran, Observations sur la constitution des aciers; Annales de Chimie, tome XXXVI *bis,* p. 61 à 70. — Herrmann, Sur l'acier et les minérais qui le donnent facilement; *Crell's, Ann. f.* 1789, tome I, p. 195. Le même, Sur la production de l'acier, dans *Pallas, neuen nordischen Beitrœgen,* tome III, p. 354 et suiv. — Réaumur, L'art d'adoucir le fer fondu, premier mémoire. — Qunaz, Ouvrage cité précédemment, p. 184 à 194. Voyez aussi les ouvrages cités au paragraphe 137.

1075. Jars, Voyages métallurgiques, tome I, p. 44 à 46. — Rinman, Amélioration du fer et de l'acier, traduction allemande, p. 248 et suiv.

1077. Rinman, Histoire du fer, tome II, p. 516 et suiv.

1087. Rinman, tome II, p. 535 à 546. — Stünkel, *Beschreibung der Eisenbergwerke und Eisenhütten am Harze,* 182 et suiv.; 341 et suiv. — Quanz, 153 à 184.

1088. Eversmann, p. 44 et suiv. — Quanz, p. 166.

1089. Rinman, tome II, p. 529 et suiv. — Jars, Voyages métallurgiques, t. I, p. 49 et 50. — Rambourg, Suite du mémoire sur la fabrication du fer et de l'acier dans les forges de la Styrie; Journal des Mines, tome XV, n°. 89, p. 380 à 389.

1091. BAILLET et RAMBOURG, Sur la fabrication des aciers de fonte du département de l'Isère, comparée à celle du département de la Nièvre et à celle de Carinthie; Journal des Mines, n°. 4, p. 3 à 23.

1093. HERRMANN, *Mineralogische Beschreibung des uralischen Erzgebirges*, tome I, p. 278 et suiv.

1095. RINMAN, tome II, p. 531 et suiv. — HERRMANN, *Nachricht von der Eisen und Stahl Manipulation bei den Ladronischen Eisenhütten. in Kœrnthen; Beitraege zur Phys. Oek. Technologie*, tome II, p. 95 à 114. Le même, *Beschreibung der Manipulation, durch welche in Steyermark Kœrnthen und Krain der berühmte Brescianstahl verfertigt wird. Wien 1781.* — JARS, tome I, p. 55 et suiv.

1096. HERRMANN, *Mineralog. Besch. d. Ural. Erzg.* tome I, p. 429. — RINMAN, tome II, p. 593 et suiv.

1101. RINMAN, tome II, p. 547 et suiv. — EVERSMANN, p. 235 à 241. — JARS, tome I, p. 84. — RINMAN, Sur l'amélioration du fer et de l'acier, traduction allemande, p. 271 à 298. — RAMBOURG, Sur la fabrication de l'acier raffiné dans les forges de la Styrie, Journal des Mines, tome XV, n°. 89, p. 389 à 396.

1102. RÉAUMUR, L'art de convertir le fer forgé en acier, Paris 1722.

1118. RINMAN, tome II, p. 601 à 639. Le même, Sur l'amélioration du fer et de l'acier, traduction allemande, p. 298 à 326. — SWEDENSTIERNA, *Reise durch England und Schottland,* traduit en allemand par Blumhof, p. 102. — JARS, tome I, p. 174 et suiv., 221 et suiv., 256 et 257. — Sur la cémentation, *Crell's chem. Ann. f.* 1792, tome I, p. 554. — Sur la fabrication de l'acier de cémentation; *Scherer's chem Journal,* tome IX, p. 64. — *Om jœrnets forwandling listal; praes. Gadd. refp.* KORSEMANN. Abo, 1766. — GRIGNON, Observations sur la Physique, tome XX, p. 184. — GUYTON MORVEAU, Sur la théorie de la conversion du fer en acier; Journal de Physique, tome XXIX, p.

3o8. Le même, Sur la conversion du fer doux en acier fondu, par le diamant; Annales de Chimie, tome XXXI, p. 328. — Sur la fabrication de l'acier, Annales des Arts, tome I, p. 34 à 47.

1119. RINMAN, tome II, p. 666 à 679. — JARS, tome I, p. 227 et 229.

1120. PEARSON, *Experiments and observations to investigate the nature of a kind of steel, manufactured at Bombay, and there called Wootz*, etc. *Repertory of arts and manufactures*, tome V, p. 45 et suiv., p. 107 et suiv.

1123. FRANCKLAND, *Om welding cast steel; Repertory of arts and manufactures*, tome V, p. 327 à 329.

1129. JARS, tome I, p. 257 et 258.—SVEDENSTIERNA *Reise*, etc., p. 96 et suiv. — Sur quelques nouvelles méthodes de fabriquer l'acier fondu; Annales des Arts, tome VII, p. 240 à 258. — Expériences sur de l'acier fondu en France; Annales des Arts, tome XXXIII, p. 79 à 88.— Avis aux ouvriers en fer sur la fabrication de l'acier, par VANDERMONDE, MONGE et BERTHOLLET; Annales de Chimie, tome XIX, p. 1 à 46. — CLOUET, Observations sur la manière de produire les aciers fondus, et sur les fourneaux qui conviennent pour cette opération; Journal des Mines, n°. 49, p. 9 à 12. — SMITH, Sur la fabrication de l'acier coulé; Journal des Mines, n°. 73, p. 59 et 60. — Résultat d'une expérience qui a été faite sur l'acier fondu, par MM. Poncelet frères; Journal des Mines, n°. 145, p. 35 à 42. — GILLET LAUMOND, Rapport fait à la société d'encouragement, au nom du comité des Arts chimiques, sur l'acier fondu, et sur plusieurs variétés nouvelles d'acier; Journal des Mines, n°. 151, p. 5 à 26.

1131. RÉAUMUR, L'art de convertir le fer forgé en acier, p. 338. — RINMAN, tome I, p. 220 à 228.

1138. RINMAN, tome I, p. 248; tome II, p. 648 à 666. — Le même, Sur l'amélioration des gros fers et aciers, traduction allemande, p. 265 à 271. — RÉAUMUR, L'art de convertir le fer forgé en acier, onzième et douzième mémoire. — PERRET, Mémoire sur l'acier, ses qualités, son emploi et sa trempe, ouvrage couronné , Paris 1779; — ROLHEM, De la trempe de l'acier; *Schreber's Samnelungen,* tome XII, p. 367 et suiv. — LAURAUS, De la manière de tremper une espèce d'acier pour toutes sortes d'usages; Mémoires suédois, tome X, p. 68 *et Crell's neuem chem. Archiv.* tome V, p. 69 et suiv. *Angerstein Om Stalhœrdning; Hushallnings* journal 1778. Septembre 35 et suiv. — Du recuit de l'acier trempé; *Hildt's Handlungszeitung 1786,* p. 172. — CAMPER, Sur la trempe de l'acier, traduit du Hollandais en allemand par Herbell, tome I, p. 123. — Sur la trempe de l'acier, Annales des Arts, tome I, p. 135 à 147. — Observations sur la trempe de l'acier, *ib.* tome II, p. 49 à 52. — LYDIATT, Essais et Résultats pratiqués sur la trempe de l'acier; *Schweiger's N. Journ. f. Chemie u. Physik.* tome XI, p. 51. Additions de Nicholson et Schweigger; *ib.* 52 et suiv. 1139. RINMAN, tome I, p. 104; tome II, p. 428 à 439. — HERRMANN, Sur la préparation de l'acier damassé; *Crell's chem Ann.;* pour 1792, tome II, p. 99 à 108; *ib.* pour 1802, tome I, p. 13 à 24. — WASTROEM, Description d'une arme à feu damassée ou composée de fer et d'acier dans les mémoires de l'Académie royale de Suède, tome XXXV, p. 290 à 296; additions de Rinman , *ib.* p. 297 à 299. — Sur la fabrication des étoffes de fer et d'acier, ou des mélanges connus sous le nom d'acier de damas; Annales des Arts et Manufactures, tome II, p. 37 à 48. — CLOUET, Sur la fabrication des lames figurées dites lames de damas. Journal des Mines, tome XV, n°. 90, p. 421 à 435; et Annales des Arts, tome XVII, p. 229 à 248.

FIN DES CITATIONS D'AUTEURS.

TABLE ALPHABÉTIQUE

PAR ORDRE DE MATIÈRES,

AVEC LES NOMS TECHNIQUES FRANÇAIS ET ALLEMANDS EMPLOYÉS DANS LA MÉTALLURGIE DU FER.

A.

Acier d'armes blanches, *klingenstahl*, t. 2, p. 548. —
Acier dit *Brezian*. Voyez *Brezian*.

Acier de cémentation, *Cementstahl*, subit un changement considérable par la trempe, t. 1, p. 456. — Se ramollit facilement par les chaudes, 457. — Devient plus
doux par la fusion, 459. — Manque d'homogénéité, t. 2,
p. 525 et 561. — Observations historiques (sur), 559. — Le
fer en contact avec la poussière de charbon se change en acier
par les chaudes blanches, et ne peut se convertir en fer cru
que par la fusion, 559 et 560. — De l'épaisseur des barres
de fer qu'on veut cémenter, 561 et 572. — Il est essentiel
d'empêcher l'accès de l'air pendant la cémentation.—Caisses,
563. — Combustibles employés. — Fourneaux de cémentation chauffés avec du charbon, 564. — Fourneaux de cémentation chauffés avec la houille ou le bois, 565 et suiv.
— Dimensions des caisses. — Matières dont elles sont confectionnées, 567 et suiv. — Du fer qu'on doit cémenter de
préférence, 568. — De celui qu'il faut éviter. — Longueur
des barres eu égard à celle des caisses, 569. — Des cémens,
570 et suiv. — Chargement des caisses, 571 et suiv. —Graduation de la chaleur. — Durée d'une cuite. — Eprouvette,
572 à 574. — Fin de l'opération. — Ampoules. — Acier
poule. — Explication des ampoules. — Note du traducteur,
575. — Caractères de l'acier poule, 576. — Augmentation
de poids, 576.

Acier damassé, *Damascirterstahl*, t. 1, p. 151, 152.
— On le fait avec des lames de fer et d'acier soudés ensemble, t. 2, p. 606 et suiv. Ces mélanges de fer et
d'acier ne constituent pas de véritables damas. Note du
traducteur, 607.

Acier dit *Edelstahl*. Voyez *Edelstahl*.

Acier de faux, *Sensenschmiedtzeug*, t. 2, p. 546.

Acier fondu, *Guststahl*, est moins soudable et devient
plus dur par la trempe que l'acier qui a servi à le préparer,
t. 1, p. 457. — Homogénéité parfaite, t. 2, p. 524. —
Epoque où on l'a préparé pour la première fois en An-

qu'on affine de cette manière. — Grosseur des loupes, 369.

Affinage dit *bergamasque* usité en Carinthie, *Mügla-Frischschmiede*. — Forme de la fonte. — Construction du creuset, t. 2, p. 389. — Liquéfaction du fer cru. — Addition de laitiers riches. — Brassage, t. 2, p. 390. — On ne forme qu'une loupe, ou on retire tout le fer par attachement, 391. — Méthode bergamasque usitée en France, 391, Note du Traducteur.

Affinage de blettes grillées ou Mazéage, *Bratfrischmiede*. — Son analogie avec l'affinage styrien à une seule fusion; t. 2, p. 385. — Travail dans le foyer de mazerie. — Grillage des blettes sur l'aire du foyer de mazerie, 386. — Grillage dans des fourneaux particuliers, 387. — On pourrait les griller aussi dans des fours à réverbère. — Avantages du grillage, 388.

Affinage de Bohême et de Moravie, *Brechschmiede*. — Différence entre ce procédé et la méthode bergamasque, t. 2, p. 392. — Procédé suivi en Hongrie, 392. — *Idem* en Norvége et en Suède, 393.

Affinage demi-wallon, *Halbwallonenschmiede*. — On ne traite de cette manière que de la fonte pure et truitée. — En quoi diffère ce procédé de la méthode wallonne, t. 2, p. 370.

Affinage osemund, *Osemundschmiede*. — Nature et forme de la gueuse, t. 2, p. 382. — C'est une espèce d'affinage par attachement. — Forme et dimension du creuset, 383. — Poids des lopins. — Qualité des produits. — Consommation de matières. — Dimensions des barres destinées pour les tréfileries, 384. — Méthode osemunde, suédoise, t. 2, p. 385.

Affinage de Schmalkalden, *Loeschfeuerschmiede*. — Fonte qu'on traite par ce procédé. — Forme et dimensions du creuset, t. 2, p. 374. — Emploi de la ferraille. — Addition de laitiers, 375. — Quantité de fonte et de fer employé par loupe. — Consommation de matières, 376.

Affinage de Siegen, *Siegensche Einmalschmelzerey*.

— Extrême grosseur des loupes. — Pour augmenter la masse liquide, on jette quelquefois des morceaux de fonte dans le foyer.—Forme et dimensions du creuset, t. 2, p. 379. — Forgeage, quelle est la fonte qu'on préfère, p. 380. — On emploie les laitiers riches avec profusion pendant le forgeage, 381. — A quoi on doit attribuer le prompt passage de la fonte à l'état de fer ductile. — Quantité de fer obtenu en consommation de matières, 382.

AFFINAGE de Styrie à une seule fusion, *Steyersche Einmal-schmelzerey.* — Construction du creuset. — Plongement considérable de la tuyère.—Disposition des blettes.—Addition de battitures, t. 2, p. 377. — La loupe est terminée avec la liquéfaction de la fonte. — Déchet, et consommation de matières, 378.

AFFINAGE styrien à double fusion, *Hart-und-weich-Ze-rennfrischarbeit.* — Cette méthode n'a été conservée que pour les besoins de l'Artillerie autrichienne, t. 2, p. 393. — Additions de scories. — Cas dans lesquels on les supprime. — Forme et dimensions des deux creusets. — Pesanteur des loupes.—Quantité de fer obtenue par semaine, 394.

AFFINAGE successif opéré par lopins, *Suluschmiede.* — Ce n'est qu'une méthode allemande défectueuse, t. 2, p. 369. — Elle donne toujours du fer aciéreux, 370.

AFFINAGE wallon, *Vallonenschmiede.* — On ne forme que des lopins qu'on étire dans des feux de chaufferie particuliers, t. 2, p. 371.— Les gueuses sont placées sur la haire au lieu de l'être sur le contrevent. — Dimensions et forme des creusets. — Forme des feux de chaufferie, 372. — Quantité de fer obtenue par semaine. — Usines de la Lahn et de l'Eiffel. — Consommation de matières, 373.

AFFINAGE dans des fours à réverbère, *Verfrischen des Roheisens in Flammœfen*, t. 2, p. 407.—Procédé ancien, 408.—Procédé de Cort et Parnell, suivi encore aujourd'hui, 408. — La fonte grise ne peut être traitée dans les fours d'affinerie, 409.—On ne peut blanchir par un re-

soufflantes d'après des pressions données , 438, et note du Traducteur, 439. — Rectifications qu'il faut apporter à ces calculs, d'après les différentes hauteurs du baromètre, du thermomètre et de l'hygromètre, 440 à 444. — Détermination de la quantité d'air nécessaire pour alimenter des hauts fourneaux à charbon de bois ou à coke, 445 à 448. — La pression de l'air fourni au haut fourneau doit être proportionnelle à la compacité du combustible, t. 2, p. 63. — Tableau des pressions qu'il faut employer pour les diverses espèces de charbon, p. 64.

AIR atmosphérique, *Atmospherische Luft.* — Poids d'un litre, t. 1, p. 446. — Composition, 447.

AIRE, *Heerd Staëte Raum.*

ALCOOL de soufre, *Schwefel Alkool,* ou sulfure de carbone, t. 1, p. 122.

ALLEMANDRIE, *Kettendrathhütte,* usine dans laquelle on étire le forgis en gros fil.

ALLÉSER les objets coulés, *Ausbœhren der Gusswaaren.* Voyez *Fer coulé.*

ALLÉSOIR, *Bohrmachine.*

ALLIAGES, *Legirung,* du fer avec les autres métaux. Voyez *Métaux.*

ALLURE des fourneaux à cuve, *Gang der Schachtœfen.* — Généralités (sur l'). — Allure trop froide et allure trop chaude, t. 2, p. 21, 22, 23 et 24. — Examen plus approfondi des circonstances d'où dépendent l'allure du fourneau et la nature de ses produits, 48 à 56 et 86. — Des dangers que présente une allure trop chaude, 56, 57. — Le changement dans la couleur de la fonte ne suit pas immédiatement celui de l'allure du fourneau, 116. — Des causes qui dérangent l'allure, 116 à 126. — On juge de l'allure 1o. par la flamme du gueulard, 126, 127; 2o. par la poussière qui sort du fourneau, p. 128; 3o. par la flamme de la tympe, 128; 4o. par l'aspect de la tuyère, 129, 130, 131 et 132; 5o. par l'aspect des laitiers, 132 à 139; 6o. par la descente des charges, 140; 7o. par la nature de la fonte, 144 à 148. Voyez *hautsfourneaux.*   80

ARRACHEMENT (travaux d'). *Gewinnung der Erze*, t. 1, p. 246.

ARSENIC, *Arsenik*. — Son alliage avec le fer, t. 1, p. 174.

ART des forges, *Eisenhüttenkunde*. — Son état actuel en Europe et en Amérique, t. 1, p. 31 à 37.

ASPIRATION des soufflets, *Aufgehen der Geblaëse, Wind schoëpfen*. Voyez *Soufflets*.

ASSORTIR les minérais, *die Erze Gattiren*. — Mélanger diverses espèces pour les traiter plus avantageusement dans les hauts fourneaux.

ASSORTIMENT, *Gattirung*. — Des minérais. But (de l') t. 1, p. 231, t. 2, p. 104, 105.

ATTACHE (longue); *Drahmsaeule*, t. 2, p. 290.

ATTACHEMENT, *Anlaufen*. Voyez *Affinage à l'allemande et affinage par attachement*.

AUGE d'affinerie, *Frischschmiede trog*.

AUGE de bocard, *Pochkasten*. — On y jette les matières que l'on veut piler.

AUGE de haut fourneau, *Hohofentrog*. — Contient de l'eau qui sert à rafraîchir les outils et à refroidir les scories.

AULNE, *Betula Alnus-Erle*, t. 1, p. 275.

AVALER, *Gaaraufbrechen*, t. 2, p. 339. Voyez *Affinage à l'allemande*.

B.

BACHE, *Aufgebtrog*. — Petite caisse de bois qui sert aux chargeurs des hauts fourneaux, pour porter le minérai et pour l'introduire dans le gueulard.

BAJOUX de soufflets, *Backenstück*, t. 1, p. 391.

BALANCIERS, *Schwengel*. — Balancier servant à soulever les soufflets, t. 1, p. 395.

BANC des mouleurs, *Formbank*, t. 2, p. 241.

BANC des écureuses ou blanchisseuses de fer blanc, *Reibebank*, t. 2, p. 496. Voyez *Fer blanc*.

BANC des platineurs, *Reckschmidbank*, t. 2, p. 458.

BANDELETTES, *Bandeisen*, t. 2, p. 458. Voyez *Platinerie*.

cube, d'après Hartig, 279. — *Id.*, d'après Wildenhain, 280. — De la chaleur développée par (le), 280, 281. — De la quantité de charbon contenue dans (le). — Expériences de Rumford, t. 1, p. 281. — *Id.* de Proust, de Mushet, de Hielm, de Scopoli, d'Allen et de Pepys, 282, 283. — Quantité de charbon qu'on en retire par des opérations en grand, 286, 287. — Humide, dépérissant ou fraîchement abattu, il donne de mauvais charbon, 285. — Quand et comment on doit l'abattre, le fendre et le corder, 288, 289, 290. — Trois cordes de rondins valent deux cordes de gros bois, 290. — Bois de souches, 290, 291.

Bois conifère, *Nadelholz*, t. 1, p. 273. — Voyez les mots *Epicia*, *Melèze*, *Pin* et *Sapin*.

Bois dur, *hartes Holz.*

Bois feuillu, *Laubholz*. Voyez les mots *Aulne*, *Bouleau*, *Charme*, *Châtaignier*, *Chêne*, *Hêtre*, *Orme*, *Peuplier*, *Saule* et *Tilleul*.

Bois tendre ou blanc, *Weiches Holz.*

BOTTELER, *Gebinde machen.* — (le fer platiné), t. 2, p. 458.

BOUCHAGE, *Schweres Gestübe.* — Terre avec laquelle on ferme le trou de la coulée, t. 2, p. 88. — Comment on le perce, 111, 112.

BOUCHE ou œil de la buse, *Düssenmaul.* — Voyez *Buse.*

BOUCHE ou œil de la tuyère, *Formmaul.* Voyez *Tuyère.*

BOUGE des meules de charbon, note, p. 300. Voyez *Couverture.*

BOUILLONNEMENT, *Aufkochen Aufwallen*, t. 2, p. 402.

BOULEAU, *Betula alba*, t. 1, p. 295.

BOULON, *Walze.* — Assujettit le volant au gîte des soufflets de bois, t. 1, p. 391; est immobile dans des nouveaux soufflets, 392.

BOURLET du fer blanc, *Tropfkande des Weissblechs*, t. 2, p. 498.

BRASQUE, *Eingestampfter Kohlenstaub.* BRASQUER. *Mit kohlenstaub ausschlachten.* (les creusets d'essai), t. 1, p. 238.

BRASSER la fonte, *das Roheisen umrühren.* — Travailler la fonte avec des ringards, t. 2, p. 540 et suiv.

Brezian fin, *fein Brezian* ou *Münzstahl*. — C'est le meilleur acier d'Allemagne, t. 2, p. 548.

Bride de champ et bride plate, *Hængzeug*. — Pour les équipages des laminoirs.

Bure des hauts fourneaux ou gueulard, *Gicht*. — Espace qui reçoit la charge et qui en est rempli chaque fois.

Buse, *Düsse*. — Tuyau qui conduit l'air dans le fourneau. — Bouche ou œil, t. 1, p. 366. — Influence des dimensions de l'œil sur le volume d'air et la vitesse du vent produits par la machine, 366, 367. — On ne doit avoir qu'une seule buse pour deux soufflets, 396. — De la largeur des buses des hauts fourneaux, t. 2, p. 79. — A quelle distance elle est placée de la tuyère. — Dans quels cas il faut l'avancer ou la reculer, 82.

C.

Cadmie ou Tuthie, *Ofenbruch*, t. 1, p. 168.

Cadres de bois placés autour des hauts fourneaux dont la maçonnerie est remplacée par de la terre battue, t. 2, p. 6.

Cagneux, *Stampfe*. — Cylindres de bois avec lesquels on comprime le sable des moules.

Caisses à air, *Windkasten*. Voyez *Soufflets*.

Caisses de cémentation. Voyez *Acier de cémentation*.

Calcination des minérais. Voyez *Grillage*.

Calcium, *calcium*. — Son alliage avec le fer, t. 1, p. 156.

Calibres ou échantillons pour le moulage en terre. — *Chablonen für die Lehmfoermerei*, t. 2, p. 256.

Calotte ou petit haut des meules de carbonisation, *Haube*, note, p. 300.

Camme, *Krumzapfen*.

Camme de marteau ou poucet, *froschie*, t. 2, p. 289.

Canaux d'évaporation, *Abzüchte für Feuchtigkeit*, t. 2, p. 5.

Canon, *Kanone*. — Moulage, t. 2, p. 249 et 250.

Carbone, *Kohlen-Stoff*. — Sa combinaison avec le fer, t. 1, p. 105. — Expériences de Vandermonde, Berthollet

la houille. — Maximum de la quantité de cendres que peut contenir le coke servant au traitement des minérais, 358, 359. — Comparaison entre le coke léger et le coke compact, 359 à 361. — Comparaison entre le coke et le charbon de bois, 363 et 364 (Voyez *Combustibles*). — Poids moyen du coke, 447. — Laisse des cendres d'autant plus réfractaires qu'il est plus compact, t. 2, p. 58. — Volume des charges (de) introduites dans les hauts fourneaux, en Silésie, t. 2, p. 103.

COGRAINS. — Morceaux de fer qui, attachés au trou de la filière, gâtent le fil.

COLCOTAR, *Colcothar*, t. 1, p. 136.

COLONNE d'eau, *Wassersaeüle*. — Sert à mesurer la pression de l'air nécessaire pour les diverses espèces de charbon, t. 2, p. 64.

COMBINAISON du fer avec d'autres métaux. Voyez *Métaux*.

COMBUSTIBLE; *Brenmaterial*. — Importance de la préparation et de la connaissance des combustibles, t. 1, p. 266. — Servent aussi comme agens chimiques, 267. — Combustibles bruts employés pour le traitement des minérais, 267 et 269. — Leur inflammabilité est en raison inverse de leur richesse en carbone, 270. — Il en existe qui ne peuvent brûler que dans un air condensé, 270 et 271. — Chaque combustible doit être brûlé dans un temps déterminé, 272 et t. 2, p. 191. — La quantité de charbon qu'on en retire, dépend autant des proportions de leurs divers composans, que de la quantité de carbone qu'ils renferment, t. 1, p. 330 et 331. — Comparaison entre l'effet du coke et celui du charbon végétal, t. 1, p. 363 et 364. — *Idem* entre celui de la houille et celui du bois, t. 2, p. 214 et note du Traduct.

CONCHES ou baches, *Trœge*. — Caisses de bois ou de métal pour mesurer les minérais. Voyez *Minérais*.

CONDUCTRICITÉ du fer pour le calorique, *Wærmeleitungs Fæhigkeit des Eisens*, t. 1, p. 67, 68.

CONTRE-PAROIS, *Rauschacht*, t. 2, p. 4 et 5.

ÉBOULEMENT des charges „ *Rutschen der Gichten,* t. 2, p. 140 et 141.

ÉCHANTILLON, petite lame de fer pourvue de crans, sert pour mesurer la largeur et ll'épaisseur des barres pendant le forgeage.

ÉCHAUFFEMENT des hauts fourneaux, *Zu gaarer Gang.* Voyez *Allure.*

ÉCOTEUR, *Drathzieher.*

ÉCOUVILLONNER le feu, *Das feuer bespritzen.* — Jeter de l'eau sur les charbons.

ÉCRAN de forgeron, *Vorblech.* — Plaque de fer suspendue devant le foyer de forge.

ÉCRASER les soufflets, *Die Geblaëse nieder drücken.* — Comprimer l'air pour le chasser dans le foyer.

ÉCREVISSE, *Rampfzange,* t. 2, p. 354.

ÉCRIER le fil de fer. — Le nettoyer, t. 2, p. 476 et 477.

ÉCROUISSEMENT du fer. — Note du traducteur, t. 1, p. 61 à 63.

ÉCURER la tôle, *Das Blech scheuren,* t. 2; p. 496.

ÉCUREUSES, femmes qui écurent la tôle.

EDELSTAHL. — Acier très-dur de la principauté de Siegen, t. 2, p. 550.

ÉGRAINER (s'), *Ausbrocklen,* s'ébrécher, se casser par grains.

ÉLASTICITÉ, *Federkraft,* t. 1, p. 50 à 51.

EMBRASURES de travail, *Arbeitsgewoëlb,* t. 2, p. 7 et 8.

EMBRASURES de tuyère, *Formgewœlb,* t. 2, p. 7 et 8.

EMPOISE, *Zapfenlager.* — Encastrement ou support des boutons de roue.

ENCLUME, *Amboss.* — Il faut lui donner une position très-stable. t. 2. p. 291. — Sa table doit être parfaitement plane pour ne pas occasionner de fentes longitudinales dans les barres, 354.

ENCRENÉ. *Doppeltkolben.* Pièce de fer forgée seulement au milieu, t. 2, p. 291.

ENDUIT pour le fer exposé à la chaleur, *Ueberzug für Eisen welches der Hitze ausgesetz ist,* t. 1, p. 81.

ENGORGEMENT de l'ouvrage , *Versetzung des Gestells.* Voyez *Ouvrage.*

ENTONNOIR de trompe, *Wassertromel Trichter.* Voyez *Trompe.*

ÉPICIA ou sapin rouge, *Pimus picea, Fichte* ou *Rothtannè,* t. 1, p. 273.

ÉPREUVES qu'on doit faire subir au fer en barres, t. 2, p. 299.

ÉPROUVETTE, *Probestange,* t. 2, p. 573 et 574. — Petite barre de fer placée dans les caisses de cémentation.

ÉQUIPAGE de fenderie ou de laminoir, *Geschleppe eines Walz-oder Schneidewerks.* — Ensemble des pièces composant la machine. — Équipage à cage massive ou à colonnes. Voyez *Laminoir.*

ÉRABLE, *Ahornbaum,* t. 1, p. 277.

ESCARBILLE, *Cynder,* t. 2, p. 193. — Petit charbon de houille qui passe à travers les grilles des fours à réverbère.

ESCOLA, ouvrier de forges catalanes, t. 2, p. 431.

ESPACE NUISIBLE des soufflets, *Schœdlicher Raum der Geblæse.* — Ce que c'est, t. 1, p. 368. — Comment on le diminue dans les soufflets de cuir, 368, 369 et 385. — Comment on détermine son degré d'influence sur l'effet des soufflets, 427.

ESPATARDS de fenderie, *Walze der Schneidverke,* petits cylindres qui servent à étirer les barres, t. 2, p. 460.

ESSAIS d'affinage, *Frischversuche,* avec addition d'autres substances métalliques. Voyez *Métaux.* — *Id.* avec une addition de sel marin, p. 185.

ESSAIS des minérais, *Probieren der Erze.* — On n'en fait pas usage dans la sidérurgie pour contrôler les opérations en grand, t. 1, p. 235. — De leur incertitude, p. 236 et 237. — La fonte obtenue dans les essais est d'autant plus grise que la température est plus élevée, 239, 240.

ESSAI par la voie humide. Voyez *Analyse.*

tirer au clair. — Utilité de la cloison du pot à laver, 518 et 519. — Lavage, 520 et 521. — Effet produit par le pot de suif du lavage, 522. — Du bourlet, 522. — De la lisière, 523.

soufre que la fonte grise, 124. — La sous-espèce blanche de
la fonte grise se convertit en acier aussi facilement que
la fonte blanche naturelle, 180. — Se change en fonte
grise par l'action d'une forte chaleur suivie d'un lent refroidissement, 196, 197, 462 à 464. — La présence du
soufre, du phosphore et du manganèse retarde ce changement, 196 et 197. — Différence entre la fonte blanche
provenant d'un fourneau dont l'allure est très-dérangée
et la fonte blanche naturelle, 489 et 490. — Des causes
qui produisent (la), t. 2, p. 47, 48 et 49. — C'est elle qui
donne naissance à la fonte grise, 48. — Fonte blanche
obtenue malgré la pureté des laitiers, 50 et 54. — Moyens
d'y remédier, 51. — Fonte blanche qui n'est pas le résultat
d'une surcharge ni d'une trop grande fusibilité des minérais, 51, 52, 53, 118 et 119. — Obtenue avec le coke,
elle est toujours très-impure, 56. — La fonte blanche,
matte et grenue, a été souvent confondue avec la fonte
blanche obtenue par une surcharge de minérai, 119. —
Elle a été confondue aussi avec la fonte grise, 120. —
On l'obtient souvent dans les fourneaux à coke, 121. —
Elle forme la transition de la fonte grise à la fonte blanche
rayonnante, 125. — Son emploi pour les objets moulés, 156.
— Des formes cristallines, 157. — Taches de cristallisation, 158. — Voyez *Refonte et fonderies*.

FONTE BLANCHE MATTE, *Dickgrelles Roheisen.* — Floss
tendres. — Produits des flussofen, t. 2, p. 37.

FONTE BLANCHE NATURELLE, *Naturliches veisses roheisen*, ou fonte blanche manganésifère, t. 1, p. 178 et 179.
— Se comporte de la même manière que la sous-espèce
blanche de la fonte grise, 179. — Est aussi pure que la fonte
grise, 198. — Est plus facile à affiner que la fonte grise,
198 et 199. — Contient toujours une petite dose de graphite, 484. — Analyse de cette fonte changée d'abord en
fonte grise, 485, 486. — Composition, 487. — Fonte blanche de flussofen. Voy. *Flussofen*.

FONTE GRISE, *Graues roheisen.* — Couleur, t. 1, p. 39.

— Texture, 44. — Pesanteur spécifique plus petite que celle de la fonte blanche, 46. — Se dilate davantage en se solidifiant, 88. — Grillage et fusion, 89, 90, 458 et 459. Voyez *Fonte grise obtenue au charbon de bois*, et *Fonte grise obtenue au coke*. — Composition, 112, 113 et 488. — Contient moins de matières étrangères que la fonte blanche, 197. — Elle contient moins de charbon que la fonte blanche lamelleuse, 488 et 489. — La couleur foncée n'indique pas toujours la présence d'une grande quantité de carbone, 490 et 491. — Se forme seulement lorsque le dosage du minérai est petit, 491 et 492. — Fonte grise de Flussofen. Voyez *Flussofen* — Provient de la fonte blanche, t. 2, p. 48. — Il est difficile de l'obtenir avec des minérais très-fusibles, t. 2, p. 51. — Circonstances d'où dépend la formation de la fonte grise, p. 55 et 56. — Son emploi pour les objets moulés, 156.

Fonte grise obtenue au charbon de bois : — Fusion dans un creuset d'argile, t. 1, p. 460. — *Idem* dans un creuset de graphite. — *Idem* dans la poussière de charbon, 460, 461. — *Idem* dans un fourneau à cuve et dans un four à réverbère, 461.

Fonte grise obtenue au coke. — Fusion, t. 1, p. 461. — Se convertit difficilement en fonte blanche par le refroidissement subit, 462.

Fonte mêlée ou truitée, *Halbirtes Roheisen*. — Couleur, t. 1, p. 40. — Fonte mêlée de flussofen, t. 2, p. 36.

Fonte sulfurée, *Geschwefeldes Roheisen*. — Est très-vive et se refroidit promptement, t. 1, p. 123. — Est encline à devenir blanche, 123 et 124. — Ne peut servir pour objets coulés, t. 2, 158.

Fonte phosphorée. — Fonte de fer tendre, *Phosphor Roheisen*, *Kaltbrüchiges Roheisen*. — Est très-vive, fusible et conserve long-temps sa liquidité, t. 1, p. 125. — Convient parfaitement pour objets moulés, t. 2, p. 158.

Fonte raffinée ou grise, *Gaares Roheisen*. Note du Traducteur, t. 2, p. 23.

Forerie, *Bohrmachine*. Voyez *Fer coulé*.

qu'il convient d'employer ou d'éviter, 185 et 186. — De la durée des parois. — Du déchet de la fonte, 188. — De la quantité de fer cru obtenue par jour, 189.

FOURNEAU à vent pour refondre le fer cru, t. 2, p. 166. — Doit contenir trois creusets ou un seul, t. 2, p. 169. — Dimensions. — Combustible qu'on y brûle, 168. — Précautions qu'on doit prendre pour charger le fourneau, 171.

FOYER, feu, four ou fourneau.

FOYER d'un four à réverbère, t. 2, p. 189.

FRAISIL ou FRASIN, *Loesche*. — Poussière de charbon mêlée de terre. — Fraisil de coke, t. 1, p. 335 et 340.

FRIABLE, *Mulmig*. — Minérais friables qui se pulvérisent facilement. — Il faut éviter de les laver, t. 1, p. 248. — Précaution qu'exige leur traitement dans les hauts fourneaux, t. 2, p. 117.

FROMAGE, *Thonplatte*. — Support de terre réfractaire pour les creusets, t. 1, p. 239, et t. 2, p. 168.

FROTTER, *Scheuren*. Voyez *Fer noir* et *fer blanc.*

FUMER un haut fourneau, *Einen Hohofen abwaermen*. — Dessécher un haut fourneau. Voyez *Mise en feu*. —

FUMERONS, *Brænde*. — Morceaux de bois à demi-carbonisés. — Leur emploi, t. 1, p. 308 et 309. — On les carbonise à la fin de la campagne, 316.

FUSION, (point de) *Schmelzpunkt*. — Du fer, de l'acier, de la fonte, t. 1, p. 77, 78 et 84. — Point de la fusion. — Hauteur à laquelle les minérais chargés dans les fourneaux à cuve se liquéfient, t. 2, p. 22 et suiv.

G.

GAMBIER. Crochet de fer avec lequel on reçoit les verges fendues.

GANGUE, *Gangart*. — Substances qui accompagnent les minérais. — On augmente leur fusibilité à l'aide des flux ou fondans, t. 1, p. 232.

GAZON, *Rasen*. — Forme la meilleure couverture qu'on

111, 112 et 488. — Le graphite contenu dans la fonte grise n'est pas un carbure de fer; c'est du carbone pur, t. 1, p. 474. — Le graphite ne peut se former que par la fusion du fer carburé, 478 et 479.

GRÈS, *Sandstein*, Fond des creusets d'affinerie dans lesquels on fait l'acier, t. 2, p. 54.

GRILLADE, *Stauberz*, poussière de minérai grillée. — Quantité employée pour chaque fusion, t. 2, p. 429. — Dans quel cas on augmente ou l'on diminue la dose (de), 430 et 432.

GRILLAGE des minérais, *Rösten der Erze*. — Opinion des métallurgistes sur l'effet (du), t. 1, p. 214 et 225. — But précis du grillage, 225 et 226. — Degré de chaleur du grillage doit être proportionné à la fusibilité des minérais, 227. — Le grillage est essentiel lorsqu'on réduit des minérais dans de petits fourneaux, 227 et 228. — Sert aussi à chasser l'eau et l'acide carbonique, 228 et 286. — Précautions qu'il exige. — Augmente ou diminue le poids des minérais, 250. — Se fait à l'air libre, 250. — Dans des enceintes, 251. — Les grandes enceintes présentent une économie de combustible, 252. — A lieu dans des fourneaux à cuve ou dans des fours à réverbère, 252. — Fourneaux à cuve usités en Silésie, 253. — Id. servant au Creusot et à Vienne, t. 1, p. 254 (note). — Dans des fours à réverbère. — Le soufre ne se dégage pas avec facilité, 254.

GRILLAGE des plaques, *Braten des Scheibeneisens*. — Ne peut convenir pour la fonte blanche impure, t. 1, p. 199, ni pour la fonte grise, p. 89 et 200. — Grillage des blettes, t. 2, p. 386 et 387.

GRILLE, *Rost*. *Voyez Four à réverbère*.

GUEULARD, *Gicht*, t. 2, p. 3. — Plateforme (du), p. 8. — Chaleur (du). — Dans quel cas on peut utiliser cette chaleur. — Note du Traducteur, p. 9. — *Voyez Hauts fourneaux*.

GUEUSAT, *Gänslein*. — Petite gueuse.

GUEUSE, *Gans*, t. 2, p. 149.

LUNETTE, *Brille.* — Fourneau à lunette, *Brillen-Ofen*,

M

MACÉRATION, *Zerrennung.* — Fusion et épuration de la fonte par le repos de masse.

MACÉRER, *Zerrennen.*

MACHINES soufflantes, *Geblæse.* Voyez *Soufflets.*

MAGASIN de charbon, *Kohlenschuppen.*

MAGNÉSIUM, *Magnesium*, t. , p. 156.

MAGNÉTISME du fer, *Magnetismus*, t. 1, p. 62 et 63. — Comment on le donne et comment on le détruit, 64 et 65.

MANDRIN pour donner la forme voulue aux tuyères, *Formeisen*, t. 2, p. 321.

MALLÉABILITÉ, *Geschmeidigkeit*, t. 1, p. 50, 51. — Comparaison entre la malléabilité du fer dur et du fer mou. — Comment on la détermine, 60, 61.

MANCHE de marteau, *Hammerhelm.*

MANCHON ou Moufle, *Muffe.*

MANGANÈSE, *Mangan.* — Son alliage avec le fer, t. 1, p. 177. — Possède la propriété de blanchir la fonte, p. 178. — Augmente la dureté du fer, sans nuire à la ductilité, p. 179. — Retarde le changement de la fonte blanche en fonte grise, p. 179. — Rend la fonte plus fusible, t. 2, p. 530. — C'est par la fusibilité donnée à la fonte, qu'il améliore la qualité de l'acier, 539.

MANICORDON, fil de fer mince; sert pour les clavecins.

MANTEAU des moules d'argile, *Mantel der Lehmformen*, p. 254 et 256. Voyez aussi *Moulage des statues.*

MANTURE, fil de fer détérioré au feu.

MAQUETTE, *Kolbeneisen.* — Pièce de fer forgée par un bout, t. 2, p. 357.

MARÂTRES, *Trageisen.* — Pièces de fonte qui soutiennent le plafond des embrasures.

N.

H

Nid de minérai, *Erznest.* — Petit amas. — Se trouve dans des terrains d'alluvion, t. 1, p. 244.

Noir de fumée, *Russ.* — On l'obtient en carbonisant la houille, t. 1, p. 349.

Noircissement des moules, *Schwaerzen der Formen*, t. 2, p. 251 et 256.

Noyau des moules, *Kern der Formen.* — Voyez les *différens genres de Moulages.*

O.

Ocre ou Ochre, *Ocher.* — Hydrate de fer jaune.

Œil du marteau, *Hammeräuge.* — Ouverture pour le manche.

Œil du pertuis. — Partie étroite du trou de la filière. — Est pratiqué ordinairement dans l'acier, tandis que le côté large l'est dans le fer, t. 2, p. 471.

Oligiste (fer), *Eisenglanz.* Voyez *Minérais.*

Or, *Gold.* — Sa combinaison avec le fer, t. 1, p. 157 et 158.

Ordon, *Hammergerüst.* — Ordon du marteau à soulèvement, t. 2, p. 289. — Ordon en fer, 291. — Ordon des marteaux à bascule, t. 2, p. 292. — Ordon mixte, t. 2, p. 293.

Orme, *Ulme* ou *Rüster*, t. 1, p. 275.

Osemund. Voyez *Affinage osemund.*

Oreilles ou mailles, *Schlingen.* — Partie de la fermeture des soufflets, t. 1, p. 391.

Outils de l'affineur, *Werkzeuge des Frischers*, t. 2, p. 331.

Outils du forgeron, *Werkzeuge des Hammerschmidts*, t. 2, p. 354.

Ouvrage, *Gestell.* — Ce que c'est, t. 2, p. 15, et note du Traducteur. — Forme, 38, 82 à 84. — Des pierres qu'on doit employer pour sa construction, 39 et 40. — Ouvrage en terre battue, t. 2, p. 39. Note du Traducteur.

P.

PHOSPHATE de fer naturel. Voyez *Minérais de fer terreux limoneux.*

PHOSPHORE, *Phosphor.* — Son action sur le fer, t. 1,

PAILLE de fer, *Hammerschlag.* Voyez *Battitures.*

PALASTRE, tôle forte. — Fabrication. Voyez *Fer noir.*

PALE, *Schütze.* — Ecluse. Tirer la pale, lâcher l'eau sur les roues, c'est la fonction du goujat, t. 2, p. 359.

PAMER (se) *Weich werden.* Se dit de l'acier qui perd ses propriétés caractéristiques, s'il est mal chauffé. Voyez *Acier* et *Acier de cémentation.*

PANNE du marteau, *Hammerbahn.* — Partie inférieure du marteau qui frappe le fer. — Moyen qu'on emploie pour la rendre très-dure, t. 2, p. 238.

PARAGE du fer, *Gleichen des Eisens.* — Dernier martelage des barres placées sur l'enclume selon la longueur de la table. Voyez *Parer.*

PARER le fer, *Gleichen des Eisens.* Cette opération ne doit pas s'exécuter à froid. — Note du Traducteur, sur l'écrouissement du fer, 61, 62 et 63.

PAROIS de la cuve, *Kernschacht,* t. 2, p. 4. — Contreparois, *Rauschacht,* t. 2, p. 4 et 5.

PASSE-PARTOUT, barre plate pour comprimer le sable de moulage.

PASSE-PERLE, fil de fer intermédiaire entre les fils moyens et les fils très-fins.

PATIN, partie du modèle d'un pied de marmite.

PATOUILLET, *Waschwerck.*

PAVILLON de la tuyère. Voyez *Tuyère.*

PÉLARD, bois qui a été écorcé sur pied.

PELLE, *Schauffel.* Sert aux hauts fourneaux et aux feux d'affinerie. — Enduite d'une couche d'argile, elle s'emploie dans le coulage des plaques, t. 1, p. 236.

PERCÉE, *Stich.*

PERÇOIR; voyez *Lache laitier.*

PETITE masse inférieure se compose des étalages, de l'ouvrage et du creuset.

PHOSPHATE de fer naturel. Voyez *Minérais de fer terreux limoneux*.

PHOSPHORE, *Phosphor*. — Son action sur le fer, t. 1, p. 118. — Rend le fer tendre ou facile à travailler étant chaud, et fragile après le refroidissement, 119. — Rend la fonte plus fusible et lui fait conserver plus long-temps sa liquidité, 125. — S'oppose à la formation du graphite et de la fonte grise, 125, 196 et 197.

PIÈCE, *Deul*. — Nom de la loupe cinglée.

PIERRES, *Steine*, pour la construction de l'ouvrage des hauts fourneaux, t. 2, p. 39.

PIERRE du contrevent, *Windstein*, t. 2, p. 42.

PIERRE de tuyère, *Formstein*, t. 2, p. 41.

PILOTAGE, *Pfahlwerk*, sur lequel on établit les fondations des hauts fourneaux, t. 2, p. 7.

PIN, *Pinus sylvestris*, *Kiefer*, *fœhre*, *Kienbaum*, t. 1, p. 273.

PISÉ, *Erdzimmerung*. — Maçonnerie en terre, remplace quelquefois le mur extérieur des hauts fourneaux, en Suède, t. 2, p. 6.

PISTON de soufflets, *Geblæse Kolben*, t. 1, p. 398 à 402. — PISTON du soufflet cylindrique en fonte, t. 1, p. 400. — Porte deux soupapes lorsqu'il agit de bas en haut, 402. — N'a point de soupapes si le cylindre est posé sur le fond, 403.

PLAQUES des creusets d'affinerie, *Frischzacken*, t. 2, p. 315. — Comment on les assujettit entr'elles, 316. — Position (des), 318.

PLAQUE de fond, *Boden*, t. 2, p. 315. — Position, 318 et 324.

PLAQUES de recouvrement, *Verdeckplatten*. — Pour les moules pratiqués dans le sol de l'usine, t. 2, p. 237.

PLATINAGE ou parage de la tôle, *Britschen des Blèches*, t. 2, p. 484 et suiv.; voyez *Fer noir*.

PLATINE, *Platin*. — Sa combinaison avec le fer, t. 1, p. 160.

— Des feuilles de tôle qu'on veut étamer, t. 2, p. 5o5.
— Du fil d'archal; voyez *Fil d'archal*.

RÉDUCTION, *Reducirung*, des minérais, désoxidation;
voyez *Minérais*.

REFONTE du fer cru, *Umgiessen des Roheisens*. — Considérations générales, t. 2, p. 153 et 154. — Des méthodes
suivies, 163. — Des creusets, 168. Voyez *Fourneau à vent*.

REFONTE dans des fourneaux à cuve. — Méthode anciennement employée en France, 173. — Perfectionnement
de Réaumur, 174. Voyez *Fourneau à manche*.

REFONTE du fer cru dans des hauts fourneaux, 181, 182.

REFONTE du fer cru, dans des fours à réverbère, t. 2,
p. 189. Voyez *Four à réverbère*. — Comparaison entre les
trois méthodes de refondre le fer cru, 212 et 213.

REFROIDISSEMENT subit, *Plœtzliche Abkühlung*; voyez
Blanchîment de la fonte.

RÉGULATEUR, *Windregulator*, t. 1, p. 411. — Régulateur à capacité constante, 412. — Régulateur à pression
ou à capacité variable, 413. — Rapport entre la capacité
du régulateur et celle du soufflet, 413 et 420.

RÉGULATEUR à eau, *Wasser Regulator*. — De la colonne
d'eau qui mesure la pression de l'air, t. 1, p. 418, 419 et
420. — Avantages (du), 421. — Ne vicie point l'air, est
préférable au régulateur à frottement, 422.

RÉGULATEUR sec, *Trocken regulator*, t. 1, p. 414 et 415.
Le jet d'air est d'autant plus uniforme que (le) a plus de
largeur, 416. — Accidens. — Moyens d'y remédier, 416.
Qualités et défauts des régulateurs secs, 417 et 418.

RÉGULE DE FER, fonte ou fer cru.

RELEVER le haut fourneau, retirer le laitier qui obstrue
l'avant-creuset.

REMPLISSAGE, *Füllung*, t. 2, p. 5.

RENARD, *Frischeisen*. — Fer demi-affiné qui se forme
dans l'ouvrage des hauts fourneaux.

RENARD, *Deul*. — Loupe qu'on obtient dans les re-
nardières.

RENARDIÈRE, *Frischfeuer*. — Foyer d'affinerie dans lequel on chauffe les pièces ou les lopins pendant la fusion de la fonte; voyez *Affinage à l'allemande*.

RÉSERVOIR à air; voyez *Régulateur*.

RÉSISTANCE ou ténacité de la fonte; voyez *Fonte*.

RÉSIDU, *Rückstand*. — Scories et eaux-mères, t. 1 p. 3.

RESSORT de soufflets, *Federn*. — Lames de fer ou d'acier qui pressent les liteaux contre le volant, t. 1, p. 389.

— Ressort de marteau; voyez *Rabat*.

RETREINDRE. — Diminuer le diamètre d'un cercle par le martelage.

RIBLONS ou débris de fer, *Eisen abfælle*; voyez *Affinage de la ferraille*.

RIGOLE ou lit de la gueuse, *Masselgraben*.

RINGARDS, *Brechstange*. — Barres de fer dont on fait usage pour travailler dans les hauts fourneaux et dans les feux d'affinerie.

ROGNURES de tôle, *Blechabschnittel, Abschnittel*. Voyez *Affinage de la ferraille, fabrication du fer noir et du fer blanc*.

ROIDEUR, *Steifheit*, t. 1, p. 50 et 51.

RONDELLES de fenderies, *Scheiben der Schneidwerke*, t. 2, p. 460.

ROSES de l'acier, *Stahlrosen*, taches irisées qu'on remarque dans la cassure de l'acier trempé. Voyez *Trempé de l'acier*.

ROUE à aubes, *Schaufelrad*.

ROUE à augets, *Kastenrad*.

ROUGE d'Angleterre. Voyez *Colcotar*.

ROUILLE, *Rost*, t. 1, p. 103 et 104.

ROUVERIN, *Rothbrüchig*. Voyez *Fer rouverin*.

RUSTINE, *Rückseite*, face de l'ouvrage opposée au côté du travail, t. 2, p. 7.

S.

Caractères distinctifs, t. 2, p. 332. — Constituent le moyen le plus efficace de hâter l'affinage, 396.

Séjour à l'air, *Das liegen ander Luft.* — Influe avantageusement sur le traitement des minérais, t. 1, p. 224, 225 et 226. — Produit plus d'effet si les minérais ont été grillés, 227.

Sel marin, *Kochsalz.* — Jeté dans le creuset d'affinerie, il ne donne point de mauvaise qualité au fer, t. 1, p. 285.

Semelle, *Sturz.* — Planche de fer pliée et forgée pour le travail de la tôle, t. 2, p. 485.

Servante, *Magd.* — Anneau de fer pour serrer les tenailles.

Sextocarbure; voyez *Polycarbure.*

Sidérite, *Hyderosiderum,* ou phosphure de fer, t. 1, p. 120 et 121.

Sidérotechnie. — Art de travailler le fer.

Sidérurgie, *Eisenhüttenkunde.* — Art d'extraire le fer de ses minérais et de lui donner la forme demandée par les artisans. Voyez *Métallurgie.*

Signes, *Zeichen.* — Pour juger de la marche des hauts fourneaux et des feux d'affinerie; voyez *Allure* et *Affinage à l'allemande.*

Silice, *Kieselerde.* — Est infusible prise seule. — Se vitrifie très-facilement avec l'oxide de manganèse, t. 1, p. 234. — Ajoutée aux matières fondues dans l'affinage pour fer; voyez *Quartz.* — *Id.* dans l'affinage pour acier, t. 2, p. 554.

Sole, *Heerd,* t. 1, p. 5. — Des fourneaux à cuve, t. 2, p. 3 et 4. — Des fours à réverbère. Voyez *Fours à réverbère* et *Affinage de la fonte dans les fours à réverbère.*

Sondage, *Aufsuchung des Eisenerz,* t. 1, p. 247.

Sorne, *Schwahl,* Laitier riche durci dans le feu d'affinerie, t. 2, p. 333. Voyez *Scories.*

Soudabilité du fer, *Schweissbarkeit,* t. 1, p. 78. —

Elle diminue avec la dose de carbone contenue dans le
métal, t. 2, p. 585 et 586.

U.

V.

VACHE (tirer la vache), *den Blasbalg ziehen.* — Faire mouvoir la branloire d'un soufflet de cuir.

VAN, *Kohlenkorb ;* voyez *Rasse.*

VANNE ou **PALE,** *Schütze ;* voyez *Pale.*

VARME, *Formzacken,* t. 2, p. 315.

VENT des soufflets, *Wind.* — Il est d'autant plus uniforme que le régulateur est plus large, t. 1, p. 416. — Voyez *Vitesse* (du).

VENTAUX, *Ventile.* — Ouvertures par laquelle l'air entre dans les soufflets.

VENTIMÈTRE ou **ANÉMOMÈTRE,** *Vindmesser,* t. 1, p. 429 et 430. — Différentes espèces (de), 431.

VENTOUSES, *Abzuglœcher.* — Ouvertures des canaux d'évaporation des hauts fourneaux.

VENTRE des fourneaux à cuve, *Kohlensack,* t. 2, p. 14. — Ses fonctions. Voyez *Hauts Fourneaux.*

VERGE crénelée, *Zaineisen,* t. 2, p. 455.

VERGES de fenderie ; voyez *Fenton* et *Fenderia.*

VERNISSAGE DU FER, *Laquiren des Eisens,* t. 1, p. 164. — *Idem* des objets coulés, t. 2, p. 281.

VÉSICULE du fer blanc, *Blasen des Veissblechs,* t. 2, p. 515.

VITESSE, *Geschwindigkeit* de l'air atmosphérique s'écoulant dans le vide, t. 1, p. 434. — *Idem* de l'air comprimé lancé dans le vide, 435.

VITESSE du vent, *Geschwindigkeit des Vinds.* — Doit être proportionnée à la densité du combustible, t. 1, p. 422. — Les vitesses de l'air ramenées à la pression atmosphérique, sont proportionnelles aux orifices d'expiration, 423. — Moyen de la déterminer d'après les coups de piston, 424. — Calcul (de la) déduit de la pression de l'air donnée par le ventimètre, p. 433 à 437. — Tableaux des vitesses du vent pour des pressions données, 438, et note du Tra-

FIN DE LA TABLE ALPHABÉTIQUE DES MATIÈRES.